高等学校通识教育系列教材

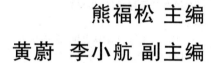

计算机基础与计算思维

熊福松 主编

黄蔚 李小航 副主编

清华大学出版社
北　京

内 容 简 介

本书内容共6章,包括计算机组成及工作原理、计算机软件与信息表示、计算机网络与信息安全、计算机新技术、大数据技术以及计算思维与程序设计。

全书分为三部分:第1部分(第1~4章)为基础篇,着重介绍现代信息技术,主要让读者理解计算机软硬件工作原理、网络与信息安全,并了解云计算、物联网、人工智能、虚拟现实及增强现实等计算机新技术;第2部分(第5章)为大数据技术篇,着重介绍大数据相关概念、主流产品和主流技术、应用方向及应用案例,理解数据的收集、存储、清洗和整理等预处理过程,并对这些数据进行简单分析及可视化展示;第3部分(第6章)为计算思维与程序设计篇,着重介绍"计算平台—问题求解—数据处理"的过程,使读者掌握问题求解的方法与手段及正确的科学思维模式,并初步具备运用程序设计的思想与方法求解实际问题的能力,为后续计算机程序设计等课程的深入学习奠定良好的基础。

本书可供多层次、不同专业的高等院校非计算机专业本科生使用,通过合理选取,可以满足不同学时的教学;也可作为计算机等级考试一级、二级基础理论的参考书;对一般工程技术人员和对计算机技术感兴趣的读者也有很好的参考价值。

图书在版编目(CIP)数据

计算机基础与计算思维/熊福松主编. —北京:清华大学出版社,2018(2020.8重印)
(高等学校通识教育系列教材)
ISBN 978-7-302-50433-7

Ⅰ. ①计⋯ Ⅱ. ①熊⋯ Ⅲ. ①电子计算机－高等学校－教材 Ⅳ. ①TP3

中国版本图书馆 CIP 数据核字(2018)第 123078 号

责任编辑:刘向威
封面设计:文 静
责任校对:焦丽丽
责任印制:丛怀宇

出版发行:清华大学出版社
    网 址:http://www.tup.com.cn,http://www.wqbook.com
    地 址:北京清华大学学研大厦 A 座   邮 编:100084
    社 总 机:010-62770175   邮 购:010-62786544
    投稿与读者服务:010-62776969,c-service@tup.tsinghua.edu.cn
    质量反馈:010-62772015,zhiliang@tup.tsinghua.edu.cn
    课件下载:http://www.tup.com.cn,010-83470236
印 装 者:三河市君旺印务有限公司
经 销:全国新华书店
开 本:185mm×260mm 印 张:24   字 数:580 千字
版 次:2018 年 9 月第 1 版   印 次:2020 年 8 月第 6 次印刷
印 数:11501~18500
定 价:59.00 元

产品编号:079729-01

编　委　会

前　言

　　计算机及相关技术的发展与应用在当今社会生活中发挥着前所未有且越来越重要的作用，计算机与人们的生活息息相关，是不可或缺的工作工具和生活工具，因此计算机教育应面向社会，与时代同行。为进一步推动高等学校计算机基础教育的发展，教育部高等学校计算机科学与技术教学指导委员会发布了《关于进一步加强高等学校计算机基础教学的意见暨计算机基础课程教学基本要求》（简称白皮书）。白皮书建议各高等学校在课程设置中采用"1＋X"方案，即"大学计算机基础"课程＋若干必修或选修课程。

　　目前，"大学计算机基础"课程主要由理论部分和实践部分构成，本书是为"大学计算机基础"课程的理论部分编写的。全书内容共分6章。第1章是计算机组成及工作原理；第2章是计算机软件与信息表示；第3章是计算机网络与信息安全；第4章是计算机新技术；第5章是大数据技术；第6章是计算思维与程序设计。其中，第1～3章重点对计算机信息技术相关的基础知识进行全景式介绍，属于基本原理性质的内容，讲解力求简洁与说理透彻。第4章属于技术性质的内容，进行粗线条的介绍，允许初学者"知其然而不知其所以然"，将来在学习和工作中还可以进一步学习和加深理解。随着大数据技术的迅猛发展，数据科学与大数据技术越来越重要，已被列为国家重大发展战略。越来越多的专业领域都需要和大数据技术结合，因此，第5章着重介绍了大数据技术。同时，计算思维的培养是由九校联盟（C9）率先从美国藤校引入到国内的计算机基础类课程，经过几年的实践在国内已经取得了较好的效果，教育部高等学校计算机基础课程教学指导委员会建议有条件的高校开设相关内容的教学，因此，第6章重点介绍计算思维和程序设计基础。

　　本书由熊福松任主编，黄蔚、李小航任副主编，张志强主审，全书由熊福松统稿。

　　参与编写的人员还有苏州大学计算机科学与技术学院大学计算机教学部的曹国平、陈建明、顾红其、郭芸、黄斐、蒋银珍、金海东、李海燕、凌云、卢晓东、马知行、钱教湘、邵俊华、沈玮、王民、王朝晖、魏慧、吴瑾、徐丽、张建、章建民、甄田甜、周红、周克兰、朱锋、邹羚，同时，本书的出版得到了江苏省高等教育教改立项研究课题（2017JSJG532）的资助，在此一并表示衷心的感谢！

本书的编写力求做到由浅入深、层次分明、概念清晰,在选取案例时追求生动、通俗易懂,同时涉及的知识点尽量是全面、实用且新颖的。由于编者水平有限及时间仓促,书中难免存在不足之处,敬请广大读者和同行不吝指正。

编　者

2018 年 4 月

目　录

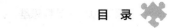

第1章 计算机组成及工作原理

1.1 计算机概述

计算机是 20 世纪人类最伟大的科学技术发明之一，对人类的生产和社会生活产生了极大的影响。计算机是一种能够根据程序指令对复杂任务进行自动、高速、精确处理的电子设备。通常所说的计算机主要是指电子计算机，它在人们的日常生活中几乎无处不在、无所不能。现代电子计算机虽然只经历了短短的几十年，但却彻底改变了人类的生活和生产方式。

1.1.1 计算机发展历史

1946 年 2 月，美国宾夕法尼亚大学莫尔学院研制成功大型电子数字积分计算机（ENIAC），它最初专门用于火炮弹道计算，后经多次改进成为能进行各种科学计算的通用计算机，如天气预报、原子核能、风洞试验设计等。ENIAC 约 1m 宽，30.5m 长，总质量达 30t，是一个庞然大物（如图 1-1 所示）。它每秒可以执行 5000 次加法或 400 次乘法运算，是继电器计算机的 1000 倍、手工计算的 20 万倍，只需要 3s 就可以完成此前需要 200 人手工计算两个月的弹道计算。1955 年 10 月 2 日，ENIAC 功德圆满，正式退役。在它服役的 10 年间，其算术运算量比有史以来人类大脑所有运算量的总和还要多。ENIAC 是计算机发展史上的一个里程碑，它是人们公认的第一台电子计算机。

伴随电子技术的发展，计算机所采用的元器件经历了从电子管到晶体管，再从分离元件到集成电路，以致出现了高集成度的微处理器。每一次物理元器件的变革都是一次新的突破，促使计算机性能出现了新的飞跃。概括地说，自 1946 年以来，根据所采用的电子元器件可以将电子计算机的发展划分为四代。

第一代——电子管计算机（1946—1959 年）。第一代计算机的逻辑器件采用电子管，如图 1-2 所示。主存储器有水银延迟线存储器、阴极射线示波管、静电存储器等类型，内存储器（简称内存）大小仅几千字节，外存储器（简称外存）使用磁带、磁鼓、纸带和卡片等。运算速度为每秒几千次至几万次。第一代计算机没有系统软件，使用机器语言和汇编语言编程。

这一时期的计算机主要用于科学计算，只被运用于少数尖端领域。第一代计算机的体积庞大、运算速度慢、存储容量小、可靠性低，但它们奠定了以后计算机技术发展的基础，对计算机的发展产生了深远的影响。

图 1-1　世界上第一台现代电子计算机 ENIAC　　　　图 1-2　电子管

第二代——晶体管计算机(1959—1964 年)。第二代计算机的逻辑器件采用晶体管，如图 1-3 所示。主存储器均采用磁心存储器，内存容量扩大到几万字节，磁鼓和磁盘开始用作主要的辅助存储器，利用 I/O 处理机进行输入输出处理。运算速度明显提高，每秒可以执行几万次到几十万次的加法运算。计算机中出现了操作系统，配置了子程序库和批处理管理程序，还出现了高级语言，如 FORTRAN、COBOL、ALGOL 等。计算机不仅继续大量用于科学计算，还被用于数据处理和工业过程控制。中小型计算机，特别是廉价用于小型数据处理的计算机，开始大量生产并逐渐被工商企业用于商务处理。与电子管相比，晶体管体积小、重量轻、寿命长、发热小、功耗低、价格便宜，使得计算机电子线路的结构大有改观，存储容量大为增加，运算速度也得到大幅提高。

第三代——中小规模集成电路计算机(1964—1970 年)。第三代计算机的逻辑器件采用中小规模集成电路，如图 1-4 所示。与晶体管计算机相比，集成电路计算机的体积、重量、功耗都进一步减小，运算速度、逻辑运算功能和可靠性进一步提高。半导体存储器逐步取代了磁心存储器的主存储器地位；内存容量大幅度提高；磁盘成了不可缺少的辅助存储器，并且开始普遍采用虚拟存储技术；运算速度达到每秒几百万次。操作系统软件在规模和功能上发展很快，功能日趋成熟和完善；软件技术进一步提高，提出了结构化、模块化的程序设计思想，出现了结构化程序设计语言 Pascal；软件开始形成产业，出现了大量面向用户的应用程序。第三代计算机的应用进入了更多的科学技术领域和工业生产领域。

图 1-3　晶体管

图 1-4　中小规模集成电路

第四代——大规模、超大规模集成电路计算机(1970 年至今)。20 世纪 70 年代以来,计算机集成电路的集成度迅速从中小规模发展到大规模、超大规模的水平,如图 1-5 所示。微处理器和微型计算机应运而生,各类计算机的性能迅速提高。金属氧化物半导体电路(Metal Oxide Silicon, MOS)的出现,使计算机的主存储器由半导体存储器完全替代了应用达 20 年之久的磁心存储器。主存储器的功能和可靠性进一步提高,存储容量向百兆、千兆字节发展;外存储器除了软盘和硬盘外,还出现了光盘。运算速度向每秒十万亿次、百万亿次及更高速度发展。这个时期,操作系统不断完善,应用软件成为现代工业中的一个重要产业,计算机的发展进入到网络时代。

图 1-5　大规模及超大规模集成电路

自 20 世纪 90 年代开始,计算机在提高性能、降低成本、普及和深化应用等方面的发展趋势不仅仍在继续,而且节奏进一步加快,学术界和工业界早就不再沿用"第 X 代计算机"的说法。人们正在研究开发的计算机系统,主要着力于计算机的智能化,它以知识处理为核心,可以模拟或部分替代人的智能活动,具有自然的人机通信能力。当然,这是一个需要持续努力才能逐步实现的目标。

1.1.2 计算机分类

计算机及相关技术的迅速发展带动计算机的类型也不断分化,形成了各种不同种类的计算机。按照计算机的结构原理可分为模拟计算机、数字计算机和混合式计算机;按照计算机用途可分为专用计算机和通用计算机。较为普遍的一种划分方法是按照计算机的运算速度、字长、存储容量等综合性能指标,分为巨型机、大型机、小型机、微型机和嵌入式计算机等。

1. 巨型机

巨型机是一种超大型电子计算机,具有很强的计算和处理数据的能力,其主要特点表现为高速度和大容量,配有多种外部和外围设备及丰富的、高性能的软件系统,如图 1-6 所示为我国自主研发的巨型机"神威·太湖之光"。巨型机实际上是一个巨大的计算机系统,主要用来承担重大科学研究、国防尖端技术和国民经济领域的大型计算课题及数据处理任务。如大范围天气预报、整理卫星照片、探索原子核物理、研究洲际导弹、宇宙飞船等;又如制定国民经济的发展计划,项目繁多,时间性强,需要综合考虑各种各样的因素,依靠巨型机才能较顺利地完成。

图 1-6 "神威·太湖之光"巨型机

2017 年 11 月 13 日,国际 TOP500 组织在美国丹佛的全球超算大会(SC17)上正式发布第 50 届世界巨型机 500 强排名榜。由于自上一期榜单(2017 年 6 月)发布以来没有更快的巨型机诞生,排在榜首的仍然是来自中国的"神威·太湖之光",实现四连冠;昔日冠军"天河二号"紧随其后。加上此前"天河二号"创造的六连冠纪录,中国已经连续十届实现在该榜单的领跑。排名第三的是瑞士"代恩特峰"巨型机,第四名是日本的"晓光",第五名则是美国的"泰坦"巨型机。"泰坦"曾经是世界第一,如今已经远远被"神威·太湖之光"甩在身后。

"神威·太湖之光"是完全采用中国设计和制造的处理器研制而成的一款新系统,安装在无锡国家超级计算中心。LINPACK 基准测试测得其运行速度达到每秒 93 千万亿次浮点运算(93PFLOP/s)。"神威·太湖之光"拥有 10649600 个计算核心,包括 40960 个节点,速度比"天河二号"快 2 倍,效率更是其 3 倍。"天河二号"的 LINPACK 性能是每秒 33.86 千万亿次浮点运算(33.86PFLOP/s)。负载状态下的峰值功耗(运行 HPL 基准测试)15.37 兆瓦,即每秒 60 亿次浮点运算(6PFLOP/s)。排名第三的瑞士超算"代恩特峰"的运算速度达每秒 19.6 千万亿次浮点运算(19.6PFLOP/s)。日本海洋研究开发机构的"晓光"是前十中的"新面孔",以每秒 19.1 千万亿次浮点运算(19.1PFLOP/s)速度位居第四,而排名第五的美国"泰坦"的运算速度保持在每秒 17.6 千万亿次(17.6PFLOP/s)。

2. 大型机

大型机,或称大型主机,英文名 mainframe。大型机使用专用的处理器指令集、操作系统和应用软件。大型机一词最初是指装在非常大的带框铁盒子里的大型计算机系统,用来同小一些的迷你机和微型机有所区别,如图 1-7 所示。

图 1-7　大型机

大型机和巨型机的主要区别如下:

(1) 大型机使用专用指令系统和操作系统,巨型机使用通用处理器及 UNIX 或类 UNIX 操作系统(如 Linux)。

(2) 大型机长于非数值计算(数据处理),巨型机长于数值计算(科学计算)。

(3) 大型机主要用于商业领域,如银行和电信,巨型机用于尖端科学领域,特别是国防领域。

(4) 大型机大量使用冗余等技术确保其安全性及稳定性,所以内部结构通常有两套。巨型机使用大量处理器,通常由多个机柜组成。

(5) 为了确保兼容性,大型机的部分技术相对于巨型机较为保守。

生产大型机的企业有 IBM 和 UNISYS。IBM 公司生产的大型机在其服务器产品线中被列为 Z 系列。该系列服务器的主机通常为一个大机柜,通过原生和虚拟方式可运行多种操作系统,其中最典型的操作系统是 IBM 大型机的专用文字界面操作系统 Z/OS。IBM 大型机的中央处理器是一块巨大的陶瓷 MCM 模块,其内部的多层布线基板上贴装有多个集成电路芯片,使用基于 Z/Architecture 架构的 CISC 指令集。SUN 公司和 HP 公司不生产一般意义上的大型机,但生产性能和用途类似于 IBM 大型机的高端 UNIX 服务器,这些服务器通常称作大型机级服务器。

3. 小型机

小型机是指采用精简指令集处理器,性能和价格介于 PC 服务器和大型机之间的一种高性能 64 位计算机,如图 1-8 所示。国外小型机对应英文名是 minicomputer 和 midrange computer。midrange computer 相对于大型机和微型机而言,该词汇被国内一些教材误译为中型机,minicomputer 一词由 DEC 公司于 1965 年创造。在中国,小型机习惯上用来指 UNIX 服务器。1971 年,贝尔实验室发布多任务多用户操作系统 UNIX,随后被一些商业公司采用,成为后来服务器的主流操作系统。

图 1-8　小型机

UNIX 服务器也就是中国业内习惯说的小型机,在服务器市场中处于中高端位置。UNIX 服务器具有区别于 x86 服务器和大型机的特有体系结构。各厂家 UNIX 服务器基本都使用自家的 UNIX 版本的操作系统和专属的处理器。比如 IBM 公司采用 Power 处理器和 AIX 操作系统;SUN、Fujitsu(富士通)公司采用 SPARC 处理器架构和 Solaris 操作系统;HP 公司采用安腾处理器和 HP-UX 操作系统;浪潮公司采用 EPIC 处理器架构和 K-UX 操作系统;Compaq 公司(已经并入 HP 公司)处理器架构采用 Alpha。使用小型机的用户一般是看中 UNIX 操作系统和专用服务器的安全性、可靠性、纵向扩展性以及高并发访问下的出色处理能力。

现在生产 UNIX 服务器的厂商主要有 IBM、HP、浪潮、富士通和甲骨文(收购 SUN 公司)等公司。典型机器如 IBM 公司曾经生产的 RS/6000,HP 公司的 Superdome、浪潮公司的天梭 K1950 等。SUN、HP 公司用来和大型机竞争的高端 UNIX 服务器被称为大型机级 UNIX 服务器,但严格来说依然不属于大型机的范畴。

4. 微型机

微型计算机简称“微型机”“微机”,由于其具备人脑的某些功能,所以也称其为“微电脑”。微型机是由大规模集成电路组成的体积较小的电子计算机。它是以微处理器为基础,配以内存储器及输入输出(I/O)接口电路和相应的辅助电路构成的裸机。

微型机的特点是体积小、灵活性大、价格便宜、使用方便。把微型机集成在一块芯片上即构成单片微型机(Single Chip Microcomputer)。由微型机配以相应的外围设备(如打印机)及其他专用电路、电源、面板、机架以及足够的软件构成的系统称为微型计算机(即通常说的电脑)系统(Microcomputer System)。

自 1981 年美国 IBM 公司推出第一代微型机 IBM-PC 以来,微型机以其执行结果精确、处理速度快捷、性价比高、轻便小巧等特点迅速进入社会各个领域,且技术不断更新、产品快速换代,从单纯的计算工具发展成为能够处理数字、符号、文字、语言、图形、图像、音频、视频等多种信息的强大多媒体工具。如今的微型机产品无论从运算速度、多媒体功能、软硬件支持还是易用性等方面都比早期产品有了很大的飞跃。

微型机主要包括台式机、电脑一体机、笔记本电脑、掌上电脑、平板电脑和智能手机等。

1) 台式机

台式机(Desktop)也称桌面机,是一种主机、显示器等设备都相对独立的计算机,相对于笔记本电脑和上网本体积较大,一般需要放置在电脑桌或者专门的工作台上,因此命名为台式机。目前多数人家里和公司用的机器都是台式机。与笔记本电脑相比,台式机的性能更强。

台式机一般具有如下特点:

(1) 散热性。台式机具有笔记本电脑所无法比拟的优点。台式机的机箱空间大、通风条件好,因而被广泛使用。

(2) 扩展性。台式机的机箱方便用户硬件升级,如台式机箱的光驱驱动器插槽是 4～5 个,硬盘驱动器插槽也是 4～5 个,非常方便用户日后的硬件升级。

(3) 保护性。台式机全方位保护硬件不受灰尘的侵害,防水性也不错;但笔记本电脑的防水性不是很好。

(4) 明确性。台式机机箱的开关键、重启键、USB 接口、音频接口都在机箱前置面板中,方便用户使用。

2）电脑一体机

电脑一体机由一台显示器、一个键盘和一个鼠标组成，如图1-9所示。它的芯片、主板与显示器集成在一起，显示器就是一台计算机，因此只要将键盘和鼠标连接到显示器上，机器就能使用。随着无线技术的发展，电脑一体机的键盘、鼠标与显示器可实现无线连接，机器只有一根电源线，这就解决了一直为人诟病的台式机线缆多而杂的问题。有的电脑一体机还具有电视接收、AV功能。

3）笔记本电脑

笔记本电脑（Notebook或Laptop）也称手提电脑或膝上型电脑，是一种小型、可携带的个人计算机，通常重1～3kg。它和台式机架构类似，液晶显示器及较轻重量提供了更好的便携性。笔记本电脑除了键盘外，还提供了触控板（Touch Pad）或触控点（Pointing Stick），有了更好的定位和输入功能，如图1-10所示。

图1-9　电脑一体机

图1-10　笔记本电脑

笔记本电脑大体可分为6类：商务型、时尚型、多媒体应用、上网型、学习型和特殊用途。商务型笔记本电脑一般可以概括为移动性强、电池续航时间长、商务软件多。时尚型主要针对时尚女性。多媒体应用型笔记本电脑则有较强的图形、图像处理能力和多媒体能力，尤其是播放能力，为享受型产品，而且多媒体笔记本电脑多拥有较为强劲的独立显卡和声卡（均支持高清），并有较大的屏幕。上网本（Netbook）就是轻便和低配置的笔记本电脑，具备上网、收发邮件以及即时信息（IM）等功能，并可以流畅播放流媒体和音乐。上网本比较强调便携性，多用于出差、旅游甚至公共交通上的移动上网。学习型电脑机身设计为笔记本外形，采用标准计算机操作，全面整合学习机、电子词典、复读机、学生计算机等多种机器功能。特殊用途的笔记本电脑服务于专业人士，可以在酷暑、严寒、低气压、战争等恶劣环境下使用，有的较笨重，比如北京奥运会前期在"华硕珠峰大本营IT服务区"使用的华硕笔记本电脑。

4）掌上电脑

掌上电脑（Personal Digital Assistant，PDA）是一种运行在嵌入式操作系统和内嵌式应用软件之上的、小巧、轻便、易带、实用、廉价的手持式计算设备，如图1-11所示。它无论在体积、功能和硬件配备方面都比笔记本电脑简单轻便，但在功能、容量、扩展性、处理速度、操作系统和显示性能方面又远远优于电子记事簿。掌上电脑除了用来管理个人信息（如通讯录、计划等），还可以上网浏览页面，收发E-mail，甚至还可以当作手机来用。此外还具有录音机功能、英汉和汉英词典功能、全球时钟对照功能、提醒功能、休闲娱乐功能、传真管理功能等。掌上电脑的电源通常采用普通的碱性电池或可充电锂电池。掌上电脑的核心技术是嵌入式操作系统,各种产品之间的竞争也主要在此。

5) 平板电脑

平板电脑是一款无须翻盖、没有键盘、大小不等、形状各异却功能完整的计算机。其构成组件与笔记本电脑基本相同,但它是利用触笔在屏幕上书写,而不是使用键盘和鼠标输入,并且打破了笔记本电脑键盘与屏幕垂直的 L 形设计模式,如图 1-12 所示。它除了拥有笔记本电脑的所有功能外,还支持手写输入或语音输入,移动性和便携性更胜一筹。平板电脑概念由比尔·盖茨提出,至少应该是 x86 架构。从微软公司提出的概念产品上看,平板电脑就是一款无须翻盖、没有键盘、小到足以放入女士手袋,但却功能完整的 PC。

图 1-11　掌上电脑

图 1-12　平板电脑

6) 智能手机

智能手机是由掌上电脑(PDA)演变而来的。最初的掌上电脑并不具备手机通话功能,但是随着用户对于掌上电脑的个人信息处理方面功能的依赖的提升,又不习惯于随时都携带手机和 PC 两个设备,所以厂商将掌上电脑的系统移植到了手机中,于是出现了智能手机这个概念。智能手机比传统的手机具有更多的综合性处理能力。

智能手机,是指像 PC 一样,具有独立的操作系统和独立的运行空间,可以由用户自行安装软件、游戏、导航等第三方服务商提供的程序,并可以通过移动通信网络来实现无线网络接入的手机类型的总称,如图 1-13 所示。

图 1-13　智能手机

智能手机的使用范围已经遍布全世界。因为智能手机具有优秀的操作系统、可自由安装各类软件(仅安卓系统)、完全大屏的全触屏式操作感这三大特性,所以完全终结了前几年的键盘式手机。其中 Google(谷歌)、苹果、三星这三大品牌广为皆知,而小米(MI)、华为(HUAWEI)、魅族(MEIZU)、联想(Lenovo)、中兴(ZTE)、酷派(Coolpad)等品牌在中国也备受关注。

智能手机除了具备手机的通话功能外,还具备 PDA 的功能,特别是个人信息管理以及基于无线数据通信的浏览器和电子邮件功能。智能手机为用户提供了足够的屏幕尺寸和带宽,既方便随身携带,又为软件运行和内容服务提供了广阔的舞台。很多增值业务可以就此展开,如股票、新闻、天气、交通、商品、应用程序下载、音乐图片下载等。

智能手机同传统手机的外观和操作方式类似,不仅包含触摸屏也包含非触摸屏数字键盘手机和全尺寸键盘操作的手机。但是传统手机使用的是生产厂商自行开发的封闭式操作系统,所能实现的功能非常有限,不具备智能手机的扩展性;而智能手机就是一台可以随意安装和卸载应用软件的手机。

5. 嵌入式计算机

通俗地说,嵌入式技术就是"专用"计算机技术,这个"专用",是指针对某个特定的应用,如针对网络、通信、音频、视频、工业控制等。从学术角度看,嵌入式系统是以应用为中心,以计算机技术为基础,并且软硬件可裁剪,适用于应用系统对功能、可靠性、成本、体积、功耗有严格要求的专用计算机系统,如图 1-14 所示。它一般由嵌入式微处理器、外围硬件设备、嵌入式操作系统以及用户的应用程序等四部分组成。

嵌入式计算机在应用数量上远远超过了各种通用计算机,一台通用计算机的外部设备就包含了 5～10 个嵌入式微处理器,键盘、鼠标、软驱、硬盘、显示卡、显示器、Modem、网卡、声卡、打印机、扫描仪、数码相机、USB 集线器等均是由嵌入式处理器控制的。在制造工业、过程控制、通信、仪器、仪表、汽车、船舶、航空、航天、军事装备、消费类产品等方面均是嵌入式计算机的应用领域。嵌入式系统是将先进的计算机技术、半导体技术和电子技术和各个行业的具体应用相结合后的产物,这就决定了它必然是一个技术密集、资金密集、高度分散、不断创新的知识集成系统。

图 1-14　嵌入式计算机

1.2　微电子技术

1.2.1　集成电路

集成电路(Integrated Circuit,IC)又称微电路(microcircuit)、微芯片(microchip)、芯片(chip),就是把一定数量的常用电子元件,如电阻、电容、晶体管等,以及这些元器件之间的连线,通过半导体工艺集成在一起的具有特定功能的电路。

1. 集成电路的发明

任何发明创造都是有驱动力的,而驱动力往往来源于问题。集成电路产生之前的问题是什么呢?

众所周知,1946 年在美国诞生的世界上第一台电子计算机 ENIAC,是一个占地 150m²、重达 30t 的庞然大物,里面的电路使用了 17 468 只电子管、7200 只电阻、10 000 只电容、50 万条线,耗电量达 150kW。显然,ENIAC 占用面积大、无法移动是它最直观和突出的问题。如果能把这些电子元件和连线集成在一小块载体上该有多好。我们相信,有很多人思考过这个问题,也提出过各种想法。典型的如英国雷达研究所的科学家达默,他在 1952 年的一次会议上提出:可以把电子线路中的分立元器件集中制作在一块半导体晶片上,一小块晶片就是一个完整电路,这样一来,电子线路的体积就可大大缩小,可靠性大幅提高。这就是初期集成电路的构想。

晶体管的发明使这种想法成为可能。1947 年,美国贝尔实验室制造出了第一个晶体管,而在此之前要实现电流放大功能只能依靠体积大、耗电量大、结构脆弱的电子管。晶体管具有电子管的主要功能,并且克服了电子管的上述缺点,因此在晶体管发明后,很快就出现了基于半导体的集成电路的构想,也就很快发明出了集成电路。1958—1959 年杰克·基尔比(Jack Kilby)和罗伯特·诺伊斯(Robert Noyce)分别发明了锗集成电路和硅集成电路。

如今集成电路已经在各行各业中发挥着非常重要的作用,是现代信息社会的基石。集成电路的含义已经远远超过了其诞生时的定义范围,但最核心的部分仍然没有改变,那就是"集成"。它所衍生出来的各种学科,大都是围绕着"集成什么""如何集成""如何处理集成带来的利弊"这三个问题来展开的。

目前硅集成电路是主流,就是把实现某种功能的电路所需的各种元件都放在一块硅片上,所形成的整体被称作集成电路。对于"集成",想象一下我们住过的房子可能比较容易理解:很多人小时候都住过农村的房子,那时房屋的主体也许就是两三间平房,发挥着卧室的功能;门口的小院子摆上桌椅就充当客厅;旁边还有个炊烟袅袅的小矮屋,那是厨房;厕所需要进行一定的隔离,有可能在房屋的背后,要走上十几米。后来,大家住进了楼房或者套房,一套房子里面有客厅、卧室、厨房、卫生间、阳台,也许只有几十平方米,却具有了原来占地几百平方米的农村房屋的各种功能,这就是集成。

当然,现今的集成电路,其集成度远非一套房能比拟,或许用一幢摩天大楼可以更容易地类比:地面上有商铺、办公、食堂、酒店式公寓,地下有几层是停车场,停车场下面还有地基——这是集成电路的布局,模拟电路和数字电路分开,处理小信号的敏感电路与翻转频繁的控制逻辑分开,电源单独放在一角。每层楼的房间布局不一样,走廊也不一样,有回字形的、工字形的、几字形的——这是集成电路器件设计,低噪声电路可以用折叠形状或"叉指"结构的晶体管来减小结面积和栅电阻。各楼层直接有高速电梯可达,为了效率和功能隔离,还可能有多部电梯,每部电梯能到的楼层不同——这是集成电路的布线,电源线、地线单独走线,负载大的线路更宽;时钟与信号分开;每层之间布线垂直以避免干扰;CPU 与存储器之间的高速总线相当于电梯,各层之间的通孔相当于电梯间。

集成电路具有体积小、重量轻、引出线和焊接点少、寿命长、可靠性高、性能好等优点,同时成本低,便于大规模生产。它不仅在工用、民用电子设备(如收录机、电视机、计算机等)中得到广泛应用,而且在军事、通信、遥控等方面也得到广泛应用。用集成电路来装配电子设备,其装配密度比晶体管可提高几十倍至几千倍,设备的稳定工作时间也可大大提高。

2. 集成电路的分类

1) 根据集成度分类

集成度是指单块芯片上所容纳的元件数目。集成度越高,所容纳的元件数目越多。集成电路按集成度的不同可分为:

(1) 小规模集成电路(Small Scale Integrated circuits,SSI):集成度<100。

(2) 中规模集成电路(Medium Scale Integrated circuits,MSI):100<集成度<1000。

(3) 大规模集成电路(Large Scale Integrated circuits,LSI):1000<集成度<10万。

(4) 超大规模集成电路(Very Large Scale Integrated circuits,VLSI):10万<集成度<100万。

(5) 特大规模集成电路(Ultra Large Scale Integrated circuits,ULSI):100万<集成度<1亿。

(6) 极大规模集成电路(Giga Scale Integration circuits,GSI):集成度>1亿。

需要注意的是,对于超大规模以上的集成电路,有时人们不那么严格地区分超大、特大和极大规模的区别,而是笼统地称为超大规模集成电路。

2) 根据功能、结构分类

按集成电路的功能和结构的不同,可以分为模拟集成电路、数字集成电路和数/模混合集成电路三大类。模拟集成电路又称线性电路,用来产生、放大和处理各种模拟信号(指幅度随时间变化的信号,例如半导体收音机的音频信号、录放机的磁带信号等),其输入信号和输出信号成比例关系。数字集成电路用来产生、放大和处理各种数字信号(指在时间上和幅度上离散取值的信号,如4G手机、数码相机、CPU、数字电视的逻辑控制和重放的音频信号和视频信号)。数/模混合集成电路是由半导体集成工艺与薄(厚)膜工艺结合而制成的集成电路,其应用以模拟电路、微波电路为主,也用于电压较高、电流较大的专用电路中,如便携式电台、机载电台、电子计算机和微处理器中的数据转换电路、数/模和模/数转换器等。

3) 根据制作工艺分类

按集成电路使用的晶体管结构、电路和制造工艺的不同,可分为半导体集成电路、膜集成电路和混合集成电路三类。

半导体集成电路采用半导体工艺技术,在硅基片上制作包括电阻、电容、三极管、二极管等元器件并具有某种电路功能的集成电路。

膜集成电路是在玻璃或陶瓷片等绝缘物体上,以"膜"的形式制作电阻、电容等无源器件。无源元件的数值范围可以很宽,精度可以很高。但目前的技术水平尚无法用"膜"的形式制作晶体二极管、三极管等有源器件,因而使膜集成电路的应用范围受到很大的限制。

实际应用中,多半是在无源膜电路上外加半导体集成电路或分立元件的二极管、三极管等有源器件,使之构成一个整体,这便是混合集成电路。在家电维修和一般性电子制作过程中遇到的主要是半导体集成电路、厚膜电路及少量的混合集成电路。

4) 根据导电类型分类

集成电路按导电类型可分为双极型集成电路和单极型集成电路,它们都是数字集成电路。双极型集成电路的制作工艺复杂,功耗较大,代表类型有 TTL、ECL、HTL、LST-TL、STTL 等集成电路。单极型集成电路的制作工艺简单,功耗也较低,易于制成大规模集成电路,代表类型有 CMOS、NMOS、PMOS 等集成电路。

5）根据用途分类

集成电路按用途可分为电视机用集成电路、音响用集成电路、影碟机用集成电路、录像机用集成电路、计算机(微机)用集成电路、电子琴用集成电路、通信用集成电路、照相机用集成电路、遥控集成电路、语言集成电路、报警器用集成电路及各种专用集成电路。

3. 集成电路应用领域

1）在计算机方面的应用

随着集成了成千上万个电子元件的大规模集成电路和超大规模集成电路的出现,电子计算机的发展进入了第四代。第四代计算机的基本元件是大规模集成电路甚至超大规模集成电路。集成度很高的半导体存储器替代了磁心存储器,运算速度可达每秒几百万次,甚至上亿次基本运算。

计算机主要部分,如 CPU、显卡、主板、内存、声卡、网卡、光驱等,无不与集成电路有关。通过最新技术把越来越多的元件集成到一块集成电路板上,使计算机拥有了更多功能,在此基础上产生了许多新型计算机,如掌上电脑、指纹识别计算机、声控计算机等。集成电路技术的发展必将会有越来越多的高新计算机出现在我们面前。

2）在通信中的应用

集成电路在通信中应用非常广泛,如通信卫星、手机、雷达等。我国自主研发的北斗导航系统就是其中的典型例子。

北斗导航系统是我国具有自主知识产权的卫星定位系统,与美国 GPS、俄罗斯格罗纳斯、欧盟伽利略系统并称为全球四大卫星导航系统。它的研究成功,打破了卫星定位导航应用市场由 GPS 垄断的局面。

3）在医学领域的应用

随着集成电路越来越多地进入,现代医学有了长足进步。在医学管理方面,IC 卡医疗仪器管理系统就是典型代表。IC 卡医疗仪器管理系统集 IC 卡、监控、计算机网络管理于一体,凭卡检查,电子自动计时计次,可实现充值、打印、报表功能。系统性能稳定,运行可靠;控制医疗外部关键部位,不与医疗仪器内部线路连接,不影响医疗仪器性能,不产生任何干扰;管理机与智能床有机结合,分析计次;影像系统自动识别,有效解决病人复查问题;轻松实现网络化管理,可随时查阅档案记录,统计任意时间内的就医人数。

4）在生活中的应用

集成电路技术在日常生活中的其他各个领域都有广泛应用。例如在汽车上,微控制器、功率半导体器件、电源管理器件、LED 驱动器和 CCFL 驱动器等汽车集成电路器件的应用使得汽车能够处于最佳工作状态;再比如在热能动力工程领域中的应用,最简单的莫过于温控计,火电厂中的信息管理系统也是离不开集成电路技术的。总之,集成电路技术的发展使我们的日子越来越美好,生活越来越便利。

1.2.2　摩尔定律

摩尔定律是由 Intel 公司创始人之一戈登·摩尔(Gordon Moore)提出来的。其内容为:当价格不变时,集成电路上可容纳的元器件的数目,每隔 18～24 个月便会增加一倍,性能也将提升一倍,如图 1-15 所示。这种指数级的增长,促使 20 世纪 70 年代的大型家庭计算机转化成八九十年代更先进的机器,然后又孕育出了高速度的互联网、智能手机和现在的车联网、智能冰箱和自动调温器等。

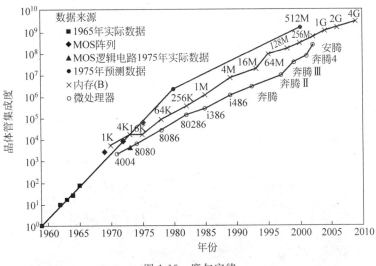

图 1-15 摩尔定律

摩尔定律可以说是整个计算机行业最重要的定律,它其实是一个预言,这个看起来自然而然的进程,很大程度上也是人类有意控制的结果。芯片制造商有意按照摩尔定律预测的轨迹发展,软件开发商的新软件产品也日益挑战现有设备的芯片处理能力,消费者需要更新为配置更高的设备,设备制造商赶忙去生产可以满足处理要求的下一代芯片。

20 世纪 90 年代以来,半导体行业每两年就会发布一份行业研发规划蓝图,协调成百上千家芯片制造商、供应商跟着摩尔定律走。由于这份规划蓝图的存在,整个计算机行业才能按部就班地发展。

现在这种发展轨迹可能要告一段落了。由于同样小的空间集成越来越多的硅电路,产生的热量也越来越大,这种原本两年处理能力加倍的速度已经慢慢下滑。此外,还有更多更大的问题也慢慢显现,顶级的芯片制造商的电路精度已经达到 14nm,比大多数病毒还要小。但是,全球半导体行业研发规划蓝图协会主席保罗·加尔吉尼(Paolo Gargini)表示:"到 2020 年,以最快的发展速度来看,我们的芯片线路可以达到 2～3nm 级别,然而在这个级别上只能容纳 10 个原子,这样的设备,还能叫做一个设备吗?"到了那样的级别,电子的行为将受限于量子的不确定性,晶体管将变得不可靠。在这样的前景下,尽管这方面已经有了无数研究,但仍然无法找到可以替代硅片技术的新材料或新技术。

1.3 计算机的组成与工作原理

1.3.1 图灵机和冯·诺依曼体系结构

在计算机发展史中,最伟大的发明家要数阿兰·图灵(Alan Turing)和冯·诺依曼(John von Neumann),他们的计算机理论影响了后来的计算机体系结构。

1. 图灵机

阿兰·图灵(1912—1954 年),英国著名数学家、逻辑学家,被称为"计算机科学之父"

"人工智能之父",是计算机逻辑的奠基者,提出了"图灵机""图灵测试"等重要概念。1931年,阿兰·图灵进入剑桥大学国王学院,毕业后到美国普林斯顿大学攻读博士学位;1937年,发表了论文"论可计算数及其在判定问题中的应用",提出了被后人称为"图灵机"的数学模型。人们为了纪念阿兰·图灵在计算机领域的卓越贡献而专门设立了"图灵奖"。

图灵机(如图 1-16 所示)是一种抽象计算模型,由一个控制器、一条可无限延伸的带子和一个在带子上左右移动的读写头组成。概念上如此简单的一个机器,理论上却可以计算任何直观可计算的函数。图灵机作为计算机的理论模型,在有关计算理论和计算复杂性的研究方面得到了广泛的应用。

图 1-16　图灵机

2. 冯·诺依曼体系结构

冯·诺依曼(1912—1957 年),布达佩斯大学数学博士,美籍匈牙利数学家,20 世纪最重要的数学家之一,现代计算机、博弈论、核武器和生化武器等领域内的科学全才之一,被后人称为"计算机之父"和"博弈论之父"。在 ENIAC 的研制中期,冯·诺依曼正参与原子弹的研制工作,他是带着原子弹研制过程中遇到的大量计算问题加入到计算机的研制工作中来的。

一般认为 ENIAC 是世界上第一台电子计算机,但是 ENIAC 有两个致命的缺陷:一是采用十进制运算,逻辑元件多,结构复杂,可靠性低;二是没有内部存储器,操纵运算的指令分散存储在许多电路部件内,这些运算部件如同一副积木,解题时必须像搭积木一样人工把大量运算部件搭配成各种解题的布局,每算一题都要搭配一次,非常麻烦且费时。ENIAC研制组显然也感到了这一点,希望尽快着手研制另一台改进的计算机。

1945 年 6 月底,由冯·诺依曼执笔写出了 EDVAC 计划草案。在这个方案中,冯·诺依曼提出了在计算机中采用二进制算法和设置内存储器的理论,并明确规定了电子计算机必须由运算器、控制器、存储器、输入设备和输出设备等五大部分构成的基本结构形式。他认为,计算机采用二进制算法和内存储器后,指令和数据便可以一起存放在存储器中,可以使计算机的结构大大简化,并且为实现运算控制自动化和提高运算速度提供了良好的条件。

EDVAC(如图 1-17 所示)于 1952 年建成,它的运算速度与 ENIAC 相似,使用的电子管却只有 5900 多个,比 ENIAC 少得多。EDVAC 的诞生,使计算机技术有了一个新的飞跃。EDVAC 是世界上第一台采用冯·诺依曼体系结构的通用计算机,它奠定了现代电子计算机的基本结构,标志着电子计算机时代的真正开始。

如果说阿兰·图灵奠定的是计算机的理论基础,那么冯·诺依曼则是将图灵的理论物化为实际的物理实体,成为计算机体系结构的奠基者。从第一台冯·诺依曼计算机诞生到

图 1-17 第一台通用计算机 EDVAC

今天已经过去了将近 70 年，计算机的技术与性能也都发生了巨大的变化，但整个主流体系结构依然是冯·诺依曼体系结构。由于冯·诺依曼对现代计算机技术的突出贡献，因此他又被称为"现代计算机之父"。

冯·诺依曼的主要贡献是他提出了"存储程序控制"的工作原理。该思想的要点是：程序由二进制指令构成，所有指令都是以操作码和地址码的形式存放在存储器中，以运算器和控制器为中心，顺序执行指令所规定的操作。冯·诺依曼设计思想可以简要地概括为以下四点：

（1）计算机应包括运算器、存储器、控制器三个核心部件，以及输入设备和输出设备，如图 1-18 所示。输入设备负责把人工编排的指令以及指令包含的数据输入到存储器；输出设备负责把存储器里的计算结果输出（显示）。

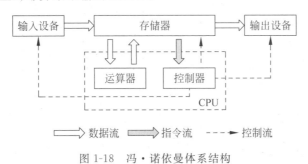

图 1-18 冯·诺依曼体系结构

（2）计算机的数制采用二进制。

（3）每条程序指令一般具有一个操作码和一个地址码。操作码表示运算性质，如加法或者除法；地址码指出操作数在存储器中的位置。

（4）将编好的程序和原始数据送入存储器，然后启动计算机工作。计算机应在不需操作人员干预的情况下，自动逐条取出指令和执行指令，并最终完成整个任务。

计算机问世 70 多年来,虽然运算速度、存储容量、应用领域和价格等方面有了翻天覆地的变化,但其基本原理和体系结构没有变,都属于冯·诺依曼型计算机。

3. 二进制与比特

1)二进制

根据冯·诺依曼设计思想,计算机中的数制采用二进制。什么是二进制呢?为什么要采用二进制呢?

在日常生活中,人们最熟悉的记数制就是十进制了。对于十进制数,有 0、1、2、3、4、5、6、7、8、9 共 10 个数码,逢 10 进 1,基数为 10。同样,也有采用非十进制的记数制,例如 7 天为一星期,这实际就是七进制。

计算机内部采用二进制记数制,也就是说,计算机只有 0 和 1 两个数码,基数为 2,进位规则是"逢二进一",借位规则是"借一当二",计算机也只能识别和处理 0 和 1 符号串组成的代码,这就是二进制。计算机内部采用二进制的原因如下。

(1)二进制运算规则简单。

十进制的加法和乘法运算规则的口诀各有 100 条,根据交换率去掉重复项,也各有 55 条,用计算机的电路实现这么多运算规则是很复杂的。二进制的算术运算规则非常简单,用数字电路容易实现,这使得运算器的结构得以大大简化。

(2)二进制只需用两种状态表示数字,物理上容易实现。

二进位制所需要的记数的基本符号只要两个,即 0 和 1,可以用 1 表示通电,0 表示断电;或者 1 表示磁化,0 表示未磁化;再或者 1 表示凹点,0 表示凸点;也可以 1 表示放电,0 表示充电等,制造包含两个稳定状态的元器件一般要比制造具有多个稳定状态的元器件容易得多。

(3)可靠性高。

只有两个数字符号在存储、处理和传输的过程中可靠性强,不容易出错。

(4)用二进制容易实现逻辑运算。

计算机不仅需要算术运算功能,还应具备逻辑运算功能,二进制的 0、1 分别可用来表示逻辑量真(T)和假(F)或"是"和"否",用布尔代数的运算法则很容易实现逻辑运算。

2)比特

比特是信息量单位,由英文 bit 音译而来,也称为"二进位数字""二进位",或简称为"位";同时也是二进制数字中的位,数值信息的度量单位,且为数值信息的最小单位,如同 DNA 是人体组织的最小单位一样。比特只有两种取值,即 0 和 1,且无大小之分。计算机所处理的数据(包括数值、文字、图像、声音、视频等)都可以使用比特来表示,其表示的方法就称为"编码"。

3)比特在计算机中的表示与存储

比特的取值只有 0 和 1,一般可以认为 0 和 1 表示的是两种状态。例如,日光灯的开关有"开"和"关"两种状态,1 表示"开",0 表示"关";再如某根导线上的电压的"有"和"无"、触发器的"高电平状态"和"低电平状态"等。

计算机存储和处理的信息的最小单位是比特。计算机中存储和处理比特的主要硬件设备包括 CPU、内存(Memory)、磁盘、光盘等。

在数字电路中,有一种双稳态电路称为"触发器"。触发器有两个稳定的状态,即高电平状态和低电平状态,可分别用比特的取值,即 1 和 0 来表示。一个触发器可存储一个比特,一组触发器(通常 8 个或 16 个)就可以存储一组比特,称为"寄存器",而 CPU 中有几十个甚至几百个寄存器。目前,使用集成电路制成的触发器工作速度极快,其工作频率可以达到 GHz(10^9 Hz)的水平,这也是 CPU 的处理速度极快的原因。

内存是计算机中重要的部件之一,它是与 CPU 进行沟通的桥梁。内存一般采用半导体存储单元,包括随机存储器(Random Access Memory,RAM)、只读存储器(Read Only Memory,ROM)以及高速缓存(Cache)。RAM 是其中最重要的存储器。在 RAM 中使用电容器来存储比特。电容有"充电状态"和"放电状态"。当电容的两极加上电压,就处于充电状态;电压去掉后,充电状态仍可保持一段时间,之后被放电,电压逐渐减小为 0。通常用充电状态表示 0,未充电状态表示 1。目前,集成电路技术可以在半导体芯片上制作出数亿的微型电容器,从而构成可存储大量比特位的半导体存储芯片。

比较常见的计算机外部存储器是磁盘。磁盘是利用磁介质表面区域的两种不同磁化状态来表示比特的,即磁性材料粒子的两种不同的磁化方向分别用来表示 0 和 1。

光盘则是通过压制在光盘面上的微小凹坑来记录比特信息的。凹坑的边缘表示 1,而凹坑内和凹坑外平坦部分表示 0。

4) 存储容量和单位换算

存储容量是指存储器可以容纳的二进制信息量,是存储器的一项重要指标。比特是数字信息的最小单位,用小写字母 b 表示。由于比特单位太小,用于表示较大的存储容量不太方便,因此人们经常使用一些比比特更大的计量单位。计算机的内存储器容量通常采用 2 的幂次方作为单位,常用的计量单位有 B(Byte,字节)、KB(千字节)、MB(兆字节)、GB(吉字节、千兆字节)和 TB(太字节、兆兆字节),其单位换算关系如下:

1B(字节)=8b(比特)

1KB(千字节)=2^{10}B=1024B

1MB(兆字节)=2^{20}B=2^{10}KB=1024KB

1GB(吉字节、千兆字节)=2^{30}B=2^{20}KB=2^{10}MB=1024MB

1TB(太字节、兆兆字节)=2^{40}B=2^{30}KB=2^{20}MB=2^{10}GB=1024GB

计算机外存储器则经常使用 10 的幂次方来计算。例如计算机硬盘的换算关系为:

1B=8b

1KB=10^3B=1000B

1MB=10^6B=10^3KB=1000KB

1GB=10^9B=10^6KB=10^3MB=1000MB

1TB=10^{12}B=10^9KB=10^6MB=10^3GB=1000GB

随着人们处理的数据量的增大以及大数据技术的发展,比 TB 更大的计量单位还有 PB、EB、ZB、YB、BB 等,它们的换算关系如下:

1PB(拍字节)=1024TB

1EB(艾字节)=1024PB

1ZB(泽字节)=1024EB

1YB(尧字节)=1024ZB

1BB(Brontobyte,千亿亿亿字节)=1024YB

【例 1.1】 购买计算机时,商家配置 500GB 的硬盘,实际能使用的硬盘容量为多少?

由于硬盘厂商在生产硬盘时,其容量是按 10 的幂次方来计算的,因此 500GB 硬盘的实际容量为:

$$500 \times 10^9 B = 500 \times 10^9 / (1024 \times 1024 \times 1024) GB \approx 465.66 GB$$

Windows 操作系统在显示内存、外存容量时,采用的度量单位是以 2 的幂次方来计算的,因此 500GB 的硬盘在操作系统中显示的是 465.66GB,这也是外存储器在系统中变小的原因。

5) 比特的传输

在数字通信和网络技术中,信息的传输实际上是比特的传输。每秒可传输的二进位数就表示比特的传输速率,传输速率的常用单位有:

比特 / 秒(b/s),也称 bps(bits per second)

千比特 / 秒(kb/s),$1kb/s = 10^3 b/s = 1000b/s$

兆比特 / 秒(Mb/s),$1Mb/s = 10^6 b/s = 1000kb/s$

吉比特 / 秒(Gb/s),$1Gb/s = 10^9 b/s = 1000Mb/s$

太比特 / 秒(Tb/s),$1Tb/s = 10^{12} b/s = 1000Gb/s$

1.3.2 计算机的硬件结构

根据冯·诺依曼原理,计算机的硬件系统主要由运算器、控制器、存储器、输入设备和输出设备五大基本部分组成。这五大部分通过系统总线完成指令所传达的操作,计算机接收指令后,由控制器指挥,将数据从输入设备传送到存储器中存放,再由控制器将需要参加运算的数据传送到运算器中,由运算器进行处理,处理后的结果由输出设备输出,下面简要介绍计算机的五大基本部分。

1. 运算器

运算器又称算术逻辑单元(Arithmetic Logic Unit,ALU)。运算器的主要任务是执行各种算术运算和逻辑运算。算术运算是指各种数值运算,如加、减、乘、除等;逻辑运算是进行逻辑判断的非数值运算,如与、或、非、比较、移位等。计算机所完成的全部运算都是在运算器中进行的。根据指令规定的寻址方式,运算器从存储器或寄存器中取得操作数,进行计算后,送回到指令所指定的寄存器中。运算器的核心部件是加法器和若干个寄存器,加法器用于运算,寄存器用于存储参加运算的各种数据以及运算后的结果。

2. 控制器

控制器是对输入的指令进行分析,并统一控制计算机的各个部件完成一定任务的部件。它一般由指令寄存器、状态寄存器、指令译码器、时序电路和控制电路组成。计算机的工作方式是执行程序,程序就是为完成某一任务所编制的特定的指令序列。各种指令操作按一定的时间关系有序安排,控制器产生各种最基本的不可再分的微操作的命令信号,即微命令,以指挥整个计算机有条不紊地工作。当计算机执行程序时,控制器首先从指令寄存器中取得指令的地址,并将下一条指令的地址存入指令寄存器中,然后从存储器中取出指令,由指令译码器对指令进行译码后产生控制信号,用以驱动相应的硬件完成指令操作。简言之,控制器就是协调指挥计算机各部件工作的部件,它的基本任务就是根据指令的需要,综合有关逻辑条件与时间条件产生相应的微命令。

运算器和控制器是计算机的核心部件,现代计算机通常把运算器、控制器和若干寄存器集中在一块芯片上,这块芯片称为中央处理器(CPU)。微型计算机的CPU又称为微处理器。计算机以CPU为中心,输入设备和输出设备与存储器之间的数据传输及处理都通过CPU来控制执行。

3. 存储器

存储器由大量的记忆单元组成,记忆单元是一种具有两个稳定状态的物理器件,可用来表示二进制的0和1,这种物理器件一般由半导体器件或磁性材料等构成。存储器分为内存储器(简称内存或主存)、外存储器(简称外存或辅存)和缓冲存储器(简称缓存)。

内存储器一般由半导体存储器构成,通常装在主板上,主要用来存放计算机正在执行的或经常使用的程序和数据。CPU可以直接访问内存,执行程序时就是从内存中读取指令,并且在内存中存取数据的。内存的特点是存取速度快,但容量有限,受到地址总线位数的限制。

外存储器用来存放不经常使用的程序和数据,CPU不能直接访问它。外存储器属于计算机的外部设备,是为弥补内存储器容量不足而配置的。它的特点是容量大、成本低,但存取速度慢,通常使用DMA(Direct Memory Access)技术和IOP(I/O Processor)技术来实现内存储器和外存储器之间的数据直接传送。

缓冲存储器位于内存储器与CPU之间,其存取速度非常快,但存储容量更小,一般用来解决存取速度与存储容量之间的矛盾,以提高整个系统的运行速度。

在现代计算机中,存储器系统是一个具有不同容量、不同访问速度的存储设备的层次结构。整个存储器系统中包括了CPU寄存器、缓冲存储器(内部Cache和外部Cache)、内存储器、外存储器、辅助存储器和大容量辅助存储器,如图1-19所示。在存储系统的层次结构中,层次越高,速度越快,但是价格越高;而层次越低,速度越慢,同时价格越低,这样就能实现性能和价格之间的平衡。

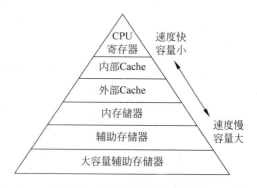

图1-19　存储系统的层次结构

4. 输入设备

输入设备用来接收用户输入的原始数据和程序,并将它们变为计算机能识别的二进制信息存入到内存中。常用的输入设备有键盘、鼠标、扫描仪和光笔等。

5. 输出设备

输出设备用于将存入内存中的由计算机处理的结果转变为人们能接受的形式输出。常用的输出设备有显示器、打印机、绘图仪等。

1.3.3 计算机的工作原理

1. 指令及指令系统

计算机工作的过程就是执行程序的过程。为了解决某一问题,程序设计人员将一条条指令进行有序排列,只要在计算机上执行这一指令序列,便可完成预定的任务。因此,程序是一系列有序指令的集合,计算机执行程序就是执行这一系列的有序指令。

指令是能被计算机识别并执行的二进制代码,它规定了计算机能完成的某一种操作。一条指令通常由操作码和操作数两部分组成。

(1)操作码:指明该指令要完成的操作类型或性质,如加、减、取数或输出数据等。

(2)操作数:指明操作对象的内容或所在的单元地址,大多数情况下操作数是地址码。

通常一台计算机有许多条作用不同的指令,所有指令的集合称为该计算机的指令系统。一般来说,无论是哪一种类型的计算机,都具有以下功能的指令,见表 1-1 所示。

表 1-1 常用指令

指 令	说 明
数据传送型指令	实现主存和寄存器之间或寄存器和寄存器之间的数据传送
数据处理型指令	主要用于定点或浮点的算术运算和逻辑运算
程序控制型指令	主要用于控制程序的流向
输入输出型指令	用于主机与外设之间交换信息
其他指令	除以上各类指令外的、较少被用到的一些指令,包括字符串操作指令、堆栈指令、停机指令等

不同种类的计算机,其指令系统的指令数目与格式也不相同。CPU 的指令系统反映了计算机对数据进行处理的能力。由于每种 CPU 都有自己独特的指令系统,因此在某一类计算机上可以执行的机器语言程序难以在其他不同类型的计算机上使用,这是由于不同类型的 CPU 采用的指令相互不兼容。

通常,同一 CPU 生产厂家在开发新的 CPU 产品时,既会设计增加一些高效的新指令,又同时"向下兼容",使新的处理器可以正确执行老处理器中的所有指令。"向下兼容"的开发方式使用户在升级计算机硬件时不必担心原有的软件会作废,但这也使得采用"向下兼容"方式开发的 CPU 指令系统越来越庞大和越来越复杂。

根据指令系统设计架构的不同,产生了复杂指令计算机(Complex Instruction Set Computer,CISC)和精简指令系统计算机(Reduced Instruction Set Computer,RISC)。

2. 指令的执行过程

按照冯·诺依曼存储程序的原理,计算机在执行程序时必须先将要执行的相关程序和数据放入内存储器中,在执行程序时 CPU 根据当前程序指令寄存器的内容取出指令并执行指令,然后再取出下一条指令并执行,如此循环下去直到程序结束指令时才停止执行。整个工作过程就是不断地取指令和执行指令的过程,最后将计算的结果放入指令指定的存储器地址中。指令执行过程中所涉及的部件主要有程序计数器、指令寄存器、指令译码器、通用寄存器和运算器等,如图 1-20 所示。

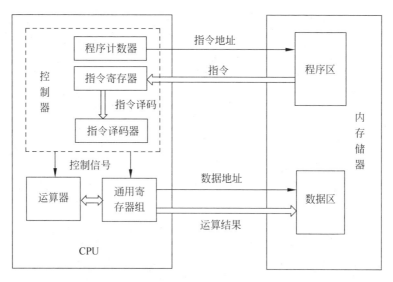

图 1-20　与执行指令有关的 CPU 部件

一条指令的执行过程按时间顺序可分为以下几个步骤。

1）取指令

当某个程序开始执行时,控制器根据指令计数器中的内容,向内存的相应存储单元发出读请求,内存将相应存储单元的指令读取后,通过总线送到指令寄存器中。

2）分析指令及取操作数

取出指令后,机器立即进入分析指令及取数阶段,指令译码器可识别和区分不同的指令类型及各种获取操作数的方法。指令译码器根据指令的内容分析出对应的操作类型,并产生相应的控制电信号。如果当前指令中的操作数需要从通用寄存器或内存获取,则控制器将先向相关部件发送读数据的请求,取到操作数后,再向相关部件发送完成指令操作相关的控制电信号。由于各种指令功能不同,寻址方式也不同,因此分析指令及取数阶段的操作是不同的,甚至会有很大的区别。

3）指令执行

由控制器发出完成该操作所需要的一系列控制信息,相关部件根据控制信号,完成当前指令所要求的操作。

4）写回数据及转下条指令

当前指令操作完成后,可能会有运算结果。控制器根据指令中操作结果的存放位置(通用寄存器或内存),向相关部件发送"写数据"的请求,写回结果数据。一条指令执行完毕后,指令计数器加 1 或将转移地址码送入指令计数器,然后回到步骤 1),开始执行下一条指令。

3. 计算机基本工作原理

计算机的基本工作原理是存储程序和程序控制。程序与数据都存储在内存中,CPU 按照程序编排的顺序,一步一步地取出指令,自动完成指令规定的操作,这是计算机最基本的工作原理。计算机的工作原理如图 1-21 所示。

具体描述如下:

(1) 将程序和数据通过输入设备送入存储器。

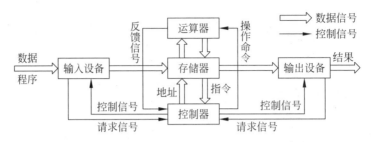

图 1-21 计算机的工作原理

（2）启动运行后，计算机从存储器中取出程序指令送到控制器去识别，分析该指令要做什么事情。

（3）控制器根据指令的含义发出相应的命令（如加法、减法），将存储单元中存放的操作数据取出送往运算器进行运算，再把运算结果送回存储器指定的单元。

（4）当运算任务完成后，就可以根据指令将结果通过输出设备输出。

计算机的工作过程实际上就是快速地执行指令的过程。指令执行是由计算机硬件来实现的。指令执行时，必须先装入计算机内存，CPU负责从内存中逐条取出指令，并对指令分析译码，判断该条指令要完成的操作，向各部件发出完成操作的控制信号，从而完成一条指令的执行。总之，计算机的基本工作过程就是不断地重复取指令、分析指令及取数、执行指令的过程，如此周而复始，直到遇到停机指令或外来事件的干预为止。

在计算机执行指令过程中有两种信息在流动：数据流和控制流。数据流包括原始数据、中间结果、结果数据和源程序等，这些信息从存储器读入运算器进行运算，所得的计算结果再存入存储器或传送到输出设备。控制流是由控制器对指令进行分析、解释后向各部件发出的控制命令，指挥各部件协调地工作。

1.4 PC 的组件

人们经常使用的台式计算机，简单地从外观上看，其硬件包括两部分：主机系统和外部设备。主机是指安装在PC机箱内部的一个整体，包括主板、硬盘、光驱、电源和风扇等。在主板上安装了CPU、GPU、内存、总线和I/O控制器等。

1.4.1 主板

主板（motherboard 或 mainboard），又称主机板、系统板、逻辑板、母板或底板等，是构成复杂电子系统（例如电子计算机）的中心或者主电路板。

1. 主板概述

主板分为商用主板和工业主板两种。它安装在机箱内，是微型计算机最基本和最重要的部件之一，主板的性能影响着整个微型计算机系统的性能，在整个微型计算机系统中扮演着举足轻重的角色。可以说，主板的类型和档次决定着整个微型计算机系统的类型和档次。

主板一般为矩形电路板，能提供一系列接合点，供处理器、显卡、声卡、硬盘、存储器、外部设备等部件连接，如图 1-22 所示。

主板采用开放式结构，一般提供 6～15 个扩展插槽，供 PC 外围设备的控制卡（适配器）

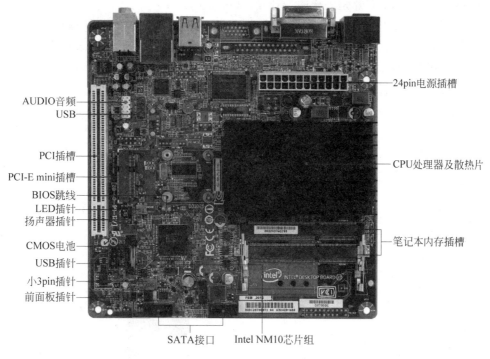

图 1-22 主板

插接。通过更换这些插卡,可以对微型计算机的相应子系统进行局部升级,使厂家和用户在配置机型方面有更大的灵活性。

2. 主板的重要芯片

主板功能的实现,很大程度上依赖于主板上各类芯片的作用,面对主板上密密麻麻的芯片时,大家经常会感到一阵阵的疑惑。这些芯片都是用来干什么的? 彼此之间有什么区别?

1) 芯片组

芯片组(chipset)是主板的核心组成部分,几乎决定了这块主板的功能,进而影响整个计算机系统性能的发挥。芯片组性能的优劣,决定了主板性能的好坏与级别的高低。芯片组通常由北桥和南桥组成,也有些以单片设计,增强其性能。

北桥芯片又称为主桥(Host Bridge),在计算机中的作用非常明显,起着主导作用。一般来说,芯片组的名称是以北桥芯片的名称来命名的。北桥芯片负责与 CPU 的联系并控制内存、PCI-E 数据在北桥内部传输,提供对 CPU 的类型和主频、系统的前端总线频率、内存的类型和最大容量、AGP/PCI-E 插槽、ECC 纠错等支持,整合型芯片组的北桥芯片还集成了显示核心。

北桥芯片是主板上离 CPU 最近的芯片,这主要是考虑到北桥芯片与处理器之间的通信最为密切,为了提高通信性能而缩短传输距离。北桥芯片的数据处理量非常大,发热量也越来越大,因此北桥芯片都覆盖着散热片用来加强散热,有些主板的北桥芯片还会配合风扇进行散热。

南桥芯片负责 I/O 总线之间的通信,如 PCI 总线、USB、LAN、ATA、SATA、音频控制器、键盘控制器、实时时钟控制器、高级电源管理等,这些技术一般相对来说比较稳定,所以不同芯片组中可能南桥芯片是一样的,不同的只是北桥芯片。

南桥芯片一般位于主板上离 CPU 插槽较远的下方,PCI 插槽的附近,这种布局是考虑到它所连接的 I/O 总线较多,离处理器远一点有利于布线。相对于北桥芯片来说,其数据处理量并不算大,所以南桥芯片一般都没有覆盖散热片。南桥芯片不与处理器直接相连,而是通过一定的方式与北桥芯片相连,如图 1-23 所示。

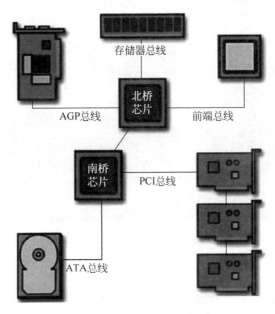

图 1-23　芯片组连接示意图

2）BIOS 芯片

BIOS 芯片是主板上一块长方形或正方形的芯片,一般是一块 32 针的双列直插式集成电路,上面印有 BIOS 字样。BIOS 是英文 Basic Input Output System 的缩写,中文名称就是"基本输入输出系统"。既然称为系统,那它就不只是一个简单的软件或硬件设备,而是软硬件结合在一起,把一组重要程序固化在主板一个 ROM 芯片中,人们把这种硬件化的软件称为"固件"。

早期 BIOS 使用的 ROM 都是在工厂里用特殊的方法把内容烧录进去的,一旦烧录进去,用户只能读取就不能修改其中的内容。从奔腾机时代开始,主板一般都使用 Flash ROM 作为 BIOS 的存储芯片,能通过特定的写入程序实现 BIOS 的升级。BIOS 中主要包括以下 4 种程序:

（1）加电自检程序。计算机接通电源后,系统将有一个对内部各个设备进行检查的过程,这是由一个通常称为 POST(Power On Self Test)的程序来完成的。完整的 POST 自检将包括 CPU、640KB 基本内存、1MB 以上的扩展内存、ROM、主板、CMOS 存储器、串并口、显示卡、软硬盘子系统及键盘测试。自检中若发现问题,系统将给出提示信息或蜂鸣警告。

（2）系统启动自举程序。当系统完成 POST 自检后,ROM BIOS 就按照系统 CMOS 设置中保存的启动顺序搜索软硬盘驱动器、CD-ROM、U 盘及网络服务器等有效地启动驱动器,读入操作系统引导记录,然后将系统控制权交给引导记录,并由引导记录来完成系统的顺序启动。

（3）CMOS 设置程序。

CMOS 设置程序只在开机时才可以进行设置。一般在计算机启动时按 F2 键或者 Delete 键进入 CMOS 进行设置，一些特殊机型按 F1、Esc、F12 等键进行设置。CMOS 设置程序主要对计算机的基本输入输出系统进行管理和设置，使系统运行在最好状态下，使用 CMOS 设置程序还可以排除系统故障或者诊断系统问题。

（4）主要 I/O 设备的驱动程序和中断服务程序。

操作系统对软盘、硬盘、光驱、键盘、显示器等外围设备的管理即建立在 BIOS 的基础之上。基本输入输出的程序决定了主板是否支持某种 I/O 设备，如果 BIOS 中不包含某种 I/O 设备的驱动程序，则系统不支持此 I/O 设备。BIOS 中断服务程序是计算机系统软件和硬件之间的一个可编程接口，用于程序软件与计算机硬件的衔接。程序员可以通过对 INT 5、INT 13 等中断的访问直接调用 BIOS 中断服务程序。

3）CMOS 芯片

CMOS（Complementary Metal Oxide Semiconductor，互补金属氧化物半导体）是主板上一块可读写的 RAM 芯片，其主要作用是存放 BIOS 中的设置信息以及系统时间日期。如果 CMOS 中数据损坏，计算机将无法正常工作，为了确保 CMOS 数据不被损坏，主板厂商都在主板上设置了开关跳线，一般默认为关闭。当要对 CMOS 数据进行更新时，可将它设置为可改写。为了使计算机不丢失 CMOS 和系统时钟信息，在 CMOS 芯片附近有一个电池给它持续供电。

3. 总线和 I/O 接口

1）总线

如果说主板是一座城市，那么总线（Bus）就像是城市里的公共汽车，能按照固定行车路线，传输来回不停运作的比特。这些线路在同一时间内都仅能负责传输一个比特。因此，必须同时采用多条线路才能传送更多数据，也就是说主板上的总线比较多。

总线是计算机各种功能部件之间传送信息的公共通信干线，它是由导线组成的传输线束。按照计算机所传输的信息种类，计算机的总线可以划分为数据总线、地址总线和控制总线，分别用来传输数据信号、地址信号和控制信号。

总线是一种内部结构，是 CPU、内存、输入设备和输出设备传递信息的公用通道，主机的各个部件通过总线相连接，外部设备通过相应的接口电路再与总线连接，从而形成了计算机的硬件系统，如图 1-24 所示。微型计算机是以总线结构来连接各个功能部件的。

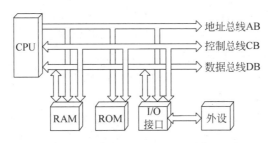

图 1-24 微型计算机总线结构

总线的主要技术指标有 3 个：总线位宽、总线工作频率和总线带宽。

（1）总线位宽。总线位宽是指总线能够传送的二进制数据的位数。例如，32 位总线、

64 位总线等。总线的位宽越宽,每秒数据传输率越大,总线的带宽越宽。

(2)总线工作频率。总线的工作频率以 MHz 为单位,工作频率越高,总线工作速度越快,总线带宽越宽。

(3)总线带宽。总线带宽是指单位时间内总线上传送的数据量,反映总线数据传送速率。总线带宽与位宽和工作频率之间的关系是:

$$总线带宽＝总线工作频率×总线位宽×传输次数/8$$

其中,传输次数是指每个时钟周期的数据传输次数,一般为 1。

为了提高计算机的可拓展性,以及部件及设备的通用性,除了片内总线外,各个部件或设备都采用标准化的形式连接到总线上,并按标准化的方式实现总线上的信息传输。总线这些标准化的连接形式及操作方式,统称为总线标准。目前常用的总线标准有 PCI 总线标准和 PCI-E 总线。

(1) PCI 总线。PCI(Peripheral Component Interconnect)总线是一种同步的独立于处理器的 32 位或 64 位局部总线,是由 PCISIG(PCI Special Interest Group)推出的一种局部并行总线标准。从结构上看,PCI 是在 CPU 的供应商和原来的系统总线之间插入的一级总线,具体由一个桥接电路实现对这一层的管理,并实现上下之间的接口以协调数据的传送。

PCI 总线可在主板上和其他系统总线(如 ISA、EISA 或 MCA)相连接,系统中的高速设备挂接在 PCI 总线上,而低速设备仍然通过 ISA、EISA 等这些低速 I/O 总线支持。

从 1992 年创立规范至今,PCI 总线已成为计算机的一种标准总线,广泛用于高档微型计算机、工作站以及便携式微型计算机,主要用于连接显示卡、网卡、声卡。

(2) PCI-E 总线。PCI-E(PCI-Express)是最新的总线和接口标准,它原来的名称是英特尔提出的"3GIO",意思是第三代 I/O 接口标准。2002 年正式命名为 PCI-Express。它采用了目前业内流行的点对点串行连接,比起 PCI 以及更早期的计算机总线的共享并行架构,每个设备都有自己的专用连接,不需要向整个总线请求带宽,而且可以把数据传输率提高到一个很高的频率,达到 PCI 所不能提供的高带宽。

根据总线位宽不同,PCI-Express 规格允许实现 X1、X2、X4、X8、X12、X16 和 X32 通道规格,有非常强的伸缩性,可以满足不同系统设备对数据传输带宽不同的需求。从形式来看,PCI-Express X1 和 PCI-Express X16 已成为 PCI-Express 主流规格,芯片组厂商在南桥芯片当中添加了对 PCI-Express X1 的支持,在北桥芯片当中添加对 PCI-Express X16 的支持。除去提供极高数据传输带宽之外,PCI-Express 因为采用串行数据包方式传递数据,所以其接口每个针脚可以获得比传统 I/O 标准更多的带宽,这样就可以减少 PCI-Express 设备的生产成本和体积。另外,PCI-Express 也支持高阶电源管理,支持热插拔,支持数据同步传输,为优先传输数据进行带宽优化。

在兼容性方面,PCI-Express 在软件层面上兼容 PCI 技术和设备,也就是说驱动程序、操作系统无须推倒重来。PCI-Express 是新一代能够提供大量带宽和丰富功能以实现令人激动的新式图形应用的全新架构。PCI-Express 可以为带宽渴求型应用分配相应的带宽,大幅提高中央处理器(CPU)和图形处理器(GPU)之间的带宽。对最终用户而言,他们可以感受影院级图像效果,并获得无缝多媒体体验。

2) I/O 接口

I/O 接口(Input/Output Port)即输入输出接口。每个设备都会有一个专用的 I/O 地址,用来处理自己的输入输出信息。由于计算机的外围设备品种繁多,几乎都采用了机电传动设备,CPU 在与 I/O 设备进行数据交换时存在很多不匹配的问题,因此 CPU 与外设之间的数据交换必须通过接口来完成。I/O 接口的功能是负责实现 CPU 通过系统总线把 I/O 电路和外围设备联系在一起。

I/O 接口是一个电子电路(以 IC 芯片或接口板形式出现),其内由若干专用寄存器和相应的控制逻辑电路构成。它是 CPU 和 I/O 设备之间交换信息的媒介和桥梁。CPU 与外部设备、存储器的连接和数据交换都需要通过接口设备来实现,通常前者称为 I/O 接口,而后者则称为存储器接口。存储器通常在 CPU 的同步控制下工作,接口电路比较简单;而 I/O 设备品种繁多,其相应的接口电路也各不相同,因此,习惯上说到接口只是指 I/O 接口。

计算机系统中有很多不同种类的 I/O 设备,因此 I/O 接口也很多,下面对一些目前比较常见的接口做具体说明。

(1) SATA。SATA(Serial ATA,串行 ATA)是一种完全不同于传统 ATA(也就是并行 ATA)的新型硬盘接口类型,由于采用串行方式传输数据而得名。它的主要功能是用作主板和大量存储设备(如硬盘及光盘驱动器)之间的数据传输。SATA 总线使用嵌入式时钟信号,具备了更强的纠错能力,与以往相比其最大的区别在于能对传输指令(不仅仅是数据)进行检查,如果发现错误会自动矫正,这在很大程度上提高了数据传输的可靠性。串行接口还具有结构简单、支持热插拔的优点。图 1-25 为 SATA 接口。

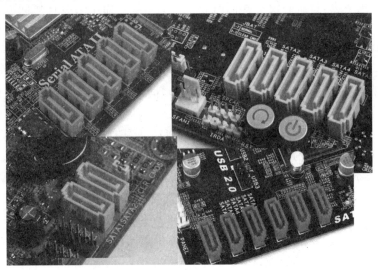

图 1-25　SATA 接口

(2) USB。通用串行总线(Universal Serial Bus,USB)是由 Intel、Compaq、Digital、IBM、Microsoft、NEC、Northern Telecom 等 7 家世界著名的计算机和通信公司共同推出的一种新型接口标准。它基于通用连接技术,实现外设的简单快速连接,达到方便用户、降低成本、扩展 PC 连接外设范围的目的。它可以为外设提供电源,而不像普通的使用串、并口的设备需要单独的供电系统。另外,快速是 USB 技术的突出特点之一,USB 的最高传输率可达 12Mb/s,比串口快 100 倍,比并口快近 10 倍,USB 还能支持多媒体。图 1-26 为 USB接口。

图 1-26 USB 接口

其最新一代版本是 USB 3.1，传输速度为 10Gb/s，有三段式电压 5V/12V/20V，最大供电 100W，而且新型 Type C 插型不再分正反。USB 设备主要具有以下优点。

- 可以热插拔。用户使用外接设备时，不需要关机再开机等动作，而是直接将 USB 插上使用。
- 携带方便。USB 设备大多以"小、轻、薄"见长，对用户来说，随身携带大量数据时很方便，当然 USB 硬盘是首选。
- 标准统一。过去常见的设备是 IDE 接口的硬盘、串口的鼠标键盘、并口的打印机和扫描仪，有了 USB 之后，这些外设都可以用同样的标准与 PC 连接，这就有了 USB 硬盘、USB 鼠标、USB 打印机等。
- 可以连接多个设备。USB 在 PC 上往往具有多个接口，可以同时连接几个设备，如果接上一个有 4 个端口的 USB HUB 时，就可以再连上 4 个 USB 设备，以此类推，尽可以连下去，将所有设备都同时连在一台 PC 上而不会有任何问题（最高可连接至 127 个设备）。

（3）HDMI 接口。高清晰度多媒体接口（High Definition Multimedia Interface，HDMI）是一种数字化视频/音频接口技术，是适合影像传输的专用型数字化接口，可同时传送音频和影像信号，最高数据传输速度为 18Gb/s（2.0 版），同时无须在信号传送前进行数/模或者模/数转换。

HDMI 可搭配宽带数字内容保护（HDCP），以防止具有著作权的影音内容遭到未经授权的复制。HDMI 所具备的额外空间可应用在日后升级的音视频格式中。因为一个 1080p 的视频和一个 8 声道的音频信号需求少于 0.5GB/s，因此 HDMI 还有很大余量。

HDMI 不仅可以满足 1080p 的分辨率，还能支持 DVD Audio 等数字音频格式，支持八声道 96kHz 或立体声 192kHz 数码音频传送；可以传送无压缩的音频信号及视频信号。HDMI 可用于机顶盒、DVD 播放机、PC、电视游乐器、综合扩大机、数字音响与电视机。HDMI 可以同时传送音频和影像信号。

HDMI 的设备具有"即插即用"的特点，信号源和显示设备之间会自动进行"协商"，自动选择最合适的视频/音频格式。与 DVI 相比 HDMI 接口的体积更小，HDMI/DVI 的线缆长度最好不超过 8m。只要一条 HDMI 线缆，就可以取代最多 13 条模拟传输线，能有效解决家庭娱乐系统背后连线杂乱交叉的问题。

HDMI 接口的应用非常广泛：

- 高清信号源：蓝光机、高清播放机、PS3、独显计算机、高端监控设备；
- 显示设备：液晶电视、计算机显示器、监控显示设备等。

液晶电视带 HDMI 接口是目前最为常见的：一般至少一个，多的可达 3～6 个 HDMI 接口。图 1-27 为 HDMI 接口。

（4）Lightning 接口。Lightning(闪电)接口是苹果公司 2012 年 9 月 12 日于美国旧金山芳草地会议中心发布的全新高速多功能 I/O 接口,Lightning 接口将正式取代苹果公司使用了长达 9 年的 30pin Dock 接口。

新接口两侧都有 8pin 触点,而且不分正反面,无论怎么插入都可以正常工作,因此不用再担心插反的问题。苹果公司还官方宣称新接口不仅更加易于使用,而且耐用度也更高。同时指出新的 Lightning 接口是一个"全数字"且具有"自适应功能"的接口。"自适应"的意思就是它能够根据不同的配件来通过接口传递配件所需的特定信号。和之前的 30Pin Dock 接口一样,新的 Lightning 接口也支持视频输出。正是因为这一特性,苹果公司才能够推出 Lightning to HDMI/VGA 转换器。

新的 Lightning 接口还有个非常大的优势就是尺寸。它比原来的 30Pin 接口小了 80%,意味着设备上需要预留给这个接口的空间也至少会小 80%。这还不算从 30Pin 降到 8Pin 的相关电路复杂度的降低。图 1-28 为 Lightning 接口。

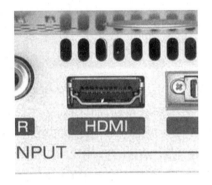

图 1-27　HDMI 接口

图 1-28　Lightning 接口

智能手机作为一种新型的移动终端,也可以归入微型计算机一类,但是由于手机要求体积非常小,便于携带,因此它与普通计算机在硬件设计上有很大不同,详情可参见本章阅读材料 1。

1.4.2　CPU

中央处理器(Central Processing Unit,CPU)是一块超大规模集成电路,是一台计算机的运算和控制中心,图 1-29 显示的是 Intel Core(酷睿)i7 8 代的 CPU。CPU 的功能主要是解释计算机指令以及处理数据。

图 1-29　Intel Core i7 处理器

1. CPU 的物理结构

CPU 内部结构大概可以分为运算单元、控制单元、存储单元和时钟等几个主要部分。

1）运算单元

运算单元是计算机对数据进行加工处理的中心，它主要由算术逻辑部件（Arithmetic and Logic Unit，ALU）、通用寄存器组和状态寄存器组成。ALU 主要完成对二进制信息的定点算术运算、逻辑运算和各种移位操作，也可执行地址运算和转换。

通用寄存器组用来保存参加运算的操作数和运算的中间（或最终）结果。状态寄存器在不同的机器中有不同的规定，程序中状态位通常作为转移指令的判断条件。

2）控制单元

控制单元是计算机的控制中心，它决定了计算机运行过程的自动化。它不仅要保证程序的正确执行，而且要能够处理异常事件。控制单元一般包括指令控制逻辑、时序控制逻辑、总线控制逻辑、中断控制逻辑等几个部分。

指令控制逻辑完成取指令、分析指令和执行指令的操作。时序控制逻辑为每条指令按时间顺序提供应有的控制信号。

3）时钟

时钟脉冲就是最基本的时序信号，是整个机器的时间基准，称为机器的主频。

执行一条指令所需要的时间称为一个指令周期，不同指令的周期有可能不同。为了便于控制，根据指令的操作性质和控制性质不同，会把指令周期划分为几个不同的阶段，每个阶段就是一个 CPU 周期。早期 CPU 同内存在速度上的差异不大，所以 CPU 周期通常和存储器存取周期相同，后来随着 CPU 的发展，速度已经比存储器快多了，于是常常将 CPU 周期定义为存储器存取周期的几分之一。

总线控制逻辑是为多个功能部件服务的信息通路的控制电路，称为 CPU 总线，是 CPU 对外联系的通道，也称前端总线（Front Side Bus，FSB），用于 CPU 与高速缓存、主存和北桥（或 MCH）之间传送信息。

中断是指计算机由于异常事件，或者一些随机发生需要马上处理的事件，引起 CPU 暂时停止现在程序的执行，转向另一服务程序去处理这一事件，处理完毕再返回原程序的过程。由机器内部产生的中断，我们把它叫做陷阱（内部中断），由外部设备引起的中断叫外部中断。

2. CPU 的性能指标

计算机的性能在很大程度上由 CPU 的性能决定，而 CPU 的性能主要体现在其运行程序的速度上。影响运行速度的性能指标包括 CPU 的字长、主频、缓存等参数。

1）字长

字长是 CPU 的主要技术指标之一，指的是 CPU 一次能并行处理的二进制数位数，由微处理器对外数据通路的数据总线条数决定。在其他指标相同时，字长越大，计算机处理数据的速度就越快。字长总是 8 的整数倍，早期的微型计算机字长一般是 8 位和 16 位，386以及更高的处理器大多是 32 位。目前市面上大部分计算机的处理器已达到 64 位。为了适应不同的要求及协调运算精度和硬件造价间的关系，大多数计算机均可支持变字长运算，即机内可实现半字长、全字长（或单字长）和双倍字长运算。

2）主频

主频也称时钟频率,单位是兆赫(MHz)或千兆赫(GHz),用来表示 CPU 运算、处理数据的速度。通常,主频越高,CPU 处理数据的速度就越快。

$$CPU 的主频＝外频×倍频系数$$

(1) 外频:外频是 CPU 的基准频率,单位也是 MHz。外频是 CPU 与主板之间同步运行的速度,CPU 的外频决定着整块主板的运行速度,而且目前绝大部分系统中外频也是内存与主板之间的同步运行的速度。

(2) 倍频系数:倍频系数是指 CPU 主频与外频之间的相对比例关系。在相同的外频下,倍频越高 CPU 的频率也越高。但实际上,在相同外频的前提下,高倍频的 CPU 本身意义并不大。这是因为 CPU 与系统之间数据传输速度是有限的,一味追求高倍频而得到高主频的 CPU 就会出现明显的瓶颈效应,即 CPU 从系统中得到数据的极限速度不能满足 CPU 运算的速度。

(3) 前端总线(FSB)频率:前端总线频率直接影响 CPU 与内存交换数据的速度。数据传输最大带宽取决于所有同时传输的数据的宽度和传输频率,即数据带宽＝(总线频率×数据带宽)/8。外频与前端总线频率的区别是:前端总线频率指的是数据传输的速度,外频是 CPU 与主板之间同步运行的速度。

3）缓存

缓存是一种速度比内存更快的存储设备,它的功能是用来减少 CPU 因等待慢速设备(如内存)所导致的延迟,进而改善系统的性能。缓存的结构和大小对 CPU 速度的影响非常大。缓存容量的增大,可以大幅度提升 CPU 内部读取数据的命中率,而不用再到内存或者硬盘上寻找,以此提高系统性能。但是由于考虑到 CPU 芯片面积和成本的因素,缓存一般都很小。

L1 Cache(一级缓存)是 CPU 第一层高速缓存,分为数据缓存和指令缓存。内置的 L1 高速缓存的容量和结构对 CPU 的性能影响较大,不过高速缓冲存储器均由静态 RAM 组成,结构较复杂,在 CPU 管芯面积不能太大的情况下,L1 级高速缓存的容量不可能做得太大。一般服务器 CPU 的 L1 缓存的容量通常为 32～256KB。

L2 Cache(二级缓存)是 CPU 的第二层高速缓存,分内部和外部两种芯片。内部的芯片二级缓存运行速度与主频相同,而外部的二级缓存则只有主频的一半。L2 高速缓存容量也会影响 CPU 的性能,原则是越大越好,以前家庭用 CPU 容量最大的是 512KB,笔记本电脑也可以达到 2MB,服务器和工作站 CPU 的 L2 高速缓存更高,可以达到 8MB 以上。

L3 Cache(三级缓存)分为两种,早期是外置,现在都是内置的。它的实际作用是,应用 L3 缓存可以进一步降低内存延迟,同时提升大数据量计算时处理器的性能。降低内存延迟和提升大数据量计算能力对游戏都很有帮助。在服务器增加 L3 缓存在性能方面仍然有显著的提升,例如具有较大 L3 缓存的配置利用物理内存会更有效,故它比较慢的磁盘 I/O 子系统可以处理更多的数据请求。具有较大 L3 缓存的处理器提供更有效的文件系统缓存行为及较短消息和处理器队列长度。

最早的 L3 缓存被应用在 AMD 发布的 K6-Ⅲ处理器上,当时的 L3 缓存受限于制造工艺,并没有被集成进芯片内部,而是集成在主板上。只能和系统总线频率同步的 L3 缓存同主存其实差不了多少。后来使用 L3 缓存的是英特尔公司为服务器市场所推出的 Itanium

处理器。L3 缓存对处理器的性能提高显得不是很重要,配备 1MB L3 缓存的 Xeon MP 处理器却仍然不是 Opteron 的对手,由此可见,前端总线的增加能比缓存增加带来更有效的性能提升。

4) CPU 扩展指令集

CPU 扩展指令集是 CPU 增加的多媒体或 3D 处理指令,这些扩展指令可以提高 CPU 处理多媒体和 3D 图形的能力。著名的有 MMX(多媒体扩展指令)、SSE(Internet 数据流单指令扩展)和 3DNow! 指令集。

5) 多线程

多线程(Simultaneous Multithreading,SMT)可通过复制处理器上的结构状态,让同一个处理器上的多个线程同步执行并共享处理器的执行资源,可最大限度地实现宽发射、乱序的超标量处理,提高处理器运算部件的利用率,缓和由于数据相关或 Cache 未命中带来的访问内存延时。当没有多个线程可用时,SMT 处理器几乎和传统的宽发射超标量处理器一样。SMT 最具吸引力的是只需小规模改变处理器核心的设计,几乎不用增加额外成本就可以显著提升效能。多线程技术可以为高速运算核心准备更多的待处理数据,减少运算核心的闲置时间。这对于桌面低端系统来说无疑十分具有吸引力。Intel 公司从 3.06GHz Pentium 4 开始,部分处理器能支持 SMT 技术。

6) 多核心

多核心也即单芯片多处理器(Chip Multiprocessors,CMP)。CMP 是由美国斯坦福大学提出的,其思想是将大规模并行处理器中的 SMP(Symmetric Multi-Processing,对称多处理结构)集成到同一芯片内,各个处理器并行执行不同的进程。这种依靠多个 CPU 同时并行地运行程序是实现超高速计算的一个重要方向,称为并行处理。由于 CMP 结构被划分成多个处理器核来设计,每个核都比较简单,有利于优化设计,因此更有发展前途。但并不是说核心越多,性能就越高。例如,16 核的 CPU 可能还没有 8 核的 CPU 运算速度快,因为核心太多,不能进行合理分配,可能导致运算速度减慢。

1.4.3 存储器

1. 内存储器

内存储器(Memory)简称内存,又称为主存储器,如图 1-30 所示,是 CPU 能直接寻址的存储空间,特点是存取速率快。内存是计算机中重要的部件之一,其作用是暂时存放 CPU 中的运算数据,以及与硬盘等外部存储器交换的数据。只要计算机在运行中,CPU 就会把需要运算的数据调到内存中进行运算,当运算完成后 CPU 再将结果传送出来。由于所有程序的运行都是在内存储器中进行的,因此内存储器的性能对计算机的影响非常大。

早期的计算机内存储器采用磁芯存储器,现在一般采用半导体存储单元,包括随机存储器和只读存储器两大类。

图 1-30　DDR4 内存

1）随机存储器

随机存储器（Random Access Memory，RAM）是一种可以随机读写数据的存储器，也称读写存储器。RAM 有以下两个特点：一是可以读出，也可以写入，读出时并不损坏原来存储的内容，只有写入时才修改原来所存储的内容；二是 RAM 只能用于暂时存放信息，一旦断电，存储内容立即消失，具有易失性。

RAM 通常由 MOS 型半导体存储器组成，根据其保存数据的机理又可分为动态随机存取存储器（Dynamic Random Access Memory，DRAM）和静态随机存取存储器（Static Random Access Memory，SRAM）两大类。

（1）动态随机存储器。

由于 DRAM 存储单元的结构简单，所用元件少，集成度高，功耗低，目前已成为大容量 RAM 的主流产品。DRAM 利用电容来存储数据，每一个比特只需要一个晶体管另加一个电容，电容的有电和没电状态分别表示 0 和 1。由于电容不可避免地存在衰减现象，因此电容必须被周期性地刷新（预充电）以保持数据，这是 DRAM 的一大特点。电容的充放电需要一个过程，刷新频率不可能无限提升，这就导致 DRAM 的频率很容易达到上限，即便有先进工艺的支持也收效甚微。

（2）静态随机存储器。

SRAM 用触发器存储数据，接通代表 1，断开表示 0，并且状态会保持到接收了一个改变信号为止，也就是 SRAM 不需要刷新。SRAM 的特点是存取速度特别快。但与 DRAM 一样，一旦停机或断电，SRAM 也会丢掉信息。由于一个触发器需要 4～6 个晶体管和其他零件，因此除了价格较贵外，SRAM 芯片在外形上也较大，主要用于二级高速缓存（L2 Cache）。

2）只读存储器

只读存储器（Read Only Memory，ROM），顾名思义，特点是只能读出原有的内容，不能由用户再写入新内容，一般用来存放专用的、固定的程序和数据。

只读存储器是一种非易失性存储器，一旦写入信息后，无须外加电源来保存信息，不会因断电而丢失。

按照是否可以在线改写来划分，又分为不可在线改写内容的 ROM，以及可在线改写内容的 ROM。不可在线改写内容的 ROM 包括掩膜 ROM（Mask ROM）、可编程 ROM（Programmable Read Only Memory，PROM）和可擦除可编程 ROM（Erasable Programmable Read Only Memory，EPROM）。可在线改写内容的 ROM 包括电可擦除可编程 ROM（Electrically Erasable Programmable Read Only Memory，EEPROM）和快擦除 ROM（Flash ROM）。

2. 外存储器

外存储器是指除计算机内存及 CPU 缓存以外的存储器，此类存储器一般断电后仍然能保存数据。外存通常是磁性介质、光盘或 U 盘，像硬盘、软盘、磁带、CD 等，通常是由机械部件带动，速度比 CPU 慢得多。

1）硬盘存储器

硬盘是计算机中主要的存储媒介之一，硬盘有机械硬盘、固态硬盘、混合硬盘。机械硬盘采用磁性碟片存储，固态硬盘采用闪存颗粒来存储，混合硬盘是把磁性碟片和闪存集成到一起的一种硬盘。

（1）机械硬盘。

机械硬盘即传统普通硬盘（Hard Disk Drive，HDD），具有存储容量大、数据传输率高、存储数据可长期保存等特点。最常用的是温彻斯特（Winchester）硬盘，简称温盘。它将盘片、磁头、电机驱动设备乃至读写电路等做成一个不可随意拆卸的整体，并密封起来，所以防尘性能好、可靠性高，对环境要求不高。

从结构上看，机械硬盘主要由盘片、磁头、盘片转轴、控制电机、磁头控制器、数据转换器、接口及缓存等几个部分组成。所有的盘片都装在一个旋转轴上，每张盘片之间是平行的，在每个盘片的存储面上有一个磁头，磁头与盘片之间的距离比头发丝的直径还小，所有的磁头连在一个磁头控制器上，由磁头控制器负责各个磁头的运动。

磁头可沿盘片的半径方向运动，加上盘片每分钟几千转的高速旋转，磁头就可以定位在盘片的指定位置上进行数据的读写操作。信息通过离磁性表面很近的磁头，由电磁流来改变极性方式，被电磁流写到磁盘上，信息也可以通过相反的方式读取。图 1-31 为硬盘结构示意图。

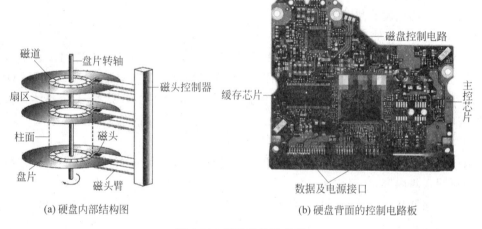

(a) 硬盘内部结构图   (b) 硬盘背面的控制电路板

图 1-31　硬盘结构示意图

一个硬盘通常由多个盘片组成，每个盘片被划分为磁道和扇区。因为扇区的单位太小，因此把它捆在一起，组成一个更大的单位更方便进行灵活管理，这就是"簇"。簇是硬盘存放信息的最小单位。通常连续的若干扇区形成一个簇。簇的大小是可以变化的，是由操作系统在"高级格式化"时规定的，因此管理也更加灵活。图 1-32 为磁道、扇区和簇。

（2）固态硬盘。

固态硬盘（Solid State Drive，SSD）也简称固盘。固态硬盘是用固态电子存储芯片阵列制成的硬盘，由控制单元和存储单元组成。固态硬盘在接口的规范和定义、功能及使用方法上与普通硬盘完全相同，在产品外形和尺寸上也完全与普通硬盘一致，如图 1-33 所示。

固态硬盘的存储介质分为两种，一种是采用闪存作为存储介质，另一种是采用 DRAM 作为存储介质。

基于闪存的固态硬盘是其主要类别，这也是通常所说的 SSD。其内部构造十分简单，固态硬盘内主体其实就是一块 PCB，这块 PCB 上最基本的配件就是控制芯片，缓存芯片（部分低端硬盘无缓存芯片）和用于存储数据的闪存芯片。主控芯片是固态硬盘的"大脑"，其作用

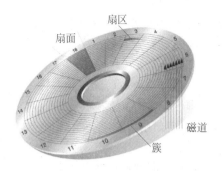

图 1-32 磁道、扇区和簇

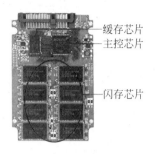

图 1-33 固态硬盘

一是合理调配数据在各个闪存芯片上的负荷,二是承担整个数据中转,连接闪存芯片和外部 SATA 接口。不同的主控之间能力相差非常大,在数据处理能力、算法和对闪存芯片的读取写入控制上会有非常大的不同,直接导致固态硬盘产品在性能上差距高达数十倍。这种 SSD 的外观可以被制作成多种模样,如笔记本硬盘、微硬盘、存储卡、U 盘等样式,最大的优点就是可以移动,而且数据保护不受电源控制,能适应各种环境,适合个人用户使用。

基于 DRAM 的固态硬盘采用 DRAM 作为存储介质,应用范围较窄。它仿效传统硬盘的设计,可被绝大部分操作系统的文件系统工具进行卷设置和管理,并提供工业标准的 PCI 和 FC 接口用于连接主机或者服务器。应用方式可分为 SSD 硬盘和 SSD 硬盘阵列两种。它是一种高性能的存储器,使用寿命很长,美中不足的是需要独立电源来保护数据安全。DRAM 固态硬盘属于非主流设备。

(3)固态混合硬盘。

固态混合硬盘(Solid State Hybrid Drive,SSHD)是把磁性硬盘和闪存集成到一起的一种硬盘。也就是说,混合硬盘是一块基于传统机械硬盘衍生出来的新硬盘,除了机械硬盘必备的碟片、马达、磁头等,还内置了 NAND 闪存颗粒,这些颗粒将用户经常访问的数据进行存储,可以达到如 SSD 效果的读取性能,如图 1-34 所示。

图 1-34 混合硬盘

固态混合硬盘的原理和微软 Windows 7 和 Windows 8 操作系统上的 Ready Boost 功能相似,两者都是通过增加高速闪存来进行资料预读取,以减少从硬盘读取资料的次数,从而提高性能。不同的是,混合硬盘将闪存模块直接整合到硬盘上,对比一下,就会发现新一代固态混合硬盘不仅能提供更佳的性能,还可减少硬盘的读写次数,从而使硬盘耗电量降低,特别是使笔记本电脑的电池续航能力提高;另外,因为一般混合硬盘仅内置 8GB 的

MLC 闪存,所以成本不会大幅提高;同时固态混合硬盘也采用传统磁性硬盘的设计,没有固态硬盘容量小的不足。固态混合硬盘是处于磁性硬盘和固态硬盘中间的一种解决方案。

2) 光盘存储器

光盘存储器(Optical Disk Memory,ODM)是用于记录的薄层涂覆在基体上构成的记录介质。不同的是基体的圆形薄片由热传导率很小、耐热性很强的有机玻璃制成。在记录薄层的表面再涂覆或沉积保护薄片,以保护记录面。记录薄层有非磁性材料和磁性材料两种,前者构成光盘介质,后者构成磁光盘介质。

光盘(Compact Disk)是近代发展起来不同于完全磁性载体的光学存储介质(例如,磁光盘也是光盘),用聚焦的氢离子激光束处理记录介质的方法存储和再生信息,又称激光光盘。光盘是利用激光原理进行读写的设备,是迅速发展的一种辅助存储器,可以存放各种文字、声音、图形、图像和动画等多媒体数字信息。

根据结构不同,光盘主要分为 CD、DVD、蓝光光盘等几种类型,这几种类型的光盘,在结构上有所区别,但主要结构原理是一致的。只读的 CD 光盘和可记录的 CD 光盘在结构上没有区别,它们的主要区别是材料的应用和某些制造工序不同,DVD 也是同样的道理。

(1) 光盘存储器的特点。

- 存储密度高。存储密度是指记录介质单位长度或单位面积内所能存储的二进制位数,单位长度存储的二进制位数称为位密度,单位面积存储的二进制位数称为面密度。光盘的位密度一般可达到 1000b/mm,面密度可达到 $10^7 \sim 10^8\,\text{b/mm}^2$。

- 非接触读写方式。硬盘存储器的浮动磁头虽与盘面不接触,但其距离小于亚微米数量级,盘面也存在划伤的危险。在光盘存储器中,信息的写入与读出是通过聚焦激光束完成的,透镜与介质表面距离为 $1 \sim 2\text{mm}$,根本没有接触的可能性,所以光盘和激光头的使用寿命都比较长。

- 信息保存时间长。光盘的记录介质一般采用特殊材料,如 CD-ROM(Compact Disk Read Only Memory)盘的盘基采用防水、耐热聚碳酸酯塑料,WORM(Write Once Read Many)盘采用低熔点碲系抗氧化合金薄膜,用激光束在记录介质上烧蚀出凹坑来记录信息。光盘不像磁盘或磁带因环境影响可能导致退磁,硬盘驱动器的使用寿命多为 $5 \sim 10$ 年,而光盘信息的保存时间至少在 30 年以上,CD-ROM 盘的寿命预计在 100 年以上。

- 盘面抗污染能力强。激光束可以穿过 1mm 厚的透明层聚焦,所以各种光盘的盘面都加有透明保护层,使记录介质处于密封状态,由于记录介质不与外界接触,因而可以免受外界灰尘或其他有害物质的污染。

- 价格低廉、使用方便。光盘可以大量复制,其价格相对较低,一张 CD-ROM 盘片可以存放 650MB 信息,相当于 400 张 3.5 英寸高密度软磁盘的存储容量,而且能像软磁盘那样随意在驱动器中装卸。随着光盘技术的发展,其价格还在大幅度下降。

(2) 光盘存储器的分类。光盘只是一个统称,它分成两类:一类是只读型光盘,包括 CD-Audio、CD-Video、CD-ROM、DVD-Audio、DVD-Video、DVD-ROM 等;另一类是可记录型光盘,包括 CD-R、CD-RW、DVD-R、DVD＋R、DVD＋RW、DVD-RAM、Double Layer DVD＋R 等各种类型。

- 只读型光盘 CD-ROM/DVD-ROM 主要技术来源于激光唱盘。CD-ROM/DVD-

ROM 盘片上的信息是由生产厂家预先写入的,用户只能读取盘片上的信息,不能往盘片上写入信息。它主要用于存放固定不变的数据、计算机软件或多媒体演示节目,如计算机辅助教学课件等。CD-ROM/DVD-ROM 光盘可以大量复制,而且成本非常低廉。

- 一次写入型光盘 CD-R/DVD-R 类似于半导体 PROM 的读写功能,用户可以一次性写入信息。写入的信息将永久保存在光盘上,以后可以任意多次读出,但写入后不能再修改,所以记录信息时一定要慎重。CD-R/DVD-R 光盘在使用前首先要进行格式化,形成格式化信息区和逻辑目录区,并引入了 DOS 文件分配表的概念。在光盘的根目录下是用户定义的逻辑目录,逻辑目录对应文件管理区,在逻辑目录建立的同时,用户可以对其中重要文件进行加密,特别适用于数字图像等文档信息的存储和检索。

- 可擦除重写光盘 CD-RW/DVD-RW 像磁盘一样可以任意读写数据,不仅可以读出信息,而且可以擦除原存信息后进行重写。根据可擦除重写光盘记录介质的读、写、擦原理来分类,主要有相变型光盘 PCD(Phase-Changed Disk)和磁光型光盘 MOD(Magnetic Optical Disk)两种类型。

- 照片光盘 Photo CD(图片光盘)在平面设计、印刷和多媒体制作等领域有广泛的应用,照片光盘不仅可以在光驱上使用,也可以在家用 VCD(Video Compact Disk)机上使用。Photo CD 又分为印刷照片光盘(Print CD)和显示照片光盘(Portfolio CD)。印刷照片光盘专用于平面设计和印刷行业,显示照片光盘主要用于多媒体制作。照片光盘除存放数字照片以外,也可以存放文本、图像或音频信息,因而在视听娱乐领域也得到了广泛应用。照片光盘 Photo CD 中的每幅图像都可以采用五种不同图像分辨率表示,标准图像分辨率为 768×512,最大图像分辨率可以达到 3072×2048,其最大容量大约 650MB。Photo CD 的存储格式可以是 TIFF、EPS 或 PCD 格式。TIFF 与 EPS 主要供印刷排版使用;PCD 格式则多用于图像处理,如 Photoshop 可直接读取 PCD 格式,而不必进行格式转换。

图 1-35 为光盘和光驱。

实际应用中,读取和烧录 CD、DVD、蓝光光盘的激光是不同的。大家都知道,CD 的容量只有 700MB 左右,DVD 则可以达到 4.7GB,蓝光光盘更是可以达到 25GB。它们之间的容量差别,同其相关的激光光束的波长密切相关。

图 1-35 光盘和光驱

3) 移动存储器

移动存储器指便携式的数据存储装置,带有存储介质且(一般)自身具有读写介质的功能,不需要或很少需要其他装置等的协助。现代的移动存储器主要有移动硬盘、U 盘和各种存储卡。

(1) 移动硬盘。移动硬盘由硬盘和硬盘盒组成。移动硬盘可以提供相当大的存储容量,是一种较具性价比的移动存储产品。移动硬盘一般采用 USB 接口,数据传输速度快,可以支持热插拔,但要注意 USB 接口必须确保停止以后才能拔下 USB 连线,否则处于高速运转的硬盘突然断电会导致硬盘损坏。移动硬盘有如下特点:

- 容量大。移动硬盘能在用户可以接受的价格范围内,提供给用户较大的存储容量和不错的便捷性。市场中的主流移动硬盘基本都能提供 500GB 以上的存储容量,有的甚至高达 12TB,可以说是 U 盘、磁盘等闪存产品的升级版,被广泛使用。

- 体积小。移动硬盘(盒)的尺寸分为 1.8 寸、2.5 寸和 3.5 寸三种。2.5 寸移动硬盘盒可以使用笔记本电脑硬盘,体积小,重量轻,便于携带,一般没有外置电源。3.5 寸的移动硬盘盒使用台式计算机硬盘,体积较大,便携性相对较差,并且一般都自带外置电源和散热风扇。

- 速度快。移动硬盘大多采用 USB、IEEE 1394、eSATA 接口,能提供较高的数据传输速度。不过移动硬盘的数据传输速度一定程度上还受到接口速度的限制,USB2.0接口传输速率是 60MB/s,USB3.0 接口传输速率是 625MB/s,IEEE 1394 接口传输速率是 50~100MB/s。在与主机交换数据时,读取 GB 数量级的大型文件只需几分钟,特别适合视频与音频数据的存储和交换。

- 使用方便。主流 PC 基本都配备了 USB 接口,主板通常可以提供 2~8 个,一些显示器也会提供 USB 转接器,USB 接口已成为 PC 的必备接口。USB 设备在大多数版本的 Windows 操作系统中都可以不需要预先安装驱动程序,具有真正的"即插即用"特性,使用起来非常灵活方便。

- 可靠性高。移动硬盘与笔记本电脑硬盘的结构类似,多采用硅氧盘片。这是一种比铝、磁更为坚固耐用的盘片材质,并且具有更大的存储量和更好的可靠性,提高了数据的完整性。另外还具有防振功能,在剧烈振动时盘片自动停转并将磁头复位到安全区,以防止盘片损坏。

图 1-36 为移动硬盘。

(2) U 盘。U 盘全称 USB 闪存盘(USB Flash Disk)。它是一种无须物理驱动器的微型高容量移动存储产品,通过 USB 接口与计算机连接,实现即插即用,如图 1-37 所示。

图 1-36　移动硬盘　　　　　　　　图 1-37　U 盘

U 盘的组成很简单,主要由外壳+机芯组成。其中机芯是一块 PCB,上面有 USB 主控芯片、晶振、贴片电阻、电容、Flash(闪存)芯片,以及 USB 接口和贴片 LED(不是所有的 U 盘都有)等。

U 盘最大的优点就是小巧,便于携带、存储容量大、价格便宜、性能可靠。U 盘体积仅大拇指般大小,重量极轻,一般在 15g 左右,特别适合随身携带。U 盘的容量有 2GB、4GB、8GB、16GB、32GB、64GB,甚至还有 128GB、256GB、512GB、1TB 等。U 盘中无任何机械式装置,抗振性能极强。另外,U 盘还具有防潮防磁、耐高低温等特性,安全可靠性好。

（3）存储卡。存储卡又称为"数码存储卡""数字存储卡""储存卡"等，是用于手机、数码相机、便携式计算机、MP3 和其他数码产品上的独立存储介质，一般是卡片的形态，故统称为"存储卡"。存储卡具有体积小巧、携带方便、使用简单的优点。同时，由于大多数存储卡都具有良好的兼容性，因此便于在不同的数码产品之间交换数据。近年来，随着数码产品的不断发展，存储卡的存储容量不断得到提升，应用也快速普及。

存储卡大多使用闪存作材料，但由于形状、体积和接口的不同又分为 SD 卡、CF 卡、MMC 卡、XD 卡、T-Flash 卡、Mini-SD 卡等，如图 1-38 所示。

图 1-38　存储卡

1.4.4　输入设备与输出设备

输入输出设备是计算机系统的重要组成部分。各类信息通过输入设备输入到计算机中，计算机的处理结果则由输出设备输出。

1. 输入设备

输入设备（Input Device）是计算机与用户或其他设备通信的桥梁，是用户和计算机系统之间进行信息交换的主要装置之一。计算机能够接收各种各样的数据，既可以是数值型的数据，也可以是各种非数值型的数据，如图形、图像、声音等都可以通过不同类型的输入设备输入到计算机中，供计算机进行存储、处理和输出。

计算机的输入设备按功能可分为下列几类：

（1）字符输入设备：键盘。

（2）光学阅读设备：光学标记阅读机，光学字符阅读机。

（3）图形输入设备：鼠标器、操纵杆、光笔。

（4）图像输入设备：摄像机、扫描仪、传真机。

（5）模拟输入设备：语言模数转换识别系统。

1）键盘

键盘是最常用也是最主要的输入设备，通过键盘可以将英文字母、数字、标点符号等输入到计算机中，从而向计算机发出命令、输入数据等。为了适应不同用户的需要，常规键盘具有 CapsLock（字母大小写锁定）、NumLock（数字小键盘锁定）、ScrollLock（滚动锁定键）3 个指示灯来标识键盘的当前状态。

不管键盘形式如何变化，按键的排列还是基本保持不变，可以分为主键盘区、数字辅助键区、功能键区、控制键区，对于多功能键盘还增添了快捷键区。

键盘的接口有 AT 接口、PS/2 接口和最新的 USB 接口。目前市场上炙手可热的无线技术也被应用在键盘上。无线技术的应用使人摆脱键盘线的限制和束缚，可以自由地操作，主要有蓝牙、红外线等。一般来说,蓝牙在传输距离和安全保密性方面要优于红外线。红外线的传输有效距离为 1～2m,而蓝牙的有效距离约为 10m。由此可知,无线键盘前途无量。

2) 鼠标

鼠标(Mouse)是计算机的一种输入设备,也是计算机显示系统纵横坐标定位的指示器,因形似老鼠而得名"鼠标"。鼠标的使用是为了使计算机的操作更加简便快捷来代替键盘繁琐的指令。目前常用的光电鼠标是通过检测鼠标器的位移,将位移信号转换为电脉冲信号,再通过程序的处理和转换来控制屏幕上的光标箭头的移动。

图 1-39 键盘和鼠标

除此之外,无线鼠标和 3D 振动鼠标都是比较新颖的鼠标。无线鼠标是利用 DRF 技术把鼠标在 X 轴或 Y 轴上的移动、按键按下或抬起的信息转换成无线信号并发送给主机。3D 振动鼠标具有全方位立体控制能力,同时具有振动功能,即触觉回馈功能。例如,玩某些游戏被敌人击中时,你会感觉到你的鼠标也振动了。

键盘和鼠标如图 1-39 所示。

3) 扫描仪

扫描仪(Scanner)是利用光电技术和数字处理技术,以扫描方式将图形或图像信息转换为数字信号的装置。

扫描仪是一种光、机、电一体化的高科技产品,它是将各种形式的图像信息输入计算机的重要工具,是继键盘和鼠标之后的第三代计算机输入设备。扫描仪具有比键盘和鼠标更强的功能,从最原始的图片、照片、胶片到各类文稿资料都可用扫描仪输入到计算机中,进而实现对这些图像形式的信息的处理、管理、使用、存储和输出等,配合光学字符识别(Optic Character Recognition,OCR)软件还能将扫描的文稿转换成计算机的文本形式。

扫描仪的工作原理如下:自然界的每一种物体都会吸收特定的光波,而没被吸收的光波就会反射出去。扫描仪就是利用上述原理来完成对稿件的读取的。扫描仪工作时发出的强光照射在稿件上,没有被吸收的光线将被反射到光学感应器上。光感应器接收到这些信号后,将这些信号传送到模/数(A/D)转换器,模/数转换器再将其转换成计算机能读取的信号,然后通过驱动程序转换成显示器上能看到的正确图像。

待扫描的稿件通常可分为反射稿和透射稿。前者泛指一般的不透明文件,如报纸、杂志等,后者包括幻灯片(正片)或底片(负片)。如果经常需要扫描透射稿,就必须选择具有光罩(光板)功能的扫描仪。图 1-40 所示为扫描仪。

4) 数码相机

数码相机(Digital Camera,DC)是集光学、机械、电子于一体的产品,如图 1-41 所示。它集成了影像信息的转换、存储和传输等部件,具有数字化存取模式,与计算机交互处理和实时拍摄等特点。光线通过镜头或者镜头组进入相机,通过数码相机成像元件转化为数字信号,数字信号通过影像运算芯片存储在存储设备中。数码相机的成像元件是 CCD 或 CMOS,该成像元件的特点是光线通过时,能根据光线的不同转化为电子信号。按照用途不同,数码相机分为单反相机、微单相机、卡片相机、长焦相机和家用相机等。

图 1-40　扫描仪

图 1-41　数码相机

5）触摸屏

触摸屏（Touch Screen）又称为"触控屏""触控面板"，是一种可接收触头等输入信号的感应式液晶显示装置。当接触了屏幕上的图形按钮时，屏幕上的触觉反馈系统可根据预先编好的程序驱动各种连接装置，可用以取代机械式的按钮面板，并借由液晶显示画面制造出生动的影音效果。

触摸屏作为一种最新的输入设备，是目前最简单、方便、自然的一种人机交互方式。它赋予了多媒体以崭新的面貌，是极富吸引力的全新多媒体交互设备。其主要应用于公共信息查询、办公、工业控制、军事指挥、电子游戏、点歌点菜、多媒体教学、房地产预售等。

从技术原理来区别触摸屏，可分为 5 个基本种类：矢量压力传感技术触摸屏、红外线技术触摸屏、电容技术触摸屏、电阻技术触摸屏和表面声波技术触摸屏。其中矢量压力传感技术触摸屏已退出历史舞台；红外线技术触摸屏价格低廉，但其外框易碎，容易产生光干扰，曲面情况下失真；电容技术触摸屏设计构思合理，但其图像失真问题很难得到根本解决；电阻技术触摸屏的定位准确，但其价格颇高，且怕刮易损；表面声波技术触摸屏解决了以往触摸屏的各种缺陷，清晰不容易被损坏，适于各种场合，缺点是屏幕表面如果有水滴和尘土会使触摸屏变得迟钝，甚至不工作。

6）游戏手柄

游戏手柄也是一种常见的输入部件，通过操纵其按钮等，实现对游戏虚拟角色的控制。游戏手柄的标准配置是由任天堂确立及实现的，它包括十字键（方向）、ABXY 功能键和选择及暂停键（菜单）这 3 种控制按键。随着游戏设备硬件的升级换代，现代游戏手柄又增加了类比摇杆（方向及视角）、扳机键以及 HOME 菜单键等。图 1-42 所示为游戏手柄。

图 1-42　游戏手柄

2. 输出设备

输出设备（Output Device）是人与计算机交互的一种部件，用于数据的输出。它把各种计算结果数据或信息以数字、字符、图像、声音等形式表现出来。常见的有显示器、打印机、绘图仪、影像输出系统、语音输出系统、磁记录设备等。

1）显示器

显示器（Display）又称监视器，是实现人机对话的主要工具。它既可以显示键盘输入的命令或数据,也可以显示计算机数据处理的结果。

常用的显示器主要有两种类型:一种是阴极射线管(Cathode Ray Tube,CRT)显示器,如图 1-43 所示;另一种是液晶显示器(Liquid Crystal Display,LCD),如图 1-44 所示。按颜色区分,可将显示器分为单色(黑白)显示器和彩色显示器。

图 1-43　阴极射线管显示器

图 1-44　液晶显示器

显示适配器又称显示控制器,是显示器与主机的接口部件,以硬件插卡的形式插在主机板上,如图 1-45 所示。

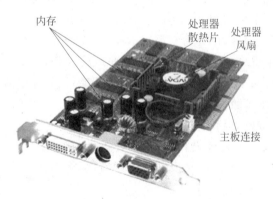

图 1-45　显示适配器

显示器必须配合显卡才能正常工作。显卡作为计算机的一个重要组成部分,承担输出显示图形的任务。显卡的基本结构包括图形处理器(Graphic Processing Unit,GPU)、显示存储器(Video RAM,VRAM)、数/模转换器(Random Access Memory Digital-to-Analog Converter,RAMDAC)以及相关的接口电路,这些部件决定了计算机在屏幕上的输出,包括屏幕画面显示的速度、颜色以及显示分辨率等。

2) 打印机

打印机(Printer)是将计算机的处理结果打印在纸张上的输出设备。人们常把显示器的输出称为软拷贝,把打印机的输出称为硬拷贝。

按照工作机制,打印机可以分为击打式和非击打式两类。其中击打式又分为字模式打印机和针式(点阵式)打印机。非击打式分为喷墨打印机、激光打印机、热敏打印机和静电打印机。

（1）针式打印机。针式打印机是一种特殊的打印机，和喷墨打印机、激光打印机都存在很大的差异。针式打印机的主要部件是打印头，通常所讲的 9 针、16 针和 24 针打印机说的就是打印头上的打印针的数目。图 1-46 所示为针式打印机。

针式打印机是利用直径 0.2～0.3mm 的打印针通过打印头中的电磁铁吸合或释放来驱动打印针向前击打色带，将墨点印在打印纸上完成打印动作，通过对色点排列形式的组合控制，实现对规定字符、汉字和图形的打印。通常针式打印机所使用的色带都是单色的，当然，有些针式打印机也可以打印彩色图像，但其打印速度要比喷墨打印机慢，而且精度较低，噪声也较大，因此针式打印机在家用打印机市场上已遭到淘汰。针式打印机的耗材成本极低，并且能多层套打，因此在银行、证券等领域有着不可替代的地位。

（2）喷墨打印机。喷墨打印机是在针式打印机之后发展起来的，采用非打击的工作方式。比较突出的优点有体积小、操作简单方便、打印噪声低、使用专用纸张时可以打出和照片相媲美的图片等。

喷墨打印机按工作原理可分为固体喷墨和液体喷墨两种，液体喷墨方式又可分为气泡式与液体压电式。气泡技术是通过加热喷嘴，使墨水产生气泡，喷到打印介质上的。图 1-47 所示为喷墨打印机。

图 1-46 针式打印机

图 1-47 喷墨打印机

喷墨打印机在打印图像时，需要进行一系列的繁杂程序。当打印机喷头快速扫过打印纸时，它上面的喷嘴就会喷出无数的小墨滴，从而组成图像中的像素。打印机头上一般都有 48 个或 48 个以上的独立喷嘴喷出各种不同颜色的墨水。不同颜色的墨滴落于同一点上，形成不同的复色。用显微镜可以观察到黄色和蓝紫色墨水同时喷射到的地方呈现绿色，所以可以这样认为：打印出的基础颜色是在喷墨覆盖层中形成的。一般来说，喷嘴越多，打印速度越快。

（3）激光打印机。激光打印机脱胎于 20 世纪 80 年代末的激光照排技术，流行于 20 世纪 90 年代中期。它是将激光扫描技术和电子照相技术相结合的打印输出设备。其基本工作原理是由计算机传来的二进制数据信息，通过视频控制器转换成视频信号，再由视频接口或控制系统把视频信号转换为激光驱动信号，然后由激光扫描系统产生载有字符信息的激光束，最后由电子照相系统使激光束成像并转印到纸上。较其他打印设备而言，激光打印机有打印速度快、成像质量高等优点，但使用成本相对高昂。

激光打印机由激光器、声光调制器、高频驱动、扫描器、同步器及光偏转器等组成，其作用是把接口电路送来的二进制点阵信息调制在激光束上，之后扫描到感光体上。感光体与

照相机构组成电子照相转印系统,把射到感光鼓上的图文映像转印到打印纸上,其原理与复

图 1-48　激光打印机

印机相同。激光打印机的机型不同,打印功能也有区别,但工作原理基本相同,都要经过充电、曝光、显影、转印、消电、清洁、定影七道工序,其中有五道工序是围绕感光鼓进行的。把要打印的文本或图像输入到计算机中,通过计算机软件对其进行预处理;然后由打印机驱动程序转换成打印机可以识别的打印命令(打印机语言)送到高频驱动电路,以控制激光发射器的开与关,形成点阵激光束,再经扫描转镜对电子显像系统中的感光鼓进行轴向扫描曝光,纵向扫描由感光鼓的自身旋转实现。图 1-48 所示为激光打印机。

打印机的评价指标主要是打印分辨率、打印速度和打印幅面等。

① 打印分辨率。打印分辨率又称为输出分辨率,是指在打印输出时横向和纵向两个方向上每英寸最多能够打印的点数,通常以“点/英寸”即 dpi(dot per inch)表示。目前一般激光打印机的分辨率均在 600dpi×600dpi 以上。

打印分辨率的具体数值决定了打印效果的好坏。一般情况下激光打印机在纵向和横向两个方向上的输出分辨率几乎是相同的,但是也可以人为来进行调整控制;喷墨打印机在纵向和横向两个方向上的输出分辨率相差很大,一般情况下喷墨打印机分辨率是指横向喷墨表现力,如 800dpi×600dpi,其中 800 表示打印幅面上横向方向显示的点数,600 则表示纵向方向显示的点数。打印分辨率不仅与显示打印幅面的尺寸有关,还要受打印点距和打印尺寸等因素的影响,打印尺寸相同,点距越小,分辨率越高。

② 打印速度。评价一台打印机的优劣,不仅要看打印图像的品质,还要看它是否有较快的打印速度。打印机的打印速度是用每分钟打印多少页纸(PPM)来衡量的。一般分为彩色文稿打印速度和黑白文稿打印速度。打印速度越快,打印文稿所需时间越短。

打印速度与打印时设定的分辨率有直接的关系,打印分辨率越高,打印速度也就越慢。通常打印速度的测试标准为 A4 标准打印纸,300dpi 分辨率,5％覆盖率。

③ 打印幅面。打印幅面指最大能够支持打印纸张的大小。它的大小是用纸张的规格来标识或是直接用尺寸来标识的,具体有 A3、A4、A5 等。

一台好的激光打印机最关键的部件是硒鼓,硒鼓寿命指的是打印机硒鼓可以打印的纸张数量。可打印的纸张量越大,硒鼓的使用寿命越长。硒鼓也称为感光鼓,它不仅决定了打印质量的好坏,还决定了使用者在使用过程中需要花费的金钱多少。在激光打印机中,70％以上的成像部件集中在硒鼓中,打印质量的好坏在很大程度上是由硒鼓决定的。

根据感光材料的不同,目前主要把硒鼓分为三种:OPC 硒鼓(有机光导材料)、Se 硒鼓和陶瓷硒鼓。在使用寿命上,OPC 硒鼓一般为 3000 页左右,Se 硒鼓为 10000 页,陶瓷硒鼓为 100000 页。

习　题

一、判断题

1. 现代计算机采用的是冯·诺依曼提出的"存储程序控制"思想，科学家们正在研究的生物计算机采用非冯·诺依曼结构。

2. 微型计算机的性能主要取决于主板。

3. 运算器是进行算术运算和逻辑运算的部件，通常称它为 CPU。

4. 任何存储器都有记忆能力，其中的信息不会丢失。

5. 计算机总线由数据总线、地址总线和控制总线组成。

6. 微型计算机断电后，机器内部的计时系统将停止工作。

7. 通常硬盘安装在主机箱内，因此它属于主存储器。

8. 用屏幕水平方向上显示的点数乘以垂直方向上显示的点数来表示显示器清晰度的指标，通常称为分辨率。

二、选择题

1. 与信息技术中的感知与识别技术、通信与存储等技术相比，计算技术主要用于扩展人的（　　）器官的功能。

    A. 感觉　　　　　　B. 神经网络　　　　C. 思维　　　　　　D. 效应

2. 下列关于集成电路的叙述错误的是（　　）。

    A. 集成电路是将大量晶体管、电阻及互连线等制作在尺寸很小的半导体单晶片上

    B. 现代集成电路使用的半导体材料通常是硅或砷化镓

    C. 集成电路根据它所包含的晶体管数目可分为小规模、中规模、大规模、超大规模和极大规模集成电路

    D. 集成电路按用途可分为通用和专用两大类。微处理器和存储器芯片都属于专用集成电路

3. 计算机内所有的信息都是以（　　）数码形式表示的，其单位是比特(bit)。

    A. 八进制　　　　　B. 十进制　　　　　C. 二进制　　　　　D. 十六进制

4. 微型计算机硬件系统中最核心的部件是（　　）。

    A. 主板　　　　　　B. CPU　　　　　　C. 内存储器　　　　D. I/O 设备

5. 计算机中对数据进行加工与处理的部件，通常称为（　　）。

    A. 运算器　　　　　B. 控制器　　　　　C. 显示器　　　　　D. 存储器

6. 微型计算机中，控制器的基本功能是（　　）。

    A. 实现算术运算和逻辑运算　　　　　B. 存储各种控制信息

    C. 保持各种控制状态　　　　　　　　D. 控制机器各个部件协调一致地工作

7. 指出 CPU 下一次要执行的指令地址的部件称为（　　）。

    A. 程序计数器　　　B. 指令寄存器　　　C. 目标地址码　　　D. 数据码

8. 32 位微型计算机中进行算术运算和逻辑运算时，可以处理的二进制信息长度是（　　）。

    A. 32 位　　　　　　　　　　　　　　B. 16 位

    C. 8 位　　　　　　　　　　　　　　 D. 以上 3 种都可以

9. 下面列出的 4 种存储器中,易失性存储器是(　　)。

    A. RAM   B. ROM   C. PROM   D. CD-ROM

10. 微型计算机中内存储器比外存储器(　　)。

    A. 容量大且读写速度快   B. 容量小但读写速度快

    C. 容量大但读写速度慢   D. 容量小且读写速度慢

11. 配置高速缓冲存储器(Cache)是为了解决(　　)。

    A. 内存与辅助存储器之间速度不匹配问题

    B. CPU 与辅助存储器之间速度不匹配问题

    C. CPU 与内存储器之间速度不匹配问题

    D. 主机与外设之间速度不匹配问题

12. 机械硬盘工作时应特别注意避免(　　)。

    A. 噪声   B. 振动   C. 潮湿   D. 日光

13. 下列各组设备中,全部属于输入设备的一组是(　　)。

    A. 键盘、磁盘和打印机   B. 键盘、扫描仪和鼠标

    C. 键盘、鼠标和显示器   D. 硬盘、打印机和键盘

14. 显示器显示图像的清晰程度,主要取决于显示器的(　　)。

    A. 对比度   B. 亮度   C. 尺寸   D. 分辨率

15. 针式打印机术语中,24 针是指(　　)。

    A. 24×24 点阵   B. 信号线插头有 24 针

    C. 打印头内有 24×24 根针   D. 打印头内有 24 根针

16. 下面有关计算机的叙述中,正确的是(　　)。

    A. 计算机的主机只包括 CPU

    B. 计算机程序必须装载到内存中才能执行

    C. 计算机必须具有硬盘才能工作

    D. 计算机键盘上字母键的排列方式是随机的

三、填空题

1. 在计算机内部,程序是由指令组成的。大多数情况下,指令由_____和操作数地址两部分组成。

2. 计算机系统一般由_____和软件两大系统组成。

3. 一台计算机所具有的各种机器指令的集合称为该计算机的_____。

4. 一台计算机所有指令的集合称为指令系统,常见的指令系统有复杂指令系统和_____。

5. 计算机在工作时突然断电,会使存储在_____中的数据丢失。

6. 总线是连接计算机各部件的一组公共信号线,由_____、_____和控制总线组成。

7. 主板中最重要的是_____,它是主板的灵魂。

8. 一个 USB 接口最多能连接的设备数是_____;一个 IEEE 1394 接口最多能连接的设备数是_____。

9. 衡量显示设备能表示像素个数的性能指标是_____,目前微型计算机可以配置不同的显示系统,在 CGA、EGA 和 VGA 标准中,显示性能最好的一种是_____。

四、简答题

1. 计算机可以分为哪些类型？目前应用最多的属于哪一类？

2. 简述冯·诺依曼机的工作原理。

3. 电子计算机的发展经历了几个阶段？每一个阶段有什么特点？

4. 什么是集成电路？集成电路按集成度的高低可分为哪几类？

5. 什么是摩尔定律？

6. 什么是比特？为什么计算机中采用二进制？

7. 存储容量有哪些计量单位？内存容量和外存容量的计量单位有何差别？

8. 计算机硬件由哪几部分组成？各部分的主要功能是什么？

9. 简述计算机指令的执行过程。

10. 主板上安装了哪些主要部件和器件？

11. 什么是芯片组？它与 CPU、内存和各种 I/O 设备的关系是怎样的？

12. BIOS 中有哪些基本程序？

13. 评价 CPU 性能的指标有哪些？

14. 内存储器的半导体存储芯片有哪些类型？它们各自的特点是什么？

15. PC 上有哪些主要的 I/O 接口？

16. 硬盘存储器由哪些部分组成？它是怎样工作的？

17. U 盘与存储卡都是什么材质的存储器？

阅读材料 1-1：智能手机

随着通信产业的不断发展，移动终端已经由原来单一的通话功能向语音、数据、图像、音乐和多媒体方向综合演变。移动终端基本可以分成两种：一种是传统手机；另一种是智能手机。智能手机具有传统手机的基本功能，并有以下特点：开放的操作系统、硬件和软件可扩充性及支持第三方的二次开发。相对于传统手机，智能手机以其强大的功能和便捷的操作等特点越来越受到人们的青睐，已经成为市场的潮流。

从用户的角度出发，智能手机可以理解成以下硬件的综合体。

1. 应用处理器

因为手机的高度集成化，所以手机的 CPU 从功能上来说不同于计算机上的 CPU。手机的应用处理器可以理解为 CPU、芯片组、显卡、数字声卡、视频加速卡、浮点加速单元的一个结合体。计算机有各种插槽、各种接口，可以扩展设备、扩展功能。手机的应用处理器也可以，它是通过各种标准接口实现的，有供显示用标准接口，有供音频用的标准接口，也有给通信、蓝牙、FM、数字电视、外接存储卡等用的标准接口，很多接口标准和计算机是完全一样的。所以，应用处理器基本决定了手机的主要功能和性能档次。

提起智能手机的应用处理器，大家首先会想起谁？市面上主流的处理器有苹果、三星、高通、联发科、麒麟等。不管是哪种处理器，基本都是基于 ARM 架构的。"ARM"这个词汇包含两层含义。第一层，ARM 是"英国芯片设计公司"的缩写（已于 2016 年被日本软银收购），是一家致力于半导体芯片设计研发的企业；第二层，ARM 是与 x86 平级的 CPU 架构，它和 x86 的差别是改用了 RISC（精简指令集计算机），虽然整体性能不如 x86 架构特有的

CISC(复杂指令集计算机),但却因低成本、低功耗和高效率这三个特点,恰好迎合了包括智能手机在内的诸多移动设备的发展潮流,从而一统非 PC 领域计算设备的江山。

ARM 之所以默默无闻,主要就在于其独特的运营模式。作为全球最著名的半导体芯片厂商,Intel 公司总将芯片的 IP 设计、IC 设计、晶圆制造和封装测试等环节大包大揽。反观 ARM 公司,其只负责半导体芯片产业链中最初的 IP 设计部分,也就是研发 ARM 指令集、内核架构、图形核心和互连架构等,并将它们授权给其他芯片商完成从半导体芯片设计、生产到销售的其他流程。也就是说,ARM 公司既不生产芯片也不销售芯片,它只出售芯片技术授权,苹果、三星、高通等这些芯片商在购买了 ARM 核心授权后加上其厂商自行添加的功能模块,形成自己的处理器。ARM 的盈利来源则在于前期的授权费用,以及芯片厂商后期销售时支付的提成费用。

ARM 公司推出的 A 系列处理器主要是 Cortex-A 系列处理器,分别是 A7、A9、A12/17、A15,这些都是 32 位 ARMv7-A 指令集的,64 位则是 A53、A57、A72 及最新发布的 A35,基于 ARMv8-A 指令集。Cortex-A7 架构在智能手机中比较出名,支持 ARMv7-A 指令集,NEON 及 VFP 浮点单元都包含,还可以搭配最多 1MB 缓存,所以 A7 架构直到现在还在用,小米公司出货量超过 1000 万的红米 2A 用的联芯 LC1860 就是四核 Cortex-A7 架构。

多数情况下,A7 核心是与 Cortex-A15 核心组成 big.LITTLE 大小核架构,知名的处理器有 NVIDIA 公司的 Tegra K1、海思公司的麒麟 920/925、三星公司的 Exynos 5420/5420、联发科公司的 MT8135 等。Cortex-A8 架构在 Cortex-A 系列处理器中最为特殊,因为其他处理器每簇核心多数都能达到 4 个核心(总核心数不受限制,由厂商选择),但 A8 只有单核心,苹果公司的 iPhone 4 用的处理器就是单核 A8 架构。Cortex-A9 架构在手机处理器中算是最辉煌的了,它既不像 A7 那样过于注重低功耗而牺牲了性能,也不像 A15 架构那样追求性能(A15 架构本来是 ARM 公司针对服务器市场推出的)。A9 的性能、功耗比较均衡,而且 A9 正好是手机处理器从单核向双核转变的时代,双核及后来的四核 A9 架构中出了不少代表性的处理器,包括苹果公司一鸣惊人的 A5/A5X、NVIDIA 公司的 Tegra 2/3、Ti 公司的 OMAP 4430/4460、三星公司的 Exynos 4210、华为海思公司的 K3V2 等,高通公司备受好评的 Krait 架构也是基于 A9 架构改良的。

Cortex-A15 架构本来是 ARM 公司针对服务器市场推出的高性能核心,首次使用 3 发射解码架构,还支持 ECC 内存,性能很好,但随之而来的功耗也是严重问题,大部分使用 A15+A7 的 big.LITTLE 架构的处理器多多少少都存在发热的问题。A8 虽然先天羸弱,但在当时还是发挥了作用;而 Cortex-A17 架构的底子很不错,但生不逢时。

此外,Cortex-A17 实际上就是之前的 Cortex-A12(内核没变,改变了外部总线),ARM 公司推出 A12 架构原本是为了弥补 A15 功耗过高、A7 性能太低的缺憾,应该说是 A9 架构的继任者,所以它在性能和功耗的平衡性上做得不错。但是,当时的中国合作伙伴认为 A12 这个命名不好,消费者会因为它数字比 A15 低而认为不如 A15 好(虽然性能上确实如此),不利于宣传,因此 ARM 公司将其更名为 Cortex-A17 架构。

本该大有作为的 Cortex-A17 处理器却雷声大雨点小,除了联发科 MT6595、瑞芯微 RK3288 以及小米电视上用的晨星 6A928 等极少数产品之外,应用者寥寥,因为 A17 架构出来得太晚,还是 32 位指令集的它一问世就直接遇到 64 位架构处理器的冲击。

如果说 A9 处理器是 32 位智能手机应用的成功代表,那么 Cortex-A53 架构就是 64 位智能手机处理器架构的代表,它原本是 ARM 公司针对 64 位应用推出的低功耗架构,定位类似之前的 Cortex-A7,低功耗、低核心面积、低成本、低发热,应该用作 big.LITTLE 架构中的小核心。不过同期推出的 Cortex-A57 架构同样面临功耗大、发热高的难题,再加上厂商在 8 核路线上坚持全部使用 A53 核心做 8 核处理器,目前最受欢迎的联发科 Helio X10/MT6795、MT6753/6752、海思麒麟 930/620、高通骁龙 615/616/617 等处理器都是这种架构。

ARM 公司在移动市场推出的大核心高性能处理器都面临功耗大、发热失控的尴尬,64 位 A57 甚至还不如 32 位 A15 架构,由于 28nm 甚至 20nm 工艺都难以控制发热,所以只有高通公司骁龙 810、三星公司 Exynos 5433(但放弃了 64 位支持)、NVIDIA 公司的 Tegra X1 等少数处理器采用了 4 核 A57 架构。市场表现还算好的只有骁龙 808 及三星公司的 Exynos 7420,前者是因为只用了双核 A57 架构搭配 4 核 A53,Exynos 7420 虽然是真正的 4 核 A57 架构,这主要归功于三星公司的 14nm 工艺,如果用 20nm 工艺,恐怕也不会乐观。

A57 之后,ARM 公司又推出了 Cortex-A72 架构,该架构可以说是 A57 的改良版,同时也会取代 A57 的位置,因为 A72 的功耗控制、性能都要比后者更优秀,很多处理器直接跳过了 A57 架构等的就是 A72 架构,因为它还是针对 FinFET 工艺优化的。

目前,A72 核心处理器还是新生事物,海思公司最近发布的麒麟 950 就使用了 4 核 A72+4 核 A53 架构,号称是首款商用 A72 处理器。联发科公司早前发布的 MT8173 处理器也是 A72 核心的,已经用在了亚马逊公司的 FireTV 新品上,后续还会有联发科公司 10 核心的 Helio X20/30 处理器等。

后来 ARM 公司又发布了 Cortex-A35 架构,从命名上看,它在 64 位处理器中定位最低,实际上它也不是为了取代 A53,而是取代目前还在服役的 A7 低功耗 32 位核心,1GHz 频率下功耗只有 90mW,100MHz 下更是低至 6mW,28nm 工艺下核心面积只有 $0.4mm^2$。

2. 基带处理器、射频处理器、天线模块

从计算机的角度出发,可以把这一块理解成一个外置的 Modem,通过通信接口与应用处理器连接。电话、短信、上网都通过 Modem 传输数据。Modem 的种类决定了手机支持的网络、执行的标准、可用的速度、通信的稳定性和带宽等。

手机信号好不好,上网快不快,很大程度也是这部分决定的。有些厂商把这部分和应用处理器封装在一起,相当于内置 Modem 了,这就是单芯片解决方案。

手机的基带处理器是高科技行业,而且充满了专利陷阱和寡头垄断,当年高通公司靠美国政府的扶持,用贸易壁垒限制欧洲的 GSM 进入美国市场,等到 CDMA 开发成功,专利申请了一大堆,才放欧洲厂商进来。寡头垄断的一个好处是参与这一块的都是巨头,产品品质、标准、测试都有保证,只要设计不出现重大失误,手机的通信质量是有保证的。对于普通消费者来说,只要弄明白自己所需的制式即可,高通、英飞凌、展讯和 MTK 的解决方案,通信品质都是有保证的。

3. 内存、闪存、外接存储卡

手机的内存和计算机的内存,概念完全相同。闪存相当于计算机的硬盘,外接存储卡相当于计算机的 U 盘和移动硬盘。内存速度越快、带宽越大,机器运行速度就越快。内存越多,任务越多,切换也越流畅。闪存越大,手机存储的东西越多。闪存读写速度越快,手机载入程序越快,感觉越流畅。

手机的内存带宽很大程度上取决于应用处理器,应用处理器支持 LP DDR2 还是 DDR3,支持 32bit 还是 64bit,手机的内存也会做相应的选择。手机的闪存取决于厂商的良心,一般用户只会知道手机闪存的容量,而不会去关注读写速度。事实上闪存与应用处理器接口的带宽是足够的,闪存的读写速度直接影响到手机的流畅程度和程序载入的速度。对于普通消费者来说,购买智能手机前应该多看一下测试评分,尤其是 I/O 的得分。

4. 显示屏

显示屏相当于计算机的显示器。手机的液晶屏和计算机的液晶屏完全一样,技术指标同样有分辨率、亮度、对比度、色彩区域、亮度一致性、可视角度等,评判指标和计算机也是一样的。但是手机屏幕小,可以使用一些计算机屏幕因为成本原因无法使用的新技术,会取得更好的显示效果。

手机使用的显示屏,技术上与台式机和笔记本用的显示屏相同,但是因为受到功耗的限制,早期手机屏幕的效果要远远弱于计算机。大部分中低档手机都选用了 65536 色的 TN 屏幕,角度稍大一点就会出现色阶翻转,色彩也不够漂亮。日系手机很早就在手机中使用了 IPS、MVA、ASV 这些宽视角高档屏幕,屏幕色彩也早早提升到了 26 万色,并且很早就使用了 AM-OLED 屏幕和 LED 背光屏幕。AM-OLED 屏幕属于主动发光屏幕,色彩要好于其他屏幕,但是因为我们看到的图片、视频往往以较差的屏幕为标准做色彩优化,放到高档的 AM-OLED 屏幕上往往显得色彩过于鲜艳。

手机屏幕的标准包括分辨率、亮度、对比度、色彩区域、发色数、一致性等指标,同样尺寸的屏幕分辨率越高越清晰细腻;亮度越高,在强光下越清楚;对比度越高,色彩越鲜明;色彩区域越大,能够显示的色彩越多,色彩的表现力越强;发色数越多,色彩过渡越柔和;一致性越好,屏幕越均匀。

5. 键盘、触摸屏、功能按键

键盘、触摸屏、功能按键属于输入设备,相当于计算机的键盘鼠标。按键的手感布局、触摸屏的灵敏程度决定了人们使用手机的体验。

6. 音频 CODEC、扬声器

音频 CODEC、扬声器相当于计算机的声卡和音箱。现在都是集成声卡,手机也是把数字音频的功能集成到了应用处理器上,外接芯片只需要提供数字模拟转换就可以了,CODEC 芯片就是做这个工作的,芯片的档次与电路配合决定了手机的音质。扬声器对手机来说聊胜于无,体积决定了不可能有很好的效果。

重要的是音频 CODEC,目前,手机上使用的一般都是各个芯片厂商的低功耗 COEDC,包括水晶公司、欧胜公司、德州仪器、AKM 等厂家,这些厂家的产品都已经达到了当年 HIFI 要求的 3 个 90dB 的标准,关键在于手机厂商调教的功力。

从专业声卡做输入的 RMAA 测试结果看,iPhone 3GS、iPhone 4、SAMSUNG I9000、SAMSUNG I9100 和 LG 的擎天柱 2X 以及天语的 W700,都达到了 3 个 90dB 的水平,在失真上也有很不错的表现,属于音质较好的产品。

7. 听筒、话筒

听筒、话筒是手机非常重要的配件,相当于计算机聊天用的耳麦。评判的标准无非是音量、信噪比、频响这些普通的声学指标,但是受制于信号源的低品质,往往是能用就行。

8. 摄像头

手机的摄像头与数码相机没有本质区别,同样是镜头、感光元件加上处理器,只不过有些手机的应用处理器足够强大,可以替代专用处理器的功能。镜头和感光元件的品质越好,处理器算法越先进,拍出来的照片效果越好。

9. 传感器

手机里有各种传感器,比如距离传感器、加速度传感器、重力传感器、陀螺仪、气压计等。传感器就是手机的耳、鼻、眼、手,能够采集周围环境的各种参数给 CPU,使得手机具有真正智能的功能。

阅读材料 1-2：未来计算机

可以看到,未来计算机将有可能在纳米计算机、光子计算机、生物计算机、量子计算机等方面的研究领域上取得重大突破。

1. 纳米计算机

随着硅芯片上集成的晶体管数量越来越接近极限,通电和断电的频率将无法再提高,耗电量也无法再减少,集成电路的性能将越来越不稳定。科学家认为,解决这个问题的途径是研制"纳米晶体管",并用这种纳米晶体管来制作"纳米计算机"。

纳米是长度计量单位,1nm 等于 10^{-9}m,大约是氢原子直径的 10 倍。科学家从 20 世纪 60 年代开始,把纳米微粒作为研究对象,探索纳米体系的奥秘。研究纳米技术的最终目标是人类按照自己的意志直接操纵单个原子,制造出具有特定功能的产品。

作为在纳米尺度范围内,通过操纵原子、分子、原子团或分子团使其重新排列组合成新物质的技术,涉及现代物理学、化学、电子学、建筑学、材料学等领域,受到了各发达国家的高度重视。1989 年,IBM 公司的科学家实现了用单个原子排列拼写出"IBM"商标,以后又制造出了世界上最小的算盘,算盘的珠子是用直径还不到 1nm 的分子做成的;康奈尔大学的研究人员制作的六弦吉他,大小约相当于一个白细胞。

将纳米技术应用到芯片生产上,可以降低生产成本。因为它既不需要建设超洁净生产车间,也不需要昂贵的实验设备和庞大的生产队伍。只要在实验室里将设计好的分子合在一起,就可以造出芯片。纳米计算机不仅几乎不需要耗费任何能源,性能也要比今天的计算机强大许多倍。

目前纳米计算机的成功研制已有一些鼓舞人心的消息。2013 年 9 月 26 日斯坦福大学宣布,人类首台基于碳纳米晶体管技术的计算机已成功测试运行。该项实验的成功证明了人类有望在不远的将来,摆脱当前硅晶体技术以生产新型计算机设备。英国学术杂志《自然》已刊登了斯坦福大学的研究成果。

碳纳米管是由碳原子层以堆叠方式排列所构成的同轴圆管。该种材料具有体积小、传导性强、支持快速开关等特点,因此当被用于晶体管时,其性能和能耗表现要大幅优于传统硅材料。首台纳米计算机实际只包括了 178 个碳纳米管,并运行只支持计数和排列等简单功能的操作系统。尽管原型看似简单,却已是人类多年的研究成果。这意味着"硅"作为计算机时代的王者地位或将不保,硅谷的未来可能不再姓"硅"。

不管怎样,计算机设备体积越来越小,价格越来越便宜,性能越来越强大的趋势不会改变,这对广大消费者来说都是利好消息。

2. 光子计算机

在过去四十多年里,摩尔定律一直在发挥它的威力,芯片厂商将产品越做越小,以至于晶体管之间的相互作用会造成严重影响。摩尔定律失效将会出现在0.2nm工艺制作芯片的时候,因为那已经是一个原子的直径了。于是工程师们开始将目光投注到光子方面,想利用光子来传输信息。

现有的计算机由电流来传递和处理信息,虽然电场在导线中传播的速度比我们看到的任何运载工具的运动速度都快得多,但是采用电流做运输信息的载体还不能满足更快的要求。不用电子,而用光子做传递信息的载体,就有可能制造出性能更优异的计算机。

使用光子作为信息载体的优势体现在:

(1)光子不带电荷,也就不存在电磁场,彼此之间不会发生相互干扰。

(2)电子计算机只能通过一些相互绝缘的导线来传导电子,而光子的传导是可以不需要导线的。

(3)即使在最佳情况下,电子在固体中的运行速度也远远低于光速。具体来说,电子在导线中的传播速度是593km/s,而光子的传播速度却达$3×10^5$km/s,这表明光子携带信息传递的速度比电子快得多。

(4)随着装配密度的不断提高,会使导体之间的电磁作用不断增强,散发的热量也在逐渐增加,从而制约了电子计算机的运行速度。光子计算机则不存在这些问题,对使用环境条件的要求比电子计算机低得多。

(5)光子计算机比电子计算机大大降低了电能消耗,减少了机器散发的热量,为光子计算机的微型化和便携化提供了便利的条件。

要想制造真正的光子计算机,需要解决可以用一条光束来控制另一条光束变化的光学晶体管这一基础元件。目前科学家已经实现了这样的装置,但是所需的条件(如温度)等仍较为苛刻,尚难以进入实用阶段。

1990年初,美国贝尔实验室宣布研制出世界上第一台光学计算机。它采用砷化镓光开关,运算速度达10亿次/秒。尽管这台光子计算机与理论上的光子计算机还有一定距离,在功能以及运算速度等方面还赶不上电子计算机,但已显示出强大的生命力。

目前我们使用的主要还是电子计算机,今后一段时期内也仍然要继续发展电子计算机。但是,从发展的潜力大小来说,显然光子计算机比电子计算机大得多,特别是在对图像处理、目标识别和人工智能等方面,光子计算机将来发挥的作用远比电子计算机大。

3. 量子计算机

目前,传统计算机的发展已经逐渐遭遇功耗墙、通信墙等一系列问题,传统计算机的性能增长越来越困难。因此,探索全新物理原理的高性能计算技术的需求就应运而生。

量子计算机(Quantum Computer)是一类遵循量子力学规律进行高速数学和逻辑运算、存储及处理量子信息的物理装置。当某个装置处理和计算的是量子信息,运行的是量子算法时,它就是量子计算机。量子计算机的概念源于对可逆计算机的研究,目的是解决计算机中的能耗问题。

量子计算是一种基于量子效应的新型计算方式。基本原理是以量子比特作为信息编码和存储的基本单元,通过大量量子比特的受控演化来完成计算任务。

量子计算机处理速度惊人，比传统计算机快数十亿倍。量子计算机之所以比传统电子计算机具有超强的本领，主要是因为它使用的是可叠加的量子比特。所谓量子比特就是一个具有两个量子态的物理系统，例如光子的两个偏振态、电子的两个自旋态、离子（原子）的两个能级等都可构成量子比特的两个状态。在处理数据时量子比特可以同时处于 0 和 1 两个状态，这是由量子叠加特性决定的。传统的晶体管只有开和关两个状态，一次只能处于 0 或者 1 状态。因此，如果要进行海量运算，量子计算机就有了无与伦比的优势。这是由于电子计算机只能按时间顺序来处理数据，而量子计算机能做到超并行运算。

举例来说，1 个量子比特同时表示 0 和 1 两个状态，n 个量子比特可同时存储 2^n 个数据，数据量随 n 呈指数增长。与此同时，量子计算机操作一次等效于电子计算机进行 2^n 次操作的效果，一次运算相当于完成了 2^n 个数据的并行处理，这就是量子计算机相对于经典计算机的优势。

那么这种科幻级设备工作原理是什么样的？量子计算机本身处理的是量子数据，要实现超强的功能就需要有量子。我们要把原子量子化，需要从"囚禁"原子开始。可以说，囚禁原子是量子计算机的通用方案。

在原子被囚禁之后，就需要降低原子的温度，一般超冷原子的温度需要接近绝对零度。因为原子在常温下的速度高达数百米每秒，只有让原子保持在极低温度状态，才可受控。此外，量子计算机还致力于控制分子的状态。因为分子在常温下会做不规则的热运动，温度越低分子运动得越慢，在低温情况下更易受控制，进一步进入量子态。

冷却原子后的下一步，如何保持长时间的量子态，这是当前最大的技术瓶颈。迄今为止，世界上还没有真正意义上的量子计算机。但是，世界各地的许多实验室正在以巨大的热情追寻着这个梦想。

早在 2007 年，加拿大的 D-Wave 公司就宣称造出了世界上第一台量子计算机，但 D-Wave 的机器在学术界一直存在争议。2013 年，Google 公司从 D-Wave 公司购买了这样一台量子计算机 D-Wave 2（如图 1-49 所示），解决问题时能够比其他任何计算机都快 1 亿倍。D-Wave 模拟了一个量子模型，经过数值分析模拟出量子的势场结构；其量子处理器由低温超导体材料制成，利用了量子微观客体之间的相互作用。因此，其体系是量子力学的。但是也有人认为，D-Wave 并非真正的量子计算机，而是量子退火机，其算法和一般意义上的加减乘除算法是有区别的。

图 1-49 Google 公司的 D-Wave 量子计算机

如何实现量子计算的方案并不少,问题是在实验上实现对微观量子态的操纵确实太困难了。已经提出的方案主要利用了原子和光腔相互作用、冷阱束缚离子、电子或核自旋共振、量子点操纵及超导量子干涉等。还很难说哪一种方案更有前景,只是量子点方案和超导约瑟夫森结方案更适合集成化和小型化。也许现有的方案将来都派不上用场,最后脱颖而出的是一种全新的设计,而这种新设计又是以某种新材料为基础,就像半导体材料之于电子计算机一样。研究量子计算机的目的不是要用它来取代现有的计算机。量子计算机使计算的概念焕然一新,这是量子计算机与其他计算机(如光子计算机和生物计算机等)的不同之处。量子计算机的作用远不止是解决一些经典计算机无法解决的问题。

4. 生物计算机

生物计算机是人类期望在 21 世纪完成的伟大工程,是计算机世界中最年轻的分支。自从 1983 年美国提出生物计算机的概念以来,各个发达国家开始研制生物计算机。

生物计算机也称仿生计算机,它的主要原材料是生物工程技术产生的蛋白质分子,并以此作为生物芯片来替代半导体硅片。生物计算机芯片本身还具有并行处理的功能,其运算速度要比当今最新一代的计算机快 10 万倍,能量消耗仅相当于普通计算机的十亿分之一,存储信息的空间仅占百亿亿分之一。生物计算机有很多优点,主要表现在以下几个方面:

(1) 体积小,功效高。生物计算机的面积上可容纳数亿个电路,比目前的电子计算机提高了上百倍。同时,生物计算机已经不再具有计算机的形状,可以隐藏在桌角、墙壁或地板等地方,同时发热和电磁干扰都将大大降低。

(2) 芯片的永久性与高可靠性。生物计算机具有永久性和很高的可靠性。蛋白质分子可以自我组合,能够新生出微型电路,具有活性,因此生物计算机拥有生物特性。生物计算机不再像电子计算机那样,芯片损坏后无法自动修复,它能够发挥生物调节机能,自动修复受损芯片。因此,生物计算机可靠性非常高,不易损坏,其芯片具有永久性。

(3) 存储与并行处理。生物计算机是以核酸分子作为"数据",以生物酶及生物操作作为信息处理工具的一种新颖的计算机模型。20 世纪 70 年代以来,人们发现脱氧核糖核酸(DNA)处在不同的状态下,可产生有信息和无信息的变化。科学家发现生物元件可以实现逻辑电路中的 0 与 1、晶体管的导通或截止、电压的高或低、脉冲信号的有或无等。经过特殊培养后制成的生物芯片可作为一种新型高速计算机的集成电路。生物计算机在存储方面与传统电子计算机相比具有巨大优势。一克 DNA 存储的信息量可与一万亿张 CD 相当,存储密度通常是磁盘存储器的 1000 亿~10000 亿倍。更为不可思议的是,DNA 还具有在同一时间处理数兆个运算指令的能力。

生物计算机具有超强的并行处理能力,通过一个狭小区域的生物化学反应可以实现逻辑运算,数百亿个 DNA 分子构成大批 DNA 计算机并行操作。生物计算机传输数据与通信过程很简单,其并行处理能力可与超级电子计算机媲美,通过 DNA 分子碱基不同的排列次序作为计算机的原始数据,对应的酶通过生物化学变化对 DNA 碱基进行基本操作,能够实现电子计算机的各种功能。

(4) 发热与信号干扰少。生物计算机的元件是由有机分子组成的生物化学元件,它们是利用化学反应工作的,只需要很少的能量就可以工作了,因此不会像电子计算机那样,工作一段时间后机体发热,而且生物计算机的电路间也没有信号干扰。

(5) 数据错误率低。DNA 链的另一个重要性质是双螺旋结构,A 碱基与 T 碱基、C 碱基与 G 碱基形成碱基对。每个 DNA 序列有一个互补序列。这种互补性使得生物计算机具备独特优势。如果错误发生在 DNA 某一双螺旋序列中，修改酶能够参考互补序列对错误进行修复。因此，生物计算机自身具备修改错误的特性，数据错误率较低。

（6）与人体组织的结合。生物计算机具有生物活性，能够和人体的组织有机地结合起来，尤其是能够与大脑和神经系统相连。这样，生物计算机就可直接接受大脑的综合指挥，成为人脑的辅助装置或扩充部分，并能由人体细胞吸收营养补充能量，因而不需要外界能源。它将能植入人体内，成为帮助人类学习、思考、创造、发明的理想伙伴。

虽然生物计算机的优点十分明显，但是也有自身难以克服的缺点。最主要的便是提取信息困难。一种生物计算机 24 小时就完成了人类迄今全部的计算量，但从中提取一个信息却花费了一周。这是目前生物计算机没有普及的最主要原因。但这并不影响生物计算机这个存在巨大诱惑的领域的快速发展，随着人类技术的不断进步，这些问题终究会被解决，生物计算机商业化繁荣终将到来。

第2章 计算机软件与信息表示

2.1 软 件 概 述

软件是用户与硬件之间的接口,用户主要通过软件与计算机进行交流。没有软件的计算机硬件是无法正常工作的,通常被称为"裸机"。计算机只有在安装了软件之后,才能发挥其强大的功能。

2.1.1 程序与软件

在计算机系统中,软件和硬件是两种不同的产品。硬件是有形的物理实体,而软件是无形的,是人们解决信息处理问题的原理、规则与方法的体现,是人类智力活动的成果。在形式上,它通常以程序、数据和文档的形式存在,需要在计算机上运行来体现它的价值。

在日常生活中,人们经常把软件和程序互相混淆,不加以严格区分,但是这两个概念是有区别的。程序只是软件的主体部分,指的是指挥计算机做什么和如何做的一组指令或语句序列;数据则是程序的处理对象和处理以后得到的结果(分别称为输入数据和输出数据);文档是跟程序开发、维护及使用相关的资料,如设计文档、用户手册等。通常,软件都有完整、规范的文档,尤其是商品软件。

如果在不严格的场合下,可以用程序指代软件,因为程序是一个软件的最核心部分,但是只有单独的数据和文档则不能看成是软件。

至于软件产品,通常指的是软件开发厂商交付给用户的一整套完整的程序、数据和文档(包括安装和使用手册等),往往以光盘等存储介质作为载体提供给用户,也可以通过网络下载,经版权所有者许可后使用。

2.1.2 软件的分类

按照不同的原则和标准,可以将软件划分为不同的种类。从应用的角度出发,通常将软件大致划分为系统软件和应用软件两大类。

1. 系统软件和应用软件

1) 系统软件

在计算机系统中,系统软件是必不可少的一类软件,它具有一定的通用性,并不是专为解决某个具体应用而开发的。通常购买计算机时,计算机供应厂商应当提供给用户一定的基本系统软件,否则计算机将无法工作。具体来说,系统软件主要是指那些为用户有效地使用计算机系统、给应用软件开发与运行提供支持,或者为用户管理与使用计算机提供方便的一类软件,主要包括以下四类:

(1) 操作系统,例如 Windows、UNIX、Linux 等。

(2) 程序设计语言处理系统,如汇编程序、编译程序和解释程序等。

(3) 数据库管理系统,例如 Oracle、Access 等。

(4) 各种服务性程序,比如基本输入输出系统(BIOS)、磁盘清理程序、备份程序等。

一般来说,系统软件与计算机硬件有很强的交互性,能对硬件资源进行统一的调度、控制和管理,使得它们可以协调工作。系统软件允许用户和其他软件将计算机当作一个整体而无须顾及底层每个硬件是如何工作的。

2) 应用软件

应用软件是指为特定领域开发,并为特定目的服务的一类软件。由于计算机的通用性和应用的广泛性,应用软件比系统软件更丰富多样、五花八门。例如,计算机辅助设计/制造软件(CAD/CAM)、智能产品嵌入软件(如汽车油耗控制、仪表盘数字显示、刹车系统),以及人工智能软件(如专家系统、模式识别)等,给传统的产业部门带来了惊人的生产效率和巨大的经济效益。目前的软件市场产品结构中,应用软件占有较大份额,并且还有逐渐增加的趋势。

按照开发方式和适用范围,应用软件可以再被分成通用应用软件和定制应用软件两大类。

(1) 通用应用软件。生活在现代社会,不论是学习还是工作,不论从事何种职业、处于什么岗位,人们都需要阅读、书写、通信、娱乐和查找信息,有时可能还要做讲演、发消息等。所有这些活动都有相应的软件帮助我们更方便、更有效地进行。由于这些软件几乎人人都会使用到,所以把它们称为通用应用软件。

通用应用软件还可进一步细分为若干类别。例如文字处理软件、电子表格软件、图形图像软件、网络通信软件、演示软件和媒体播放软件等,如表 2-1 所示。这些软件设计精巧、易学易用,多数用户几乎不经培训就能使用。在普及计算机应用的进程中,它们起到了很大的作用。

表 2-1 通用应用软件的主要类别和功能

类 别	功 能	流行软件举例
文字处理软件	文字处理、桌面排版等	WPS、Word、Acrobat 等
电子表格软件	表格定义、计算和处理等	Excel 等
图形图像软件	图像处理、几何图形绘制等	AutoCAD、Photoshop、3ds Max、CorelDraw 等
网络通信软件	电子邮件、网络文件管理、Web 浏览等	Outlook Express、FTP、IE 等
演示软件	幻灯片制作等	PowerPoint 等
媒体播放软件	播放数字音频和视频文件	Media Player、暴风影音等

(2) 定制应用软件。定制应用软件是按照不同领域用户的特定应用要求而专门设计开发的软件。如超市的销售管理和市场预测系统、汽车制造厂的集成制造系统、大学教务管理

系统、医院挂号计费系统、酒店客房管理系统等。这类软件专用性强,设计和开发成本相对较高,只有一些机构用户需要购买,因此价格比通用应用软件贵得多。

由于应用软件是在系统软件的基础上开发和运行的,而系统软件又有多种,如果每种应用软件都要提供能在不同系统上运行的版本,将导致开发成本大大增加。目前有一类称为"中间件"(Middleware)的软件,它们作为应用软件与各种系统软件之间使用的标准化编程接口和协议,可以起到承上启下的作用,使应用软件的开发相对独立于计算机硬件和操作系统,并能在不同的系统上运行,实现相同的应用功能。

2. 商业软件、共享软件、免费软件和自由软件

软件是一种逻辑产品,它是脑力劳动的结晶,软件产品的生产成本主要体现在软件的开发和研制上。软件的研制工作需要投入大量的、复杂的、高强度的脑力劳动,它的成本相当昂贵。因此软件如同其他产品一样,有获得收益的权利。如果按照软件权益如何处置来进行分类,则软件有商业软件、共享软件、免费软件和自由软件之分。

1) 商业软件

商业软件(Commercial Software)是指被作为商品进行交易的软件,一般售后服务较好,以大型软件居多。直到2000年前后,大多数软件都属于商业软件,用户需要付费才能得到其使用权。除了受版权保护之外,通常还受到软件许可证(License)的保护。软件许可证是一种法律合同,它确定了用户对软件的使用方式,扩大了版权法给予用户的权利。例如,版权法规定将一个软件复制到其他机器去使用是非法的,但是软件许可证允许用户购买一份软件而同时安装在本单位的若干台计算机上使用,或者允许所安装的一份软件同时被若干个用户使用。

相对于商业软件,可供分享使用的有共享软件、免费软件和自由软件等。

2) 共享软件

共享软件(Shareware)是以"先使用后付费"的方式销售的享有版权的软件。根据共享软件作者的授权,用户可以从各种渠道免费得到它的拷贝,也允许用户复制和散发(但不可修改后散发)。用户总是可以先使用或试用共享软件,认为满意后再向作者付费;如果你认为它不值得你花钱买,可以停止使用。这是一种为了节约市场营销费用的有效的软件销售策略。

3) 免费软件

免费软件(Freeware)是不需要花钱即可得到使用权的一种软件,它是软件开发商为了推介其主力软件产品、扩大公司的影响,免费向用户发放的软件产品。还有一些是自由软件者开发的免费产品。

4) 自由软件

需要注意的是,"自由"和"免费"的英文单词都是free,但是自由软件和免费软件是两个不同的概念,并且有不同的英文写法。自由软件(Free Software)不讲究版权,可以自由使用,不受限制,可以对程序进行修改,甚至可以反编译。开源软件和自由软件一样,具备两个主要特征:一是可以免费使用;二是公开源代码。所以在不刻意追究微小差异的情况下,可以认为开源软件和自由软件是两个等价的概念。

自由软件的创始人是理查德·斯塔尔曼(Richard Stallman),他于1984年启动了开发"类UNIX系统"的自由软件工程(名为GNU),创建了自由软件基金会(FSF),拟定了通用公共许可证(GPL),倡导自由软件的非版权原则。该原则是:用户可共享自由软件,允许随意复制、修改其源代码,允许销售和自由传播,但是,对软件源代码的任何修改都必须向所有用户公开,还必须允许此后的用户享有进一步复制和修改的自由。自由软件有利于软件共享和技术创新,它的出现成就了 TCP/IP 协议、Apache 服务器软件和 Linux 操作系统等一大批精品软件的产生。

2.2 操 作 系 统

2.2.1 操作系统概述

操作系统(Operating System,OS)是管理计算机硬件的程序,它为应用程序提供基础,并且充当计算机硬件和计算机用户之间的中介。引入操作系统的目的是为了用户能够方便有效地执行程序。对于什么是操作系统,目前没有能够被广泛接受的定义。一个简单的定义是,操作系统包括了预定一个"操作系统"时厂商所装的所有东西;另一个比较公认的定义是,操作系统是一直运行在计算机上的程序,通常称为内核,其他程序则是系统程序和应用程序。在现代操作系统设计中,往往把一些与硬件紧密相关的模块、运行频率较高的模块以及一些公用的基本操作安排在靠近硬件的软件层次中,并使它们常驻内存,以提高操作系统的运行效率,这些软件模块就是操作系统内核。

1. 操作系统的基本概念

操作系统是最靠近硬件的一层系统软件,它是对硬件系统的第一次扩充,使得硬件裸机被改造成为一台功能完善的虚拟机。从用户的角度看,计算机硬件系统加上操作系统软件后形成的虚拟计算机,使得用户的计算机使用环境更加方便、友好,因此,操作系统是用户和计算机之间的接口。从应用软件的角度看,没有操作系统,其他软件就无法直接运行在计算机硬件之上,因此,操作系统也是计算机硬件和其他软件的接口。同时,操作系统还扩充了硬件的功能,可以给上层的应用程序提供更多的支持。

总而言之,操作系统是一组管理计算机硬件与软件资源的程序模块,它是计算机系统的内核与基石。操作系统可以管理所有的计算机资源,包括硬件资源、软件资源及数据资源,以使各种资源被更合理有效地使用,最大限度地发挥各种资源的作用;同时它能为用户提供方便的、友善的服务界面;也为其他应用软件提供支持和服务。

2. 操作系统的作用

操作系统主要有以下三个方面的作用。

1) 为计算机中运行的程序分配和管理软硬件资源

计算机系统的资源可分为硬件资源和软件资源两大类。硬件资源指的是组成计算机的硬件设备,如中央处理器、主存储器、辅助存储器、打印机、显示器、键盘和鼠标等 I/O 设备。软件资源指的是存放于计算机内的各种数据和程序,如文件、程序库、知识库、系统软件和应用软件等。

操作系统根据用户的需求按一定的策略来分配和调度系统的硬件资源和软件资源。一般,计算机中总是有多个程序在同时运行,它们会根据自身程序的需要,要求使用系统中的各种资源,此时操作系统就承担着资源的调度和分配任务,以避免程序之间发生冲突,使所有程序都能正常有序地运行。

操作系统的存储管理负责把内存单元分配给需要内存的程序以便让它执行,在程序执行结束后将它占用的内存单元收回以便再利用。处理器管理(或称处理器调度)是操作系统资源管理功能的另一个重要内容。在一个允许多道程序同时执行的系统里,操作系统会根据一定的策略将处理器交替地分配给等待运行的程序,使各种程序能够有序地运行。操作系统的设备管理功能主要是分配和回收外部设备,以及控制外部设备按用户程序的要求进行操作等。文件管理主要是操作系统向用户提供一个文件系统,通过文件系统向用户提供创建文件、撤销文件、读写文件、打开和关闭文件等功能。

2)为用户提供友善的人机界面

人机界面也称用户接口或人机接口,是计算机系统的重要组成部分。早期的人机界面是字符用户界面(CUI),需要操作员通过键盘输入字符命令行,操作系统接到命令后立即执行并将结果通过显示器显示出来。目前人机界面的主要形式是图形用户界面(GUI),它可以让用户通过单击或双击图标对计算机提出操作要求,并以图形方式返回操作结果。随着模式识别,如语音识别、汉字识别等输入设备的发展,操作员也可以采用类似于自然语言或受限制的自然语言来交互控制计算机执行操作。

3)为应用程序的开发和运行提供一个高效率的平台

没有安装操作系统的裸机是无法工作的,安装了操作系统后的虚拟计算机可以屏蔽物理设备的具体技术细节,以规范、高效的方式(例如系统调用、库函数等)为开发和运行其他系统软件及各种应用程序提供一个平台。

3. 操作系统的启动和关闭

操作系统是一种系统软件,大多驻留在计算机的外存上。从计算机加电开始,一直到操作系统装入内存,获得对计算机系统的控制权,使得计算机系统能够正常工作的过程就是计算机的启动。

不管是何种操作系统,启动过程都大致为:加载系统程序→初始化系统环境→加载设备驱动程序→加载服务程序等。简单地说,就是使操作系统中管理资源的内核程序装入内存并投入运行,以便随时为用户服务。反之,关闭过程则为:保存用户设置→关闭服务程序→通知其他联机用户→保存系统运行状态,并正确关闭相关外部设备等。

操作系统的启动和关闭都十分重要,只有正确启动,操作系统才能处于良好的运行状态;同样,只有正确关闭,系统信息和用户信息才不会丢失。各种操作系统的具体启动过程是各不相同的,以下以 Windows NT 内核为例,说明操作系统是如何启动的。

(1)当按下电源开关时,主板上的控制芯片组向 CPU 发出一个 RESET 信号,让 CPU 内部自动恢复到初始状态,当芯片组检测到电源开始稳定供电时,CPU 从地址 FFFF0H 处开始执行指令,这个地址实际存放的只是一条跳转指令,即跳到 BIOS 中真正的启动代码处。

(2)运行 BIOS 中的 POST(Power-On Self Test,加电后自检)程序,主要任务是检测系统中一些关键设备是否存在和能否正常工作,例如内存和显卡等设备。如果在 POST 过程中发现了一些致命错误,例如没有找到内存或者内存有问题,那么 BIOS 就会发出蜂鸣声来报告错误,声音的长短和次数代表着错误的类型。

(3)所有硬件检测完毕,若无异常,BIOS 将根据用户指定的启动顺序从软盘、硬盘或光驱启动。

（4）以从硬盘启动为例，BIOS 将磁盘的第一个物理扇区加载到内存，读取并执行位于硬盘第一个物理扇区的主引导记录（Master Boot Record，MBR）。接着搜索 MBR 中的分区表，查找活动分区（Active Partition）的起始位置，并将活动分区的第一个扇区中的引导扇区——分区引导记录——载入到内存。

（5）MBR 查找并初始化 ntldr 文件——NT 内核操作系统的启动器（Windows Loader），将控制权转交给 ntldr，由 ntldr 继续完成操作系统的启动。

（6）进入引导阶段后，Windows 依次加载内核，初始化内核，最后用户登录。只有用户成功登录到计算机后，才意味着 Windows 真正引导成功了。

2.2.2 操作系统的功能

操作系统管理所有的计算机资源，包括硬件资源、软件资源及数据资源，具体有以下四个方面的功能。

1. 处理器管理

CPU 是计算机系统中最重要、最宝贵、竞争最激烈的硬件资源，任何程序运行必须占用 CPU。因此，处理器管理实质上是对处理器执行"时间"的管理，即如何将 CPU 真正合理地分配给每个任务，实现对 CPU 的动态管理。

在单道程序或单任务操作系统中，处理器当前只为一个作业或一个用户所独占，对处理器的管理十分简单。但是为了提高 CPU 的利用率，一般操作系统都采用多道程序设计技术，即多任务处理。如 Windows 系列的操作系统就属于并发多任务的操作系统。从宏观上看，系统中的多个程序是同时并发执行的，但是从微观上来看，任一时刻一个处理器仅能执行一道程序，系统中各个程序是交替执行的。当一个程序因等待某一条件而不能运行下去时，处理器管理程序就会把处理器占用权转交给另一个可运行程序；或者，当出现了一个比当前运行的程序更重要的可运行程序时，该重要程序就能抢占对 CPU 的使用权。因此在多道程序或多用户的情况下，需要解决处理器的分配调度策略、分配实施和资源回收等问题，这就是处理器管理功能。

在多道程序环境下，程序的并发执行使得程序的活动不再处于封闭系统中，因此程序这个静态概念已经不能如实反映程序活动的动态特征。为此人们引入了一个新的概念——进程。进程是程序在处理器上的一次执行过程，是系统进行资源分配和调度的一个独立单位。处理器管理又称进程管理，在采用多道程序的操作系统中，任何用户程序在系统中都是以进程的形式存在的，各种硬件资源和软件资源也都是以进程为单位进行分配，这些资源包括 CPU 时间、内存空间、I/O 设备、文件等。

进程和程序不同，程序本身不是进程。程序是一个静态的概念，而进程是一个动态的概念。简单讲，进程是一个执行中的程序，两个进程可能对应于同一个程序，它们所执行的代码虽然相同，但是所处理的数据不同，运行中所占用的软硬件资源也不同。

例如 Windows 的记事本程序同时被执行多次时，系统创建了多个进程，而每个记事本进程所打开的文件（即所处理的数据）可能是不同的，被打开文件的大小不同会使每个记事本进程所占用的内存空间大小不同。图 2-1 是 Windows 7 中的任务管理器，从中可以看到共有 118 个进程正在运行，其中记事本程序 notepad.exe 被同时运行了 3 次，因而内存中有 3 个这样的进程，它们所占用的内存空间大小是不同的。

图 2-1　Windows 7 中的任务管理器

进程有如下基本特征：

（1）动态性。进程是程序的一次执行过程，因而是动态的。动态性表现在它因创建而产生，由调度而执行，因得不到资源而暂停执行，最后由撤销而消亡。

（2）并发性。引入进程的目的是使程序能与其他程序并发执行，以提高资源利用率。

（3）独立性。进程是一个能独立运行的基本单位，也是系统进行资源分配和调度的独立单位。

（4）异步性。进程以各自独立的、不可预知的速度向前推进。

（5）结构特征。每个进程都由程序段、数据段、进程控制块三部分组成。

进程执行时的动态特性决定了进程具有多种状态。事实上，运行中的进程至少具有以下 3 种基本状态：

（1）就绪状态。进程已经获得了除处理器以外的所有资源，一旦获得处理器可以立即执行。

（2）运行状态。当一个进程获得必要的资源并正在处理器上运行时，此进程所处的状态为运行状态。

（3）等待状态。又称阻塞状态或睡眠状态。正在执行的进程，由于发生某事件而暂时无法继续执行（如等待输入输出完成），此时进程所处的状态为等待状态。

进程的状态不断地随着自身的运行和外界条件的变化而发生变化，如图 2-2 为进程的状态图。

从图 2-2 中可以看出，进程不能直接从阻塞状态返回运行状态，因为此时系统中可能存在一些优先级高于该进程的就绪进程，并且进程也不能从就绪状态转入阻塞状态，否则将使某些进程可能长期得不到运行。

根据调度策略的不同，将产生不同性质和功能的操

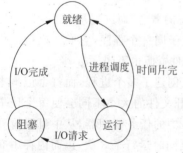

图 2-2　进程状态图

作系统,如批处理操作系统、分时操作系统、实时操作系统、网络操作系统和分布式操作系统等。一般而言,常用的处理器调度算法有如下几种:

(1) 先来先服务(First-Come First-Served,FCFS)调度算法。

(2) 最短作业优先(Shortest Job First,SJF)调度算法。

(3) 时间片轮转(Round Robin,RR)调度算法。

(4) 多级队列(Multiple-Level Queue)调度算法。

(5) 优先级(Priority)调度算法。

(6) 多级反馈队列(Round Robin with Multiple Feedback)调度算法。

上述讨论的进程一次只能执行一个任务,而现代操作系统又扩展了进程的概念,支持一次执行多个线程。引入线程的目的是为了减少程序并发执行时所付出的时空开销,使操作系统具有更好的并发性。线程是进程内的一个执行单元,是相对独立的一个控制流序列。线程本身不拥有资源,但它可以与同属一个进程的其他线程共享进程拥有的全部资源。例如,Windows 操作系统即采用了多线程的工作方式,线程是 CPU 的分配单位,优点是能充分共享资源,减少内存开销,提高并发性和加快切换速度。

2. 存储管理

内存是计算机中最重要的一种资源,所有运行的程序都必须装载在内存中才能由 CPU 执行。在多任务操作系统中,如果要执行的程序很大或很多,有可能导致内存消耗殆尽,因此操作系统存储管理的主要任务是实现对内存的分配与回收、内存扩充、地址映射、内存保护与共享等功能。

1) 内存的分配与回收

在多道程序的操作系统中,为了合理地分配和使用存储空间,当用户提出申请存储空间时,存储管理必须根据申请者的要求,按一定的策略分析存储空间的使用情况,找出足够的空闲区域给申请者使用,使不同用户的程序和数据彼此隔离,互不干扰及破坏。若当时可使用的主存不能满足用户的申请时,则让用户程序等待,直至有足够的主存空间。当某个用户程序工作结束时,要及时收回它所占的主存区域,使它们重新成为空闲区域,以便再装入其他程序。

2) 内存扩充

进程只有在所有相关内容装入内存后方能运行,如果内存小于某一个进程所需要的存储空间,该进程是无法运行的。为了解决这一问题,大多数操作系统都采用了虚拟存储技术,即拿出一部分硬盘空间来充当内存使用,如 Windows 家族的"虚拟内存"、Linux 的"交换空间"等,它们将内存和外存结合起来统一管理,形成一个比实际内存容量大得多的虚拟存储器,从而解决内存的扩充问题。

虚拟存储技术的基本原理是基于局部性原理,从时间上看,一般程序中某条指令的执行和下次再次执行,以及一个数据被访问和下次再被访问,多数是集中在一个较短的时间段内的;从空间上看,程序执行时访问的存储单元多数也是集中在一个连续地址的存储空间范围内的。因此一个进程在运行时不必将全部的代码和数据都装入内存,而仅需将当前要执行的那部分代码和数据装入内存,其余部分可以暂时留在磁盘上,当要执行的指令不在内存时,才由操作系统自动将它们从外存调入内存。

虚拟存储技术的关键是应当如何解决下列问题:

(1) 调度问题:决定哪些程序和数据应被调入主存。

（2）地址映射问题：在访问主存或辅存时如何把虚拟地址变为主存或辅存的物理地址。此外还要解决主存分配、存储保护与程序再定位等问题。

（3）替换问题：决定哪些程序和数据应被调出主存。

（4）更新问题：确保主存与辅存的一致性。

3）地址映射

虚拟存储技术可以使用户感觉自己好像在使用一个比实际物理内存大得多的内存，这个"内存"被称为虚拟内存。由于虚拟内存空间和实际物理内存空间不同，进程在使用虚拟内存中的地址时，必须由操作系统协助相关硬件，把虚拟地址转化为真正的物理地址。在现代操作系统中，多个进程可以使用相同的虚拟地址，因为转化的时候可以把各自的虚拟地址映射到不同的物理地址。

用户编制程序时使用的地址是虚拟地址，或称逻辑地址，其对应的存储空间是虚拟地址空间；而计算机物理内存的访问地址则称为物理地址，它是存储单元的真实地址，与处理器和 CPU 连接的地址总线相对应，对应的存储空间是实地址空间。

每个程序的虚地址空间可以大于实地址空间，也可以小于实地址空间。前一种情况以提高存储容量为目的，后一种情况则以地址变换为目的。后者通常出现在多用户或多任务系统中：实存空间较大，而单个任务并不需要很大的地址空间，较小的虚存空间则可以缩短指令中地址字段的长度。

程序进行虚拟地址到物理地址转换的过程称为程序的再定位。当程序运行时，由地址变换机构依据当时分配给该程序的物理地址空间把程序的一部分调入物理内存。每次访问主存时，首先判断该虚拟地址所对应的部分是否在物理内存中：如果是，则进行地址转换并用物理地址访问主存；否则，按照某种算法将辅存中的部分程序调度进内存，再按同样的方法访问主存。

从调度方式上看有页式、段式、段页式 3 种。Windows 操作系统属于典型的页式调度方式，在硬盘上有一个特殊的"分页文件"，它就是虚拟内存所占用的硬盘空间，分页文件的大小是 4KB。在不同操作系统中，分页文件的文件名不一样，例如 Windows 9x 操作系统中分页文件的文件名是 Win386.swp，其默认位置是在 Windows 的安装文件夹中；而在 Windows XP 及之后的 Windows 系列版本中，分页文件的文件名则是 pagefile.sys，它位于系统盘的根目录下，通常情况是看不到的，必须关闭资源管理器对系统文件的保护功能才能看到这个文件。

在 Windows 7 中，用户可以利用"控制面板"中的"系统和安全"下的"高级系统属性"来查看内存的工作情况，包括总的物理内存大小、可用的物理内存大小、总的虚拟内存大小、可用的虚拟内存的大小等。用户还可以自主管理虚拟内存，通过"更改"按钮改动虚拟内存的设置，如图 2-3 所示。

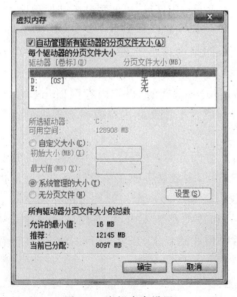

图 2-3　虚拟内存设置

虚拟存储器的效率是系统性能评价的重要内容,它与主存容量、页面大小、命中率、程序局部性和替换算法等因素有关。如果虚拟内存设置过小,将会影响系统程序的正常运行,设置过大则会导致关机过慢,甚至长达几十分钟。一般应设置为物理内存的 1.5～3 倍。事实上,严格按照 1.5～3 倍的倍数关系来设置并不科学,应当根据系统的实际情况进行设置。

4) 内存保护与共享

在多道程序环境下,操作系统提供了内存共享机制,使多道程序能共享内存中的那些可以共享的程序和数据,从而提高了系统的利用率。同时,操作系统还必须保护各进程私有的程序和数据不被其他用户程序使用和破坏。

3. 文件管理

1) 文件和文件夹

根据冯·诺依曼体系结构,计算机所使用的程序和数据应当存放在存储器中,存储器又分为内存和外存两类,其中保存在内存中的信息一旦断电就会丢失,而保存在外存上的信息可以永久保存下来。保存在外存上的一组相关信息的集合就是文件。文件夹就像我们平时工作学习中使用的文件袋一样,起到分类并便于管理的作用。文件通常放在文件夹中,文件夹中除了存放文件外,还可以存放子文件夹,子文件夹中又可以包含文件和下级文件夹。

(1) 文件。

在计算机中,任何一个文件都有其文件名,文件名是存取文件的依据。一般来说,文件名由主文件名和文件扩展名构成,形式为:

<主文件名.扩展名>

不同操作系统的文件命名规则有所不同,以常用的 Windows 7 操作系统为例,其文件名的命名规则为:

- 文件名长度最多可使用 256 个字符。
- 除开头以外,文件名中可以使用空格,也可以使用汉字,但不能有以下符号:? \ / * " ＜ ＞ | :。
- Windows 7 在显示时保留用户指定名字的大小写形式,但不以大小写区分文件名。例如 Myfile.txt 和 MYFILE.TXT 被视为是相同的文件名。
- 文件名中可以有多个分隔符".",最后一个分隔符后的字符串用于指定文件类型。例如文件名 Myfile.file1.doc,文件名是 Myfile.file1,扩展名是 doc,表示这是一个 Word 文档。

文件扩展名代表了某种类型的文件,表 2-2 是 Windows 操作系统中常见的文件扩展名及其对应的文件类型。

表 2-2 文件扩展名及其说明

扩 展 名	文 件 类 型	说 明
exe、com	可执行文件	可执行的程序文件
txt	文本文件	存放不带格式的纯字符文件
doc、xls、ppt	Office 文件	办公自动化软件 Office 中 Word、Excel、PowerPoint 创建的文件
bmp、jpg、gif	图像文件	图像文件,不同的扩展名表示不同格式的图像文件

续表

扩 展 名	文件类型	说　　明
wmv、rm、qt	流媒体文件	能通过 Internet 播放的流式媒体文件,无须下载即可播放
zip、rar	压缩文件	压缩文件,可以减少外存的使用空间
wav、mp3、mid	音频文件	声音文件,不同的扩展名表示不同格式的音频文件
htm、asp	网页文件	不同格式的网页文件
c、cpp、bas、asm	源程序文件	程序设计语言的源程序文件

在查找文件时,有时希望对一组文件执行同样的操作,这时可以使用通配符"＊"或"?"来表示该组文件。

如果在查找的文件名中包含"?",表示可以匹配在该位置上的任何一个合法字符,例如假设有 AAA.TXT、ABA.TXT、ABB.TXT、ABC.TXT 4 个文件,如果查找"A?A.TXT",表示要查找第 1、3 位置上的字符为 A、扩展名是 TXT、第 2 个字符不限的文件,故可以找到 AAA.TXT 和 ABA.TXT 两个文件。

如果在查找的文件名中包含"＊",表示可以匹配该位置之后的任意多个合法字符,例如假设在上面所提的 AAA.TXT、ABA.TXT、ABB.TXT、ABC.TXT 4 个文件中,如果查找的是"A＊.TXT",则可以找到全部四个文件。

文件属性是一些描述性的信息,它定义了文件的某种独特性质,可以用来帮助查找和整理文件,以便存放和传输。文件属性未包含在文件的实际内容中,而是提供了有关文件的信息。图 2-4 是资源管理器中的文件所显示的文件属性。

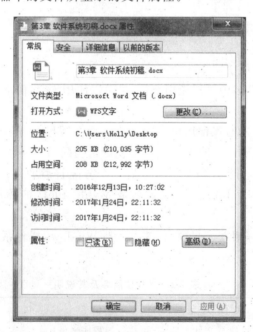

图 2-4　文件属性

Windows 中常见的文件属性有系统属性、隐藏属性、只读属性和归档属性。

- 系统属性。具有系统属性的文件就是系统文件。一般情况下,系统文件不能被查看,也不能被删除。系统属性是操作系统对重要文件的一种保护属性,可以防止这些文件被意外损坏。

- 隐藏属性。在查看文件时,系统一般不会显示具有隐藏属性的文件,因此这些文件也就不能被删除、复制和更名。但可以将系统设置为显示隐藏文件,此时隐藏的文件和文件夹是浅色的,以表明它们与普通文件不同。
- 只读属性。对于具有只读属性的文件,可以查看它的名字,它能被应用,也能被复制,但不能被修改和删除。可以将重要文件设置为只读文件,不会影响它的正常读取,但可以避免意外的删除和修改。
- 归档属性。一个文件被创建之后,系统会自动将其设置成归档属性,这个属性常用于文件的备份。

（2）文件夹。

- 目录结构。为了分门别类地有序存放文件,操作系统把文件组织在若干目录(也称文件夹)中。文件夹是组织和管理文件的一种数据结构。每一个文件夹对应一块外存空间,提供了指向对应空间的路径地址,它可以有扩展名,但不具有文件扩展名的作用,也就不像文件那样用扩展名来标识格式。使用文件夹最大的优点是为文件的共享和保护提供了方便。

文件夹一般采用多级层次式结构(树状结构),在这种结构中每一个磁盘有一个根文件夹,它包含若干文件和文件夹。文件夹不但可以包含文件,也可以包含下一级文件夹,这样依次类推下去就形成了多级文件夹结构,如图 2-5 所示。多级文件夹可以帮助用户把不同类型和不同用途的文件分类存储在不同的文件夹中;在网络环境下,具有相同访问权限的文件可以放在同一个文件夹中,便于实现网络共享。

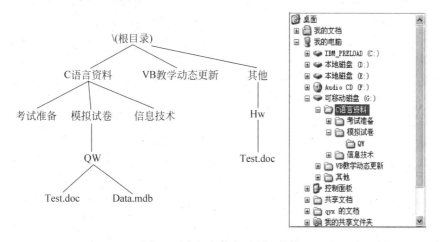

图 2-5 多级文件夹(树状)结构

- 路径。当访问一个文件时,必须按照目录结构加上路径,以便文件系统找到所需要的文件。在 Windows 操作系统中,文件夹之间的分隔符用"\"表示,同一文件夹中的文件名不能相同,但不同文件夹下的文件可以同名,如图 2-5 中存在两个 Test.doc 文件,它们位于不同的文件夹下,表示目录路径的方式有绝对路径和相对路径两种。

绝对路径:表示时需要完整表示从根目录开始一直到该文件的目录路径。例如图 2-5 中的文件 Data.mdb 的绝对路径是"G:\C 语言资料\模拟试卷\QW\Data.mdb"。

相对路径：表示时只需表示从当前目录开始到该文件之前的目录路径。例如图 2-5 中的当前目录是"C 语言资料"，因此文件 Data.mdb 的相对路径是"模拟试卷\QW\Data.mdb"。

- 文件夹属性。与文件相似，文件夹也有若干与文件类似的说明信息，文件夹属性除了有存档、只读、隐藏等属性外，在 Windows 中还有"压缩""加密"和"编制索引"等。如图 2-6 展示的是文件夹的"常规"和"高级属性"。

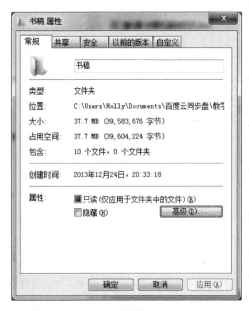

(a)"常规"属性

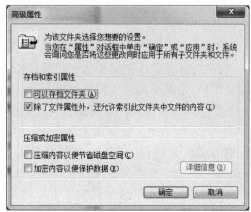

(b)"高级属性"对话框

图 2-6　文件夹的"常规"属性和"高级属性"

2）文件系统

操作系统中负责管理和存储文件信息的软件机构称为文件管理系统，简称文件系统。文件系统的主要功能包括：管理和调度文件的存储空间，提供文件的逻辑结构、物理结构和存储方法；实现文件从标识到实际地址的映射，实现文件的控制操作和存取操作，实现文件信息的共享并提供可靠的文件保密和保护措施，提供文件的安全措施。

从系统角度看，文件系统是对文件存储设备的空间进行组织和分配，负责文件存储并对存入的文件进行保护和检索的系统。具体地说，它负责为用户建立文件，存入、读出、修改、转储文件，控制文件的存取，当用户不再使用时撤销文件等。

一台计算机往往配置了多种不同类型的辅助存储器，如硬盘、U 盘、CD、DVD 等，由于物理特性的差异，它们的目录结构、扇区大小和空间划分与分配方法都是不一样的，因而需要使用不同的文件系统。例如，早先的硬盘容量很小（2GB 以内），Windows 使用的是 FAT16 文件系统，硬盘容量增大后改用 FAT32 和 NTFS 文件系统；CD-ROM 采用 CDFS 文件系统；DVD 和 CD-RW 采用 UDF 文件系统，闪存出现后则使用 exFAT 文件系统。

此外，不同操作系统使用的文件系统也不一样。例如，UNIX 操作系统使用 UFS 和 UFS2 文件系统，Linux 最早使用 Minix 文件系统，现在流行的则是 EXT2、EXT3 和 EXT4 文件系统。iOS 使用的是 HFSX 文件系统，它是 Mac OS X 上的 HFS＋文件系统的改进版。文件系统的实质是操作系统用于明确磁盘或分区上的文件的方法和数据结构。

下面以 Windows 使用的文件系统为例,详细说明几种不同文件系统的区别与应用。

(1) FAT。FAT(File Allocation Table)是"文件分配表"的意思。它的意义在于对硬盘分区的管理。计算机将信息保存在硬盘上称为"簇"的区域内,簇就是磁盘空间的配置单位。使用的簇越小,保存信息的效率越高。

以前使用的 DOS、Windows 95 都使用 FAT16 文件系统,后来的 Windows 98/2000/XP 等系统均支持 FAT16 文件系统。它最大可以管理大到 2GB 的分区,但每个分区最多只能有 65 525 个簇。随着硬盘或分区容量的增大,每个簇所占的空间将越来越大,从而导致硬盘空间的浪费,FAT16 文件系统已不能很好地适应系统的要求。在这种情况下,推出了增强的文件系统 FAT32。同 FAT16 相比,FAT32 主要具有以下特点:

- FAT32 可以支持大到 2TB 的分区。由于采用了更小的簇,FAT32 文件系统可以更有效地保存信息。比如有两个分区大小都为 2GB,若一个分区采用 FAT16 文件系统,另一个分区采用 FAT32 文件系统,则采用 FAT16 的分区的簇大小为 32KB,而 FAT32 分区的簇只有 4KB。这样 FAT32 就比 FAT16 的存储效率要高很多。
- FAT32 文件系统可以重新定位根目录和使用 FAT 的备份副本。另外 FAT32 分区的启动记录被包含在一个含有关键数据的结构中,减少了计算机系统崩溃的可能性。

(2) NTFS。NTFS 文件系统是一个基于安全性的文件系统,是 Windows NT 所采用的独特的文件系统结构,它是建立在保护文件和目录数据的基础上,同时兼顾节省存储资源、减少磁盘占用量的一种先进的文件系统。NTFS 的特点主要体现在以下几个方面:

- NTFS 可以支持的 MBR 分区最大可以达到 2TB,GPT 分区则无限制。FAT32 支持单个文件的大小最大为 2GB。
- NTFS 是一个可恢复的文件系统。在 NTFS 分区上用户很少需要运行磁盘修复程序。NTFS 通过使用标准的事物处理日志和恢复技术来保证分区的一致性。当发生系统失败事件时,NTFS 使用日志文件和检查点信息自动恢复文件系统的一致性。
- NTFS 支持对分区、文件夹和文件的压缩。任何基于 Windows 的应用程序对 NTFS 分区上的压缩文件进行读写时不需要事先由其他程序进行解压缩。当对文件进行读取时,文件将自动进行解压缩;而文件关闭或保存时也会自动对文件进行压缩。
- NTFS 采用了更小的簇,可以更有效地管理磁盘空间。在 FAT32 文件系统下,分区大小为 2~8GB 时簇的大小为 4KB;分区大小为 8~16GB 时簇的大小为 8KB;分区大小为 16~32GB 时,簇的大小则达到了 16KB。在 NTFS 文件系统下,当分区的大小在 2GB 以下时,簇的大小都比相应的 FAT32 簇小;当分区的大小在 2GB 以上时(2GB~2TB),簇的大小都为 4KB。相比之下,NTFS 可以比 FAT32 更有效地管理磁盘空间,最大限度地避免磁盘空间的浪费。
- 在 NTFS 分区上,可以为共享资源、文件夹以及文件设置访问许可权限。与 FAT32 文件系统下对文件夹或文件进行访问相比,安全性要高得多。另外,在采用 NTFS 格式的 Windows 中,应用审核策略可以对文件夹、文件以及活动目录对象进行审核,审核结果记录在安全日志中,可以帮助发现系统可能面临的非法访问,通过采取相应的措施,将安全隐患减到最低。这些在 FAT32 文件系统下是不能实现的。
- 在 NTFS 文件系统下可以进行磁盘配额管理。也就是管理员可以为每个用户能使用的磁盘空间进行配额限制,即用户只能使用最大配额范围内的磁盘空间。磁盘配额管理功能的提供,使得管理员可以方便合理地为用户分配存储资源,避免由于磁盘空间使用的失控造成系统崩溃,提高了系统的安全性。

(3) exFAT。exFAT(Extended File Allocation Table File System,扩展文件分配表)是为解决 FAT32 不支持 4G 及更大的文件而推出的一种适用于闪存的文件系统。对超过 4GB 的 U 盘格式化时默认采用 NTFS 分区,但是这种格式很伤 U 盘,因为 NTFS 分区采用"日志式"的文件系统,需要记录详细的读写操作,因此会不断地进行读写,容易造成 U 盘损坏。

(4) ReFS。ReFS(Resilient File System,弹性文件系统)作为 NTFS 文件系统的继任者,在 Windows 8.1 和 Windows Server 2012 中开始引入,并在 Windows 10 中得以启用。ReFS 与 NTFS 大部分兼容,主要目的是为了保持较高的稳定性,能够支持容错、优化大数据量任务并实施自动更正。

ReFS 的架构被微软公司设计为既可存储大量数据又不影响性能的弹性文件系统。ReFS 弹性文件系统有如下特性。

- 数据可用性:微软公司在设计 ReFS 时优先考虑了数据的可用性,ReFS 的 alvage 功能可以在卷上实时删除命名空间中损坏的数据,直接实现联机修复功能。
- 可伸缩性:ReFS 的可伸缩性和扩展性都非常好,非常适用于存储 PB 级甚至更海量的数据,而不影响性能。ReFS 不仅支持 2^{64} B 的卷,甚至还支持 2^{78} B 的卷(使用 16KB 簇大小)。此外,ReFS 对单个文件大小和目录中文件个数的支持数分别为 $2^{64}-1$B 和 2^{64} 个。
- 主动纠错能力:ReFS 的数据完整性功能由一个称为 scrubber 的完整性扫描仪实现。完整性扫描会定期执行卷扫描,从而识别潜在损坏并主动触发损坏数据的修复操作。

微软公司在 Windows Server 2016 中将该文件系统升级为 ReFS v2 版本。虽然 ReFS 文件系统相较 NTFS 有如此多的优势,但微软公司只是在服务端应用中进行推广和普及,主要应用在大规模数据存储方面。在个人使用的 Windows 10 中要启用 ReFS 文件系统,需要在控制面板中将 Windows License Manager Service 服务的启动类型设置为自动,否则用户打开文件时可能会遇到错误提示"文件系统错误-2147416359"。

4. 设备管理

计算机通常配置有种类繁多的输入输出(I/O)设备,这些设备在使用特性、数据传输速率、数据的传输单位、设备共享属性等方面都各不相同。如果要将外部设备进行分类,从以下几个不同角度对 I/O 设备进行分类:

(1) 按系统和用户分为系统设备、用户设备。

(2) 按输入输出传送方式(UNIX 或 Linux 操作系统的分法)分为字符型设备、块设备。

(3) 按资源特点分为独享设备、共享设备、虚拟设备。

(4) 按设备硬件物理特性分为顺序存取设备、直接存取设备。

(5) 按设备使用分为物理设备、逻辑设备、伪设备。

为了方便、有效、可靠地完成输入输出操作,操作系统中的"设备管理"模块负责对用户和应用程序的 I/O 操作进行统一管理。设备管理的任务是完成用户提出的 I/O 请求,为用户分配 I/O 设备,提高 I/O 设备的利用率,方便用户使用 I/O 设备。设备管理应具备以下功能。

(1) 设备分配。按照设备类型和相应的分配算法决定将 I/O 设备分配给哪一个要求使用该设备的进程。如果在 I/O 设备与 CPU 之间还存在设备控制器和通道,则还需分配相应的控制器和通道,以保证 I/O 设备与 CPU 之间有传递信息的通路,凡未分配到所需设备的进程则进入一个等待队列。为了实现设备分配,系统中设置了一些数据结构,用于记录设备的状态。

(2) 设备处理。实现 CPU 和设备控制器之间的通信。即当 CPU 向设备控制器发出 I/O 指令时,设备处理程序启动设备进行 I/O 操作,并对设备发来的中断请求做出及时的响应和处理。

(3) 缓冲管理。设置缓冲区的目的是缓和 CPU 与 I/O 设备速度不匹配的矛盾。缓冲管理程序负责完成缓冲区的分配和释放及有关的管理工作。

(4) 设备独立性。设备独立性又称设备无关性,是指应用程序独立于物理设备。用户在编制应用程序时,应尽量避免直接使用实际设备名。如果程序中使用了实际设备名,当该设备没有连接在系统中或者该设备发生故障时,用户程序就无法运行;如果用户程序不涉及实际设备而使用逻辑设备,那么它所要求的输入输出便与物理设备无关。设备独立性可以提高用户程序的可适应性,使程序不局限于某个具体的物理设备。

操作系统的设备管理模块对各种物理 I/O 设备的硬件操作细节进行了屏蔽和抽象,以统一的逻辑 I/O 设备的形式向 OS 上层软件和应用程序提供服务。每个物理设备配置驱动程序,由驱动程序负责把逻辑设备的 I/O 操作转换为具体物理设备的 I/O 操作。这样不同规格和性能参数的 I/O 设备通过安装各自的设备驱动程序,就可以使系统和应用程序无须修改即可使用该设备。通常,I/O 设备的生产厂商在提供硬件设备的同时即提供该设备的驱动程序。

设备驱动程序是直接与硬件打交道的软件模块,一般有如下特点:

(1) 驱动程序是在请求 I/O 的进程与设备控制器之间的一个通信程序。设备驱动程序接收上层软件发来的抽象要求(如 read 命令等),再把它转换成具体要求,以及检查用户 I/O 请求的合法性,了解 I/O 设备的状态,设置其工作方式等。

(2) 驱动程序与 I/O 设备的特性紧密相关。

(3) 驱动程序与 I/O 控制方式紧密相关。

(4) 由于驱动程序与硬件紧密相关,因而其中的一部分程序用汇编语言编写,目前有很多驱动程序,其基本部分已经固化在 ROM-BIOS 中。

2.2.3 常见操作系统

目前用户在 PC 上使用最多的操作系统是 Windows,Linux 也有一些,但相对较少。服务器领域占主导地位的是 UNIX 和 Linux,其中 UNIX 主要用于大型设备和高端机,中小服务器端则是 Linux 的天下。形成这种局面往往与技术优势无关,仅仅是网络规模效应的作用。下面分别介绍几种常见的操作系统。

1. Windows

Windows 是由美国微软公司开发的一种在 PC 上广泛使用的操作系统,支持多任务处理和图形用户界面。Windows 先后推出了很多不同的版本。

Windows 1.0 是 Windows 系列的第一个产品,于 1985 年开始发行。这是微软公司第一次尝试在 PC 操作平台上采用图形用户界面。刚诞生的 Windows 1.0 并不是一个真正的操作系统,它只是一个 MS-DOS 系统下的应用程序。此后微软公司发布的 Windows 2.0 依然没有获得用户的认同,一直到 Windows 3.0,才真正为 Windows 在桌面 PC 市场开疆辟土立下了汗马功劳。至此,微软公司的研究开发终于进入良性循环,为它在操作系统领域的垄断地位打下了坚实的基础。

1995 年发行的 Windows 95 是一个混合的 16 位/32 位 Windows 系统,其内核版本号为 NT 4.0。它带来了更强大、更稳定、更实用的桌面图形用户界面,同时也结束了桌面操作系统之间的竞争,成为操作系统销售史上最成功的操作系统。Windows 95 开创使用的"开始"按钮以及 PC 桌面和任务栏的风格一直保留在 Windows 8 之前的所有产品中。

在发行适用于 PC 上的 Windows 系列产品的同时,微软公司也发行了一系列用于服务器和商业的桌面操作系统,这个产品就是 Windows NT 系列。1996 年发布的 Windows NT 4.0 是 NT 系列的一个里程碑,它面向工作站、网络服务器和大型计算机,与通信服务紧密集成,提供文件和打印服务,能运行客户机/服务器应用程序,内置了 Internet/Intranet 功能,安全性达到美国国防部的 C2 标准。

目前 PC 上使用最广泛的操作系统是 Windows 7,从 2012 年 9 月开始,Windows 7 的占有率就超越了 Windows XP,成为占有率最高的操作系统。Windows 7 实际上是 Windows Vista 的改良版,它在系统启动和程序运行方面比 Vista 有了明显改进。

最新的 Windows 10 是 2015 年 7 月发行的,目标是为所有硬件提供一个统一平台,构建跨平台共享的通用技术,包括 4 英寸屏幕的"迷你"手机到 80 英寸的巨屏计算机,都将统一采用 Windows 10,让这些设备拥有类似的功能。

长期以来,Windows 操作系统垄断了 PC 市场 90% 左右的份额,吸引了大量第三方开发者在 Windows 平台上开发应用软件,硬件厂商也都把 Windows 用户作为其主要目标市场,然而 Windows 在可靠性和安全性方面的问题也经常受到用户批评。Windows 系统出现不稳定的情况比其他操作系统多,系统对用户操作的响应往往变得越来越慢,更容易遭到病毒和木马的攻击。

2. UNIX

UNIX 操作系统是美国 AT&T 公司于 1971 年在 PDP-11 上运行的操作系统,具有多用户、多任务的特点,支持多种处理器架构,最早由肯·汤普逊(Ken Thompson)和丹尼斯·里奇(Dennis Ritchie)于 1969 年在 AT&T 的贝尔实验室里开发的。

早期 UNIX 是用汇编语言开发的,修改、移植都很不方便,后来 Dennis Ritchie 在 B 语言的基础上设计了一种崭新的 C 语言,并重写了 UNIX 的第三版内核,UNIX 系统的修改和移植就变得相当便利,引起了学术界的浓厚兴趣,他们向开发者索取了源代码,因此第五版 UNIX 以"仅用于教育目的"的协议,提供给各大学作为教学之用,成为当时操作系统课程中的范例教材。

在 UNIX 源码的基础之上,各大公司对其进行了各种各样的改进和扩展。于是,UNIX

开始广泛流行,成为应用面最广、影响力最大的操作系统,可以应用在从巨型机到普通 PC 等多种不同的平台上。

自 20 世纪 80 年代后期开始 UNIX 就开始了商业化。购买 UNIX 非常昂贵,大约需要 5 万美元。目前 UNIX 的商标权由国际开放标准组织(Open Group)所拥有,但是 UNIX 的产品提供商有多个,这是因为 UNIX 系统大多是与硬件配套的,主要有 SUN 公司的 Solaris、IBM 公司的 AIX,HP 公司的 HP-UX,以及 x86 平台的 SCO UNIX 等。目前在电信、金融、油田、移动、证券等行业的关键性应用领域,UNIX 服务器仍处于垄断地位,这些服务器对并行度和可靠性的要求非常高,CPU 数量可达一百多个。尽管 UNIX 仍是个命令行系统,但是可以通过搭建桌面环境(如开源的图形界面 GNOME、KDE、xfce 等)提高它的易用性,因此 UNIX 仍是最受欢迎的服务器操作系统。

3. Linux

Linux 是 1991 年诞生的,起源于一个学生的简单需求。林纳斯·托瓦兹(Linus Torvalds)是 Linux 的开发者,他在上大学时唯一能买得起的操作系统是 Minix。Minix 是一个类似 UNIX、被广泛用于教学的简单操作系统。Linus 对 Minix 不是很满意,于是他以 UNIX 为原型,按照公开的 UNIX 系统标准 POSIX 重新编写了一个全新的操作系统。需要说明的是,Linux 并没有采用任何 UNIX 源代码,仅仅是设计思想与 UNIX 非常相似。

Linux 1.0 发布时正式采用了 GPL(General Public License)协议,允许用户可以通过网络或其他途径免费获得此软件,并任意修改其源代码。对于个人用户来说,使用 Linux 基本上是免费的;但是针对企业级应用,不同的 Linux 发行商在基本系统上做了些优化,开发了一些应用程序包与 Linux 捆绑在一起销售,这些产品包括支持服务还是比较贵的。目前商业化的 Linux 有 RedHat Linux、SuSe Linux、Slakeware Linux、红旗等,这些不同版本的 Linux 内核是相同的。

与 UNIX 相比,Linux 同时具有字符界面和图形界面。在字符界面用户可以通过键盘输入相应的命令来进行操作。它同时还提供有类似 Windows 图形界面的 X-Window 系统,用户可以使用鼠标对其进行操作。

Linux 可安装在各种计算机硬件设备中,比如手机、平板电脑、路由器、视频游戏控制台、台式计算机、大型机和巨型机。

4. Mac OS

Mac OS 是运行于苹果公司 Macintosh(简称 Mac)系列计算机上的操作系统,它是首个在商用领域成功的图形用户界面操作系统。苹果公司不但生产 Mac 大部分硬件,也自行开发 Mac 所用的操作系统,它的许多特点和服务都体现了苹果公司的理念,一般情况下在普通 PC 上无法安装 Mac OS。

Mac OS 可以被分成两个系列:一个是老旧且已不被支持的传统 Mac OS(系统搭载在 1984 年销售的首部 Mac 及其后代上,终极版本是 Mac OS 9),采用 Mach 作为内核,在 OS 8 以前称为"System x. xx";另一个是新的 Mac OS X(X 为 10 的罗马数字写法),结合了 BSD UNIX、OpenStep 和 Mac OS 9 的元素,它的最底层基于 UNIX 基础,其代码被称为 Darwin,实行的是部分开放源代码,其界面非常独特,突出了形象的图标和人机对话。另外,疯狂肆虐的计算机病毒几乎都是针对 Windows 的,由于 Mac 的架构与 Windows 不同,所以很少受到病毒的袭击。

5. 手机操作系统

随着移动通信技术的飞速发展和移动多媒体时代的到来,手机作为人们必备的移动通信工具,已从简单的通话工具演变成一个移动的个人信息收集和处理平台。智能手机等同于"掌上电脑＋手机",除了具备普通手机的全部功能外,还具备个人数字助理(Personal Digital Assistant,PDA)的大部分功能。借助于操作系统和丰富的应用软件,智能手机成了一台移动终端。

手机操作系统是用在智能手机上的操作系统,它是智能手机的"灵魂"。智能手机操作系统在嵌入式操作系统基础之上发展而来,除了具备嵌入式操作系统的功能,如进程管理、文件系统、网络协议栈等外,还有针对电池供电系统的电源管理部分、与用户交互的输入输出部分、对上层应用提供调用接口的嵌入式图形用户界面服务、针对多媒体应用提供底层编解码服务、针对移动通信服务的无线通信核心功能及智能手机的上层应用等。目前主流的手机操作系统可分为两大类:Android 和 iOS。

1) Android

Android 的中文名称并没有统一,在中国内地通常称为安卓,这是一种以 Linux 为基础的开源操作系统,主要使用于便携设备。Android 操作系统最初由 Andy Rubin 开发,主要支持手机。2005 年由 Google 公司收购注资后,逐渐扩展到平板电脑及其他领域中。由于 Android 系统是开源的,各式各样的系统都有,版本并不统一。Google 公司开发的 Android 原生系统是外国人研发的,有些操作习惯对于中国人来说用着不方便,因此在中国诞生了很多本土化的 Android OS,包括小米的 MIUI、锤子的 Smartisan OS、魅族的 Flyme OS 等,它们都属于经过优化的 Android 系统。

2) iOS

iOS 操作系统是由美国苹果公司开发的手持设备操作系统,原名为 iPhone OS,2010 年6 月 7 日在 WWWDC 大会上宣布改名为 iOS。iOS 操作系统以 Darwin 为基础,这与苹果台式机使用的 Mac OS X 操作系统一样,属于类 UNIX 的商业操作系统。该操作系统设计精美、操作简单,帮助 iPhone 手机迅速占领了市场。随后在苹果公司的其他产品(如 iPod Touch、iPad 以及 Apple TV 等)上也都采用了该操作系统。

从目前市场占有率来看,Android 遥遥领先于 iOS,而且这种优势仍在不断增加,这主要得益于 Android 是一种开源系统。目前全球 Android 操作系统份额已达 81%,而苹果 iOS 操作系统也已经达到了 16% 的市场份额,留给其他操作系统的生存空间仅有 3%。

尽管 Android 的用户数远超 iOS,但是对于 Android 和 iOS 究竟哪一个更好,这是个见仁见智的问题,双方都在取长补短,已经很难说谁比谁更为优秀。通常评价一部手机 OS 的好坏主要是三个核心要素:UI 界面、系统流畅性和后台的真伪。在 UI 界面上,iOS 的设计风格比较简洁,没有二级 UI 界面,看上去非常整齐,用户使用起来很方便;而 Android 的 UI 设计更开放一些,采用了三级界面,显得更华丽。在系统流畅性方面,通常 iOS 更流畅一些。这是因为 iOS 是一种伪后台,任何第三方程序都不能在后台运行;而 Android 则是真后台,任何程序都可以在后台运行,一直到没有了内存才会关闭,这也是 Android 手机对配置要求较高的原因之一。另外,在 iOS 中用于 UI 的指令权限最高,所以用户的操作能立刻得到响应,而 Android 则是数据处理的指令权限最高。这些因素都导致 iOS 给人一种更流畅的感觉。安全性方面,由于 Android 系统的开放性特点允许大量开发者对其进行开发,随之而来的一个问题是手机病毒和恶意吸费软件的盛行；与之相反，iOS 封闭的系统则在一定程度上能够带来更为安全的保证。

综上所述，iOS 是一款优秀的手机操作系统，但是封闭式的开发模式决定了 iOS 的影响力有限，而 Android 的开放式开发模式为它带来了大量的用户。

3）Windows Phone

Windows Phone（缩写为 WP）是微软公司推出的手机操作系统，前身是 Windows CE，其实它就是一个在嵌入式系统中使用的精简版 Windows 95，图形用户界面相当出色。但是最初 Windows CE 的发展并不顺利，因为当时 PDA 市场上最成功的操作系统是 Palm，它几乎成了 PDA 产品的代名词。在这种情况下，微软公司被迫不断地为 Windows CE 改进，以使它的功能越来越强大。在历经 Windows Mobile（2000 年）、Windows Phone（2010 年）的版本演变后，2015 年 1 月，微软公司提出 Windows 10 将是一个跨平台的系统，无论手机、平板、笔记本、二合一设备、PC，Windows 10 都将全部通吃。虽然一切都看起来是那么的美好，可升级到 Windows 10 的手机机型仅仅只有 18 款，近一半的 Windows Phone 将永远停留在 WP 8.1 时代。这预示着 Windows Phone 这一有名无实的"第三大手机操作系统"的彻底没落。

与 Windows Phone 同样命运的还有很多其他手机操作系统，如 Symbian（塞班）、Blackberry（黑莓）等，它们都曾经辉煌过，但是现在都慢慢地湮没在了历史长河中。

2.3 信息与信息表示

2.3.1 信息与信息技术

信息（information）看不见也摸不着，但是人们却越来越意识到信息的重要性，它的价值甚至远远超过了许多看得见摸得着的东西。如果把人类发展的历史看作一条轨迹，按照一定的目的向前延伸，那么就会发现它是沿着信息不断膨胀的方向前进的。

信息量小、传播效率低的社会，发展速度就会缓慢；信息量大、传播效率高的社会，发展速度就可以一日千里，一年的发展甚至超过以往的百年。信息的爆炸，使人类社会加速向前迈进，成为推动社会进步的巨大推动力。

1. 信息的定义

什么是信息？不同研究者从各自的研究领域出发，给出过不同的定义：

（1）信息奠基人香农（Claude Elwood Shannon）认为"信息是用来消除随机不确定性的东西"，这一定义常被人们看作是经典性定义并加以引用。

（2）控制论创始人维纳（Norbert Wiener）认为"信息是人们在适应外部世界，并使这种适应反作用于外部世界的过程中，同外部世界进行互相交换的内容和名称"，它也被作为经典性定义加以引用。

（3）经济管理学家认为"信息是提供决策的有效数据"。

（4）电子学家、计算机科学家认为"信息是电子线路中传输的信号"。

（5）我国著名的信息学专家钟义信教授认为"信息是事物存在方式或运动状态的直接或间接的表述"。

(6) 美国信息管理专家霍顿(F. W. Horton)给信息下的定义是："信息是为了满足用户决策的需要而经过加工处理的数据。"

综上所述,我们可以把信息理解为是经过加工以后的数据,或者说,信息是数据处理的结果。

2. 信息技术

信息技术(Information Technology,IT)是一门新兴技术,也称"现代信息技术"。它是以微电子为基础,通过通信技术、计算机技术以及控制技术相结合,研究信息的获取、传输、存储和处理的一种技术。也就是说,信息技术是利用计算机进行信息处理,利用现代电子通信技术从事信息采集、存储、加工、利用以及相关产品制造、技术开发、信息服务的新学科。

信息技术主要包括以下几方面的内容。

1) 感知与识别技术

感知与识别技术的作用是扩展人类感觉器官的功能,如遥感、遥测技术等,使人可以更好地从外部世界获取各种有用信息。信息识别包括文字识别、语音识别和图形识别等,通常采用"模式识别"的方法。

2) 通信技术

通信技术的作用是扩展人类神经传导器官的功能,实现信息快速、可靠、安全的转移。现代通信技术几乎可以不受时间、地点、空间、距离的限制,因而得到了飞速发展和广泛应用。

3) 计算(处理)与存储技术

计算(处理)与存储技术的作用是扩展人类思维器官的功能,包括记忆系统、联想系统、分析系统、推理系统和决策系统等,分别担负存储信息、检索信息、加工信息和再生信息(决策)的复杂任务。信息的处理与再生都有赖于现代电子计算机的超凡功能。

4) 控制与显示技术

控制与显示技术的作用是扩展人类效应器官的功能,显示技术可以更好地表现事物的运动状态,控制技术则能根据输入的指令信息(决策信息)对外部事物的运动状态和方式实施干预。

这四个技术协同工作,共同完成扩展人的智力活动的任务。其中通信技术和计算技术是整个信息技术的核心,而感知与识别技术和控制与显示技术是与外部世界的接口。

2.3.2 数制与数制转换

1. 数制

在第 1 章中已经介绍过,计算机中使用的数制是二进制,但在人机交流上,二进制有致命的弱点——数字的书写特别长。为了解决这个问题,在计算机的理论和应用中还使用两种辅助的进位制——八进制和十六进制。

无论是十进制、二进制、八进制还是十六进制,其共同之处都是进位记数制。二进制的数码只有 0 和 1 两个,基数为 2,逢二进一;八进制的基数为 8,有 0~7 共 8 个数码,逢八进一;十六进制的基数为 16,逢 16 进一,有 16 个数码,分别为 0~9 和 A、B、C、D、E、F 字母代表 10、11、12、13、14、15。为了区分所写的数是哪种进制数,通常采用在数字的后面加上后缀的方法来区分,后缀为 B 表示二进制数,O 或 Q 表示八进制数,H 表示十六进制数,D 表示十进制数(十进制数可不加任何后缀)。除了采用后缀法,还可以采用数字下标来表示数

的进制,例如:

二进制数 1011.1 可表示为 1011.1B 或者 $(1011.1)_2$;

八进制数 367.35 可表示为 367.35O、367.35Q 或 $(367.35)_8$;

十进制数 123.468 可表示为 123.468D、$(123.468)_{10}$ 或 123.468;

十六进制数 2D.7F 可表示为 2D.7FH 或 $(2D.7F)_{16}$。

表 2-3 列出了计算机中常用的进位计数制及其记数规则、基数、可用数码和后缀。

表 2-3　计算机中常用的进位记数制

进位制	记 数 规 则	基数	可 用 数 码	后缀
二进制	逢 2 进 1	2	0,1	B
八进制	逢 8 进 1	8	0,1,2,3,4,5,6,7	O 或 Q
十进制	逢 10 进 1	10	0,1,2,3,4,5,6,7,8,9	D
十六进制	逢 16 进 1	16	0,1,2,3,4,5,6,7,8,9,A,B,C,D,E,F	H

对于大家熟悉的十进制数,众所周知,数码出现的位置不同,其表示的值也不同。例如,数码 5,出现在百位,表示的就是 500,出现在千位,表示的则是 5000。将处在某一位上的数码所表示的数值的大小,称为该位的权,如十进制中的"个""十""百""千"等就是权。任何一种 R 进制数 N 可以写成按其权值展开的多项式之和:

$$(N)_R = a_n a_{n-1} \cdots a_1 a_0 . a_{-1} a_{-2} \cdots a_{-m}$$
$$= a_n \times R^n + a_{n-1} \times R^{n-1} + \cdots + a_1 \times R^1 + a_0 \times$$
$$R^0 + a_{-1} \times R^{-1} + a_{-2} \times R^{-2} + \cdots + a_{-m} \times R^{-m} = \sum_{i=-m}^{n} a_i \times R^i$$

如十进制数 135.67 按权值展开应为:

$$135.67 = 1 \times 10^2 + 3 \times 10^1 + 5 \times 10^0 + 6 \times 10^{-1} + 7 \times 10^{-2}$$

2. 不同进制数的相互转换

熟练掌握不同进制数之间的相互转换,在编写程序和设计数字逻辑电路时很有用,只要学会了二进制与十进制之间的相互转换,与八进制、十六进制之间的转换就相对容易了。

1) R 进制数转换为十进制数

将 R 进制转换为十进制,只需要将各位数码乘以各自的权值再累加,即可得到其对应的十进制数。

【例 2.1】 将二进制数 1011.11 转换为十进制数。

解:

$$(1011.11)_2 = 1 \times 2^3 + 0 \times 2^2 + 1 \times 2^1 + 1 \times 2^0 + 1 \times 2^{-1} + 1 \times 2^{-2}$$
$$= 8 + 2 + 1 + 0.5 + 0.25$$
$$= 11.75$$

【例 2.2】 将八进制数 37.24 转换为十进制数。

解:

$$(37.24)_8 = 3 \times 8^1 + 7 \times 8^0 + 2 \times 8^{-1} + 4 \times 8^{-2}$$
$$= 24 + 7 + 0.25 + 0.0625$$
$$= 31.3125$$

【例 2.3】 将十六进制数 B4.A 转换为十进制数。

解：

$$(B4.A)_{16} = 11 \times 16^1 + 4 \times 16^0 + 10 \times 16^{-1}$$
$$= 176 + 4 + 0.625$$
$$= 180.625$$

2）十进制数转换为 R 进制数

将十进制整数转换为 R 进制常用的方法是"除 R 取余法"。除 R 取余法，就是将一个十进制数除以 R，得到一个商和一个余数，并记下这个余数 r_0。然后将商作为被除数除以 R，得到一个商和一个余数，并记下这个余数 r_1。不断重复以上过程，直到商为 0 为止。

假设一共除了 m 次，则得到的 R 进制整数从高位到低位为 $r_{m-1} \cdots r_2 r_1 r_0$。

例如，十进制整数 10 转换为二进制数的过程为：

$$10/2 = 5 \quad 余\ 0$$
$$5/2 = 2 \quad 余\ 1$$
$$2/2 = 1 \quad 余\ 0$$
$$1/2 = 0 \quad 余\ 1$$

所以二进制形式为 1010。

将一个十进制小数转换为 R 进制小数常用的方法为"乘 R 取整法"。乘 N 取整法，就是将十进制的小数乘以 R，得到的整数部分作为小数点后第一位。剩余的小数部分再乘以 R，得到的整数部分作为小数点后第二位。以此类推，直到剩余小数部分为 0，或达到一定精度为止。

例如，十进制的 0.55 转换为十六进制的过程为：

$$0.55 \times 16 = 8.8 \quad\text{——}8$$
$$0.8 \times 16 = 12.8 \quad\text{——}12(C)$$
$$0.8 \times 16 = 12.8 \quad\text{——}12(C)$$
$$0.8 \times 16 = 12.8 \quad\text{——}12(C)$$
$$\cdots$$

由于不能被精确转换，因此可以只取前 4 位，为 0.8CCC。

一般的十进制数（既包含整数又包含小数）转换为 R 进制数，可分别转换整数和小数部分，然后再连接起来即可。

【例 2.4】 将十进制数 130 转换为二进制数。

解：

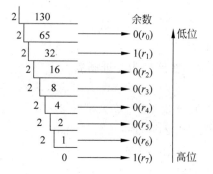

所以$(130)_{10} = (10000010)_2$。

【例 2.5】 将十进制数 130 转换为八进制数。

解：

```
8 | 130      余数
  8 | 16  ────→ 2(r₀)  ↑ 低位
    8 | 2  ──→ 0(r₁)  │
        0  ──→ 2(r₂)  │ 高位
```

所以$(130)_{10} = (202)_8$。

【例 2.6】 将十进制数 130 转换为十六进制数。

解：

```
16 | 130      余数
  16 | 8  ────→ 2(r₀)  ↑ 低位
       0  ──→ 8(r₁)  │ 高位
```

所以$(130)_{10} = (82)_{16}$。

【例 2.7】 将十进制数 0.325 转换为二进制数（精确到 4 位小数）。

解：

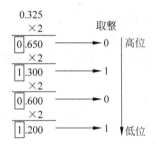

```
      0.325
       ×2      取整
    ⓪.650 ──→ 0  ↑ 高位
       ×2
    ①.300 ──→ 1
       ×2
    ⓪.600 ──→ 0
       ×2
    ①.200 ──→ 1  ↓ 低位
```

所以$(0.325)_{10} \approx (0.0101)_2$。

【例 2.8】 将十进制数 0.325 转换为八进制数（精确到 4 位小数）。

解：

```
      0.325
       ×8      取整
    ②.600 ──→ 2  ↑ 高位
       ×8
    ④.800 ──→ 4
       ×8
    ⑥.400 ──→ 6
       ×8
    ③.200 ──→ 3  ↓ 低位
```

所以$(0.325)_{10} \approx (0.2463)_8$。

【**例 2.9**】 将十进制数 0.325 转换为十六进制数(精确到 4 位小数)。

解：

```
        0.325
        ×16        取整
      ┌─────┐
      │5│.200 ─────→ 5    高位
      └─────┘
        ×16
      ┌─────┐
      │3│.200 ─────→ 3
      └─────┘
        ×16
      ┌─────┐
      │3│.200 ─────→ 3
      └─────┘
        ×16
      ┌─────┐
      │3│.200 ─────→ 3    低位
      └─────┘
```

所以 $(0.325)_{10} \approx (0.5333)_{16}$。

【**例 2.10**】 将十进制数 130.325 转换为二进制数(精确到 4 位小数)。

解：由例 2.4 和例 2.7 可知

$$(130.325)_{10} \approx (10000010.0101)_2$$

【**例 2.11**】 将十进制数 130.325 转换为八进制数(精确到 4 位小数)。

解：由例 2.5 和例 2.8 可知

$$(130.325)_{10} \approx (202.2463)_8$$

【**例 2.12**】 将十进制数 130.325 转换为十六进制数(精确到 4 位小数)。

解：由例 2.6 和例 2.9 可知

$$(130.325)_{10} \approx (82.5333)_{16}$$

3) 二进制数与八进制数、十六进制数之间的互换

二进制的权值 2^i 与八进制的权值 8^i、十六进制的权值 16^i 之间的对应关系为 $8^i = 2^{3i}$，$16^i = 2^{4i}$，也就是说，每 3 位二进制数可以表示为 1 位八进制数，每 4 位二进制数可以表示为 1 位十六进制数，如表 2-4 所示。

表 2-4 不同进制之间的关系

十 进 制	二 进 制	八 进 制	十 六 进 制
0	0000	0	0
1	0001	1	1
2	0010	2	2
3	0011	3	3
4	0100	4	4
5	0101	5	5
6	0110	6	6
7	0111	7	7
8	1000	10	8
9	1001	11	9
10	1010	12	A
11	1011	13	B
12	1100	14	C
13	1101	15	D
14	1110	16	E
15	1111	17	F

将一个二进制数转换为八进制数所用的方法为"取三合一法",即以二进制的小数点为分界点,分别向左(整数部分)、向右(小数部分)每3位分成一组,接着按组将这3位二进制按权相加,得到的数就是一位8位二进制数。然后,按顺序进行排列,小数点的位置不变,得到的数字就是所求的八进制数。如果取到最高或最低位时无法凑足3位,可以在小数点的最左边(整数部分)和最右边(小数部分)添0,凑足3位。

将一个八进制数转换为二进制数所用的方法为"取一分三法",即将一位八进制数分解成3位二进制数,用3位二进制按权相加去凑这位八进制数,小数点位置照旧。

以此类推,二进制数转换为十六进制数所用的方法为"取四合一法";十六进制数转换为二进制数所用的方法为"取一分四法"。

【例2.13】 将二进制数10111010.11011转换为八进制数。

解:

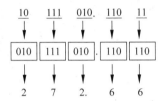

所以$(10111010.11011)_2 = (272.66)_8$。

【例2.14】 将二进制数10111010.1101转换为十六进制数。

解:

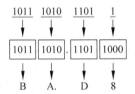

所以$(10111010.11011)_2 = (BA.D8)_{16}$。

【例2.15】 将八进制数376.25转换为二进制数。

解:

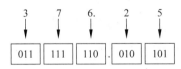

所以$(376.25)_8 = (11111110.010101)_2$。

【例2.16】 将十六进制数5F.3C转换为二进制数。

解:

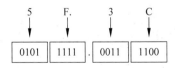

所以$(5F.3C)_{16} = (1011111.001111)_2$。

对于八进制数与十六进制数之间的转换,可以借助二进制数或十进制数,先将要转换的数转换为二进制数或十进制数,然后再转换为所需要的进制数。

3. 二进制的算术运算与逻辑运算

二进制的运算有算术运算和逻辑运算两种。

1) 算术运算

二进制的算术运算主要是加法运算和减法运算(二进制的乘法运算和除法运算,实际上最终都是转换为加法运算来完成的,这点将在 2.3.3 节详细讲解)。与十进制加减法规则类似,二进制加法运算满二进一,减法借一当二,其主要规则如下。

加法:$0+0=0$　$0+1=1$　$1+0=1$　$1+1=0$(向高位进 1)

减法:$0-0=0$　$1-0=1$　$1-1=0$　$0-1=1$(向高位借 1)

2) 逻辑运算

二进制的逻辑运算主要有逻辑与运算(AND)、逻辑或运算(OR)、逻辑非运算(NOT)和逻辑异或运算(XOR),其运算规则为:

逻辑与(也称逻辑乘):$0 \wedge 0=0$　$0 \wedge 1=0$　$1 \wedge 0=0$　$1 \wedge 1=1$

逻辑或(也称逻辑加):$0 \vee 0=0$　$0 \vee 1=1$　$1 \vee 0=1$　$1 \vee 1=1$

逻辑非(也称取反):0 取反后是 1,1 取反后是 0,即 $\overline{0}=1,\overline{1}=0$

逻辑异或:$0 \oplus 0=0$　$0 \oplus 1=1$　$1 \oplus 0=1$　$1 \oplus 1=0$

【例 2.17】 分别求 $10101100+10011101$,$10101100-10011101$,$10101100 \wedge 10011101$,$10101100 \vee 10011101$,$10101100 \oplus 10011101$,$\overline{10101100}$。

解:

① $10101100+10011101$

$$\begin{array}{r} 10101100 \\ +\ 10011101 \\ \hline 101001001 \end{array}$$

故 $10101100+10011101=101001001$。

② $10101100-10011101$

$$\begin{array}{r} 10101100 \\ -\ 10011101 \\ \hline 00001111 \end{array}$$

故 $10101100-10011101=00001111$。

③ $10101100 \wedge 10011101$

$$\begin{array}{r} 10101100 \\ \wedge\ 10011101 \\ \hline 10001100 \end{array}$$

故 $10101100 \wedge 10011101=10001100$。

④ $10101100 \vee 10011101$

$$\begin{array}{r} 10101100 \\ \vee\ 10011101 \\ \hline 10111101 \end{array}$$

故 $10101100 \vee 10011101=10111101$。

⑤ 10101100⊕10011101

$$\begin{array}{r} 10101100 \\ \underline{\oplus\ 10011101} \\ 00110001 \end{array}$$

故 10101100⊕10011101＝00110001。

⑥ $\overline{10101100}$＝01010011

2.3.3　数值的编码

数值,是指通常意义上的数学中的数。数值有正负和大小之分,一般可以将数值分为整数和实数两大类,计算机中整数又可以分为无符号整数(正整数)和有符号整数两类。由于整数不使用小数点,或者小数点始终隐藏在个位数右边,所以整数也被称为"定点数"。实数既有整数部分又有小数部分,其小数点不固定,又称为"浮点数"。

将各种数值在计算机中表示的形式即编码方式,称为机器数或机器码。机器码的特点是采用二进制数表示。为了区别一般书写表示的数和机器中这些编码表示的数,通常将前者称为"真值",后者称为"机器码"。

1. 无符号整数的表示

无符号整数只能表示正整数,且所有位数都用于表示数值大小,其机器码就是将该数直接转换为二进制,不足的位数用0补齐。对于一个用n位二进位来表示的无符号整数,其可表示的数据范围是$0 \sim 2^n - 1$。例如,一个8位无符号整数的表示范围为$(00000000)_2 \sim (11111111)_2$,即$0 \sim 255(2^8 - 1)$,16位无符号整数的表示范围为$0 \sim 65535(2^{16} - 1)$。

例如,对于无符号整数44,其二进制真值为101100。由于不足8位,前面用0补足8位,即00101100就是其机器码。

2. 带符号整数的表示

在计算机中,带符号整数可以采用原码、反码、补码等各种编码方式,这种编码方式就称为码制。

1) 原码

由于带符号整数既要能表示正数也要能表示负数,因此就必须让计算机能从其编码中判断出是正数还是负数,通常采用的做法是用其编码的最左边1位即最高位来表示数值的符号,最高位为"0"表示正号,最高位为"1"表示负号。例如:

$$00101100 = +44, \quad 10101100 = -44$$

这种表示法称为"原码"。

对于一个用n位原码表示的整数,由于最高位被用来表示正负符号,用来有效表示数值范围的数值位就只有$n-1$位,其表示的数值范围就是$-2^{n-1}+1 \sim 2^{n-1}-1$。例如,一个8位原码的表示范围是$-127 \sim 127(-2^7+1 \sim 2^7-1)$,一个16位原码的表示范围是$-32\,767 \sim 32\,767(-2^{15}+1 \sim 2^{15}-1)$。

2) 反码

对于带符号的正数的反码就是其本身,和原码相同。负数的反码,只要将符号位不变,其余各位取反即可。例如:

$$(44)_{反} = (44)_{原} = 00101100$$

$$(-44)_{原} = 10101100, \quad (-44)_{反} = 11010011$$

反码的表示范围和原码相同,例如,一个 8 位反码的表示范围是 $-127 \sim 127(-2^7 + 1 \sim 2^7 - 1)$,一个 16 位反码的表示范围是 $-32\ 767 \sim 32\ 767(-2^{15} + 1 \sim 2^{15} - 1)$。

3) 补码

对于带符号的正数的补码和原码相同。负数的补码,其符号位不变,其余各位是原码的每一位取反后再加 1 得到的结果,实际上就是反码加 1 的结果。例如:

$$(44)_{补} = (44)_{反} = (44)_{原} = 00101100$$

$$(-44)_{原} = 10101100, \quad (-44)_{反} = 11010011, \quad (-44)_{补} = 11010100$$

在计算机中,对于有符号的整数,其机器码是采用补码来表示的。

通过以上内容可以知道,正数的原码、反码以及补码都是其本身。负数的原码是其本身,反码是对原码除符号位之外的各位取反,补码则是反码加 1。

需要指出的是,编码仅仅是数的一种表示方式,其"真值"是不变的,由其中任何一种编码都能求出该数的真值。

【例 2.18】 若用一个 8 位二进制数表示一个有符号的整数,则二进制数(10011010)的真值是多少?

解: 由于有符号数 10011010 的最高位为 1,表示负数,该二进制数 10011010 就是其补码形式。其反码为补码减 1,即 10011001,原码为 11100110,其真值就是 -102。

对于有符号类型的整数,虽然有原码、反码和补码三种形式,最后选择了补码作为机器码,即有符号的整数在计算机中的表示形式是补码。我们知道,有符号数的原码是最容易计算的,补码的计算过程略微有点复杂,为什么要舍易取难,选择补码作为机器码呢?具体有下面几点原因。

(1) 能够统一"+0"和"−0"的表示。以 8 位二进制位来表示有符号整数为例:

采用原码表示,+0 的二进制表示形式为 0000 0000,而 −0 的二进制表示形式为 1000 0000;

采用反码表示,+0 的二进制表示形式为 0000 0000,而 −0 的二进制表示形式为 1111 1111;

采用补码表示,+0 的二进制表示形式为 0000 0000,而 −0 的二进制表示形式为 1111 1111+1=1 0000 0000,因为计算机会进行截断,只取低 8 位,所以 −0 的补码表示形式为 0000 0000。

可以看出,只有用补码表示,+0 和 −0 的表示形式才一致。也正因为如此,所以补码的表示范围比原码和反码表示的范围都要大,用补码能够表示的范围为 −128 ~ 127,0 ~ 127 分别用 0000 0000 ~ 0111 1111 来表示,而 −127 ~ −1 则用 1000 0001 ~ 1111 1111 来表示,多出的 1000 0000 则用来表示 −128。因此对于任何一个 n 位的二进制,假如表示带符号的整数,其表示范围为 $-2^{n-1} \sim 2^{n-1} - 1$。

假如不采用补码来表示,那么计算机中需要对 +0 和 −0 区别对待,显然对于设计来说要增加难度,而且不符合运算规则。

(2) 有符号整数的运算能够把符号位同数值位一起处理。将最高位作为符号位处理,不具有实际数值意义,那么如何在进行运算时处理这个符号位?如果单独把符号位进行处

理,显然又会增加电子线路的设计难度和CPU指令设计的难度,但是采用补码就能够很好地解决这个问题。例如:

$$-2+3=1$$

如果采用原码表示(把符号位同数值位一起处理),则有

$$1000\ 0010+0000\ 0011=1000\ 0101=(-5)_原$$

显然这个结果是错误的。

如果采用反码表示,则有

$$1111\ 1101+0000\ 0011=1\ 0000\ 0000=0\ 0000000=(+0)_反$$

显然这个结果也是错误的。

如果采用补码表示,则有

$$1111\ 1110+0000\ 0011=1\ 0000\ 0001=0000\ 0001=(1)_补$$

结果是正确的。

从上面可以看出,当把符号位同数值位一起进行处理时,只有补码的运算才是正确的。如果不把符号位和数值位一起处理,则会给CPU指令的设计带来很大的困难。如果单独考虑符号位,则CPU指令还要特意对最高位进行判断,这对于计算机的最底层实现来说是很困难的。

(3) 能够简化运算规则。对于$-2+3=1$这个例子来说,可以看作是$3-2=1$,也即$(3)+(-2)=1$,从上面的运算过程可知采用补码运算相当于$(3)_补+(-2)_补=(1)_补$,也即可以把减法运算转换为加法运算。这样做的好处是在设计电子器件时只需要设计加法器即可,不需要再单独设计减法器。实际上,在计算机内部,二进制的基本运算是加法运算,乘法运算可以转换为连加来实现,除法运算可以用连减来实现,而减法运算可以转换为加法运算。这样,计算机中的加减乘除都可以转换为加法运算,计算机中就不需要设计加法器、乘法器和除法器了,这就大大简化了运算器的设计难度。

总的来说,采用补码主要有以上几点好处,从而使得计算机从硬件设计上更加简单以及简化CPU指令的设计。

3. 浮点数(实数)的表示

在计算机系统的发展过程中,曾经提出过多种方法来表示实数。典型的如相对于浮点数的定点数。在这种表达方式中,小数点固定位于实数所有数字中间的某个位置。货币的表达就可以使用这种方式,例如,99.00或者00.99可以用于表示具有四位精度,小数点后有两位的货币值。由于小数点位置固定,所以可以直接用四位数值来表示相应的数值。还有一种提议的表示方式为有理数表示方式,即用两个整数的比值来表示实数。定点数表示法的缺点在于其形式过于僵硬,固定的小数点位置决定了固定位数的整数部分和小数部分,不利于同时表示特别大的数或者特别小的数。最终,绝大多数现代计算机系统采纳了"浮点表示法"进行表示。这种表示方式利用科学计数法来表示实数,即用一个尾数(尾数有时也称为有效数字,尾数实际上是有效数字的非正式说法)、一个基数、一个指数以及一个表示正负的符号来表示实数。例如十进制数123.456用十进制科学计数法可以表示为:

$1.234\ 56\times10^2$,其中1.2345为尾数,2为指数,10为基数,符号为正。

12.3456×10^1,其中12.345为尾数,1为指数,10为基数,符号为正。

1234.56×10^{-1},其中1234.56为尾数,-1为指数,10为基数,符号为正。

12 345.6×10^{-2},其中 12345.6 为尾数,-2 为指数,10 为基数,符号为正。

...

对于二进制数同样也可以用浮点表示法进行表示,例如:

10101100.011＝1.0101100011×2^7

10101100.011＝0.10101100011×2^8

10101100.011＝1010110001.1×2^{-2}

...

二进制的浮点表示法与十进制的浮点表示法的不同之处仅仅在于其基数为 2。

浮点数利用指数达到了浮动小数点的效果,从而可以灵活地表示更大范围的实数。

在计算机中是用有限的连续字节保存浮点数的。早期的浮点数的各个部分表示方法互不相同,相互之间的数据格式也无法兼容。因此,IEEE(美国电气与电子工程师协会)于1985 年制定了计算机内部浮点数的工业标准——IEEE 754。在 IEEE 754 标准中,浮点数是将特定长度的连续字节的所有二进制位分割为特定宽度的符号域、指数域和尾数域 3 个域,其中保存的值分别用于表示给定二进制浮点数中的符号、指数和尾数。这样,通过尾数和可以调节的指数(所以称为"浮点")就可以表示给定的数值了。IEEE 754 指定:

(1) 两种基本的浮点格式为单精度和双精度。

IEEE 单精度格式具有 24 位有效数字精度,并总共占用 32 位。

IEEE 双精度格式具有 53 位有效数字精度,并总共占用 64 位。

(2) 两种扩展浮点格式为单精度扩展和双精度扩展。

此标准并未规定这些格式的精确精度和大小,但它指定了最小精度和大小。例如,IEEE 双精度扩展格式必须至少具有 64 位有效数字精度,并总共占用至少 79 位。

浮点数的各部分长度如表 2-5 所示。

表 2-5 浮点数的各部分长度

精　　度	符 号 位 数	指 数 位 数	尾 数 位 数
单精度	1	8	23
双精度	1	11	52

下面以单精度浮点数为例,具体说明如下:

(1) 单精度浮点数存储时占 4 个字节,即 32 位。

(2) 如果浮点数是正数,符号位为 0,否则为 1。

(3) 尾数用原码表示,且最高位总是 1,为了节省空间,1 和小数点不存储。

(4) 指数是无符号整数,且带有 127 的偏移量(因为有的浮点数的指数是负值,而无符号整数只能表示正数,因此设置了偏移量)。

【例 2.19】　假设有一个单精度数(32 位)的表示形式如下,请问该数的十进制真值是多少?

1	10001011	10010011000101110000000

解:符号位为 1,因此该数为负数。

指数:(10001011)$_2$＝139,因为有 127 的偏移量,因此,指数为 139－127＝12。

尾数:将尾数前加上 1 和小数点,即 1.10010011000101100000000。

由此可知,该浮点数为:

$$-1.10010011000101100000000 \times 2^{12}$$
$$=-(1100100110001.01100000000)_2 = -6449.375$$

2.3.4 文本的编码

文字信息在计算机中称为"文本"(text),文本是计算机中最常见的一种数字媒体。文本由一系列的"字符"(character)组成,包括字母、数字、标点符号等,每个字符均使用二进制编码表示。由一组特定的字符构成的集合就是字符集。不同的字符集包含的字符数目与内容不同,如西文字符集、中文字符集、日文字符集等。

文本在计算机中的处理过程包括文本准备、文本编辑与排版、文本处理、文本存储与传输、文本展现等。其处理过程如图 2-7 所示。

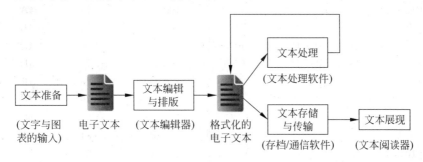

图 2-7　文本处理过程

要想让计算机能够识别、存储、处理各种文字,首先要对相应的字符集进行编码。字符集中的每个字符都要使用一个唯一的编码(二进位)来表示,而所有的字符编码就构成了该字符集的编码表,简称码表。

1. 西文字符的编码

由于计算机发源于美国,所以最早的信息编码也来源于美国。目前使用最广泛的西文字符集码表是美国的 ASCII 字符编码,简称 ASCII 码,其全称为 American Standard Code for Information Interchange(美国信息交换标准代码),同时它也被国际标准化组织(International Organization for Standardization,ISO)批准为国际标准,称为 ISO-646。

ASCII 码于 1961 年提出,用于在不同计算机硬件和软件系统中实现数据传输的标准化,大多数的小型机和全部的个人计算机都使用此码。

1)标准 ASCII 码

标准 ASCII 字符集共有 128 个字符,其中有 96 个可打印字符,包括常用的字母、数字、标点符号等,另外还有 32 个控制字符。由于只有 128 个字符,所以标准 ASCII 码只使用 7 个二进位对字符进行编码。虽然标准 ASCII 码是 7 位编码,但由于计算机的基本处理单位为字节(1B=8b),所以一般仍以一个字节来存放一个 ASCII 字符。每一个字节中多余出来的一位(最高位)在计算机内部通常保持为 0(在数据传输时可用作奇偶校验位),而字节的低 7 位则表示字符的编码值。

表 2-6 展示了标准 ASCII 字符集及其编码。

表 2-6　标准 ASCII 码表

二进制	十进制	十六进制	控制字符	二进制	十进制	十六进制	控制字符
0000 0000	0	0	NUL	0100 0000	64	40	@
0000 0001	1	1	SOH	0100 0001	65	41	A
0000 0010	2	2	STX	0100 0010	66	42	B
0000 0011	3	3	ETX	0100 0011	67	43	C
0000 0100	4	4	EOT	0100 0100	68	44	D
0000 0101	5	5	ENQ	0100 0101	69	45	E
0000 0110	6	6	ACK	0100 0110	70	46	F
0000 0111	7	7	BEL	0100 0111	71	47	G
0000 1000	8	8	BS	0100 1000	72	48	H
0000 1001	9	9	HT	0100 1001	73	49	I
0000 1010	10	A	LF	0100 1010	74	4A	J
0000 1011	11	B	VT	0100 1011	75	4B	K
0000 1100	12	C	FF	0100 1100	76	4C	L
0000 1101	13	D	CR	0100 1101	77	4D	M
0000 1110	14	E	SO	0100 1110	78	4E	N
0000 1111	15	F	SI	0100 1111	79	4F	O
0001 0000	16	10	DLE	0101 0000	80	50	P
0001 0001	17	11	DCI	0101 0001	81	51	Q
0001 0010	18	12	DC2	0101 0010	82	52	R
0001 0011	19	13	DC3	0101 0011	83	53	X
0001 0100	20	14	DC4	0101 0100	84	54	T
0001 0101	21	15	NAK	0101 0101	85	55	U
0001 0110	22	16	SYN	0101 0110	86	56	V
0001 0111	23	17	ETB	0101 0111	87	57	W
0001 1000	24	18	CAN	0101 1000	88	58	X
0001 1001	25	19	EM	0101 1001	89	59	Y
0001 1010	26	1A	SUB	0101 1010	90	5A	Z
0001 1011	27	1B	ESC	0101 1011	91	5B	[
0001 1100	28	1C	FS	0101 1100	92	5C	\
0001 1101	29	1D	GS	0101 1101	93	5D	]
0001 1110	30	1E	RS	0101 1110	94	5E	^
0001 1111	31	1F	US	0101 1111	95	5F	—
0010 0000	32	20	（Space）	0110 0000	96	60	、
0010 0001	33	21	!	0110 0001	97	61	a
0010 0010	34	22	”	0110 0010	98	62	b
0010 0011	35	23	#	0110 0011	99	63	c
0010 0100	36	24	$	0110 0100	100	64	d
0010 0101	37	25	%	0110 0101	101	65	e
0010 0110	38	26	&	0110 0110	102	66	f
0010 0111	39	27	'	0110 0111	103	67	g
0010 1000	40	28	(	0110 1000	104	68	h

续表

二进制	十进制	十六进制	控制字符	二进制	十进制	十六进制	控制字符
0010 1001	41	29	)	0110 1001	105	69	i
0010 1010	42	2A	*	0110 1010	106	6A	j
0010 1011	43	2B	+	0110 1011	107	6B	j
0010 1100	44	2C	,	0110 1100	108	6C	l
0010 1101	45	2D	—	0110 1101	109	6D	m
0010 1110	46	2E	.	0110 1110	110	6E	n
0010 1111	47	2F	/	0110 1111	111	6F	o
0011 0000	48	30	0	0111 0000	112	70	p
0011 0001	49	31	1	0111 0001	113	71	q
0011 0010	50	32	2	0111 0010	114	72	r
0011 0011	51	33	3	0111 0011	115	73	s
0011 0100	52	34	4	0111 0100	116	74	t
0011 0101	53	35	5	0111 0101	117	75	u
0011 0110	54	36	6	0111 0110	118	76	v
0011 0111	55	37	7	0111 0111	119	77	w
0011 1000	56	38	8	0111 1000	120	78	x
0011 1001	57	39	9	0111 1001	121	79	y
0011 1010	58	3A	:	0111 1010	122	7A	z
0011 1011	59	3B	;	0111 1011	123	7B	{
0011 1100	60	3C	<	0111 1100	124	7C	|
0011 1101	61	3D	=	0111 1101	125	7D	}
0011 1110	62	3E	>	0111 1110	126	7E	~
0011 1111	63	3F	?	0111 1111	127	7F	DEL

　　字母和数字的 ASCII 码的记忆是非常简单的。只要记住了一个字母或数字的 ASCII 码(例如记住 A 为 65,0 的 ASCII 码为 48),知道相应的大小字母之间差 32(同一字母的小写字母的编码值比大写字母的编码值大 32),相应的十六进制差 20H,八进制差 40Q,且字母的编码值是按字典顺序编码的,就可以推算出其余字母、数字的 ASCII 码。

　　【例 2.20】 已知大写字母"A"的十进制 ASCII 码为 65,十六进制 ASCII 码为是 41H,八进制 ASCII 码为 101Q,计算小写字母"d"的 ASCII 码(十进制、十六进制及八进制)。

　　解:对于同一个字母,其小写字母的十进制编码值比对应的大写字母编码值大 32(十六进制为 20H,八进制为 40Q),因此,小写字母"a"的 ASCII 码为 65+32=97,十六进制编码值是 41H+20H=61H,八进制的编码值是 101Q+40Q=141Q。小写字母"d"的 ASCII 码值比小写字母"a"大 3,所以"d"的 ASCII 码为 97+3=100,其十六进制编码值为 61H+3H=64H,八进制编码值为 141Q+3Q=144Q。

　　2) 扩充 ASCII 码

　　标准 ASCII 码是美国提出的,所以其编码的字符也主要服务于美国的字符集。但是欧洲很多国家的语言使用的字符是英语中所没有的,因此标准 ASCII 码不能解决欧洲各国的编码问题。为了解决这个问题,同时考虑标准 ASCII 码只使用了一个字节的低 7 位,借鉴

ASCII 码的编码思想,又创造了 128 个使用 8 位二进制数表示的字符的扩充字符集,这样就可以使用总共 256 种二进制编码表示更多的字符了。在这 256 个字符集中,0～127 的编码与标准 ASCII 码保持兼容,128～255 用来表示其他的字符。扩充出来的 128 个编码称为扩展 ASCII 编码,对应的字符称为扩展 ASCII 字符。由于各个国家的语言不同,所以扩展字符里有各个国家的不同字符,于是人们为不同的语言指定了大量不同的编码表,在这些表中,128～255 表示各自不同的字符,其中,国际标准化组织 ISO 8859 标准得到了广泛的使用。ISO 8859 不是一个标准,而是一系列的标准,由 ISO 8859-1～ISO 8859-16 组成。例如,ISO 8859-1 字符集,也就是 Latin-1,收集了西欧常用字符,包括德法两国的字母;ISO 8859-2 字符集,也称为 Latin-2,收集了东欧字符,ISO 8859-3 字符集,也称为 Latin-3,收集了南欧字符;ISO 8859-4 字符集,也称为 Latin-4,收集了北欧字符等。

2. 中文汉字的编码

由于电子计算机现有的输入键盘与英文打字机键盘完全兼容,对于如何输入非拉丁字母的文字(包括汉字)便成了多年来人们研究的课题。汉字信息处理系统一般包括编码、输入、存储、编辑、输出和传输,其中编码是关键。不解决这个问题,汉字就不能进入计算机。由于计算机在处理任何媒体信息时,首先要将这些信息转换为二进制代码,因此,计算机在处理中文汉字时,也需要将汉字转换为二进制代码,也就是要对汉字进行相应的编码。与西文字符相比,汉字的编码要复杂困难得多,其原因主要有三点:

(1) 数量庞大:一般认为,汉字总数已超过 6 万个(包括简化字)。虽有研究者主张规定 3000～4000 字作为当代通用汉字,但仍比处理由二三十个字母组成的拼音文字要困难得多。

(2) 字形复杂:有古体今体,繁体简体,正体异体;笔画相差悬殊,少的只有一笔,多的达 36 笔,简化后平均为 9.8 笔。

(3) 存在大量一音多字和一字多音的现象:汉语音节 416 个,分声调后为 1295 个(根据《现代汉语词典》统计,轻声 39 个未计)。以 1 万个汉字计算,每个不带调的音节平均超过 24 个汉字,每个带调音节平均超过 7.7 个汉字。有的同音同调字多达 66 个。一字多音现象也很普遍。

处理汉字的不同环节需要使用不同的编码方案,例如在输入汉字时使用输入码,存储汉字时使用机内码,显示打印汉字时使用字形码等。汉字信息处理系统模型如图 2-8 所示。

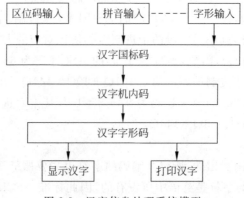

图 2-8 汉字信息处理系统模型

1) GB 2312 汉字编码

GB 2312 字符集(GB＝国标),即《信息交换用汉字编码字符集》,是指国家标准总局于1980 年发布,1981 年 5 月 1 日开始实施的一套国家标准。收入汉字 6763 个,非文字图形字符 682 个,总计 7445 个字符,这是普遍使用的简体字字符集。楷体-GB2312、仿宋-GB2312、华文行楷等绝大多数字体支持显示这个字符集,它也是大多数输入法所采用的字符集。

一个字节最多只能表示 $2^8＝256$ 种信息,这个容量相对数量庞大的汉字来说太小了。所以用两个字节联合存储一个汉字,理论上就可以有 $256×256＝65\,536$ 个不同编码,这对常用汉字来说足够存储了。因此,在计算机内每个汉字使用两个字节存储。

在 GB 2312 字符集中把汉字划分为 94 个区,每个区划分成 94 个位,区号和位号分别用一个字节来存储,这就是汉字的"区位码"。因为 ASCII 编码中的前 32 个字符是控制码,如回车、换行、退格等。为避开这些控制码,汉字国标码规定,在区位码的两个字节上分别加上32。又因为计算机的汉字处理系统要保证中西文兼容,当系统中同时存在西文 ASCII 码和汉字国标码时,会产生二义性。例如,两个字节的内容分别为 00110000 和 00100001 时,既可能表示一个汉字"啊"的国标码,也可能表示两个西文"0"和"!",这就产生了二义性。为此,汉字机内码在相应国标码的每个字节的最高位加上"1",以和 ASCII 码中每个字节的最高位为"0"相区分。因此,汉字机内码＝汉字国标码＋10000000 10000000。计算机内部使用的是汉字机内码。

2) GBK 汉字编码

由于 GB 2312 只收入了 6763 个汉字,这些汉字显然不能包括所有汉字。在早期(例如,20 世纪 90 年代使用的 Windows 95 操作系统),经常会遇到一些生僻字无法输入到计算机中的现象,这是由于这些生僻字不在 GB 2312 所收录的 6763 个汉字之中的原因。

为了解决这些问题,1995 年全国信息技术标准化技术委员会制定发布了另一个汉字编码标准,即 GBK,全称《汉字内码扩展规范》(K＝扩展)。GBK 编码是在 GB 2312 标准基础上的内码扩展规范,使用了双字节编码方案,共收录了 21003 个汉字(包括繁体字和生僻字),883 个图形符号。GBK 编码方案于 1995 年 10 月制定,1995 年 12 月正式发布,目前中文版的 Windows 操作系统,如 Windows 2000、Windows XP、Windows 7、Windows 10 等,都支持 GBK 编码方案。

3) UCS/Unicode 与 GB 18030 汉字编码

为了实现全球不同国家不同文字的统一编码,ISO 制定了一个能覆盖几乎所有语言的编码表,称为 UCS(Universal Character Set),对应的国际标准为 ISO-10646。UCS 对应的工业标准为 Unicode,它(如 UTF-8、UTF-16)已在 Windows、UNIX、Linux 操作系统及许多 Internet 中广泛使用。

为了既能与国际标准接轨,又能保护已有的大量中文信息资源,继 GB 2312 和 GBK 之后我国政府发布了最重要的汉字编码标准,即国家标准 GB 18030《信息交换用汉字编码字符集基本集的补充》,是我国计算机系统必须遵循的基础性标准之一。GB 18030 有两个版本: GB 18030—2000 和 GB 18030—2005。

GB 18030—2000 编码标准是由信息产业部和国家质量技术监督局在 2000 年 3 月 17 日联合发布的,并且作为一项国家标准在 2001 年的 1 月正式强制执行。

GB 18030—2005《信息技术中文编码字符集》是我国自主研制的以汉字为主并包含多

种我国少数民族文字的超大型中文编码字符集强制性标准,其中收入汉字 70 000 余个。

4) BIG5 汉字编码

前面提到的 GB 2312、GBK 和 GB 18030 标准主要在中国内地使用,中国台湾、香港等地区还在使用繁体中文,因此制定了一套用来表示繁体中文的字符编码,称为大五码,即 BIG5。BIG5 字符集收入 13 060 个繁体汉字,808 个符号,总计 13 868 个字符,采用双字节编码,但不兼容 GB 2312 和 GBK。

编码方案繁多,这里不再一一介绍。如果超出了输入法所支持的字符集,就不能录入计算机。有些人利用私人造字区 PUA 的编码,造了一些字体。如果一些机器没有相应字体的支持,则显示为黑框、方框或空白。如果操作系统或应用软件不支持该字符集,则显示为问号(一个或两个)。在网页上也存在同样的情况。

2.3.5　图像的编码

图像(image)有多种含义,其中最常见的定义是指各种图形和影像的总称,它是人们认识和感知世界最直观的渠道之一。在计算机技术高速发展的今天,图像的设计和表现也被广泛应用于计算机应用领域,尤其是在多媒体设计中占有重要的地位。

计算机领域中的图像通常是指数字图像。数字图像,又称数码图像或数位图像,是以二维数字组形式表示的图像,其数字单元为像素。数字图像按生成方式大致可分为两类:位图图像(bitmap)和矢量图形(vector graphics)。

位图图像是指由扫描仪或数码相机等输入设备捕捉到的实际画面所产生的数字图像,也称取样图像或点阵图像,也就是我们常说的图像。矢量图形又称矢量图像,常称为图形(graphics),一般是指通过计算机绘图软件生成的矢量图形。矢量图形的文件存储的是描述生成图形的指令,因此不必对图形中的每一点进行数字化处理。本节主要讨论位图图像的编码。

1. 图像的获取与数字化

现实中的图像是一种模拟信号,要想让计算机能处理图像,首先要将模拟图像数字化。将现实世界中景物成像的过程,也就是将模拟图像转换成数字图像的过程称为图像获取,例如,用数码相机对选定的场景进行拍摄,用扫描仪对印刷品、照片等进行扫描等。

1) 数字图像获取设备

数字图像获取设备的功能是将现实世界中的景物输入到计算机内并以数字图像的形式表示。例如数码相机、扫描仪等,可以对景物或图片进行数字化,这时得到的数字图像通常是 2D 图像。此外,还有 3D 扫描仪能获得包括深度信息在内的 3D 景物的信息。

2) 图像的数字化

图像的数字化过程就是将模拟信号进行数字化的过程,其具体处理步骤大致分为 4 步,如图 2-9 所示。

(1) 扫描。将画面划分为 $m \times n$ 个网格,每个网格即一个取样点,又称像素(pixel)。这样,一幅模拟图像就转换为 $m \times n$ 个取样点组成的矩阵。

(2) 分色。将彩色图像取样点的颜色通过一种特殊的棱镜分解成 3 个基色,如红、绿、蓝。如果不是彩色图像,则不必进行分色。

(3) 取样。通过图像传感元件将每个取样点(像素)的每个分量(基色)的亮度值转化为与其成正比的电压值(灰度值)。

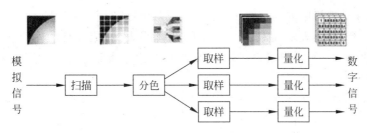

图 2-9　图像的数字化过程

（4）量化：将取样得到的每个分量的电压值进行模数转换，即把模拟量的电压值使用数字量（一般为 8～12 位正整数）来表示。

2. 图像的基本参数

从图像数字化的过程可以看出，一幅取样图像是由 m（行）$\times n$（列）个取样点组成的，每个取样点是组成取样图像的基本单位，称为像素。

黑白图像的像素只有一个灰度值（0 或 1），灰度图像的像素是包含灰度级（亮度）的，例如，像素灰度级用 8b 表示时，每个像素的取值就是 256（0～255）种灰度中的一种，通常用 0 表示黑，255 表示白，0～255 亮度逐渐增加，如图 2-10 所示。

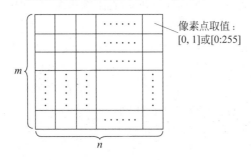

图 2-10　黑白或灰度图像的表示

彩色图像的像素是矢量，它由多个彩色分量组成。以 24 位真彩色图像（3 个彩色分量红、绿、蓝各 8b，每个颜色分量亮度值为 0～255）为例，取图像中的 8×8 像素块，其表示方式如图 2-11 所示。

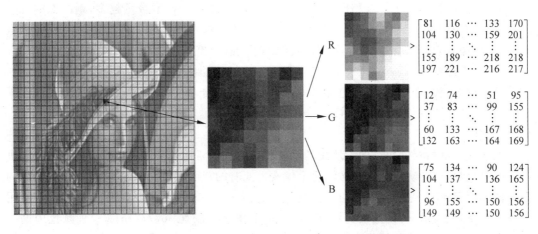

图 2-11　彩色图像的表示

取样图像在计算机中的表示方法是：单色或灰色图像用一个矩阵来表示；彩色图像用一组(一般是 3 个,分别表示红 R、绿 G、蓝 B)矩阵来表示,矩阵行数称为图像的垂直分辨率,列数称为图像的水平分辨率,矩阵中的元素是图像像素颜色分量的亮度值,使用二进制整数表示,一般是 8~12b。

描述一幅图像的属性,可以使用不同的参数,主要有颜色模型、图像分辨率、位平面数、像素深度等。

1) 颜色模型

图像数字化的过程中,首先要将图像离散成 m 行和 n 列的像素点,然后将每个点用二进制的颜色编码来表示。图像中的颜色编码可以使用不同的颜色模型,颜色模型又称颜色空间,是指彩色图像所使用的颜色描述方法。常用的颜色模型有 RGB(红、绿、蓝)、CMYK(青蓝、洋红、黄、黑)、YUV(亮度、色度)、HSV(色相、饱和度、色明度)、HIS(色调、色饱和度、亮度)等。从理论上讲这些颜色模型都可以相互转换。

RGB 模型也称为加色法混色模型。它是以红(Red)、绿(Green)、蓝(Blue)三色光互相叠加来实现混色的方法,因而适合于显示器等发光体的显示。一般将红绿蓝三基色按颜色深浅程度的不同分为 0~255 共 256 级,每种颜色可以分别用 8 位二进制数表示,0 表示亮度最弱,255 表示亮度最亮,三种颜色通过不同的比例搭配可以表示不同的颜色。256 级的 RGB 色彩总共能组合出约 1678 万种色彩,即 $256 \times 256 \times 256 = 16\ 777\ 216$,通常也称为 1600 万色或千万色。当三色数值相同时为无色彩的灰度色,例如,$(0,0,0)$ 表示黑色,$(255,255,255)$ 表示白色,$(255,0,0)$ 表示纯红色,$(0,255,0)$ 表示纯绿色,$(0,0,255)$ 表示纯蓝色。

CMYK 模型广泛用在彩色打印和印刷工业上。实际印刷中,一般采用青蓝(Cyan)、洋红(Magenta)、黄(Yellow)、黑(Black)四色印刷。

YUV 模型主要应用在彩色电视信号传输上。

2) 图像分辨率

在图像数字化过程中,会将图像扫描划分为 $m \times n$ 个像素,取样后的总像素数目就称为图像分辨率。它是表示图像大小的一个参数,一般表示为"水平分辨率×垂直分辨率"的形式,其中,水平分辨率表示图像在水平方向的像素数量,垂直分辨率表示图像在垂直方向的像素数量,例如 1024×768,1280×1024 等。

需要注意的是,对于一幅相同尺寸的图像,组成该图像的像素数量越多,则图像的分辨率就越高,看起来就会越逼真,相应的,图像文件所占用的存储空间也就越大；相反,像素数量越少,图像看起来就会越粗糙,但图像文件占用的存储空间就会越小。

3) 位平面数

位平面数就是矩阵的数目,也就是图像模型中彩色分量的数目,例如 RGB 模型的位平面数是 3,CMYK 的位平面数是 4。

4) 像素深度

像素深度是指存储每个像素所用的二进制位数。像素深度决定彩色图像的每个像素可能有的颜色数,或者确定灰度图像的每个像素可能有的灰度级数。例如,一幅真彩色图像的每个像素用 R、G、B 三个分量表示,若每个分量用 8 位二进制数表示,那么一个像素共用 $24(8+8+8)$ 位表示,就说像素的深度为 24,每个像素可以是 $16777216(2^{24})$ 种颜色中的一种。在这个意义上,往往把像素深度说成是图像深度。表示一个像素的位数越多,它能表达的颜色数目就越多,它的深度就越深。

3. 图像编码

一幅图像的数据量实际上就是存储该图像所有像素点所需要的数据量,其计算公式为:

图像数据量 = 水平分辨率 × 垂直分辨率 × 像素深度 /8(单位为字节)

表 2-7 列出了不同分辨率和不同像素深度的图像的数据量。

表 2-7 不同分辨率图像的数据量

分辨率	数据量		
	8 位(256 色)	16 位(65536 色)	24 位(真彩色)
800×600	468.75KB	937.5KB	1406.25KB
1024×768	768KB	1.5MB	2.25MB
1280×1024	1.25MB	2.5MB	3.75MB

以表 2-7 中 1280×1024 的未经压缩的 24 位真彩色图像为例,其数据量计算方法如下:

图像数据量 = 1280 × 1024 × 24/8B

= 1280 × 1024 × 3/1024/1024MB = 3.75MB

从表 2-7 中可以看出,图像在经过了数字化后,其数据量是非常巨大的。为了节省图像占用硬盘的存储容量、提高图像在网络中的传输速率等目的,对图像进行合理的编码(压缩)是十分有必要的。

图像编码与压缩的本质就是对将要处理的图像源数据按照一定的规则进行变换和组合,从而可以用尽可能少的符号来表示尽可能多的信息。源图像中常常存在各种各样的冗余,如空间冗余、时间冗余、信息熵冗余、结构冗余、知识冗余等,这就使得通过编码来进行压缩成为可能。如果对图像进行压缩后,则一幅图像的数据量为:

图像数据量 = 未经压缩前的图像数据量 / 图像压缩的倍数

【例 2.21】 一部数码相机,其 Flash 存储器容量为 40MB,它一次可以连续拍摄像素深度为 16 位(65536 色)的 1024×1024 的彩色相片 60 张,请计算其图像数据的压缩倍数。

解:一幅图像的数据量为 1024×1024×16/(8×1024×1024)MB=2MB,60 幅图像的数据量为 2×60=120MB,所以图像压缩倍数为 120MB/40MB=3。

4. 图像编码方法分类

(1)根据压缩效果,图像编码可以分为有损编码和无损编码。有损编码在编码的过程中把不相干的信息都删除了,只能对原图像进行近似的重建,典型的方法有变换编码、矢量编码等,JPEG 图像格式采用的就是有损压缩;无损编码的压缩算法仅仅是删除了图像数据中的冗余信息,解压缩时能够精确恢复原图像,典型的方法有行程长度编码(RLE)、字串表编码(LZW)、哈夫曼编码(Huffman)等,PCX、GIF、BMP、TIFF 等图像格式都采用无损压缩。

(2)根据编码原理,图像编码可以分为熵编码、预测编码、变换编码和混合编码等。熵编码是一种基于图像信号统计特征的无损编码技术,给概率大的符号一个较小的码长,较小概率的符号较大的码长,使得平均码长尽量小;常见的熵编码有哈夫曼编码、算术编码和行程编码。预测编码基于图像的空间冗余或时间冗余,用相邻的已知像元来预测当前像元的值,然后再对预测误差进行量化和编码,常见的预测编码有差分脉码调制。变换编码利用正交变换将图像从空域映射到另一个域上使得变换后的系数之间相关性降低,其变换并无压缩性,但可以结合其他编码方式进行压缩。混合编码综合了各种编码方式。

2.3.6 其他信息的编码

除了以上介绍的数值、文字和图像之外,计算机所处理的主要信息还包括音频和视频。音频和视频的编码更为复杂,尤其是视频,但是无论是何种信息,要想让计算机能够处理模拟视频,首先要将其转换为二进制数字编码的形式,即信息的数字化。音频、视频的数字化过程一致,即采样→量化→编码,如图 2-12 所示。

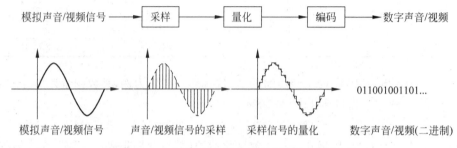

图 2-12 声音/视频信号的数字化过程及示意图

下面以声音信号为例,介绍其数字化过程。

1) 采样

声音的采样是指每隔一定时间间隔在声音波形上取一个幅度值,把时间上连续的信号变为时间上离散的信号。该时间间隔称为采样周期。采样周期的倒数称为采样频率,即每秒钟的采样次数。如 44.1kHz 表示将 1s 的声音用 44100 个采样点的数据表示,采样频率越高,数字化音频的质量就越高,但存储音频的数据量也会越大。

目前,市场上的非专业声卡的最高采样频率为 48kHz,专业声卡可达 96kHz 以上。根据采样定理,采样频率至少是信号频率最高频率的两倍以上才能重新恢复为原来的模拟信号。人耳能听到的最高频率是 20kHz,所以 CD 标准的取样频率通常采用 44.1kHz,低于这个值则音质会有所下降,高于这个值则人耳难以分辨。

2) 量化

量化是将每个采样点的幅度值以数字来存储。量化位数叫采样精度或采样位数,是对模拟声音信号的幅度轴进行数字化所采用的位数。声音信号的量化位数一般取 8bit、12bit 或 16bit,量化位数越高,声音保真度越好。量化位数也是影响声音质量的重要指标,它决定了表示声音振幅的精度。例如,8 位量化位数表示每个采样值可以用 2^8(即 256)个不同的量化值之一来表示,16 位量化位数则表示每个采样值可以用 2^{16}(即 65 536)个不同的量化值之一来表示。

3) 编码

编码是将采样和量化后的数字数据以一定的格式记录下来。目前,编码的方法很多,常用的编码方法是 PCM(Pulse Code Modulation,脉冲编码调制)。其优点是抗干扰能力强,失真小,传输特性稳点;缺点是编码后的数据量比较大。

习 题

一、判断题

1. 软件必须依附于一定的硬件和软件环境,否则无法正常运行。

2. 自由软件允许用户随意复制、修改其源代码,但不允许销售。

3. Windows 操作系统采用并发多任务方式支持系统中的多个任务的执行,但任何时刻只有一个任务正被 CPU 执行。

4. 带符号的整数,其符号位一般在最低位。

5. 使用原码表示整数 0 时,有 1000…00 和 0000…00 两种表示形式,而在补码表示法中,整数 0 只有一种表示形式。

6. 虽然标准 ASCII 码是 7 位的编码,但由于字节是计算机中最基本的处理单位,故一般仍以一个字节来存放一个 ASCII 字符编码,每个字节中多余出来的一位(最高位),在计算机内部通常保持为 0。

7. 图像的像素深度决定了一幅图像包含的像素的最大数目。

二、选择题

1. 应用软件分为通用应用软件和定制应用软件两类,下列软件中全部属于通用应用软件的是( )。
   - A. WPS、Windows、Word
   - B. PowerPoint、MSN、UNIX
   - C. ALGOL、Photoshop、FORTRON
   - D. PowerPoint、Photoshop、Word

2. 若某单位的多台计算机需要安装同一软件,则比较经济的做法是购买该软件的( )。
   - A. 多用户许可证
   - B. 专利
   - C. 著作权
   - D. 多个副本

3. 计算机软件操作系统的作用是( )。
   - A. 管理系统资源,控制程序的执行
   - B. 实现软硬件功能的转换
   - C. 把源程序翻译成目标程序
   - D. 便于进行数据处理

4. 某些应用(如军事指挥和武器控制系统)要求计算机在规定的时间内完成任务、对外部事件快速做出响应,并具有很高的可靠性和安全性。它们应使用( )。
   - A. 实时操作系统
   - B. 分布式操作系统
   - C. 网络操作系统
   - D. 分时操作系统

5. 下列关于操作系统多任务处理与处理器管理的叙述,错误的是( )。
   - A. Windows 操作系统支持多任务处理
   - B. 分时是指 CPU 时间划分成时间片,轮流为多个任务服务
   - C. 并行处理操作系统可以让多个处理器同时工作,提高计算机系统的效率
   - D. 分时处理要求计算机必须配有多个 CPU

6. 虚拟存储器系统能够为用户程序提供一个容量很大的虚拟地址空间,其大小受到( )的限制。
   - A. 内存实际容量大小
   - B. 外存容量及 CPU 地址表示范围
   - C. 交换信息量大小
   - D. CPU 时钟频率

7. 根据国际标准化组织(ISO)的定义,信息技术领域中"信息"与"数据"的关系是(   )。

    A. 信息包含数据   B. 信息是数据的载体

    C. 信息是指对人有用的数据   D. 信息仅指加工后的数值数据

8. 人们通常所说的 IT 领域的"IT"是指(   )。

    A. 集成电路   B. 信息技术   C. 人机交互   D. 控制技术

9. 在某种进制的运算规则下,若 $5 \times 8 = 28$,则 $6 \times 7 =$(   )。

    A. 210   B. 2A   C. 2B   D. 52

10. 二进制数 01011010 扩大 2 倍是(   )。

    A. 10110100   B. 10101100   C. 10011100   D. 10011010

11. 逻辑与运算 $11001010 \wedge 00001001$ 的运算结果是(   )。

    A. 00001000   B. 00001001   C. 11000001   D. 11001011

12. 二进制加法运算 $10101110 + 00100101$ 的结果是(   )。

    A. 00100100   B. 10001011   C. 10101111   D. 11010011

13. 二进制异或逻辑运算的规则是:对应位相同为 0、相异为 1。若用密码 0011 对明文 1001 进行异或加密运算,则加密后的密文是(   )。

    A. 0001   B. 0100   C. 1010   D. 1100

14. 已知 X 的补码为 10011000,则它的原码是(   )。

    A. 01101000   B. 01100111   C. 10011000   D. 11101000

15. 多媒体信息不包括(   )。

    A. 文本、图形   B. 音频、视频   C. 图像、动画   D. 光盘、声卡

16. 下列字符中,其 ASCII 编码值最大的是(   )。

    A. 9   B. D   C. A   D. 空格

17. 1KB 的内存空间中最多能存储采用 GB 2312 编码的汉字(   )个。

    A. 128   B. 256   C. 512   D. 1024

18. 数码相机的 CCD 像素越多,所得的数字图像的清晰度越高,如果想拍摄 1600×1200 的相片,那么数码相机的像素数目至少应该有(   )。

    A. 400 万   B. 300 万   C. 200 万   D. 100 万

19. 下列关于图像的说法错误的是(   )。

    A. 图像的数字化过程大体可分为三步:取样、分色、量化

    B. 像素是构成图像的基本单位

    C. 尺寸大的彩色图片数字化后,其数据量必定大于尺寸小的图片的数据量

    D. 黑白图像或灰度图像只有一个位平面

三、填空题

1. 计算机软件指的是能指示计算机完成特定任务的、以电子格式存储的程序、_____和相关的文档的集合。

2. _____软件是"买前免费试用"的具有版权的软件。

3. Windows 中的文件有四种属性:系统、存档、隐藏和_____。

4. 十进制数 215. 25 的八进制表示是_____。

5. 假定一个数在机器中占用 8 位,则 -11 的补码是_____。

6. 浮点数取值范围的大小由＿＿＿＿＿决定,而浮点数的精度由＿＿＿＿＿决定。

四、简答题

1. 什么是计算机软件? 软件与程序有什么关系?

2. 什么是共享软件、自由软件和免费软件?

3. 从功能角度出发,软件分为哪两类? 各举一些你用过的软件。

4. 操作系统由哪些部分组成? 操作系统内核和操作系统发行版有什么区别?

5. 操作系统的存储管理模块的主要任务是什么? 大多采用什么方案来解决?

6. 什么是文件和文件系统? 文件系统的功能有哪些?

7. 常用的操作系统有哪些?

8. 什么是信息? 信息与数据有什么关系?

9. 什么是信息技术? 它主要包括哪些方面?

10. 二进制、八进制、十进制、十六进制之间如何相互转换?

11. 二进制的算术运算和逻辑运算主要有哪些? 它们的运算规则是什么?

12. 什么是 ASCII 码? 请查一下"M""m"的 ASCII 码值及大小写字母的 ASCII 码值的关系。

13. GB 2312、GBK、GB 18030 三种汉字编码标准有什么区别和联系?

14. 简述图像数字化的过程。

15. 图像的基本参数有哪些?

阅读材料 2-1：软件的发展历史

计算机软件技术发展很快。50 年前,计算机只能被高素质的专家使用;今天,计算机的使用非常普遍,甚至小孩都可以灵活操作。40 年前,文件不能方便地在两台计算机之间进行交换,甚至在同一台计算机的两个不同的应用程序之间进行交换也很困难;今天,网络在两个平台和应用程序之间提供了无损的文件传输。30 年前,多个应用程序不能方便地共享相同的数据;今天,数据库技术使得多个用户、多个应用程序可以互相覆盖地共享数据。了解计算机软件的进化过程,对理解计算机软件在计算机系统中的作用至关重要。

1. 第一代软件（1946—1953 年）

第一代软件是用机器语言编写的,机器语言是内置在计算机电路中的指令,由 0 和 1 组成。例如计算 2＋6 在某种计算机上的机器语言指令如下:

```
10110000 00000110
00000100 00000010
10100010 01010000
```

第一条指令表示将"6"送到寄存器 AL 中,第二条指令表示将"2"与寄存器 AL 中的内容相加,结果仍在寄存器 AL 中,第三条指令表示将 AL 中的内容送到地址为 5 的单元中。

不同的计算机使用不同的机器语言,程序员必须记住每条机器语言指令的二进制数字组合,因此,只有少数专业人员能够为计算机编写程序,这就大大限制了计算机的推广和使用。用机器语言进行程序设计不仅枯燥费时,而且容易出错。在这一阶段的末期出现了汇编语言,它使用助记符(一种辅助记忆方法,采用字母的缩写来表示指令)表示每条机器语言指令,例如 ADD 表示加,SUB 表示减,MOV 表示移动数据。相对于机器语言,用汇编语言编写程序就容易多了。例如计算 2+6 的汇编语言指令如下:

```
MOV AL,6
ADD AL,2
MOV ♯5,AL
```

由于程序最终在计算机上执行时采用的都是机器语言,所以需要用一种称为汇编器的翻译程序,把用汇编语言编写的程序翻译成机器代码。编写汇编器的程序员简化了他人的程序设计,是最初的系统程序员。

2. 第二代软件(1954—1964 年)

当硬件变得更强大时,就需要更强大的软件工具使计算机得到更有效的使用。汇编语言向正确的方向前进了一大步,但是程序员还是必须记住很多汇编指令。第二代软件开始使用高级程序设计语言(简称高级语言,相应地,机器语言和汇编语言称为低级语言)编写。高级语言的指令形式类似于自然语言和数学语言(例如计算 2+6 的高级语言指令就是 2+6),不仅容易学习,方便编程,也提高了程序的可读性。

IBM 公司从 1954 年开始研制高级语言,同年发明了第一个用于科学与工程计算的 FORTRAN 语言。1958 年,麻省理工学院的约翰·麦卡锡(John McCarthy)发明了第一个用于人工智能的 LISP 语言。1959 年,宾夕法尼亚大学的霍普(Grace Hopper)发明了第一个用于商业应用程序设计的 COBOL 语言。1964 年,达特茅斯学院的约翰·凯梅尼(John G. Kemeny)和托马斯·卡茨(Thomas E. Kurtz)发明了 BASIC 语言。

高级语言的出现产生了在多台计算机上运行同一个程序的模式,每种高级语言都有配套的翻译程序(称为编译器),编译器可以把高级语言编写的语句翻译成等价的机器指令。系统程序员的角色变得更加明显,系统程序员编写诸如编译器这样的辅助工具,使用这些工具编写应用程序的人,称为应用程序员。随着包围硬件的软件变得越来越复杂,应用程序员离计算机硬件越来越远了。那些仅仅使用高级语言编程的人不需要懂得机器语言和汇编语言,这就降低了对应用程序员在硬件及机器指令方面的要求。因此,这个时期有更多的计算机应用领域的人员参与程序设计。

由于高级语言程序需要转换为机器语言程序来执行,因此,高级语言对软硬件资源的消耗就更多,运行效率也较低。由于汇编语言和机器语言可以利用计算机的所有硬件特性并直接控制硬件,同时汇编语言和机器语言的运行效率较高,因此,在实时控制、实时检测等领域的许多应用程序仍然使用汇编语言和机器语言来编写。

在第一代和第二代软件时期,计算机软件实际上就是规模较小的程序,程序的编写者和使用者往往是同一个(或同一组)人。由于程序规模小,因此编写起来比较容易,也没有什么系统化的方法,对软件的开发过程更没有进行任何管理。这种个体化的软件开发环境使得软件设计往往只是在人们头脑中的一个模糊过程,除了程序清单之外,没有其他文档资料。

3. 第三代软件(1965—1970 年)

在这个时期,集成电路取代了晶体管,处理器的运算速度得到了大幅度的提高,处理器在等待运算器准备下一个作业时无所事事。因此需要编写一种程序,使所有计算机资源处于计算机的控制中,这种程序就是操作系统。

用作输入输出设备的计算机终端的出现,使用户能够直接访问计算机,不断发展的系统软件则使计算机运转得更快。但是,从键盘和屏幕输入输出数据是个很慢的过程,比在内存中执行指令慢得多,如何利用机器越来越强大的能力和速度成了新的问题。解决方法就是分时,即许多用户用各自的终端同时与一台计算机进行通信。控制这一进程的是分时操作系统,它负责组织和安排各个作业。

1967 年,塞缪尔(A. L. Samuel)发明了第一个下棋程序,开始了人工智能的研究。1968 年,荷兰计算机科学家狄杰斯特拉(Edsgar W. Dijkstra)发表了论文《GOTO 语句的害处》,指出调试和修改程序的困难与程序中包含 GOTO 语句的数量成正比,从此,各种结构化程序设计理念逐渐确立起来。

20 世纪 60 年代以来,计算机用于管理的数据规模更为庞大,应用越来越广泛,同时,多种应用、多种语言互相覆盖地共享数据集合的要求越来越强烈。为解决多用户、多应用共享数据的需求,使数据为尽可能多的应用程序服务,出现了数据库技术,以及统一管理数据的软件系统——数据库管理系统(DBMS)。

随着计算机应用的日益普及,软件数量急剧膨胀,在计算机软件的开发和维护过程中出现了一系列严重问题。例如,在程序运行时发现的问题必须设法改正;用户有了新的需求必须相应地修改程序;硬件或操作系统更新时,通常需要修改程序以适应新的环境。上述种种软件维护工作,以令人吃惊的比例消耗资源,更严重的是,许多程序的个体化特性使得它们最终成为不可维护的,"软件危机"就这样出现了。1968 年,北大西洋公约组织的计算机科学家在联邦德国召开国际会议,讨论软件危机问题,在这次会议上正式提出并使用了"软件工程"这个名词。

4. 第四代软件(1971—1989 年)

20 世纪 70 年代出现了结构化程序设计技术,Pascal 语言和 Modula-2 语言都是采用结构化程序设计规则制定的,BASIC 这种为第三代计算机设计的语言也被升级为具有结构化的版本,此外,还出现了灵活且功能强大的 C 语言。

更好用、更强大的操作系统被开发了出来。为 IBM PC 开发的 PC-DOS 和为兼容机开发的 MS-DOS 都成了微型计算机的标准操作系统;Macintosh 机的操作系统引入了鼠标的概念和点击式的图形界面,彻底改变了人机交互的方式。

20 世纪 80 年代,随着微电子和数字化声像技术的发展,在计算机应用程序中开始使用图像、声音等多媒体信息,出现了多媒体计算机。多媒体技术的发展使计算机的应用进入了一个新阶段。

这个时期出现了多用途的应用程序,这些应用程序面向没有任何计算机经验的用户。典型的应用程序是电子制表软件、文字处理软件和数据库管理软件。Lotus1-2-3 是第一个商用电子表格软件,WordPerfect 是第一个商用文字处理软件,dBase Ⅲ 是第一个实用的数据库管理软件。

5. 第五代软件(1990 至今)

第五代软件中有三个著名事件:在计算机软件业具有主导地位的 Microsoft 公司的崛起、面向对象的程序设计方法的出现以及万维网(World Wide Web)的普及。

在这个时期,微软公司的 Windows 操作系统在 PC 市场占有显著优势,尽管 WordPerfect 仍在继续改进,但微软公司的 Word 成了最常用的文字处理软件。20 世纪 90 年代中期,微软公司将文字处理软件 Word、电子表格制作软件 Excel、数据库管理软件 Access 和其他应用程序绑定在一个程序包中,称为办公自动化软件。

面向对象的程序设计方法最早在 20 世纪 70 年代开始使用的,当时主要用在 Smalltalk 语言中。20 世纪 90 年代,面向对象的程序设计逐步代替了结构化程序设计,成为目前最流行的程序设计技术。面向对象程序设计尤其适用于规模较大、具有高度交互性、反映现实世界中动态内容的应用程序。Java、C++、C♯等都是面向对象程序设计语言。

1990 年,英国研究员蒂姆·珀纳斯-李(Tim Berners-Lee)创建了一个全球 Internet 文档中心,并创建了一套技术规则和创建格式化文档的 HTML 语言,以及能让用户访问全世界站点上信息的浏览器,此时的浏览器还很不成熟,只能显示文本。

软件体系结构从集中式的主机模式转变为分布式的客户机/服务器模式(C/S)或浏览器/服务器模式(B/S),专家系统和人工智能软件从实验室进入了实际应用。完善的系统软件、丰富的系统开发工具和商品化的应用程序的大量出现,以及通信技术和计算机网络的飞速发展,使得计算机进入了一个大发展的阶段。

在计算机软件的发展史上,需要注意"计算机用户"这个概念的变化。起初,计算机用户和程序员是一体的,程序员编写程序来解决自己或他人的问题,程序的编写者和使用者是同一个(或同一组)人。在第一代软件末期,编写汇编器等辅助工具的程序员的出现带来了系统程序员和应用程序员的区分,但是,计算机用户仍然是程序员;20 世纪 70 年代早期,应用程序员使用复杂的软件开发工具编写应用程序,这些应用程序由没有计算机背景的从业人员使用,计算机用户不仅是程序员,还包括使用这些应用软件的非专业人员;随着微型计算机、计算机游戏、教育软件以及各种界面友好的软件包的出现,许多人成为计算机用户;万维网的出现,使网上冲浪成为一种娱乐方式,更多的人成为计算机的用户。今天,计算机用户可以是正在学习阅读的学龄前儿童,可以是下载音乐的青少年,可以是准备毕业论文的大学生,可以是制订预算的家庭主妇,可以是安度晚年的退休人员,……,所有使用计算机的人都是计算机用户。

阅读材料 2-2：iOS 和 Android 系统的起源

目前,移动操作系统几乎处于 iOS 和 Android 平分天下的局面,这两个系统引领了智能手机潮流。智能手机虽然也是一部移动电话,但是它和计算机一样能实现上网、办公、听歌、看电影、进行网络社交活动等,很多人已把手机当作是一部小计算机。那么,iOS 和 Android 系统是如何产生的呢?

首先普及 UNIX 和 Linux 的常识。

1. UNIX

UNIX 操作系统是一个强大的多用户、多任务操作系统,支持多种处理器架构,按照操作系统的分类,属于分时操作系统,最早由 Ken Thompson、Dennis Ritchie 和 Douglas McLlroy 于 1969 年在 AT&T 的贝尔实验室开发。目前它的商标权由国际开放标准组织所拥有,只有符合单一 UNIX 规范的 UNIX 系统才能使用 UNIX 这个名称,否则只能称为类 UNIX(UNIX-like)。

2. Linux

Linux 是一套免费使用和自由传播的类 UNIX 操作系统,诞生于 1991 年 10 月 5 日,是一个基于 POSIX 和 UNIX 的多用户、多任务、支持多线程和多 CPU 的操作系统。它能运行主要的 UNIX 工具软件、应用程序和网络协议，支持 32 位和 64 位硬件。Linux 继承了 UNIX 以网络为核心的设计思想，是一个性能稳定的多用户网络操作系统。

Linux 有许多不同的版本，但是都使用了 Linux 内核。Linux 安装在各种计算机硬件设备中，比如手机、平板电脑、路由器、视频游戏控制台、台式计算机、大型机和超级计算机。

严格来讲，Linux 这个词本身只表示 Linux 内核，但实际上人们已经习惯了用 Linux 来形容整个基于 Linux 内核，并且使用 GNU 工程各种工具和数据库的操作系统。

3. Android

1989 年，26 岁的 Andy Rubin（安迪·鲁宾）来到了苹果公司。当时，苹果公司基本上是由技术人员把控，管理风格比较随意，各种奇怪的点子满天飞。鲁宾在苹果公司主要搞研发，苹果公司首款塔式计算机 Quadra 和历史上第一个软 modem 都离不开他的努力。

1990 年，苹果公司将手持计算机部门和通信设备部门剥离出来，成立了一个新公司 General Magic。两年后，鲁宾加入了这个新公司。在这里，他完全融入"工作就是生活"的工程师文化中。他和其他几位同事在办公室的小隔间搭起床，几乎 24 小时吃住在办公室，夜以继日地开发 MagicCap——一款智能手机操作系统。

General Magic 获得过短暂的成功，1995 年公司上市第一天股票就实现了翻一番。但是好景不长，Magic Cap 的概念太超前了，只有少数几个生产商和通信公司能勉强接受，很快就被市场判了死刑。鲁宾所在的研发部被迫解体。三名苹果公司的元老成立了 Artemis 研发公司，邀请鲁宾加入。鲁宾又将床搬进办公室，继续夜以继日地追逐自己的梦想。这次，他参与开发的产品是交互式互联网电视 WebTV，获得了多项通信专利，产品拥有了几十万用户，成功实现盈利，年收入超过 1 亿美元。

1997 年，Artemis 公司被微软公司收购。鲁宾留在微软公司，默默地探索自己的机器人项目。1999 年，鲁宾离开微软公司，在硅谷中心城市帕罗奥图租了一个零售商店做实验室。在这里，鲁宾与他的工程师朋友们经常聚会到深夜，构思开发各种新产品的可能性。他们最终决定制造一款像巧克力条那么大的设备，售价不到 10 美元。用户可以用来扫描物品，然后把图片传上网，在网上平台发掘关于这些物品的信息。但问题是，没有人肯出钱资助。鲁宾和朋友们没有气馁。他们成立了一家名为"危险"（Danger）的公司，进一步完善原来的发明，将无线接收器和转换器加入这一设备，并给它起名 Sidekick，把它打造成可上网的智能手机。

2002 年初，鲁宾在斯坦福大学给硅谷工程师讲课，其间谈到了 Sidekick 的研发过程。他的听众中有两个不平凡的人物——谷歌创始人拉里·佩奇和谢尔盖·布林。这是两人第一次与鲁宾结缘。

鲁宾在斯坦福授课之际，具备手机功能的手提设备已经初具雏形，只是后来数字无线网络的发展给了这一设备新生而已。受到 Sidekick 的启发，佩奇很快就有了开发一款谷歌手机和一个移动操作系统平台的想法。正是这样的想法促成他与鲁宾再次结缘。

兜兜转转，鲁宾又回到了研制下一代智能手机的最初想法上。2013 年，安迪·鲁宾创立了一家面向移动终端的 OS 开发的创业公司。但是和 General Magic 公司只向自己的合作公司提供 OS 不同的是，鲁宾的公司免费向其他公司提供 OS 和 APP 开发环境。这家公司正是现在的 Android，Android.com 是鲁宾拥有多年的一个域名，他把所有的积蓄都倾注在 Android 项目上。后来这家成立了仅 22 个月的高科技公司于 2005 年 8 月被美国的 Google 公司收购,而 Android 这一公司名也就只能作为 OS 的名称而保留下来。现在被称为 Android 之父的安迪·鲁宾在公司被收购之后留在了 Google 公司,成为 Google 公司工程部副总裁,继续负责 Android 项目。谷歌公司于 2007 年 11 月 5 日正式公布这个操作系统。2010 年末,仅正式推出三年的 Android 已经超越称霸十年的诺基亚 Symbian 系统,跃居全球最受欢迎的智能手机平台。再后来,Android 发展迅猛。

Android 是一种以 Linux 为基础的开放源码操作系统,全世界的优秀工程师理论上都可以为 Android 编写新的软件,将它的发展可能性放大到无限。尽管 Android 运行于 Linux kernel 之上,但并不是 GNU/Linux。因为在一般 GNU/Linux 里支持的功能,Android 大都不支持,包括 Cairo、X11、Alsa、FFmpeg、GTK、Pango 及 Glibc 等都被移除掉了。Android 又以 Bionic 取代 Glibc、以 Skia 取代 Cairo,再以 Opencore 取代 FFmpeg 等。Android 为了达到商业应用,必须移除被 GNU GPL 授权证所约束的部分,例如 Android 将驱动程序移到 Userspace,使得 Linux driver 与 Linux kernel 彻底分开。

Android 的 Linux kernel 控制包括安全(Security)、存储器管理(Memory Management)、程序管理(Process Management)、网络堆栈(Network Stack)和驱动程序模型(Driver Model)等。

4. iOS

如果说 Android 之父是 MagicCap 的开发者 Andy Rubin,那么能称得上"iOS 之父"的又是谁呢?实际上苹果公司在推出 MagicCap 终端的几年前就已经销售一款叫做 Newton 的小型终端。但不论是设备还是开发环境当时都非常昂贵,因此最终没有得到普及。现在苹果公司的 OS"iOS"的先祖既不是苹果公司开发出来的 Newton,也不是苹果子公司开发出的 MagicCap,而是来自苹果公司的创始人 Steve Jobs。

1976 年 4 月 1 日,史蒂夫·乔布斯、斯蒂夫·沃兹尼亚克和乔布斯的朋友罗·韦恩签署了一份合同,在自家的车库里成立了一家计算机公司,命名为苹果计算机公司(Apple Computer Inc.),2007 年 1 月 9 日更名为苹果公司。

由于乔布斯经营理念与当时大多数管理人员不同,加上 IBM 公司推出个人计算机抢占大片市场,总经理和董事们便把这一失败归罪于董事长乔布斯,于 1985 年 4 月经由董事会决议撤销了他的经营大权。乔布斯几次想夺回权力均未成功,便在 1985 年 9 月 17 日愤而辞去苹果公司董事长职位。不久,Windows 95 系统诞生,计算机电脑的市场份额一落千丈,几乎处于崩溃的边缘。

乔布斯离开了苹果公司,卖掉自己在苹果公司的股权之后创建了 NeXT Computer 公司。General Magic 公司正在开发 MagicCap 的时代,乔布斯的 NeXT Computer 公司开发出了一款称为 NeXT 的高性能计算机,同时开发了一款称为 NeXTSTEP 的 OS。与 MagicCap 一样,NeXT 计算机最终在商业上也没有获得成功。但是 NeXT 并没有消失,而是于 1997 年被苹果公司收购,且作为苹果公司的技术被保留下来。苹果公司希望通过采用 NeXTSTEP 的技术来强化 Macintosh 的 OS,就这样乔布斯再次回归苹果公司并且担任董事长。

2001 年,苹果推出了 Mac OS X,一个基于乔布斯的 NeXTSTEP 的操作系统。它最终整合了 UNIX 的稳定性、可靠性、安全性和 Macintosh 界面的易用性,并同时以专业人士和消费者为目标市场。OS X 的软件包括了模拟旧系统软件的方法，使它能执行在 OS X 以前编写的软件。通过苹果的 Carbon 库，在 OS X 前开发的软件相对容易地配合和利用 OS X 的特色。Mac OS X 后来也作为 iPhone 的 OS 的基础而被采用。

2007 年 1 月 9 日的 MacWorld 大会上，苹果公司公布了 iOS 系统，最初是设计给 iPhone 使用的，后来陆续套用到 iPod Touch、iPad 以及 Apple TV 等产品上。原本这个系统名为 iPhone OS，因为 iPad、iPhone、iPod Touch 都使用 iPhone OS，所以 2010 年 WWDC 大会上宣布改名为 iOS(iOS 为美国 Cisco 公司网络设备操作系统注册商标，苹果改名已获得 Cisco 公司授权)。

iOS 与 Mac OS X 操作系统都基于 Darwin(苹果的一个开源的系统内核，基于 UXIX)，属于类 UNIX 的商业操作系统。它们之间是有区别的，主要体现在 iOS 是运行在 ARM 构架设备上的移动操作系统，比如 iPhone、iPod Touch、iPad 等移动设备，而 OS X 则是运行在 x86 或 x86-64 构架的硬件上操作系统，如 MacBook air(笔记本)，MacBook pro(笔记本)，iMac(台式一体机)，Mac mini(微型台式机)等。

第3章 计算机网络与信息安全

3.1 通 信 技 术

3.1.1 通信系统

通信系统是用以完成信息传输过程的技术系统的总称。现代通信系统主要借助电磁波在自由空间的传播或在导引媒体中的传输机理来实现。

1. 通信系统的基本模型

通信的基本任务是传递信息,因此通信系统需要有三个基本要素:信源、信道和信宿。图 3-1 是一个简单的通信系统模型。

图 3-1 简单的通信系统模型

信源是信息的发送端,信宿是信息的接收端,而信道是传输信息的通道。信道可以有模拟信道和数字信道,模拟信号经模数转换后可以在数字信道上传输,数字信号经调制后也可以在模拟信道上传输。

从概念上讲,信道和电路不同,信道一般都是用来表示向某个方向传送数据的媒体,一个信道可以看成是电路的逻辑部件,而一条电路至少包含一条发送信道或一条接收信道。

2. 通信系统常用性能指标

通信系统的好坏主要从有效性和可靠性这两个方面来衡量。

对于模拟通信系统来说,有效性是用系统的带宽来衡量的,可靠性则用信噪比来衡量的。由于计算机通信主要采用的是数字通信系统,因此这里主要介绍数字通信系统的性能指标。

1) 有效性

有效性反映了通信系统传输信息的"速率",即快慢问题,主要由数据传输速率、信道带宽、信道容量来衡量。

（1）数据传输速率。数据传输速率是指信道每秒钟能传输的二进制比特数（bit per second），记作 bps 或 b/s。常见的单位还有 Kb/s、Mb/s、Gb/s 等。

与数据传输速率密切相关的是波特率。波特率是指信号每秒钟变化的次数，它与数据传输速率成正比。单位为"波特"（baud）。

（2）带宽。带宽是信道能传输的信号的频率宽度，是信号的最高频率和最低频率之差。带宽在一定程度上体现了信道的传输性能。

信道的最大传输速率与信道带宽存在明确的关系。一般来说，信道的带宽越大，其传输速率也越高。所以人们经常用带宽来表示信道的传输速率，带宽和速率几乎成了同义词，但从技术角度来说，这是两个完全不同的概念。

（3）信道容量。信道容量是指信道传输信息的最大能力，用单位时间内最多可传输的比特数来表示。信道容量是信道的一个极限参数。

2）可靠性

可靠性反映了通信系统传输信息的"质量"，即好坏问题，主要由数据传输的误码率、延迟等来衡量。

（1）误码率。误码率是指二进制比特流在数据传输系统中被传错的概率，它是衡量通信系统可靠性的重要指标。误码率的计算公式为：

$$误码率 = 接收时出错的比特数/发送的总比特数$$

数据在通信信道传输中因某种原因出现错误，这是正常且不可避免的，但误码率要在一定的范围内。在计算机网络中，一般要求误码率低于 10^{-6}，即百万分之一。

（2）延迟。延迟是定量衡量网络特性的重要指标，它可以说明在计算机之间传送一位数据需要花费多少时间，通常有最大延迟和平均延迟，根据产生延迟的原因不同，延迟又可分为以下几种。

- 传播延迟：由于信号通过电缆或光纤传送时需要时间所致，通常与传播的距离成正比。
- 交换延迟：网络中电子设备（集线器、网桥或包交换机）引入的一种延迟。
- 访问延迟：在大多数局域网中通信介质是共享的，计算机因等待通信介质空闲才能进行通信而产生的延迟。
- 排队延迟：在交换机的存储转发过程中，交换机将传来的包排成队列，如果队列中已有包，则新到的包需要等候，直到交换机发送完先到的包。

需要说明的是，一个通信系统越高效可靠，显然就越好。但实际上有效性和可靠性是一对矛盾的指标，两者需要一定的折中。就好比汽车在公路上超速行驶，快是快了，但有很大的安全隐患。所以不能撇开可靠性来单纯追求高速度，否则就会欲速则不达了。

3.1.2　网络传输介质

传输介质与信道是两个不同范畴的概念。传输介质是指传送信号的物理实体，而信道则着重体现介质的逻辑功能。一个传输介质可能同时提供多个信道，一个信道也可能由多个传输介质级联而成。

常用的传输介质分为有线传输介质和无线传输介质两大类。不同的传输介质，其特性也各不相同，它们不同的特性对网络中数据通信质量和通信速度有较大影响。

1. 双绞线

双绞线是一种综合布线工程中最常用的传输介质,由两根具有绝缘保护层的铜导线相互缠绕而成(如图 3-2 所示),"双绞线"的名字也是由此而来。实际使用时,双绞线是由多对双绞线一起包在一个绝缘电缆套管里。把两根绝缘的铜导线按一定密度互相绞在一起,每一根导线在传输中辐射出来的电波会被另一根导线上发出的电波抵消,有效降低了信号干扰的程度。与其他传输介质相比,双绞线在传输距离、信道宽度和数据传输速率等方面均受到一定限制,但价格较为低廉。

根据有无屏蔽层,双绞线分为屏蔽双绞线(Shielded Twisted Pair,STP)与非屏蔽双绞线(Unshielded Twisted Pair,UTP)。屏蔽双绞线在双绞线与外层绝缘封套之间有一个金属屏蔽层,可减少辐射,防止信息被窃听,也可阻止外部电磁干扰的进入,因此屏蔽双绞线比同类的非屏蔽双绞线具有更高的传输速率。但是非屏蔽双绞线也有自己的优点,主要是直径小,重量轻,易弯曲,易安装,成本低。

双绞线常见的有 3 类线、5 类线和超 5 类线,以及最新的 6 类线,前者线径细而后者线径粗,数字越大,版本越新,技术越先进,带宽也越宽,当然价格也越贵。

目前 5 类线是最常用的以太网电缆,传输速率为 100Mb/s,主要用于 100BASE-T 和 10BASE-T 网络。超 5 类线衰减小、串扰少,性能得到很大提高,主要用于千兆位以太网(1000Mb/s)。6 类线的传输频率为 1~250MHz,传输性能远远高于超 5 类标准,最适用于传输速率高于 1Gb/s 的应用。

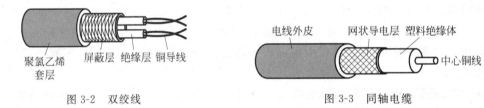

图 3-2　双绞线　　　　　　　　　　　　图 3-3　同轴电缆

2. 同轴电缆

同轴电缆(Coaxial Cable)是指有两个同心导体,而导体和屏蔽层又共用同一轴心的电缆。同轴电缆由里到外分为四层:中心铜线(单股的实心线或多股绞合线)、塑料绝缘体、网状导电层和电线外皮,如图 3-3 所示。中心铜线和网状导电层形成电流回路,因为中心铜线和网状导电层为同轴关系而得名。

同轴电缆传导交流电而非直流电,如果使用一般电线传输高频率电流,这种电线就会相当于一根向外发射无线电的天线,这种效应损耗了信号的功率,使得接收到的信号强度减小。同轴电缆的同轴设计,是为了防止外部电磁波干扰异常信号的传递,让电磁场封闭在内外导体之间,故辐射损耗小,受外界干扰影响小。

同轴电缆的优点是可以在相对长的无中继器的线路上支持高带宽通信,其缺点是:体积大,成本高,不能承受缠结、压力和严重的弯曲,因此在现在的局域网环境中,基本已被双绞线所取代。但同轴电缆的抗干扰性能比双绞线强,当需要连接较多设备而且通信容量相当大时仍然可以选择同轴电缆。

3. 光纤

光纤(Fiber)是光导纤维的简称,是一种由玻璃或塑料制成的纤维,可作为光传导的工具。通常光纤与光缆两个名词会被混淆。多数光纤在使用前必须由几层保护结构包覆,包覆后的缆线即称为光缆。前香港中文大学校长高锟首先提出光纤可以用于通信传输的设想,因此获得 2009 年诺贝尔物理学奖。

光纤传输原理是"光的全反射",如图 3-4 所示。微细的光纤封装在塑料护套中,使得光纤能够弯曲而不至于断裂。通常,光纤一端的发射装置使用发光二极管或一束激光将光脉冲传送至光纤,光纤另一端的接收装置使用光敏元件检测光脉冲。由于光在光导纤维的传导损耗比电在电线传导的损耗低得多,一般用于长距离信息传输。

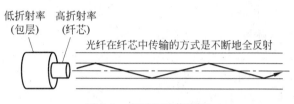

图 3-4　光纤的通信原理

光纤作为一种宽带接入的主流方式,有着通信容量大、中继距离长、保密性能好、适应能力强、体积小、重量轻、原材料来源广、价格低廉等优点,未来在宽带互联网接入的应用中会非常广泛。

4. 无线介质

无线通信利用电磁波来传输信息,不需要铺设电缆,非常适合在高山、岛屿或临时场地的连网。无线介质是指信号通过空间传输,信号不被约束在一个物理导体之内,主要的无线介质包括无线电波、微波和红外线。

无线电波的传播特性与频率(或波长)有关。中波沿地面传播,绕射能力强,适用于广播和海上通信;短波趋于直线传播并受障碍物的影响,但在到达地球大气层的电离层后将被反射回地球表面,由于电离层的不稳定,使得短波信道的通信质量较差。

微波(频率范围为 300MHz～300GHz)通信在数据通信中占有重要地位。由于微波在空间是直线传播,且穿透电离层而进入宇宙空间,它不像短波那样可以经电离层反射传播到地面上很远的地方。因此微波通信主要有两种方式:地面微波接力通信和卫星通信。

1) 地面微波接力通信

由于微波是直线传输,而地球表面是曲面,因此其传输距离受到限制,为了实现远距离通信,必须每隔一段距离建立一个中继站。中继站把前一站送来的信号放大后再送到下一站,故称为"接力",如图 3-5 所示。

图 3-5　地面微波接力通信

微波接力通信可传输电话、电报、图像、数据等信息,传输质量较高,有较大的机动灵活性,抗自然灾害的能力也较强,因而可靠性较高,但隐蔽性和保密性较差。

2)卫星通信

卫星通信实际上也是一种微波通信,它以卫星作为中继站转发微波信号,在多个地面站之间通信,如图 3-6 所示。按照工作轨道区分,卫星通信系统一般分为三类:低轨道卫星通信系统(如铱星和全球星系统)、中轨道卫星通信系统(如国际海事卫星系统)和高轨道卫星通信系统。高轨道卫星通信系统距地面 35 800km,即同步静止轨道。理论上用 3 颗高轨道卫星即可实现全球覆盖。

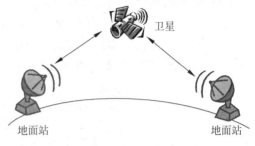

图 3-6　卫星通信

3.1.3　网络互连设备

网络互连是指应用合适的技术和设备,将不同地理位置的计算机网络连接起来,从而形成一个范围和规模更大的网络系统,实现更大范围内的资源共享和数据通信。常见的网络互连设备有以下几种。

1. 中继器

中继器(Repeater)是工作在物理层的最简单的网络互连设备,可以扩大局域网的传输距离,连接两个以上网络段,通常用于同一幢楼里的局域网之间的互连,如图 3-7 所示。

由于传输线路噪声的影响,承载信息的数字信号或模拟信号只能传输有限的距离,中继器的功能是对接收信号进行再生和发送,从而增加信号传输的距离。因此,中继器的主要功能是将传输介质上衰减的电信号进行整型、放大和转发,本质上是一种数字信号放大器。例如,以太网标准规定单段信号传输电缆的最大长度为 500m,但利用中继器连接 4 段电缆后,以太网中信号传输电缆最长可达 2000m。

2. 集线器

集线器的英文称为 HUB。HUB 是"中心"的意思,集线器的主要功能是对接收到的信号进行再生整型放大,以扩大网络的传输距离,同时把所有节点集中在以它为中心的节点上。因此,集线器可以说是一种特殊的中继器,又叫多端口中继器。它能使多个用户通过集线器端口用双绞线与网络连接,一个集线器通常有 8 个及以上的连接端口。图 3-8 所示是一个 8 口的集线器。

图 3-7　中继器(网络延长器)

图 3-8　8 口集线器

HUB 集线器是一种物理层共享设备，HUB 本身不能识别 MAC 地址和 IP 地址，当同一局域网内的 A 主机给 B 主机传输数据时，数据包在以 HUB 为架构的网络上是以广播方式传输的，由每一台终端通过验证数据报头的 MAC 地址来确定是否接收。也就是说，在这种工作方式下，同一时刻网络上只能传输一组数据帧的通信，如果发生碰撞还得重试。这种方式就是共享网络带宽。

3．网桥

网桥（Network Bridge）又称桥接器，工作在数据链路层，独立于高层协议，是用来连接两个具有相同操作系统的同域网络的设备。网桥的作用是扩展网络的距离，减轻网络的负载。在局域网中每一条通信线路的长度和连接的设备数都是有限度的，如果超载就会降低网络的工作性能。对于较大的局域网可以采用网桥将负担过重的网络分成多个网络段，每个网段的冲突不会被传播到相邻网段，从而达到减轻网络负担的目的。由网桥隔开的网络段仍属于同一局域网。网桥的另一个作用是自动过滤数据包，根据包的目的地址决定是否转发该包到其他网段，因此网桥是一种存储转发设备。

网桥可以是专门的硬件设备，也可以由计算机加装的网桥软件来实现。

4．交换机

交换机（Switch）意为"开关"，是一种用于电（光）信号转发的网络设备，如图 3-9 所示。它可以为接入交换机的任意两个网络节点提供独享的电信号通路。最常见的交换机是以太网交换机，其他常见的还有电话语音交换机、光纤交换机等。

在计算机网络系统中，交换概念的提出改进了共享工作模式。交换机工作于 OSI 参考模型的第二层，即数据链路层。交换机内部的 CPU 会在每个端口成功连接时通过将 MAC 地址和端口对应，形成一张 MAC 表。在今后的通信中，发往该 MAC 地址的数据包将仅送往其对应的端口，而不是所有的端口。因此，交换机可以在同一时刻进行多端口之间的数据传输，而且每个端口都可以视为各自独立的，相互通信的双方独自享有全部带宽，从而提高数据传输率、通信效率和数据传输的安全性。

交换机相比于网桥也具有更好的性能，因此逐渐取代了网桥。目前，局域网内主要采用交换机来连接计算机。

5．路由器

路由器（Router）如图 3-10 所示，用于连接多个逻辑上分开的网络，逻辑网络是代表一个单独的网络或者一个子网。当数据从一个子网传输到另一个子网时，可通过路由器的路由功能来完成。因此，路由器的基本功能就是进行路径的选择，找到最佳的转发数据路径。路由器具有判断网络地址和选择 IP 路径的功能，它能在多网络互联环境中建立灵活连接，可用完全不同的数据分组和介质访问方法连接各种子网。路由器只接受源站或其他路由器的信息，属网络层的一种互连设备。

图 3-9 交换机

图 3-10 路由器

6. 网关

网关(Gateway),又称网间连接器、协议转换器,如图 3-11 所示。网关在网络层以上实现网络互连,是最复杂的网络互连设备,仅用于两个高层协议不同的网络互连,主要作用就是完成传输层及以上的协议转换。大多数网关运行在应用层,可用于广域网和广域网、局域网和广域网的互连。

网关是一种充当转换重任的计算机系统或设备。使用在不同的通信协议、数据格式或语言,甚至体系结构完全不同的两种系统之间,网关就相当于一个翻译器。与网桥只是简单地传达信息不同,网关对收到的信息要重新打包,以适应目的系统的需求。

图 3-11　网关

图 3-12　电话交换机

3.1.4　数据交换技术

"交换"(Switching)是指通信双方使用网络中通信资源的方式,早期主要采用电路交换,现在主要采用分组交换。

1. 电路交换

考虑有线电话机的连接情况。两部电话机只需要一对电话线就能够互相连接;5 部电话机两两相连,则需 10 对电话线。很容易推算出,n 部电话机两两相连,需要 $C_n^2 = n(n-1)/2$ 对电话线。当电话机数量很大时,这种连接方法需要电话线的数量与电话机数的平方成正比。因此,当电话机的数量增多时,需要使用交换机来完成全网的交换任务,可以大大减少电话线的数量。如图 3-12 所示,理论上,n 部电话机通过交换机连接,只需要 n 条电话线。

电话交换机接收到拨号请求后,会把双方的电话线接通,通话结束后,交换机再断开双方的电话线。这里,"交换"的含义就是转接,即把一条电话线转接到另一条电话线,使它们连通起来。因此,可以把电话交换机看作电话线路的中转站。从通信资源分配的角度看,"交换"就是按照某种方式动态分配电话线路资源。交换机决定了谁、什么时候可以使用电话线路。电路交换必定是面向连接的,也就是说必定有通信线路直接连接通信的双方。电路交换的三个阶段是建立连接、通信、释放连接。

大型电路交换网络示意如图 3-13 所示。图中 A 和 B 的通话经过了 4 个交换机,通话是在 A 到 B 的连接上进行的。C 和 D 的通话只经过了一个本地交换机,通话是在 C 到 D 的连接上进行的。

电路交换的缺点是:由于通信双方会临时独占连接上的所有通信线路,因此导致通信线路不能被其他主机所共享。一般来说,计算机数据具有突发性,如果计算机通信的双方也使用电路交换方式,必然会导致通信线路的利用率很低。

2. 分组交换

下面通过一个例子来介绍分组交换。假定发送端主机有一个要发送的报文,而这个报

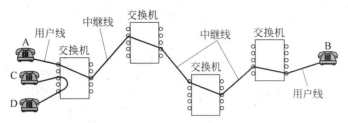

图 3-13 大型电路交换网络示意图

文较长不便于传输,则可以先把这个较长的报文划分成 3 个较短的、固定长度的数据段。为

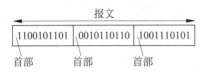

图 3-14 报文拆分为 3 个分组

了便于控制,需要在每一个数据段前面添加"首部",里面含有必不可少的控制信息,分别构成 3 个分组,如图 3-14 所示。

分组交换方式以"分组"作为数据传输单元,发送端依次把各分组发送到接收端。每个分组的首部含有目的地址等控制信息。分组交换网中的节点交换机(一般是路由器)根据收到的分组首部中的目的地址等信息,把分组转发到下一个节点交换机。节点交换机使用这种存储-转发的方式进行接力转发,最后分组就能到达目的地。所谓"存储-转发",是指分组交换机把接收到的分组放进自己的存储器中排队等候,然后依次根据分组首部中的目的地址选择相应端口转发出去。

接收端主机收到 3 个分组后剥去首部恢复成原始数据段,并把这些数据段拼接为原始报文。这里假定分组在传输过程中没有出现差错,在转发时也没有被丢弃。

目前流行的因特网(Internet)就是采用分组交换的方式传输数据的。因特网由许多网络和路由器组成,路由器负责这些网络连接起来,形成更大的网络,称为网络互连。路由器的用途是在不同的网络之间转发分组,即进行分组交换。源主机向网络发送分组,路由器对分组进行存储-转发,最后把分组交付目的主机。

在路由器中,输入端口和输出端口之间没有直接连线。路由器采用存储-转发方式处理分组的过程是:①先把从输入端口收到的分组放入存储器暂时存储;②根据分组首部的目的地址查找转发表,找出分组应从哪个输出端口转发;③把分组送到该端口并通过线路传输出去。图 3-15 分组交换网络示意图中,主机 H_1 的分组既可以通过路由器 A、B、E 到达主机 H_5,也可以通过路由器 A、C、E 到达主机 H_5。选择哪个端口通过哪条线路把分组转发出去,路由器视当时网络的流量和阻塞等情况来决定,是动态选择的。

分组交换相对电路交换有如下优点:

(1) 分组交换不需要为通信双方预先建立一条专用的物理通信线路,不存在连接的建立时延,用户随时可以发送分组。

(2) 由于采用存储-转发方式,路由器具有路径选择,当某条传输线路故障时可选择其他传输线路,提高了传输的可靠性。

(3) 通信双方的不同分组是在不同的时间分段占用物理连接,而不是在通信期间固定占用整条通信连接。在双方通信期间,也允许其他主机的分组通过,大大提高了通信线路的利用率。

(4) 加速了数据在网络中的传输。分组是逐个传输的,可以使后一个分组的存储操作与前一个分组的转发操作并行,这种流水线方式减少了传输时间。

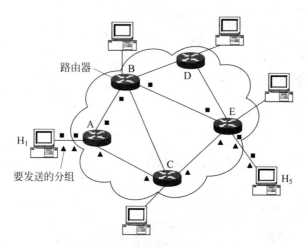

图 3-15　分组交换网络示意图

（5）分组长度固定，因此路由器缓冲区的大小也固定，简化了路由器中存储器的管理。

（6）分组较短，出错概率降低，即使出错重发的数据量也少，不仅提高了可靠性，也减少了时延。

分组交换相对电路交换的不足则是：

（1）由于数据进入交换节点要经历储-转发过程，从而引起转发时延（包括接收分组、检验正确性、排队、发送分组等），实时性较差。

（2）分组必须携带首部，造成了一定的额外开销。

（3）可能出现分组失序、丢失或重复，分组到达目的主机时，需要按编号进行排序并连接为报文。

对于计算机使用的数据来看，总体性能上分组交换要优于电路交换。早期曾经主要采用的电路交换，现在以及以后将主要采用分组交换，包括因特网采用的也是分组交换。目前采用电路交换方式的有线电话网正逐渐被因特网所取代。

3.1.5　多路复用技术

一般情况下，通信信道的带宽远大于用户所需的带宽，使用多路复用技术可以让多个用户共用同一个信道，共享信道资源可以提高信道利用率，降低通信成本。如图 3-16 所示，A_1、B_1、C_1 分别与 A_2、B_2、C_2 通信，使用多路复用技术只需要一个信道，而不使用多路复用技术则需要 3 个信道。

目前信道复用技术主要有频分多路复用、时分多路复用、波分多路复用、码分多路复用、空分多路复用、统计多路复用、极化波复用等，下面介绍几种常用的复用技术。

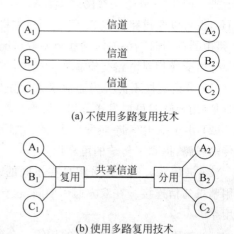

图 3-16　3 对用户同时通信时的信道分配情况

1. 频分多路复用

频分多路复用(Frequency Division Multiplexing,FDM)是按频率分割多路信号的方法。即将信道的可用频带分成若干互不交叠的频段,每路信号占据其中一个频段。在接收端用适当的滤波器将多路信号分开,分别进行解调和终端处理。采用频分复用技术时,不同用户在同样的时间占用不同的带宽资源。

2. 时分多路复用

时分多路复用(Time Division Multiplexing,TDM)在信道使用时间上进行划分。按一定原则把连续的信道使用时间划分为一个个很小的时间片,把各个时间片分配给不同的通信用户使用。相邻时间片之间没有重叠,一般也无须隔离,以提高信道的利用率。由于划分的时间片一般较小,可以想象成把整个物理信道划分成了多个逻辑信道交给各个不同的通信用户使用,相互之间没有任何影响。

3. 波分多路复用

波分多路复用(Wavelength Division Multiplexing,WDM)本质是光信号的频分复用。将两种或多种不同波长的光载波信号(携带各种信息),在发送端经复用器汇合在一起,耦合到同一根光纤中进行传输的技术;在接收端,经解复用器将各种波长的光载波分离,然后由光接收机作进一步处理以恢复原信号。这种在同一根光纤中同时传输两个或多个不同波长光信号的技术,称为波分复用。

3.2　计算机网络基础

3.2.1　计算机网络概述

1. 计算机网络的定义

计算机网络是指将地理位置不同的具有独立功能的多台计算机(主机)及其外部设备,通过通信线路连接起来,在网络操作系统、网络管理软件及网络通信协议的管理和协调下,实现信息传递以及其他网络应用的计算机系统。

对于普通网络使用者来说,计算机网络提供的功能和应用非常多,如即时通信、电子商务、信息检索、网络娱乐等。但是对于网络专业人士来说,网络的功能非常单一:网络中任意一台主机,都可以把数据传输给任意另外一台主机。实现任意两台主机之间的数据传输,是计算机网络要解决的根本问题。日常生活中我们也经常使用U盘把数据从一台主机复制到另外一台主机。本质上,网络所起的作用和U盘类似。你可以想象神通广大的孙悟空拿着U盘在不同主机之间飞跑,实现数据的及时复制(传输)。那么孙悟空加上U盘就可以完全取代现在的网络。

只要实现了任意两台主机之间的数据传输,就可以开发出各种具体的网络应用。如,即时通信、资源共享、数据集中处理、均衡负载与相互协作、提高系统的可靠性和可用性、分布式处理、信息检索、即时通信、办公自动化、电子商务与电子政务、企业信息化、远程教育、网络娱乐、军事指挥自动化等。只要开动脑筋并勇于实践,就可以在因特网提供的数据传输服务的基础上,开发出新的应用。像滴滴打车、美团外卖等,都是近些年才开发出来的新应用。目前互联网已经比较成熟,网络创业者要做的是,利用因特网提供的数据传输服务,设计出解决实际问题的新方案。从分层的角度来说,网络创业者处在网络和用户中间,是网络数据传输和用户之间的桥梁。

下面用几个例子说明如何实现基于网络的具体应用,以解决实际问题。

(1) 主机 A 通过网络把文件传输给主机 B、C、D,实现了 A、B、C、D 对文件资源的共享。

(2) 主机 A、B、C、D 通过网络把文件传输给主机 E(一台打印机),E 打印出接收到的任何文件,实现了 A、B、C、D 对打印机硬件资源的共享。

(3) 通过网络在不同主机之间及时传输商品信息和订单信息,可以实现电子商务。

(4) 主机 A 有一个计算任务,可以分解为 3 个子任务,通过网络分别传输给 B、C、D 同时处理以提高计算速度,这就是分布式并行处理。并且 A、B、C、D 在计算过程中,相互之间通过数据在网络中的及时传递,可以达成计算进度的协调。

(5) 主机 A 有一个文件,分别传输到主机 B、C、D 存储备份,这就是通过网络提高存储可靠性的例子。

以上列举的几个应用,都可以给用户带来实实在在的服务。任何网络的应用,都建立在任意两台主机可以进行数据传输的基础上;反过来,只要任意两台主机之间能进行数据传输,就可以开发出大量的网络应用,解决用户的实际问题。

2. 计算机网络的功能

1) 数据通信

数据通信(或数据传输)是计算机网络的基本功能之一。

2) 资源共享

计算机网络的主要目的是资源共享。

3) 进行分布式处理

由于有了网络,许多大型信息处理问题可以借助于分散在网络中的多台计算机协同完成,解决单机无法完成的信息处理任务。特别是分布式数据库管理系统,它使分散存储在网络中不同计算机系统的数据,在使用时好像集中管理一样方便。

4) 提高系统的可靠性和可用性

提高可靠性表现在网络中的计算机可以通过网络彼此互为后备,一旦某台计算机出现故障,它的任务可由网络中其他计算机代为完成,避免了单机情况下可能造成的系统瘫痪。

提高可用性是指网络中的工作负荷均匀地分配给网络中的每台计算机。当某台计算机的负荷过重时,通过网络和一些应用程序的控制和管理,可以将任务交给网络中其他较空闲的计算机进行处理,从而均衡各台计算机的负载,提高每台计算机的可用性。

3. 计算机网络工作模式

计算机网络的工作模式主要有两种:客户/服务器(Client/Server,C/S)模式和对等模式(Peer to Peer,P2P)。

1) 客户/服务器模式

客户/服务器模式把客户端(Client)与服务器(Server)区分开来。每一个客户端软件的实例都可以向一个服务器或应用程序服务器发出请求。

客户/服务器模式通过不同的途径应用于很多不同类型的应用程序,最常见就是目前在因特网上用的网页。例如,当你访问苏州大学网站时,你的计算机和网页浏览器就被当作一个客户端,同时,存放苏州大学网站的计算机、数据库和应用程序就被当作服务器。当你的网页浏览器向苏州大学网站请求一个指定的网页时,苏州大学的服务器会从指定的地址找到网页或者生成一个网页,再发送回你的浏览器。

C/S模式是一个逻辑概念,而不是指计算机设备。在C/S模式中,请求一方为客户,响应请求一方称为服务器。如果一个服务器在响应客户请求时不能单独完成任务,还可能向其他服务器发出请求,这时,发出请求的服务器就成为另一个服务器的客户。从双方建立联系的方式来看,主动启动通信的应用叫客户,被动等待通信的应用叫服务器。

C/S模式的应用非常多,例如Internet上提供的WWW、FTP、E-mail服务等都是采用客户/服务器模式进行工作的。

2) 对等模式

对等模式通常称为对等网,网络中的各个节点称为对等体。与传统的C/S模式中服务都由几台Server提供不同的是,在P2P网络中,每个节点的地位是对等的,具备客户端和服务器双重特性,可以同时作为服务使用者和服务提供者。P2P网络利用客户端的处理能力,实现了通信与服务端的无关性,改变了互联网以服务器为中心的状态,重返"非中心化"。P2P网络的本质思想实质上打破了互联网中传统的C/S结构,令各对等体具有自由、平等通信的能力,体现了互联网自由、平等的本质。

基于P2P的应用也非常多,如QQ聊天软件、Skype通信软件等。

3.2.2 计算机网络的组成

计算机网络是一个非常复杂的系统。不同的网络其组成也不尽相同,一般可以将计算机网络分为硬件和软件两个部分。硬件部分主要包括计算机设备、网络传输介质和网络互连设备。软件部分则主要包括网络通信协议、网络操作系统和网络应用软件等。

1. 计算机网络硬件系统

1) 计算机设备

网络中的计算机设备包括服务器、工作站、网卡和共享设备等。

(1) 服务器。服务器通常是一台速度快、存储量大的专用或多用途计算机。它是网络的核心设备,负责网络资源管理和用户服务。在局域网中,服务器对工作站进行管理并提供服务,是局域网系统的核心;在因特网中,服务器之间互通信息,相互提供服务,每台服务器的地位都是同等的。通常服务器需要专门的技术人员对其进行管理和维护,以保证整个网络的正常运行。根据所承担的任务与服务的不同,服务器可分为文件服务器、远程访问服务器、数据库服务器和打印服务器等。

(2) 工作站。工作站是一台台具有独立处理能力的个人计算机,是用户向服务器申请服务的终端设备。用户可以在工作站上处理日常工作,并随时向服务器索取各种信息及数据,请求服务器提供各种服务(如传输文件、打印文件等)。随着家用电器的智能化和网络化,越来越多的家用电器(如手机、电视机顶盒、监控报警设备等)都可以接入到网络中,它们也是网络的硬件组成部分。

(3) 网卡。计算机与外界局域网的连接是通过主机箱内插入一块网络接口板(或者是在笔记本电脑中插入一块PCMCIA卡)。网络接口板又称为通信适配器或网络适配器(Network Adapter)或网络接口卡(Network Interface Card,NIC),但是更多的人愿意使用更为简单的名称"网卡",如图3-17所示。

网卡上面装有处理器和存储器(包括 RAM 和 ROM)。网卡和局域网之间的通信是通过电缆或双绞线以串行传输方式进行的。网卡和计算机之间的通信则通过计算机主板上的 I/O 总线以并行传输方式进行。因此,网卡的一个重要功能就是要进行串行/并行转换。由于网络上的数据率和计算机总线上的数据传输率并不相同,因此在网卡中必须装有对数据进行缓存的存储芯片。

图 3-17　网卡

在安装网卡时必须将管理网卡的设备驱动程序安装在计算机的操作系统中。这个驱动程序以后就会告诉网卡,应当从存储器的什么位置上将局域网传送过来的数据块存储下来。网卡还要能够实现以太网协议。

网卡并不是独立的自治单元,因为网卡本身不带电源而是必须使用所插入的计算机的电源,并受该计算机的控制,因此网卡可看成为一个半自治的单元。当网卡收到一个有差错的帧时,它就将这个帧丢弃而不必通知它所插入的计算机。当网卡收到一个正确的帧时,它就使用中断来通知该计算机并交付给协议栈中的网络层。当计算机要发送一个 IP 数据包时,它就由协议栈向下交给网卡组装成帧后发送到局域网。

随着集成度的不断提高,网卡上芯片个数不断减少,虽然各个厂家生产的网卡种类繁多,但其功能大同小异。

MAC(Media Access Control,Medium Access Control,媒体访问控制)地址,或称为物理地址、硬件地址,用来定义网络设备的位置。MAC 地址是网卡决定的,是固定的,通常是由网卡生产厂家烧入网卡的 EPROM(一种闪存芯片,通常可以通过程序擦写),它存储的是传输数据时真正赖以标识发出数据的计算机和接收数据的主机的地址。

MAC 地址用来表示互联网上每一个站点的标识符,采用十六进制数表示,共 6 个字节(48 位)。其中,前 3 个字节是由 IEEE 的注册管理机构 RA 负责给不同厂家分配的代码(高位 24 位),也称为“编制上唯一的标识符”(Organizationally Unique Identifier),后 3 个字节(低位 24 位)由各厂家自行指派给生产的适配器接口,称为扩展标识符(唯一性)。一个地址块可以生成 2^{24} 个不同的地址。MAC 地址实际上就是适配器地址或适配器标识符,形象地说,MAC 地址就如同我们身份证上的身份证号码,具有全球唯一性。

网卡是工作在链路层的网络组件,是局域网中连接计算机和传输介质的接口,不仅能实现与局域网传输介质之间的物理连接和电信号匹配,还涉及帧的发送与接收、帧的封装与拆封、介质访问控制、数据的编码与解码以及数据缓存的功能等。

(4) 共享设备。共享设备是指为众多用户共享的高速打印机、大容量磁盘等公用设备。

2) 网络传输介质

计算机网络通过通信线路和通信设备把计算机系统连接起来,在各计算机之间建立物理通道,以便传输数据。通信线路就是指传输介质及其连接部件,如 3.1.2 节介绍的同轴电缆、光纤、双绞线等,这里不再重复介绍。

3) 网络互连设备

网络互连设备如 3.1.3 节介绍的集线器、中继器、交换机、网桥、路由器等,这里不再重复介绍。

2. 计算机网络软件系统

网络软件系统是实现网络功能不可或缺的,根据软件的特性和用途,可以将网络软件分为以下几个大类。

1) 网络协议软件

网络中的计算机要想实现正确的通信,通信双方必须共同遵守一些约定和通信规则,这就是通信协议。连入网络的计算机依靠网络协议实现互相通信,而网络协议是靠具体的网络协议软件的运行支持才能工作。凡是连入计算机网络的服务器和工作站上都运行着相应的网络协议软件。网络协议软件是指用以实现网络协议功能的软件。协议软件的种类非常多,不同体系结构的网络系统都有支持自身系统的协议软件,体系结构中不同层次上又有不同的协议软件,对某一协议软件而言,到底把它划分到网络体系结构中的哪一层是由协议软件的功能决定的。所以,对同一协议软件,它在不同体系结构中所隶属的层不一定一样,目前网络中常用的通信协议有 NetBEUI、TCP/IP、IPX/SPX 等。有关通信协议会在 3.2.4 节有更多的介绍。

2) 网络操作系统

网络操作系统(Network Operation System,NOS)是在网络环境下,用户与网络资源之间的接口,是运行在网络硬件基础之上的,为网络用户提供共享资源管理服务、基本通信服务、网络系统安全服务及其他网络服务,实现对网络资源的管理和控制的软件系统。网络操作系统是网络的核心,其他应用软件系统需要网络操作系统的支持才能运行。对网络系统来说,特别是局域网,所有网络功能几乎都是通过网络操作系统来体现的,网络操作系统代表着整个网络的水平。

目前,网络操作系统主要有 Windows 类、UNIX 和 Linux。随着计算机网络的不断发展,特别是计算机网络互连,以及异质网络的互连技术和应用的发展,网络操作系统开始朝着能支持多种通信协议、多种网络传输协议、多种网络适配器和工作站的方向发展。

3) 网络管理软件

网络管理软件对网络中的大多数参数进行测量与控制,以保证用户安全、可靠、正常地得到网络服务,使网络性能得到优化。

4) 网络应用软件

网络应用软件是指为某一应用目的开发的网络软件,如即时通信软件、浏览器、电子邮件程序、网页制作工具软件等。

3.2.3 计算机网络的分类

计算机网络的分类方法很多,如:

按传输介质可分为有线网和无线网;

按数据交换方式可分为直接交换网、存储转发交换网和混合交换网;

按通信传播方式可分为点对点式网和广播式网;

按通信速率可分为低速网、中速网和高速网;

按使用范围可分为公用网和专用网;

按网络覆盖范围可分为广域网、局域网、城域网;

按拓扑结构可分为总线型结构、环状结构、星状结构、树状结构、网状结构以及混合结构等。

本书重点介绍两种最常用的分类方式,即按网络覆盖范围和按网络拓扑结构分类。

1. 按网络覆盖范围划分

计算机网络按地理覆盖范围可分为广域网、局域网和城域网。

1)广域网

广域网(WAN)又称远程网,是在广阔的地理区域内进行数据传输的计算机网络。作用范围通常为几十到几千公里,可以覆盖一个城市、一个国家甚至全球,形成国际性的计算机网络。

广域网常借用公用电信网络进行通信,数据传输的带宽有限。

广域网的主要特点有:地理覆盖范围大、传输速率低、传输误码率高、网络结构复杂。

2)局域网

局域网(LAN)是将较小地理范围内的计算机或外围设备通过高速通信线路连接在一起的通信网络。局域网是最常见、应用最广泛的网络。作用范围通常为几十米到几千米之间,常用于组建一个办公室、一幢大楼、一个校园、一个工厂或一个企业的计算机网络。

目前常见的局域网主要有以太网和无线局域网两种。

广域网的主要特点有:地理范围比较小、传输速率高、延迟和误码率较小。

3)城域网

城域网(MAN)也称市域网,地理覆盖范围介于 WAN 与 LAN 之间,一般为几千米至几万米。所采用的技术基本上与 LAN 相似,是一种大型的局域网。

城域网主要是在一个城市范围内建立计算机通信网。

城域网技术对通信设备和网络设备的要求比局域网高,在实际应用中被广域网技术取代,没有能够推广使用。

2. 按网络拓扑结构划分

计算机网络按拓扑结构可分为总线型结构、环状结构、星状结构、树状结构、网状结构以及混合结构等。

1)总线型结构

总线型拓扑结构采用单根数据传输线作为通信介质,所有的站点都通过相应的硬件接口直接连接到通信介质上,而且能被其他所有站点接受,所有节点工作站都通过总线进行信息传输,如图 3-18 所示。

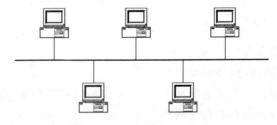

图 3-18　总线型拓扑结构图

总线型结构的网络采用广播方式传输数据,因此,连接到总线上的设备越多,网络发送和接收数据就越慢。

总线型结构的优点：①网络结构简单，节点的插入、删除比较方便，易于网络扩展。②设备少，造价低，安装和使用方便。③具有较高的可靠性。单个节点的故障不会涉及整个网络。

总线型结构的缺点：①故障诊断困难。②故障隔离困难，一旦总线出现故障，将影响整个网络。③所有的数据传输均使用一条总线，实时性不强。

2）环状结构

环状结构是网络中各节点通过一条首尾相连的通信链路连接起来的闭合环路。

每个节点只能与它相邻的一个或两个节点设备直接通信，如果与其他节点通信，数据需依次经过两个节点之间的每个设备，如图 3-19 所示。

环状结构有两种类型：单环结构和双环结构，双环结构的可靠性高于单环结构。

环状结构网络的优点：①各节点不分主从，结构简单。②两个节点之间只有一条通路，使得路径选择的控制大大简化。

环状结构网络的缺点：①环路是封闭的，可扩充性较差。②可靠性差，任何节点或链路出现故障将危及全网，并且故障检测困难。

3）星状结构

星状结构的每个节点都由一条点对点链路与中心节点（公用中心交换设备，如交换机、集线器等）相连，如图 3-20 所示。

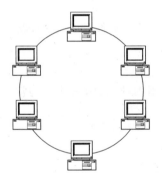

图 3-19　环状拓扑结构图

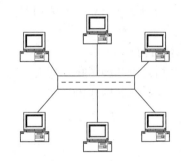

图 3-20　星状拓扑结构图

星状网络中信息的传输是通过中心节点的存储-转发技术实现的。一个节点要发送数据，首先需要将数据发送到中心节点，然后由中心节点将数据转发至目的节点。

星状结构网络的优点：①结构简单，增删节点容易，便于控制和管理。②采用专用通信线路，传输速度快。

星状结构网络的缺点：①可靠性较低，一旦中心节点出现故障就会导致全网瘫痪。②网络共享资源能力差，通信线路利用率不高，且线路成本高。

4）树状结构

树状结构也称星状总线拓扑结构，从总线型和星状结构演变而来。网络中的每个节点都连接到一个中央设备如集线器上，但并不是所有的节点都直接连接到中央集线器上，大多数的节点先连接到一个次集线器，次集线器再与中央集线器连接，如图 3-21 所示。

树状结构网络的优点：①易于扩充，增删节点容易。②通信线路较短，网络成本低。

树状结构网络的缺点：①可靠性差，除了叶子节点之外的任意一个工作站或链路发生故障都会影响整个网络的正常运行。②各个节点对根的依赖性太大，如果根发生故障，则全网不能正常工作。

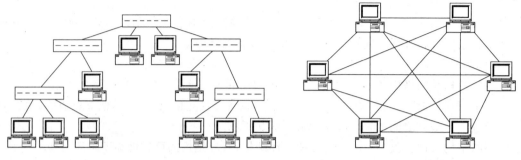

图 3-21　树状拓扑结构图　　　　　　　图 3-22　网状拓扑结构图

5）网状结构

网状结构是将各节点与通信链路连成不规则的形状，每个节点至少与其他两个节点相连，如图 3-22 所示。

大型互联网一般都采用网状结构，如 Internet 的主干网。

网状结构网络的优点：①可靠性好。②数据传输有多条路径，可以选择最佳路径以减少延时，改善流量分配，提高网络性能。

网状结构网络的缺点：①结构复杂，不易管理和维护。②线路成本高，路径选择比较复杂。

6）混合结构

混合结构是由几种拓扑结构混合而成的。实际应用中的网络，拓扑结构常常不是单一的，而是混合结构，如图 3-23 所示。

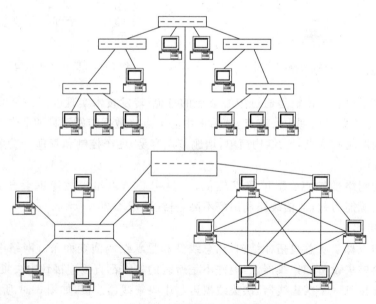

图 3-23　混合结构拓扑图

3.2.4　计算机网络体系结构

计算机网络体系结构是网络各层及其协议的集合,网络协议依据功能一般采用分层的方式来实现,好处是:结构上各层之间是独立的,灵活性好,易于实现和维护,能促进标准化工作。层数要适当,层数太少会使每一层的协议太过复杂,层数太多又会在描述和综合各层功能的系统工程任务时遇到较多困难。

1. 通信协议介绍

相互通信的两个计算机系统必须高度协调才能进行通信工作,它们之间的数据交换必须遵守事先约定好的规则,这些规则明确规定了所交换的数据的格式以及有关的同步问题。

网络协议,就是为进行网络中的数据交换而建立的规则、标准或约定,一般包含以下组成要素。

语法:数据与控制信息的结构或格式。

语义:需要发出何种控制信息,完成何种动作以及做出何种响应。

同步:事件实现顺序的详细说明。

这种协调是相当复杂的。"分层"可将庞大而复杂的问题,转化为若干较小的局部问题,而这些较小的局部问题比较易于研究和处理。下面举一个生活中协议分层的例子。

张经理和李经理是好朋友,他们约定,每周互相分享一本图书给对方。每周张经理负责挑选好图书,而把图书发送的任务交给小张。小张把图书分解为书页,通过传真的方式,一页页传真给李经理的秘书(小李),最后由小李装订成册交给李经理。反过来,李经理也是如此,如图 3-24 所示。

图 3-24　生活中协议分层的例子

发送和接收信息(这里的信息是图书)的任务分成了 3 个层次,分别是张经理、小张、传真机 1,以及李经理、小李、传真机 2。这个任务是通过分层的方式完成的,上层使用下层提供的服务。例如,张经理和李经理负责挑选有价值的图书,而发送和接收图书的工作使用了小张和小李提供的服务;小张和小李负责把图书分解为书页以及把书页装订成图书,而扫描和打印书页的工作则使用了传真机提供的服务。

这里,张经理和李经理是对等实体,他们在"图书"的粒度上通信(交流),他们有每周分享图书的"协议";小张和小李是对等实体,他们在"书页"的粒度上通信(交流),他们有书页分解以及图书装订方式的"协议";传真机 1 和传真机 2 是对等实体,它们每次发送或接收的都是一个个电信号,它们在"电信号"的粒度上通信,它们有非常具体的链路协议。这里协议分三层,上层使用下层提供的服务;相同层之间是对等实体,对等实体之间有通信协议。这里只有最底层的传真机之间存在实际的物理通道,可以进行电信号的通信。上面两层的对等实体之间,并没有实际的物理通道,可以认为他们进行的是虚拟通信,但又不能否认他们之间通信的存在。

同理,在计算机通信时,如果主机1的进程A向主机2的进程B通过网络发送文件,如图3-25所示,可以将工作进行如下划分:

第一层文件传输模块,与双方进程直接相关。如进程A确信进程B已做好接收和存储文件的准备,进程A与进程B协调好一致的文件格式。

第二层通信服务模块,负责文件的发送和接收工作,为上层文件传输模块提供具体的文件传输服务。主机1的通信服务模块接收进程A的文件,并负责文件发送工作。主机2的通信服务模块负责文件接收工作,并把接收到的文件提交给进程B。

第三层网络接入模块,负责做与网络接口有关的细节工作。如规定帧的传输格式、帧的最大长度、通信过程中同步方式等,为上层通信服务模块提供网络接口服务。

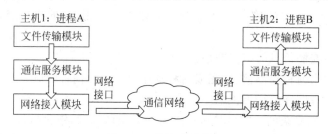

图3-25 协议分层举例

2. TCP/IP体系结构

计算机网络体系结构就是计算机网络及其部件应完成的功能的精确定义。体系结构是抽象的,而实现则是具体的,是真正可以运行的计算机硬件和软件。具体说,实现就是在遵循体系结构的前提下,用硬件或软件完成这些功能。

在网络发展初期,各个公司都有自己的网络体系结构,但是随着社会的发展,不同网络体系结构的用户迫切要求能互相交换信息。为了使不同体系结构的计算机网络都能互连,国际标准化组织(ISO)于1978年提出了"异种机连网标准"的框架结构,这就是著名的开放系统互联基本参考模型(Open Systems Interconnection Reference Model,OSI/RM),简称OSI。

OSI得到了国际上的承认,成为其他各种计算机网络体系结构依照的标准,大大地推动了计算机网络的发展。

OSI定义了网络互连的七层框架(自下而上依次是物理层、数据链路层、网络层、传输层、会话层、表示层和应用层),详细规定了每一层的功能,以实现开放系统环境中的互连性、互操作性和应用的可移植性。只要遵循OSI标准,一个系统就可以和位于世界上任何地方的也遵循同一标准的其他任何系统进行通信。

但是在市场化方面,OSI却失败了。大概有以下几个原因:国际标准化组织的专家们在完成OSI标准时没有商业驱动力;OSI协议的实现过于复杂,且运行效率低;OSI标准的制定周期太长,按OSI标准生产的设备无法及时进入市场;OSI的层次划分不太合理,有些功能在多个层次中重复出现。法律上的国际标准OSI并没有得到市场认可,但是非国际标准的TCP/IP协议获得了最广泛的应用,成为事实上的国际标准。

TCP/IP是四层体系结构,自上而下依次是:应用层、传输层、网络层和网络接口层,但最下面的网络接口层并没有具体内容。因此往往采取折中的办法,即综合OSI和TCP/IP的优点,采用一种有五层协议的体系结构,自上而下依次是:应用层、传输层、网络层、数据链路层、物理层。其中应用层在传输层提供的可靠的网络数据传输服务的基础上，实现具体的网络应用，如即时通信、电子商务、资源共享等；传输层在网络层提供的任意两台主机都可以传输数据的基础上，增强了端到端数据传输的可靠性；网络层在数据链路层提供的点到点数据传输的基础上，实现了跨节点甚至跨网络的端到端的数据传输，即实现了任意两台主机都可以传输数据；数据链路层在物理层提供的点到点的物理连接基础上，实现了点到点数据传输功能。TCP/IP 协议栈的分层结构如图 3-26 所示。

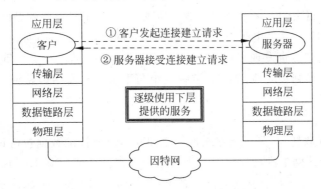

图 3-26　TCP/IP 协议栈分层结构

TCP/IP 协议栈分层结构名词说明如下。

点到点通信：如果两台主机之间由通信线路直接相连，则这两者之间的通信称为点到点的通信。

端到端：如果两台主机之间的通信要经过其他站点，则这两者之间的通信称为端到端的通信。

实体：表示任何可发送或接收信息的硬件或软件进程。

协议：控制两个对等实体进行通信的规则的集合。协议是"水平的"，即协议是控制对等实体之间通信的规则。要实现本层协议，还需要使用下层所提供的服务。本层的协议只能看见下层的服务而无法看见下层的协议。协议很复杂，协议必须把所有不利的条件事先都估计到，而不能假定一切都是正常的和非常理想的。看一个计算机网络协议是否正确，不能光看在正常情况下是否正确，而且还必须非常仔细地检查这个协议能否应付各种异常情况。

服务：在协议的控制下，两个对等实体间的通信使得本层能够向上一层提供服务。服务是"垂直的"，即服务是由下层向上层通过层间接口提供的。

服务访问点：服务访问点也称接口，是同一系统相邻两层的协议进行交互的地方，下层协议通过服务访问点向上层协议提供服务，或者说，上层协议通过服务访问点使用下层协议提供的服务。

下面是对图 3-26 中各层功能的总结。

物理层：负责用硬件线路和硬件设备连接各主机。

数据链路层：在物理连接的基础上，实现相邻两个主机之间的通信，即实现点到点的数据传输。

网络层：在相邻主机之间能够传输数据的基础上，实现跨站点的通信，即实现端到端的数据传输。一般是靠中间站点转发数据分组来实现的。

传输层：传输层在网络层的基础上，进一步提高端到端数据传输的可靠性。

应用层：在任意两台主机都能可靠传输数据的基础上，开发各种具体应用，解决生产以及生活中的实际问题。

3. TCP/IP

TCP/IP(Transmission Control Protocol/Internet Protocol，传输控制协议/因特网互联协议)，又名网络通信协议，是 Internet 最基本的协议、Internet 国际互联网络的基础。通常所说的 TCP/IP 是指由 100 多个协议组成的协议系列，其中最重要的是网络层的 IP 和传输层的 TCP。TCP/IP 定义了电子设备如何连入因特网，以及数据如何在它们之间传输的标准。通俗而言：TCP 负责发现传输的问题，一有问题就发出信号，要求重新传输，直到所有数据安全正确地传输到目的地；而 IP 负责分组与重组数据及给因特网的每一台连网设备规定一个地址。

1) IP

IP 又称网络互联协议，是为网络与网络之间互连而设计的数据包协议，运行于网络层，规定了计算机在因特网上进行通信时应当遵守的规则。任何厂家生产的计算机系统，只要遵守 IP 就可以与因特网互连互通。由于各个厂家生产的网络系统和设备相互之间不能互通，主要原因是传送数据的基本单元(技术上称为"帧")的格式不同。IP 是一套由软件程序组成的协议软件，把各种不同"帧"统一转换成"IP 数据报"(IP datagram)格式。这种转换是因特网最重要的特点，使各种计算机都能在因特网上实现互通，即具有"开放性"的特点。

数据报是分组交换的一种形式，IP 把所传送的数据分段打成"包"再传送出去。但是，与传统的"连接型"分组交换不同，它属于"无连接型"，是把每个"包"都作为一个独立的报文传送出去，所以叫做"数据报"。IP 在通信开始之前不需要先连接好一条传输路径，各个数据报不一定都通过同一条路径传输，所以叫做"无连接型"。这一特点非常重要，它大大提高了网络的可靠性和安全性。每个数据报都有报头和报文两个部分。报头中的目的地址使不同的数据报不必经过相同的路径也能到达目的主机，并在目的主机重新组合还原成原始数据。这就要求 IP 协议具有分组打包和集合组装的功能。

IP 中还有一个非常重要的内容，就是给因特网上的每台计算机和其他设备都规定了一个唯一的地址，叫做"IP 地址"。正是这种唯一的地址，保证了用户在连网的计算机上操作时，能够高效而且方便地从千千万万台计算机中选出自己所需的计算机。

IP 实现的网络层向上提供简单灵活的、无连接的、尽最大努力交付的数据报服务。也就是网络层不提供服务质量的保证。网络在发送数据包时不需要预先建立连接，每一个数据包独立发送与其前后数据包无关。所传输的数据包可能出错丢失和失序重复等，也不保证交付的时限。这种设计的好处是：网络造价大大降低，运行方式灵活方便，能够适应各种应用。数据传输的可靠性需求可以放在其他层来实现。具体来说，IP 协议为高层用户提供如下 3 种服务：

(1) 不可靠的数据投递服务。数据包的投递没有任何品质保证，数据包可能被正确投递，也可能被丢弃。

(2) 面向无连接的传输服务。这种方式不管数据包的传输经过哪些节点，甚至可以不管数据包的起始和终止计算机。数据包的传输可能经过不同的路径，传输过程中有可能丢失，也可能正确传输到目的主机。

（3）尽最大努力的投递服务。IP 协议不会随意丢包，除非系统的资源耗尽、接收出现错误或者网络出现故障的情况下才不得不丢弃报文。

IP 数据报的格式如图 3-27 所示。

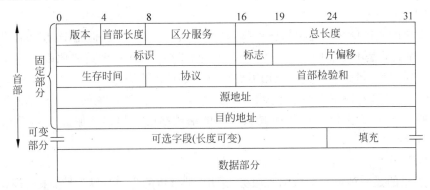

图 3-27　IP 数据报格式

版本：占 4 位，指明 IP 的版本，目前的 IP 版本号为 4（即 IPv4）。

首部长度：占 4 位，能表示的最大数值是 15 个单位（1 个单位为 4 字节），因此 IP 数据报首部长度的最大值是 60 字节。

区分服务：占 8 位，用来获得更好的服务。在旧标准中叫做服务类型，但实际上一直未使用过。1998 年这个字段改名为区分服务（DiffServ）。只有在使用区分服务时，这个字段才起作用。一般情况下都不使用这个字段。

总长度：占 16 位，指首部和数据之和的长度，单位为字节，因此数据报的最大长度为 $2^{16} = 65\,536$ 字节。总长度必须不超过最大传送单元 MTU。

标识：占 16 位，是一个计数器，用来生成数据报的标识。

标志：占 3 位，目前只有后两位有意义。最低位是 MF（More Fragment），MF＝1 表示后面"还有分片"，MF＝0 表示最后一个分片。中间位是 DF（Don't Fragment），只有当 DF＝0 时才允许分片。

片偏移：12 位，指明较长的分组在分片后某片在原分组中的相对位置。片偏移以 8 个字节为偏移单位。

生存时间：8 位，记为 TTL（Time To Live），表示数据包在网络中可以通过的路由器数量的最大值，超过此数值的数据报将被路由器丢弃。这也是 IP 协议提供的数据报投递服务不可靠的原因之一，为的是尽可能提高数据报投递的效率。

协议：8 位，指明此数据报携带的数据使用何种上层协议，如 TCP、UDP 等，以便目的主机 IP 层将数据报的数据部分上交给哪个处理进程。

首部检验和：16 位，用数学方法检验数据包的首部是否正确，不检验数据部分。这里不采用 CRC 检验码而采用简单的计算方法。

源地址和目的地址：指明此数据报的发送方和接收方的 IP 地址。

IP 首部的可变部分就是一个选项字段，用来支持排错、测量以及安全等措施，内容很丰富。选项字段的长度可变，从 1 个字节到 40 个字节不等，取决于所选择的项目。增加首部的可变部分是为了增加 IP 数据报的功能，但这也使得 IP 数据报的首部长度成为可变的，增加了每一个路由器处理数据包的开销,而实际上很少使用这些选项。

IP协议实质上是一种不需要预先建立连接,直接依赖IP数据包报头信息决定数据包转发路径的协议。

2)TCP

不同主机的应用层之间经常需要可靠的、像管道一样的连接,但是IP层不提供这样的机制,IP层提供的是不可靠的数据报传递。IP协议这样做的一个重要原因是尽量提高IP数据报的投递效率,但是有些实际应用需要可靠的数据传输服务。

因此传输层TCP协议面临的重要任务是,在下层IP协议提供的不可靠的端到端数据传输服务的基础上,为上层应用程序提供可靠的端到端的数据传输服务。TCP层位于IP层之上,应用层之下。

(1)TCP报文。

TCP提供的是一种可靠的数据流服务,采用"带重传的肯定确认"技术来实现传输的可靠性。TCP还采用一种称为"滑动窗口"的方式进行流量控制,所谓窗口实际表示接收能力,用于限制发送方的发送速度。TCP对来自应用层的数据添加一些字段后封装成TCP数据包,添加的字段信息要能实现上述功能。TCP把TCP数据包交给IP协议,由IP协议发送到目的主机。

TCP报文与IP数据报的关系如图3-28所示。TCP将TCP报文的数据部分传送到更高层的应用程序,如即时通信系统的服务程序或客户程序。应用程序将信息送回TCP层,TCP层将应用程序的数据打包后,向下传送到IP层、设备驱动程序和物理介质,最后到达接收方。

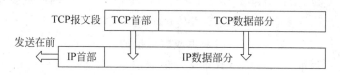

图3-28 TCP报文与IP数据报的关系

TCP报文首部格式如图3-29所示。

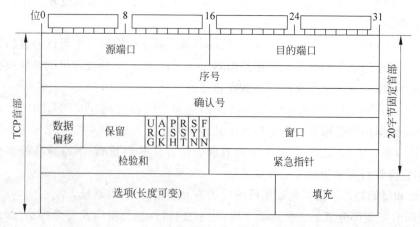

图3-29 TCP报文首部格式

源端口和目的端口：各占 2 字节。用于标识发送方和接收方的应用进程，称为端口号。IP 地址只能标识不同的主机，但是在同一个主机内部，有多个应用进程在运行，端口号用于区分同一主机中的不同应用进程。

序号：占 4 字节。TCP 连接中传送的数据流中的每一个字节都编上一个序号。序号字段的值则指的是本报文段所发送的数据的第一个字节的序号。

确认号：占 4 字节，是期望收到对方的下一个报文段的数据的第一个字节的序号。

数据偏移：占 4bit，它指出 TCP 报文段的数据起始处距离 TCP 报文段的起始处有多远。

保留：占 6bit，保留为今后使用，目前应置为 0。

URG（紧急比特）：当 URG＝1 时，表明紧急指针字段有效。告诉系统此报文段中有紧急数据，应尽快传送（相当于高优先级的数据）。

ACK（确认比特）：只有当 ACK＝1 时确认号字段才有效。当 ACK＝0 时，确认号无效。

PSH（推送比特）：接收端 TCP 收到推送比特为 1 的报文段，会尽快把报文段交付给接收应用进程，而不是等到整个接收缓冲区填满了之后再向上交付。

RST（复位比特）：当 RST＝1 时，表明 TCP 连接中出现严重差错（如由于主机崩溃或其他原因），必须释放连接，通知对方。

SYN（同步比特）：收到同步比特 SYN 为 1 的报文段，表明这是一个连接请求报文或是连接已经接收的报文。

FIN（终止比特）：用来释放一个连接。当 FIN＝1 时，表明此报文段的发送端的数据已发送完毕，并要求释放 TCP 连接。

窗口：占 2 字节。窗口字段用来控制对方发送的数据量，单位为字节。TCP 连接的接收端根据当前接收缓存储器的大小设置接收窗口的大小，并把此数值发送给对方，以便对方设置发送窗口的上限。

检验和：占 2 字节。检验和字段检验的范围包括首部和数据以及伪段头（计算检验和的时候计算的内容包括 IP 地址、TCP 数据段长度、协议类型等）。

紧急指针：占 16bit。紧急指针指出在本报文段中的紧急数据的位置。

选项：长度可变。TCP 规定了两种选项：最大报文段长度（Maximum Segment Size, MSS），MSS 告诉对端 TCP 协议"我的缓存能接收的报文段的数据字段的最大长度是 MSS 个字节"；窗口扩大因子，用于扩大接收方窗口。

填充：这是为了加入一些数据，使得整个首部的长度是 4 字节的整数倍。

（2）建立连接与终止连接。

TCP 使用三次握手协议建立连接。当主动方发出 SYN 连接请求后，等待对方回答 SYN＋ACK，然后对对方的 SYN 执行 ACK 确认，总共有 3 次信息传送，这种方法可以防止产生错误的连接。TCP 的流量控制使用的是可变大小的滑动窗口协议。

TCP 三次握手的过程如下：

第一次：客户端发送 SYN（SEQ＝x）报文给服务器端，进入 SYN_SEND 状态。

第二次：服务器端收到 SYN 报文，回应一个 SYN（SEQ＝y）ACK（ACK＝x＋1）报文，进入 SYN_RECV 状态。

第三次：客户端收到服务器端的 SYN 报文，回应一个 ACK（ACK＝y＋1）报文，进入 Established 状态。

三次握手完成，TCP 客户端和服务器端的连接成功建立，可以开始传输数据了，如图 3-30 所示。

在主动端发送 SYN 后，如果被动端一直不回应 SYN＋ACK 报文，主动端会不断重传 SYN 报文直到超过一定的重传次数或超时时间。在主动端发送 SYN 后，被动端回应 SYN＋ACK 报文，如果主动端不再回复 ACK，被动端也会一直重传直到超过一定的重传次数或超时时间。

MSS 是指一个 TCP 报文的数据载荷的最大长度，不包括 TCP 选项。在 TCP 建立连接的三次握手中，有一种很重要的工作那就是进行 MSS 协商。连接的双方都在 SYN 报文中增加 MSS 选项，其选项值表示本端最大能接收的段大小，即对端最大能发送的段的大小。连接的双方取本端发送的 MSS 值和接收端的 MSS 值的较小者作为本连接最大传输的段的大小。

建立一个连接需要三次握手，而终止一个连接要经过四次挥手，这是由 TCP 的半关闭造成的。具体过程如图 3-31 所示。

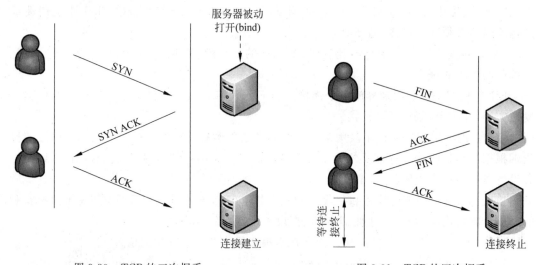

图 3-30　TCP 的三次握手　　　　　　图 3-31　TCP 的四次挥手

第一次：发送端的应用进程首先执行"主动关闭"，该端的 TCP 发送一个 FIN 分节给对端，表示数据发送完毕。

第二次：收到这个 FIN 的接收端执行"被动关闭"，这个 FIN 由接收端的 TCP 确认。FIN 的接收意味着接收端应用进程在相应连接上再无额外数据可接收。

第三次：一段时间后，接收端的应用进程关闭它的套接字，这导致它的 TCP 也发送一个 FIN。

第四次：接收这个最终 FIN 的发送端 TCP（即执行主动关闭的那一端）确认这个 FIN。既然每个方向都需要一个 FIN 和一个 ACK，因此通常需要 4 个分节。

注意：

（1）"通常"是指某些情况下，第一次的 FIN 随数据一起发送，另外，第二次和第三次发送的分节都出自执行被动关闭那一端,有可能被合并成一个分节。

（2）在第二次与第三次之间,从执行被动关闭一端到执行主动关闭一端的数据流动是可能的,这称为"半关闭"。

（3）无论是客户还是服务器,任何一端都可以执行主动关闭。通常情况是客户执行主动关闭,但是某些协议如 HTTP/1.0 却由服务器执行主动关闭。

为什么连接的时候是三次握手,关闭的时候却是四次挥手？因为当服务器端收到客户端的 SYN 连接请求报文后,可以直接发送 SYN＋ACK 报文。其中 ACK 报文是用来应答的,SYN 报文是用来同步的。但是关闭连接时,当服务器端收到 FIN 报文时,很可能并不会立即关闭 SOCKET,所以只能先回复一个 ACK 报文,告诉客户端,"你发的 FIN 报文我收到了"。只有等到服务器端所有的报文都发送完了,才能发送 FIN 报文,因此不能一起发送,故需要四次挥手。

（3）数据传输可靠性的实现。

TCP 提供一种面向连接的、可靠的字节流服务。面向连接意味着两个使用 TCP 的应用程序在彼此交换数据包之前必须先建立一个 TCP 连接。这一过程与打电话很相似,先拨号振铃,等待对方摘机说"喂",然后才说明是谁。在一个 TCP 连接中,仅有两方进行彼此通信。广播和多播不能用于 TCP。TCP 的重要功能之一是确保每个报文段都能到达目的地。位于目的主机的 TCP 对接收到的数据进行确认,并向发送端的 TCP 发送确认信息。使用数据报首部的序列号以及确认号来确认已收到包含在报文段中的数据字节。接收端的 TCP 在发回发送端的数据段中使用确认号,指明接收端期待接收的下一个字节,这个过程称为期待确认。发送端在收到确认消息之前可以传输的数据的大小称为窗口大小,用于管理丢失数据并进行流量控制。

TCP 使用下列方式提供可靠性:

- 应用层的数据被 TCP 分割成最适合发送的数据块。由 TCP 传递给 IP 的信息单位称为报文段。
- 当发送端的 TCP 发出一个报文段后,启动一个定时器,等待目的端确认收到这个报文段。如果不能及时收到一个确认,将重发这个报文段。当接收端的 TCP 协议收到报文段,将发送一个确认信息。TCP 有延迟确认的功能,若延迟确认功能没有打开,则立即确认。延迟确认功能打开,则由定时器触发确认时间点。
- TCP 保持报文首部和数据的检验和。这是一个端到端的检验和,目的是检测数据在传输过程中的任何变化。如果接收端的检验和有差错,则丢弃这个报文段并且不确认收到此报文段（希望发送端超时重发）。
- 既然 TCP 报文段作为 IP 数据报来传输,而 IP 数据报的到达可能会失序,因此 TCP 报文段的到达也可能会失序。如果有必要,TCP 对收到的报文段进行重新排序,以正确的顺序交给应用层。
- 既然 IP 数据报会发生重复,接收端 TCP 必须丢弃重复的报文段。
- TCP 还能进行流量控制。因为 TCP 连接的每一方都有固定大小的缓冲存储器,因此接收端只允许对方发送自己缓冲区能够接纳的数据。这能防止发送速度较快的主机导致较慢主机的缓冲区溢出。

两个应用程序通过 TCP 连接传送字节构成的字节流,TCP 并不会在字节流中插入标识符,称为字节流服务。如果一方的应用程序先传 10 字节,又传 20 字节,再传 50 字节,连接的另一方并不知道发送方每次发送了多少字节。只要接收方的缓冲区没有塞满,接收方将有多少就收多少。一端将字节流放到 TCP 连接上,同样的字节流将出现在 TCP 连接的另一端。

另外,TCP 对字节流的内容不作任何解释。TCP 不知道传输的字节流是二进制数据还是 ASCII 字符、EBCDIC 字符或者其他类型数据。对字节流的解释由 TCP 连接双方的应用层解释。这种对字节流的处理方式与 UNIX 操作系统对文件的处理方式很相似,UNIX 内核对一个应用程序读或写的内容不作任何解释,而是交给应用程序处理。

接收方的 TCP 缓冲区用来缓存从对端接收到的数据,这些数据后续会被应用程序读取。一般情况下,TCP 报文的窗口值反映接收缓冲区的空闲空间大小。对于有大批量数据的连接,增大接收缓冲区的大小可以显著提高 TCP 的传输性能。发送端的 TCP 缓冲区用来缓存应用程序的数据,发送缓冲区的每个字节都有序列号,被接收端应答确认的序列号对应的数据会从发送缓冲区删除掉。增大发送缓冲区可以提高 TCP 跟应用程序的交互能力,因此也会提高性能,但是增大接收缓冲区和发送缓冲区会导致 TCP 连接占用比较多的内存。

TCP 用于控制数据段是否需要重传的依据是设立的重发定时器。在发送一个数据段的同时启动一个重发定时器,如果在超时前收到确认就关闭该重发定时器,如果超时前没有收到确认,则重传该数据段。在选择重发时间的过程中,TCP 必须具有自适应性。它需要根据互联网当时的通信情况,给出合适的重发时间。

这种重传策略的关键是对定时器初值的设定。通常利用一些统计学的原理和算法,得到 TCP 重发之前需要等待的时间值。采用较多的算法是 Jacobson 于 1988 年提出的一种不断调整超时时间间隔的动态算法。其工作原理是:对每条连接,TCP 都保持一个变量 RTT(Round Trip Time),用于存放当前连接往返目的端所需时间的估计值。发送一个报文段的同时启动该连接的定时器,如果在定时器超时前对端的确认信息到达,则记录所需要的时间(M),并修正 RTT 的值,如果定时器超时前没有收到确认,则将 RTT 的值增加 1 倍。通过测量一系列的 RTT(往返时间)值,TCP 协议可以估算数据包重发前需要等待的时间。

3) 数据报协议

用户数据报协议(User Datagram Protocol,UDP)在网络层 IP 数据报的服务之上只增加了很少一点功能,即端口功能和差错检测功能,这点可以从图 3-32 中 UDP 首部 8 个字节的内容看出来。发送方 UDP 对应用程序交下来的报文,在添加首部后就向下交付给 IP 层。UDP 对应用层交下来的报文,既不合并,也不拆分,而是保留这些报文的边界。应用层交给 UDP 多长的报文,UDP 照样发送,即一次发送一个报文。接收方 UDP 对 IP 层交上来的 UDP 用户数据报,去除首部后就原封不动地交付上层的应用进程,一次交付一个完整的报文,即 UDP 是面向报文的。虽然 UDP 用户数据报只能提供不可靠的交付,但在某些方面有其特殊的优点。UDP 是无连接的,即发送数据之前不需要建立连接。UDP 尽最大努力交付,即不保证可靠交付。UDP 没有拥塞控制,很适合多媒体通信的要求。UDP 支持一对一、一对多、多对一和多对多的交互通信。UDP 的首部开销小,只有 8 个字节。UDP 协议与应用层以及与 IP 层的关系如图 3-33 所示。

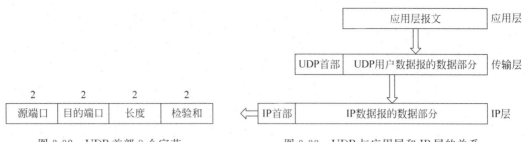

图 3-32　UDP 首部 8 个字节　　　　图 3-33　UDP 与应用层和 IP 层的关系

TCP 是面向连接的,虽然说网络的不安全及不稳定特性决定了多少次握手都不能保证连接的可靠性,但 TCP 的三次握手在最低限度上(实际上也在很大程度上)保证了连接的可靠性。UDP 不是面向连接的,UDP 传送数据前并不与对方建立连接,对接收到的数据也不发送确认信号。发送端不知道数据是否会正确接收,当然也不用重发,所以说 UDP 是无连接的、不可靠的一种数据传输协议。也正是因为这个特点,使得 UDP 的开销更小,数据传输速率更高。因为不必进行收发数据的确认,所以 UDP 的实时性更好。由此就不难理解为何采用 TCP 的 MSN 比采用 UDP 的 QQ 传输文件慢了。但并不能说 QQ 的通信是不安全的,因为 QQ 程序员可以在程序中对 UDP 数据的收发进行验证,比如发送方 QQ 对每个数据包进行编号然后由接收方 QQ 进行验证等。即使是这样,UDP 因为在底层协议的封装上没有采用类似 TCP 的三次握手而实现了 TCP 无法达到的传输效率。

3.3　局　域　网

3.3.1　局域网简介

在较小地理范围内,利用通信线路把若干个主机连接起来,实现彼此之间数据传输和资源共享的系统称为局域网。

局域网的主要特点如下:

(1) 网络覆盖的地理范围比较小,通常不超过 10km。

(2) 信息的传输速率高。

(3) 延迟和误码率较小,误码率一般为 $10^{-8} \sim 10^{-10}$。

局域网由服务器、工作站、网卡、传输介质、网络互连设备及共享外围设备等组成。

3.3.2　以　太　网

局域网有很多类型。

按照使用的传输介质,可分为有线网和无线网。

按照网络中各种设备互连的拓扑结构,可分为总线型、环状、星状、混合型等。

按照传输介质所使用的访问控制方法,可以分为以太网(Ethernet)、FDDI 网和令牌环网等。

不同类型的局域网采用不同的 MAC 地址格式和数据帧格式,使用不同的网卡和协议。以太网是最早的局域网,也是使用最广泛的局域网,本书主要介绍以太网和无线局域网。

以太网(Ethernet)指的是由美国施乐(Xerox)公司创建，并由 Xerox、Intel 和 DEC 公司联合开发的基带局域网规范，是当今现有局域网采用的最通用的通信协议标准，也是世界上应用最广泛、最为常见的网络技术。以太网络使用 CSMA/CD(载波监听多路访问及冲突检测)技术，并以 10Mb/s 的速率运行在多种类型的电缆上。在不涉及网络协议的具体细节时，很多人将符合 IEEE 802.3 标准的局域网简称为以太网。IEEE 802.3 局域网是一种基带总线局域网，以无源的电缆作为总线传送数据帧，并以历史上曾经认为传播电磁波的以太来命名。严格说来，"以太网"是指符合 DIX Ethernet V2 标准的局域网，但 IEEE 802.3 标准与 DIX Ethernet V2 标准只有很小的差别，也可以将 IEEE 802.3 局域网简称为"以太网"。

IEEE 802.3 规定了包括物理层的连线、电信号和介质访问层协议的内容。以太网是当前应用最普遍局域网技术，它很大程度上取代了其他局域网标准，如令牌环网、FDDI 和 ARCNET。历经百兆以太网在 20 世纪末的飞速发展后，千兆以太网甚至万兆以太网正在国际组织和领导企业的推动下不断拓展应用范围。

1. 以太网数据帧格式

局域网内任何两台主机都是由传输介质直接相连的，或者说这些主机之间都是点到点连接的。在点到点物理连接的基础上，实现点到点数据传输的协议叫做数据链路层协议。

数据链路层的基本功能是在物理层提供的物理连接的基础上，实现相邻主机之间的可靠通信，并为网络层提供有效的服务。数据链路层向下与物理层相接，向上与网络层相接。设立数据链路层的目的是将一条原始的、有差错的物理线路变为对网络层无差错的数据链路。为了实现这个目的，数据链路层必须执行链路管理、帧传输、流量控制和差错控制等任务。

实现以太网中两个主机通信的数据链路层协议为 IEEE 802.3 协议。以太网的数据链路层采用分组交换的方式传输数据，一个分组称为一个"数据帧"或简称"帧"，一个帧的结构如图 3-34 所示。

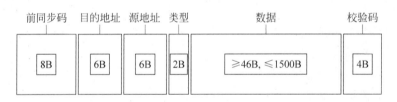

图 3-34   以太网数据帧的结构

前同步码：8 字节，分两个字段，其中第一个字段 7 字节，是前导码，用来迅速实现 MAC 帧的比特同步；第二个字段是帧开始定界符，表示后面的信息就是数据帧。一般前同步码不计算为数据帧的一部分，因为这是发送前临时插入的，所有数据帧的前同步码都一样。

目的地址：48 位，是目的主机的硬件地址。

源地址：48 位，是源(发送)主机的硬件地址。

类型：用来标志上一层使用的是什么协议，以便把收到的数据帧中的数据上交给该协议。一般情况下，上层协议是 IP 协议。

数据：长度为 46～1500 字节，数据字段的正式名称是客户数据字段。如果上层使用的是 IP 协议，则该字段就是 IP 数据报。当数据字段的长度小于 46 字节时，应在数据字段的后面加入整数字节的填充字段，以保证以太网的数据帧的总长度不小于 64 字节。

校验码：4字节，接收方使用校验码可以验证接收到的数据是否正确。

2. 载波监听多路访问/冲突检测技术

在总线拓扑结构中，每个主机都能独立决定数据帧的发送，对总线介质的访问是随机的，即各主机都可能在任何时刻访问总线。同时，一台主机发送的数据帧，连接在总线上的所有主机都能接收到，因此，以太网是以广播方式发送数据的。若两个或多个主机同时发送数据帧，就会产生冲突，导致所有发送的数据帧都出错。因此，一台主机能否成功发送数据帧，很大程度上取决于判断总线是否空闲的算法，以及两台或多台主机同时发送的数据帧发生冲突后所采取的对策。解决总线争用问题主要采用载波监听多路/冲突检测（Carrier Sense Multiple Access/Collision Detect，CSMA/CD）技术。

载波监听，指连接到总线的任何主机在发送数据帧之前，必须对总线介质进行监听，确认其空闲时才可以发送。多路访问，指多个主机可以同时访问介质，一个主机发送的数据帧也可以被多个主机接收。载波监听多路访问技术要求发送数据帧的主机先对总线介质进行监听，以确定是否有别的主机在使用总线传输数据。如果总线空闲，则该主机可以发送数据，否则，该主机避让一段时间后再次尝试。

这种控制方式对任何主机都没有预约发送时间，各主机的发送是随机的，必须在网络上争用总线介质，故称为争用技术。若同一时刻有多个主机向总线介质发送数据帧，则这些数据帧会在总线上互相混淆而遭破坏，称为"冲突"。为尽量避免由于竞争引起的冲突，每个主机在发送数据帧之前，都要监听传输线上是否有数据帧在发送。

一个数据帧要发送成功，必须在发送时刻之前和发送完成之后各有一段时间 T 内总线上没有其他数据帧的发送，否则必然会产生冲突而导致失败。因此，一个帧发送成功的条件是，该帧与该帧前后两个帧到达的时间间隔都大于 T。

在载波监听多路访问中，由于总线的传播延迟，当两台主机都没有监听到总线上的信号而同时发送数据帧时，仍会发生冲突（其中一台主机的数据帧已经发送，正行走在总线上还没有到达监听的另一台主机）。由于载波监听多路访问算法没有冲突检测功能，即使冲突已发生，仍然要将已经破坏的数据帧发送完，使得总线的利用率降低。

一种载波监听多路访问的改进方案是让主机在传输时间继续监听总线介质，一旦检测到冲突，就立即停止发送，并向总线上发一串短的阻塞报文，通知总线上各主机冲突已发生。这样总线容量不致因继续传送已受损的数据帧而浪费，可以提高总线的利用率，这称作载波监听多路访问/冲突检测协议。这种协议已广泛应用于以太网和IEEE 802.3标准中。

此时，浪费掉的带宽就减少为检测冲突所花费的时间。对于基带总线而言，用于检测一个冲突的时间等于任意两个站之间最大的传播延迟的两倍。因此对于具有冲突检测的载波监听多路访问的基带总线，要求数据帧的长度至少两倍于传播延迟，否则在检测出冲突之前传输已经完成，但实际上数据帧已经被冲突破坏。

CSMA/CD可以形象地比喻成"边听边说"。

（1）冲突是怎样发生的

由于信号在信道上以有限的速度传输，采用载波监听并不能完全消除冲突。例如，局域网上的两个站A和B，相距1km，传播速度为200m/μs，因此1km电缆需要 $t=5\mu$s 的传播时延。A向B发出的数据帧，5μs后才能传送到B。B若在A发送的数据帧到达之前发送自己的数据帧，因为这时载波监听检测不到A所发送的数据帧，则两个数据帧产生冲突。

冲突的结果是两个帧都变得无用。A可以检测到自己发送的帧已经和其他主机发送的帧产生了冲突。

（2）如何检测到冲突

CSMA/CD采用曼彻斯特编码（每比特中间有跳变，先高后低代表"1"，先低后高代表"0"）。可以使用3种方法检测冲突：①比较接收到的信号电压（因为距离会造成信号衰减，因此使用不多）；②检测电压的过零点。因为电压的过零点是在每一比特的正中央，当发生冲突时，叠加的过零点将改变位置。③发送帧时也同时进行接收，对两者做比较。

（3）检测到冲突后怎么办

若在监听中发现线路忙，则等待一个时延后再次监听，若仍然忙，则继续延迟等待，一直到可以发送为止。若发送过程中检测到冲突，则立即停止发送，并继续发送若干比特的人为干扰信号强化冲突。然后再进行监听工作，以待下次重新发送。

（4）争用期如何选择重发的时间

当总线上信号出现冲突时，如果冲突的各主机都采用同样的退避时延，则很容易产生二次、三次碰撞。因此，要求各个主机的退避时延具有差异性。这需要退避算法来实现，一般采用截断二进制指数类型的退避算法来决定重传数据帧所需的时延。

CSMA/CD控制方式的特点是：原理比较简单，技术上容易实现，网络中各主机处于平等地位，不需集中控制，不提供优先级控制。但在网络负载增大时，处理冲突的时间增加，发送效率急剧下降。

3. 以太网分类

1）标准以太网

开始以太网只有10Mb/s的传输速率，使用的是CSMA/CD访问控制方法。这种早期的10Mb/s以太网称为标准以太网，以太网可以使用粗同轴电缆、细同轴电缆、非屏蔽双绞线、屏蔽双绞线和光纤等多种传输介质进行连接。并且在IEEE 802.3标准中，为不同的传输介质制定了不同的物理层标准，在这些标准中前面的数字表示传输速度，单位是Mb/s，最后一个数字表示单段网线长度（基准单位是100m），Base表示"基带"的意思，Broad代表"宽带"。

2）快速以太网

随着网络的发展，传统的标准以太网技术已难以满足日益增长的网络数据流量速度需求。1993年10月以前，对于要求10Mb/s以上数据流量的LAN应用，只有光纤分布式数据接口（FDDI）可供选择，但它是一种价格非常昂贵的、基于100Mb/s光缆的LAN。1993年10月，Grand Junction公司推出了世界上第一台快速以太网集线器Fastch10/100和网络接口卡FastNIC100，快速以太网技术正式得以应用。随后Intel、Synoptics、3COM、BayNetworks等公司亦相继推出自己的快速以太网装置。与此同时，IEEE 802工程组也对100Mb/s以太网的各种标准，如100BASE-TX、100BASE-T4、MⅡ、中继器、全双工等标准进行了研究。1995年3月IEEE宣布了IEEE 802.3u 100BASE-T快速以太网标准（Fast Ethernet），就这样开始了快速以太网的时代。

快速以太网与原来在100Mb/s带宽下工作的FDDI相比具有许多优点，主要体现在快速以太网技术可以有效地保障用户在布线基础实施上的投资，它支持3、4、5类双绞线以及光纤的连接，能有效利用现有设施。快速以太网的不足也是以太网技术的不足，那就是快速以太网仍基于 CSMA/CD 技术,当网络负载较重时,会造成效率的降低,当然这可以使用交换技术来弥补。

3) 千兆以太网

千兆以太网技术作为最新的高速以太网技术,给用户带来了提高核心网络的有效解决方案,这种解决方案的最大优点是继承了传统以太网技术价格便宜的优点。千兆技术仍然是以太技术,它采用了与十兆以太网相同的帧格式、帧结构、网络协议、全双工/半双工工作方式、流控模式以及布线系统。由于该技术不改变传统以太网的桌面应用、操作系统,因此可与十兆或百兆的以太网很好地配合工作。升级到千兆以太网不必改变网络应用程序、网管部件和网络操作系统,能够最大程度地保护投资。此外,IEEE 标准将支持最大距离为550m 的多模光纤、最大距离为 70km 的单模光纤和最大距离为 100m 的同轴电缆。千兆以太网填补了 IEEE 802.3 以太网和快速以太网标准的不足。

4) 万兆以太网

万兆以太网规范包含在 IEEE 802.3 标准的补充标准 IEEE 802.3ae 中,它扩展了IEEE 802.3 协议和 MAC 规范,使其支持 10Gb/s 的传输速率。万兆以太网不使用铜线而只使用光纤作为传输介质,也不使用 CSMA/CD 协议。万兆以太网不仅使千兆以太网的数据传输速率提高了 10 倍,其主要目的是扩展以太网。由于万兆以太网的出现,以太网的工作范围已经从局域网扩大到了城域网和广域网。

3.3.3 无线局域网

在无线局域网(Wireless Local Area Network,WLAN)发明之前,人们要想通过网络进行联络和通信,必须先用物理线缆-铜绞线组建一个电子运行的通路,为了提高效率和速度,后来又发明了光纤。当网络发展到一定规模后,人们又发现,这种有线网络无论组建、拆装还是在原有基础上进行重新布局和改建,都非常困难,且成本和代价也非常高,于是 WLAN组网方式应运而生。

无线局域网络是相当便利的数据传输系统,它利用射频(Radio Frequency,RF)技术,使用电磁波,取代旧式碍手碍脚的双绞铜线构成的局域网络,在空中进行通信连接,使得无线局域网能利用简单的存取架构让用户,达到"信息随身化、便利走天下"的理想境界。

主流应用的无线网络分为手机无线网络上网和无线局域网两种方式。手机上网方式是一种借助移动电话网络接入 Internet 的无线上网方式,只要你所在城市开通了无线上网业务,你在任何一个地方都可以通过手机来上网。无线局域网是以太网与无线通信技术相结合的产物,能提供有线局域网的所有功能,其工作原理也与有线以太网基本相同。但是,无线局域网只是有线网络的扩展和补充,还不能完全脱离有线网络。

无线局域网所采用的协议主要有 IEEE 802.11 和蓝牙等。

无线局域网常见的接入设备有如下几类。

1) 无线网卡

无线网卡的作用、功能跟普通网卡一样,是用来连接到局域网上的。它只是一个信号收发的设备,只有在找到上互联网的出口时才能实现与互联网的连接,所有无线网卡只能局限在已布有无线局域网的范围内。无线网卡就是不通过有线连接,采用无线信号进行连接的网卡。

无线网卡根据接口不同,主要有 PCMCIA 无线网卡、PCI 无线网卡、MiniPCI 无线网卡、USB 无线网卡、CF/SD 无线网卡几类产品。

2) 无线访问接入点

无线访问接入点(Wireless Access Point)是使无线设备(手机等移动设备及笔记本电脑等)用户进入有线网络的接入点,主要用于家庭、大楼内部、校园内部、园区内部以及仓库、工厂等需要无线监控的地方,典型距离覆盖几十米至上百米,也可用于远距离传送,主要技术为 IEEE 802.11 系列。大多数无线访问接入点还带有接入点客户端模式(AP Client),可以和其他无线访问接入点进行无线连接,延展网络的覆盖范围。

3) 无线路由器

无线路由器(Wireless Router)如同将单纯性无线访问接入点和宽带路由器合二为一的扩展型产品,它不仅具备单纯性无线访问接入点所有功能(如支持 DHCP 客户端、支持 VPN、防火墙、支持 WEP 加密等),而且还包括了网络地址转换(NAT)功能,可支持局域网用户的网络连接共享,可实现家庭无线网络中的 Internet 连接共享,实现 ADSL、Cable Modem 和小区宽带的无线共享接入。

3.4   Internet

3.4.1   Internet 简介

1. Internet 的概念

Internet,中文正式译名为因特网,又叫做国际互联网。它并非一个具有独立形态的网络,而是将分布在世界各地、类型各异、规模大小不一、数量众多的计算机网络互连在一起而形成的网络集合体,成为当今最大和最流行的国际性网络。

Internet 采用 TCP/IP 作为共同的通信协议,将世界范围内计算机网络连接在一起,用户只要与 Internet 相连,就能主动利用这些网络资源,还能以各种方式和其他 Internet 用户交流信息。但 Internet 又远远超出一个提供丰富信息服务机构的范畴。它更像一个面对公众的自由的社会团体,一方面有许多人通过 Internet 进行信息交流和资源共享,另一方面又有许多人和机构将时间和精力投入到 Internet 中进行开发、运用和服务。Internet 正逐步深入到社会生活的各个角落,成为人们生活中不可缺少的部分。网民对 Internet 的正面作用评价很高,认为 Internet 对工作、学习有很大帮助的网民占 93.1%;尤其是娱乐方面,认为 Internet 丰富了网民娱乐生活的比例高达 94.2%。前 7 类网络应用的使用率按高低排序依次是:网络音乐、即时通信、网络影视、网络新闻、搜索引擎、网络游戏、电子邮件。Internet 除了上述 7 种用途外,还常用于电子政务、网络购物、网上支付、网上银行、网上求职、网络教育等。

2. Internet 的起源与发展

Internet 是在美国早期的军用计算机网 ARPANET(阿帕网)的基础上经过不断发展变化而形成的。Internet 的起源主要可分为以下几个阶段。

1) Internet 的雏形阶段

1969 年,美国国防部高级研究计划局(Advance Research Projects Agency,ARPA)开

始建立一个命名为 ARPANET 的网络。当时建立这个网络的目的是出于军事需要,当网络中的一部分被破坏时,其余网络部分会很快建立起新的联系。人们普遍认为这就是 Internet 的雏形。

2) Internet 的发展阶段

美国国家科学基金会(National Science Foundation,NSF)1985 年开始建立计算机网络 NSFNET。NSF 规划建立了 15 个超级计算机中心及国家教育科研网,用于支持科研和教育的全国性规模的 NSFNET,并以此作为基础,实现同其他网络的连接。NSFNET 成为 Internet 主要用于科研和教育的主干部分,代替了 ARPANET 的骨干地位。1989 年, MILNET(由 ARPANET 分离出来)实现和 NSFNET 连接后,就开始采用 Internet 这个名称。自此以后,其他部门的计算机网络相继并入 Internet,ARPANET 就宣告解散了。

3) Internet 的商业化阶段

20 世纪 90 年代初,美国政府逐渐将网络的经营权交给私人公司,商业机构开始进入 Internet,使 Internet 开始了商业化的新进程。1993 年开始,由美国政府资助的 NSFNET 逐渐被若干个商用的因特网主干网(即服务提供者网络)所替代。用户通过因特网服务提供商(Internet Server Provider,ISP)上网,而 ISP 对用户进行收费。1994 年开始创建了 4 个网络接入点(Network Access Point,NAP),分别是美国的 4 个电信公司。从 1994 年起,因特网逐渐演变成多层次 ISP 结构的网络。1996 年,主干网传输速率为 155Mb/s(OC-3)。1998 年,主干网传输速率为 2.5Gb/s(OC-48)。1995 年,NSFNET 停止运作,Internet 已彻底商业化了。将经营权交由 ISP 也成为后来各个国家 Internet 的商业化模式。

3. Internet 在我国的发展

Internet 在我国的发展大致可以分为两个阶段:

第一个阶段是 1987—1993 年,一些科研机构通过 X.25 实现了与 Internet 的电子邮件转发的连接。

第二个阶段是从 1994 年开始的,这一年,中国科学技术网 CSTNET 首次实现和 Internet 直接连接,同时建立了我国最高域名服务器,这标志着我国正式接入 Internet。接着,又相继建立了中国教育科研网(CERNET)、中国公用计算机互联网(CHINANET)和中国金桥网(GBNET),从此中国的网络建设进入了大规模发展阶段。

据中国互联网络信息中心(China Internet Networks Information Center,CNNIC)2018 年 1 月 31 日发布的第 41 次《中国互联网络发展状况统计报告》显示:截至 2017 年 12 月底,中国网民数量达到 7.72 亿,互联网普及率达到 55.8%。而在 2000 年,我国上网人数只有 1690 万。

4. Internet 的接入

要使用 Internet 上丰富的资源和服务,首先要将用户的计算机连入 Internet。由于用户的环境不同、要求不同,所以采用的接入方式也不同。一般来说,用户都需要通过 Internet 服务提供商来接入 Internet,国内主要的 ISP 就是中国电信、中国联通和中国移动。 ISP 通过租用高速专线,建立必要的服务器和路由器等设备,向用户提供 Internet 信息服务,从中收取服务费。

在计算机网络还不发达的过去,网络接入的传统技术主要是利用电话网的模拟用户线,即采用调制解调器将计算机通过电话线接入 Internet。而在网络向数字化、光纤化和宽带化发展的今天,网络接入技术已是异彩纷呈。当前开展 Internet 接入网业务主要分两大类:一类是利用已有的线路资源;一类是新铺线路建立新的网络。

现有线路资源主要有电话线、有线电视网和电力线,其中电话线接入 Internet 又有 Modem 拨号接入、ISDN 接入和基于电信网用户线的数字用户线 DSL 接入三种方式,电话线和有线电视网的接入线路资源归传统的运营商所拥有,电力线接入是一种新型的正在研究的 Internet 接入方式。第二类接入方式可通过无线、新铺电缆或光纤等方法实现。无线 Internet 接入方式需要射频转换的硬件,由于成本较高,难以得到大面积推广,目前只能作为有线接入的一种补充。新铺电缆或光纤需要重新布线,利用局域网接入到 Internet。

从全球来看,美国拥有完善的有线电视网和庞大的电话网资源,在网络接入技术应用方面就充分发挥了现有设施和资源的作用,目前已有相当数量的有线电视网被改造为双向传输网,预计在今后相当长的一段时间内还会保持高速增长趋势。在欧洲,数字用户线 DSL 方式已得到广泛应用,面向全业务的无源光网络技术开始进入实用推广阶段,但是在距离"最后一公里"仍倾向于使用 ADSL 和 VDSL 技术。日本是积极采用光纤接入技术的国家之一,它首先实现光纤到大楼和光纤到路边,最终实现光纤到用户,从而提供宽带多媒体服务。

我国是网络设施发展最快的国家之一,也是新技术应用最早的国家,各种网络接入技术在我国都已得到一定的应用。

1) PSTN

PSTN(Public Switched Telephone Network,公共交换电话网)是最容易实施的方法,费用低廉。只要一条可以连接 ISP 的电话线和一个账号就可以。其优点是方便、普及、便宜;缺点是上网的同时不能再接打电话,传输速度低(最高速率为 56Kb/s),线路可靠性差。这种拨号接入上网方式已被淘汰。

2) ISDN

俗称"一线通"。它采用数字传输和数字交换技术,将电话、传真、数据、图像等多种业务综合在一个统一的数字网络中进行传输和处理。利用一条 ISDN 线路,用户可以在上网的同时拨打电话、收发传真,就像两条电话线一样。ISDN 基本速率接口有两条 64Kb/s 的信息通路和一条 16Kb/s 的信令通路,简称 2B+D,当有电话拨入时,它会自动释放一个 B 信道来进行电话接听,主要适合于普通家庭用户使用。其缺点是速率仍然较低,无法实现一些高速率要求的网络服务,其次是费用同样较高(接入费用由电话通信费和网络使用费组成)。这种上网方式也已经基本淘汰。

3) xDSL

xDSL 是各种类型 DSL(Digital Subscriber Line,数字用户线路)的总称,包括 ADSL、RADSL、VDSL、SDSL、IDSL 和 HDSL 等,它们最大的区别体现在信号传输速率和距离的不同,以及上行信道和下行信道的对称性不同两个方面。

(1) 非对称数字用户线。

ADSL 技术提供的上行和下行带宽不对称,因此称为非对称数字用户线路。ADSL 技术采用频分复用技术把普通的电话线分成了电话、上行和下行 3 个相对独立的信道,从而避免了相互之间的干扰。用户可以边打电话边上网,不用担心上网速率和通话质量下降的情况。理论上,ADSL 可在 5km 的范围内在一对铜缆双绞线上提供最高 1Mb/s 的上行速率和最高 8Mb/s 的下行速率(也就是我们通常说的带宽),能同时提供话音和数据业务。一般来说,ADSL 速率完全取决于线路的距离,线路越长,速率越低。

ADSL 技术能够充分利用现有 PSTN,只须在线路两端加装 ADSL 设备即可为用户提供高宽带服务,无须重新布线,从而可极大地降低服务成本。同时 ADSL 用户独享带宽,线路专用,不受用户增加的影响。

最新的 ADSL2＋技术可以提供最高 24Mb/s 的下行速率。和第一代 ADSL 技术相比,ADSL2＋打破了 ADSL 接入方式带宽限制的瓶颈,在速率、距离、稳定性、功率控制、维护管理等方面进行了改进,其应用范围更加广阔。

(2) 高比特率数字用户线。

HDSL(High-speed Digital Subscriber Line 高速率数字用户线路)是 xDSL 家族中开发比较早,应用比较广泛的一种,利用两对双绞线实现数据的双向对称传输,上行速率和下行速率相同,典型的速率是 2Mb/s。

HDSL 是各种 DSL 技术中较成熟的一种,互连性好,传输距离较远,设备价格较低,传输质量优异,误码率低,并且对其他线对的干扰小,线路无须改造,安装简便、易于维护与管理。

和广泛用于家用市场的 ADSL 技术相比,HDSL 技术广泛应用于数字交换机连接、高带宽视频会议、远程教学、移动电话基站连接、PBX 系统接入、数字回路载波系统、Internet 服务器、专用数据网等方面,更加适合商用环境下的各种服务对带宽和应用的要求。

(3) 对称数字用户线。

SDSL(Symmetric Digital Subscriber Line,对称数字用户线)是 HDSL 的一种变化形式,它只使用一条电缆线对,可提供的速率为 144Kb/s 到 1.5Mb/s。

(4) 速率自适应数字用户线。

RADSL(Rate-Adaptive DSL,速率自适应数字用户线路)是在 ADSL 基础上发展起来的新一代接入技术,这种技术允许服务提供者调整 xDSL 连接的带宽以适应实际需要并且解决线长和质量问题,为远程用户提供可靠的数据网络接入手段。它的特点是:利用一对双绞线传输;支持同步和非同步传输方式;速率自适应,下行速率从 1.5Mb/s 到 8Mb/s,上行速率从 16Kb/s 到 640Kb/s;支持同时传数据和语音,特别适用于下雨、气温特别高的反常天气环境。

(5) 甚高速数字用户环路。

VDSL(Very-high-bit-rate Digital Subscriber loop,甚高速数字用户环路),简单地说,就是 ADSL 的快速版本。使用 VDSL,短距离内的最大下传速率可达 55Mb/s,上传速率可达 19.2Mb/s 甚至更高(不同厂家的芯片组,支持的速度不同。同一厂家的芯片组,使用的频段不同,提供的速度也不同。目前市场上用量比较多的是英飞凌的套片,支持 517k～15M 带宽。此外科胜讯公司的套片可以支持 100M/50M 带宽)。不同厂家的 VDSL 不能实现互通,导致了 VDSL 不能大规模商业应用,新一代的 VDSL2 实现了互通,为 VDSL 大规模商业应用提供了条件。

4) Cable Modem 接入

目前,我国有线电视网遍布全国,很多城市提供 Cable Modem 接入 Internet 方式,速率可以达到 10Mb/s 以上,但是 Cable Modem 的工作方式是共享带宽的,所以有可能在某个时间段出现速率下降的情况。

5）光纤接入

光纤接入指的是终端用户通过光纤连接到局端设备。根据光纤深入用户的程度的不同，光纤接入可以分为 FTTB（光纤到楼）、FTTH（光纤到户）、FTTO（光纤到办公室）、FTTC（光纤到路边）、FTTZ（光纤到小区）等，它们统称为 FTTx。FTTx 不是具体的接入技术，而是光纤在接入网中的推进程度或使用策略。

光纤接入能够确保向用户提供 10Mb/s、100Mb/s、1000Mb/s 的高速带宽，可直接汇接到 CHINANET 骨干节点。主要适用于商业集团用户和智能化小区局域网高速接入 Internet，它的特点是传输容量大、传输质量好、损耗小、中继距离长等。

6）专线接入

DDN（Digital Data Network，数字数据网）是利用数字信道提供半永久性连接电路，以传输数据信号为主的数字传输网络。通过 DDN 节点的交叉连接，在网络内为用户提供一条固定的、由用户独自完全占有的数字电路物理通道。无论用户是否传送数据，该通道始终为用户独享，除非网管删除此条用户电路。这种方式适合对带宽要求比较高的应用，如企业网站。它的特点也是速率比较高、延时小、传输质量稳定。但是，由于整个链路被企业独占，所以费用很高，因此中小企业较少选择。

7）电力网接入

电力线通信（PLC）是指利用电力线传输数据、语音和视频信号的一种通信方式。通过电源插座，可以实现因特网接入、电视节目接收、语音通话、可视电话等多项服务。

电力上网的优势明显，首先是上网方式简单。普通用户只要将电力宽带"猫"插入电源插座，就能立刻上网。其次，上网速度非常快，正常速率也有 45Mb/s。第三，入户无须破墙打洞，尤其是家庭用户不需要在房间内布线，避免破坏原本的室内美观。

虽然电力上网还处于开始阶段，但它的应用前景非常好。

8）无线接入

无线接入是指从交换节点到用户终端之间，部分或全部采用了无线手段。

（1）无线局域网。

无线局域网（Wireless Local Area Networks，WLAN）是计算机网络与无线通信技术相结合的产物。它不受电缆束缚，可移动，能解决因有线网布线困难等带来的问题，并且组网灵活，扩容方便，与多种网络标准兼容，应用广泛等优点。目前，WLAN 在很多公共场所（学校、酒店、车站、医院等）以及家庭、办公室等随处可见。WLAN 技术也日益成熟，数据传输速率可达 100Mb/s，价格也在逐步下降。

（2）3G/4G 移动电话接入。

3G 即第 3 代移动通信技术，是指支持高速数据传输的蜂窝移动通信技术。

3G 服务能够同时传送声音及数据信息，速率一般在几百 Kb/s 以上。目前 3G 存在 3 种标准：CDMA2000（中国电信）、WCDMA（中国联通）、TD-SCDMA（中国移动）。

4G 即第四代移动通信技术，4G 是集 3G 与 WLAN 于一体，包括 TD-LTE 和 FDD-LTE 两种制式（中国移动使用 TD-LTE 制式，中国电信和中国联通使用 TD-LTE＋FDD-LTE 制式），并能够快速传输数据、高质量、音频、视频和图像等，理想状态下网速峰值可达到 100Mb/s。

除了以上两种最常用的无线接入 Internet 方式外，还有很多接入方式，例如数字直播卫星接入技术(DBS星接入技术)、固定宽带无线接入(MMDS/LMDS)技术、蓝牙技术等,不再一一介绍。

3.4.2　IP 地址

1. IPv4 概述

由于不同物理网络在地址编址的方式上不统一给寻址带来极大的不便,在进行网络互连时首先要解决的问题是物理网络地址的统一问题。因特网是在网络层进行互连的,因此要在网络层(IP层)完成地址的统一工作,将不同物理网络的地址统一到具有全球唯一性的IP地址上。IP地址是IP协议提供的统一地址格式,为互联网上的每一个网络和每一台主机分配一个逻辑地址,以此来屏蔽物理地址的差异。为了保证寻址的正确性,必须确保网络中主机地址的唯一性。

因特网采用一种全局通用的IP地址格式,由"网络号＋主机号"构成。因特网由网络互连而成,网络由主机互连而成,这种地址格式体现了网络的层次结构,便于转发数据包时进行寻址,快速准确地找到目的主机。

目前,全球因特网所采用的协议簇是TCP/IP协议簇。IP是TCP/IP协议簇中网络层的协议,是TCP/IP协议簇的核心协议。目前IP协议的版本号是4(现在已扩展的还有IPv6,将在后面做详细的介绍),简称IPv4,平时一般简称IP地址,发展至今已经使用了30多年。IP地址是一个32位的二进制数,通常被分割为4组,每组是一个8位二进制数。IP地址通常用"点分十进制"表示成(a.b.c.d)的形式,其中,a,b,c,d都是0~255的十进制整数。例如:点分十进制IP地址100.4.152.61,实际上是32位二进制数(01100100.00000100.10011000.00111101)分四段后的十进制写法。

IP地址编址方案将IP地址空间划分为A、B、C、D、E五类,其中A、B、C是基本类,D、E类作为多播地址和保留地址使用,如图3-35所示。

图 3-35　IPv4 地址中的网络号和主机号

A类、B类、C类是主类地址,即基本地址,D类和E类是次类地址。D类称为组播地址,E类尚未使用。由"0"开头的是A类IP地址,第2到第8位为网络编号,第9到第32位为主机编号,用于拥有大量主机的超大型网络,全球只有126(即 2^8-2,去除网络号全为0和全为1的特殊地址)个网络,可以获得A类地址,每个网络中最多可以有16777214(即 $2^{24}-2$,去除主机号全为0和全为1的特殊地址);由"10"开头的是B类IP地址,第3~16位为网络编号,第17~32位为主机编号,适用于规模适中的网络。由"110"开头的是C类IP地址,第4~24位为网络编号,第25~32位为主机编号,适用于主机数量不超过254台的小型网络。

所有的 IP 地址都由国际组织 InterNIC(负责美国及其他地区)、ENIC(负责欧洲地区)、APNIC(负责亚太地区)按级别负责统一分配,目的是为了保证网络地址的全球唯一性,机构用户在申请入网时可以获取相应的 IP 地址。我国申请 IP 地址要通过 APNIC,APNIC 的总部设在日本东京大学。申请时要考虑申请哪一类 IP 地址,然后向国内代理机构提出。主机地址由各个网络的管理员统一分配。因此,网络地址的唯一性与网络内主机地址的唯一性确保了 IP 地址的全球唯一性。全球 IPv4 地址数已于 2011 年 2 月分配完毕,自 2011 年开始我国 IPv4 地址总数基本维持不变,截至 2015 年 12 月,我国共计有约 3.37 亿个。

IP 地址的一些特点:

(1) IP 地址分等级,由网络号和主机号两个等级组成。好处是 IP 地址管理机构在分配 IP 地址的时候只分配网络号,剩下主机号各单位自行分配。路由器仅根据目的主机所连接的网络号来转发分组,减少了路由表占用的存储空间以及路由器查询路由表的时间。

(2) 如果一个主机连接到两个不同的网络,则必须有两个相应的 IP 地址,这叫多宿主机。一个路由器至少连接到两个网络,因此一个路由器至少有两个不同的 IP 地址。

(3) 一个网络是指具有相同网络号的一群主机的集合。因此,用转发器或者网桥连接起来的若干个局域网仍然为一个网络。具有不同网络号的局域网必须使用路由器互连。

(4) 在 IP 地址中,所有分配到网络号的网络都是平等的。

IPv4 的不足之处体现在:

(1) 有限的地址空间:IPv4 协议中每一个网络接口由长度为 32 位 IP 地址标识,这决定了 IPv4 的地址空间为 2^{32},大约理论上可以容纳 4 294 967 296 个主机,这一地址空间难以满足未来移动设备和消费类电子设备对 IP 地址的巨大需求量,全球 IPv4 地址数已于 2011 年 2 月分配完毕。

(2) 路由选择效率不高:IPv4 的地址由网络和主机地址两部分构成,以支持层次型的路由结构。子网和 CIDR 的引入提高了路由层次结构的灵活性。但由于历史的原因,IPv4 地址的层次结构缺乏统一的分配和管理,并且多数 IP 地址空间的拓扑结构只有两层或者三层,这导致主干路由器中存在大量的路由表项。庞大的路由表增加了路由查找和存储的开销,成为目前影响提高互联网效率的一个瓶颈。同时,IPv4 数据包的报头长度不固定,因此难以利用硬件提取、分析路由信息,这对进一步提高路由器的数据传输率也是不利的。

(3) 缺乏服务质量保证:IPv4 遵循尽力而为的原则,这一方面是一个优点,因为它使 IPv4 简单高效;另一方面它对互联网上涌现的新的业务类型缺乏有效的支持,比如实时和多媒体应用,这些应用要求提供一定的服务质量保证,比如带宽、延迟和抖动。研究人员提出了新的协议在 IPv4 网络中支持以上应用,如执行资源预留的 RSVP 协议和支持实时传输的 RTP/RTCP 协议。这些协议同样提高了规划、构造 IP 网络的成本和复杂性。

(4) 地址分配不便:IPv4 是采用手工配置的方法来给用户分配地址,这不仅增加了管理和规划的复杂程度,而且不利于为那些需要 IP 移动性的用户提供更好的服务。

2. 静态 IP 地址和动态 IP 地址

静态 IP 地址又称为"固定 IP 地址"。静态 IP 地址是长期固定分配给一台计算机使用的 IP 地址,也就是说机器的 IP 地址保持不变。一般是特殊的服务器才拥有静态 IP 地址。现在获得静态 IP 的方式比较昂贵,可以通过主机托管、申请专线等方式来获得。

动态 IP 地址和静态 IP 地址相对。对于大多数上网的用户,由于其上网时间和空间的离散性,为每个用户分配一个固定的 IP 地址(静态 IP 地址)是非常不可取的,这将造成 IP 地址资源的极大浪费。因此为了节省 IP 资源,通过电话拨号、ADSL 虚拟拨号等方式上网的机器是不分配固定 IP 地址的,而是自动获得一个由 ISP 动态临时分配的 IP 地址,该地址当然不是任意的,而是该 ISP 申请的网络 ID 和主机 ID 的合法区间中的某个地址。用户任意两次连接时的 IP 地址很可能不同,但是在每次连接时间内 IP 地址不变。尽管这不影响访问互联网,但是你的朋友、商业伙伴(他们可能这时也在互联网上)却不能直接访问你的机器,因为他们不知道你的计算机的 IP 地址。这就像每个人都有一部电话,但电话号码每天都在改变。

3. IPv6

由于互联网的蓬勃发展,过去几十年网络规模呈几何级数增长,IP 地址的需求量越来越大,地址空间的不足已经妨碍了互联网的进一步发展。当初设计 IP 地址时,IPv4 只有 43 亿个地址,没有考虑到因特网能发展如此迅速,IPv4 势必枯竭,不能应对,给 Internet 发展提出了新的挑战。以国内为例,据中国互联网网络信息中心(CNNIC)发布的《第 41 次中国互联网络发展状况统计报告》显示:截至 2017 年 12 月底,中国网民 7.72 亿,而我国分配到的 IP 地址只有 3.37 亿。虽然动态 IP 地址分配机制最大化利用 IP 地址空间,但是供需矛盾无法满足持续增长的网民需求。为了扩大地址范围,拟通过新版本的 IP 即 IPv6 重新定义地址空间,IPv6 采用 128 位地址长度。在 IPv6 的设计过程中除了一劳永逸地解决了地址短缺问题以外,还考虑了在 IPv4 中没有解决好的其他问题。

20 世纪 90 年代初,IETF(Internet 工程任务组)认识到解决 IPv4 问题的唯一办法就是设计一个新版本来取代 IPv4,于是成立了名为 IPng(IP next generation)的工作组,主要的工作是定义过渡的协议确保当前 IP 版本和新的 IP 版本长期的兼容性,并支持当前使用的和正在出现的基于 IP 的应用程序。

IPng 工作组的工作开始于 1991 年,先后研究了几个草案,最后提出了 RFC(Request for Comments,请求说明)所描述的 IPv6,从 1995 年 12 月开始进入了 Internet 标准化进程,1998 年 IPng 工作组正式公布 RFC2460 标准。IPv6 继承了 IPv4 的端到端和尽力而为的基本思想,其设计目标就是要解决 IPv4 存在的问题,并取代 IPv4 成为下一代互联网的主导协议。为实现这一目标,IPv6 具有以下特征:

(1) 128 位地址空间。IPv6 的地址长度由 IPv4 的 32 位扩展到 128 位,128 位地址空间包含的准确地址数是 340282366920938463463374607431768211456 个。IPv6 地址的无限充足意味着在人类世界,每件物品都能分到一个独立的 IP 地址。因此,IPv6 技术的运用将会让信息时代从人机对话,进入到机器与机器互连的时代,让物联网成为真实,所有的家具、电视、相机、手机、计算机、汽车……全部都可以成为互联网的一部分。另一个值得考虑的因素是地址分配。IPv4 时代互联网地址分配的教训使人们意识到即使有 128 位的地址空间,一个良好的分配方案仍然非常关键。因此,有理由相信在 IPv6 时代 IP 地址会得到更充分的利用。

(2) 改进的路由结构。IPv6 采用类似 CIDR 的地址聚类机制层次的地址结构。为支持更多的地址层次,网络前缀可以分成多个层次,其中包括 13b 的 TLA-ID(顶级聚类标识)、24b 的 NLA-ID(次级聚类标识)和 16b 的 SLA-ID(网点级聚类标识)。一般来说,IPv6 的管理机构对 TLA 的分配进行严格管理,只将其分配给大型骨干网的 ISP,然后骨干网 ISP 再灵活地为各个地区中小 ISP 分配 NLA,用户从中小 ISP 获得地址。这样不仅可以定义非常灵活的地址层次结构,同时,同一层次上的多个网络在上层路由器中表示为一个统一的网络前缀,这样可以显著减少路由器必须维护的路由表项。按照 13b 的 TLA 计算,理想情况下一个核心主干网路由器只需维护不超过 8192 个表项。这大大降低了路由器的寻路和存储开销。

同时,IPv6 采用固定长度的基本报头,简化了路由器的操作,降低了路由器处理分组的开销。在基本报头之后还可以附加不同类型的扩展报头,为定义可选项以及新功能提供了灵活性。

(3) 实现 IP 层网络安全。IPv6 要求强制实施因特网安全协议(Internet Protocol Security,IPSec),并已将其标准化。IPSec 在 IP 层可实现数据源验证、数据完整性验证、数据加密、抗重播保护等功能;支持验证头协议(Authentication Header,AH)、封装安全性载荷协议(Encapsulating Security Payload,ESP)和密钥交换 IKE(Internet Key Exchange)协议,这 3 种协议将是未来 Internet 的安全标准。另外,病毒和蠕虫是最让人头疼的网络攻击。但这种传播方式在 IPv6 的网络中就不再适用了,因为 IPv6 的地址空间实在是太大了,如果这些病毒或者蠕虫还想通过扫描地址段的方式来找到有可乘之机的其他主机,犹如大海捞针。在 IPv6 中,按照 IP 地址段进行网络侦察是不可能了。

(4) 无状态自动配置。IPv6 通过邻居发现机制能为主机自动配置接口地址和缺省路由器信息,使得从互联网到最终用户之间的连接不经过用户干预就能够快速建立起来。

IPv6 高效的互联网引擎引人注目的是,IPv6 增加了许多新的特性,其中包括:服务质量保证、自动配置、支持移动性、多点寻址、安全性。另外 IPv6 在移动 IP 等方面也有明显改进。

基于以上改进和新的特征,IPv6 为互联网换上一个简捷、高效的引擎,不仅可以解决 IPv4 目前的地址短缺难题,而且可以使国际互联网摆脱日益复杂、难以管理和控制的局面,变得更加稳定、可靠、高效和安全。

IPv6 协议的以上特性同时为移动网络提供了广阔的前景。目前移动通信正在试图从基于电路交换提供语音服务向基于 IP 提供数据、语音、视频等多种服务转变,IPv4 很难对此提供有效的支持:移动设备入网需要大量的 IP 地址,移动设备的全球漫游问题也必须由附加的移动 IPv4 协议加以支持。IPv6 的地址空间、移动性的支持、服务质量保证机制、安全性和其他灵活性很好地满足了移动网络的需求。

IPv6 的另一个重要应用就是网络实名制下的互联网身份证。目前基于 IPv4 的网络之所以难以实现网络实名制,一个重要原因就是因为 IP 资源的共用,所以不同的人在不同的时间段共用一个 IP,IP 和上网用户无法实现一一对应。但 IPv6 可以直接给该用户分配一个固定 IP 地址,这样实际上就实现了实名制。

3.4.3 常用 Internet 服务

1. 域名服务

因特网上的节点都可以用 IP 地址来唯一标识,并且可以通过 IP 地址来访问。但即使将 32 位二进制 IP 地址写成 4 个 0~255 的十进制数形式,也依然不太容易记忆。因此,人们发明了域名(Domain Name,DN)。域名可将一个 IP 地址关联到一组有意义的字符上去,当用户访问一个网站的时候,既可以输入该网站的 IP 地址,也可以输入其域名,对访问而言,两者是等价的。例如:某个网站 Web 服务器的 IP 地址是 207.46.230.229,其对应的域名是 www.abc.com,不管用户在浏览器中输入的是 207.46.230.229 还是 www.abc.com,都可以访问相同的 Web 网站。域名服务是互联网提供的一种服务,域名系统会及时把用户输入的域名转换成相应的 IP 地址,然后用户的主机通过 IP 地址访问网络中的站点。

1) 名字空间的层次结构

名字空间是指所有可能名字的集合。域名系统的名字空间是层次结构的,类似 Windows 的文件名。可以把域名系统的名字空间看作是一个树状结构,域名系统不区分树内节点和叶子节点,统称为节点,不同节点可以使用相同的标记。所有节点的标记只能由 3 类字符组成:26 个英文字母(a~z)、10 个阿拉伯数字(0~9)和英文连词符(-),并且标记的长度不得超过 22 个字符。一个节点的域名是由从该节点到根的所有节点的标记连接组成的,中间以点号分隔。最上层节点的域名称为顶级域名(Top-Level Domain,TLD),第二层节点的域名称为二级域名,依此类推。名字空间的层次结构如图 3-36 所示。

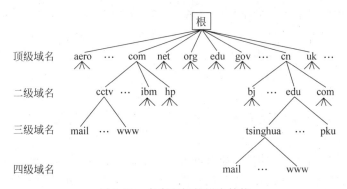

图 3-36 名字空间的层次结构

域名由因特网域名与地址管理机构(Internet Corporation for Assigned Names and Numbers,ICANN)管理,这是为承担域名系统管理、IP 地址分配、协议参数配置,以及主服务器系统管理等职能设立的非赢利机构。ICANN 为不同的国家或地区设置了相应的顶级域名,这些域名通常由两个英文字母组成。例如:.uk 代表英国、.fr 代表法国、.jp 代表日本。因为 Internet 是从美国发起的,所以美国的域名(us)通常被省略。中国的顶级域名是 .cn,.cn 下的域名由中国互联网络信息中心(CNNIC)进行管理。

除了代表各个国家顶级域名之外,ICANN 最初还定义了 7 个顶级的类别域名,分别是.com、.top、.edu、.gov、.mil、.net、.org。其中.com、.top 用于企业,.edu 用于教育机构,.gov 用于政府机构,.mil 用于军事部门,.net 用于互联网络及信息中心等,.org 用于非赢利性组织。随着因特网的发展,ICANN 又增加了两大类共 7 个顶级类别域名,分别是.aero、.biz、coop、.info、.museum、.name、.pro。其中,.aero、.coop、.museum 是 3 个面向特定行业或群体的顶级域名:.aero 代表航空运输业,.coop 代表协作组织,.museum 代表博物馆;.biz、.info、.name、.pro 是 4 个面向通用的顶级域名:.biz 表示商务,.name 表示个人,.pro 表示会计师、律师、医师等,.info 没有特定指向。

中国互联网络信息中心(CNNIC)是经国家主管部门批准,于 1997 年 6 月 3 日组建的

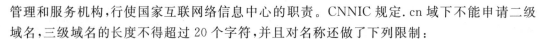

管理和服务机构,行使国家互联网络信息中心的职责。CNNIC 规定. cn 域下不能申请二级域名,三级域名的长度不得超过 20 个字符,并且对名称还做了下列限制:

(1) 注册含有"CHINA""CHINESE""CN"和"NATIONAL"等字样的域名要经国家有关部门(指部级以上单位)正式批准。

(2) 公众知晓的其他国家或者地区名称、外国地名和国际组织名称不得使用。

(3) 县级以上(含县级)行政区划名称的全称或者缩写的使用要得到相关县级以上(含县级)人民政府正式批准。

(4) 行业名称或者商品的通用名称不得使用。

(5) 他人已在中国注册过的企业名称或者商标名称不得使用。

(6) 对国家、社会或者公共利益有损害的名称不得使用。

(7) 经国家有关部门(指部级以上单位)正式批准和相关县级以上(含县级)人民政府正式批准,是指相关机构要出具书面文件表示同意。如,要申请 beijing. com. cn 域名,则需要提供北京市人民政府的批文。

2) 域名解析

域名解析是指用户给出一个主机的域名,域名系统将其转换为对应的 IP 地址并返回给用户。早期因特网上仅有数百台主机,那时候的域名与 IP 地址对应只需要简单地记录在一个 hosts. txt 文件中,这个文件由网络信息中心(Network Information Center, NIC)负责维护。任何想添加到因特网上的主机的管理员都应将其名字和地址 E-mail 给 NIC,这个对应的记录就会被手工加到 hosts. txt 文件中。每个主机管理员去 NIC 下载最新的 hosts. txt 文件放到自己的主机上,就完成了域名列表的更新。域名解析只是一个检查本机文件的本地过程。

随着因特网上主机数量的增加,原有的方式已经无法满足要求。现有域名系统于 20 世纪 80 年代开始投入使用。域名系统采用层次结构的名字空间,并且原来庞大的对应表被分解为不相交的、分布在因特网中的子表,这些子表称为资源文件。

上面说明了域名系统名字空间的层次结构,下面来具体看一下这一结构是如何同域名系统的域名服务器(Domain Name Server,DNS)结合来实现域名解析的。

首先,根据域名空间的层次结构将其按子树划分为不同的区域,每个区域看作是负责层次结构中这一部分节点的可管理的权力实体。例如,整个域的顶层区域由 ICANN 负责管理,一些国家域名及其下属的那些节点又构成了各自的区域,像. cn 域就由 CNNIC 负责管理,而. cn 域下又被划分为一些更小的区域,例如. suda. edu. cn 由苏州大学网络中心负责管理。

其次,每个区域必须有对应的域名服务器,每个区域中包含的信息存储在域名服务器上。域名服务器在接到用户发出的请求后查询自身的资源记录集合,返回用户想要得到的最终答案,或者当自身的资源记录集合中查不到所需要的答案时,返回指向另外一个域名服务器的指针,用户将继续向那个域名服务器发出请求。因此,域名服务器不需要记录所有下属域名和主机的信息,对于其中的一些子域,知道子域的域名服务器也同样可以。

资源记录是一个域名到值的绑定,它包括以下字段:域名、值、类型、分类和生命期。域名字段和值字段分别用来表示要解析的内容和解析返回的结果。类型字段代表了值的种类:类型为 A 代表值字段是一个 IP 地址,即用户所要的最终答案;类型为 NS 代表值字段是另一个域名服务器的域名,该域名服务器能够知道如何解析域名字段所指定的域名;类型为 CNAME 代表值字段是由域名所指定的主机的一个别名;类型为 MX 代表值字段是一个邮件服务器的域名,该邮件服务器接收由域名字段所指定的域的邮件;类型 PTR 用于域名反解等。分类字段允许指定其他的记录类型。生命期字段用于指出该资源记录的有效期是多少。为了减少域名解析时间,域名服务器会缓存一些曾经查询过的、来自其他域名服务器的资源记录。由于这些资源记录会因为更改而失效,因此域名服务器设置了生命期,到期的资源记录会被清除出缓存。

根域名服务器知道所有顶级域名的域名服务器,对应于每个顶级域名,它都有两条资源记录:一条是 NS 资源记录,域名字段是该顶级域名,值字段是该顶级域名解析的域名服务器的域名;另一条是 A 资源记录,用来指明该域名服务器的域名对应的 IP 地址。综合使用这两条记录,就可以知道对该域下的某个域名解析,应该继续去哪个 IP 地址的域名服务器寻找。第二层的域名服务器类似地存放各个第三层域名服务器的指针。第三层的域名服务器会出现 A、CNAME、MX 等类型的资源记录。每个域名服务器都有根域名服务器的地址记录。

最后,一个需要域名解析的用户先将该解析请求发往本地的域名服务器。如果本地的域名服务器能够解析,则直接得到结果,否则本地的域名服务器将向根域名服务器发送请求。依据根域名服务器返回的指针再查询下一层的域名服务器,依此类推,最后得到要解析域名的 IP 地址。

DNS 域名服务器一般会把数据复制到几个域名服务器中备份,其中一个是主域名服务器,其他的是辅助域名服务器。当主域名服务器出故障时,辅助域名服务器可以保证 DNS 的查询工作不会中断。主域名服务器定期把数据复制到辅助域名服务器中,而更改数据只能在主域名服务器中进行,这样能保证数据的一致性。

每个域名服务器都维护一个高速缓存,存放最近用过的名字以及从何处获得名字映射信息的记录。这使因特网上的 DNS 查询请求和回答报文的数量大为减少,可大大减轻根域名服务器的负荷。为了保持高速缓存中的内容正确,域名服务器应为每项内容设置计时器,并处理超过合理时间的项(例如,每个项目只存放两天)。增加此时间值可减少网络开销,而减少此时间值可提高域名转换的准确性。

3)域名反解

域名反解也称逆向域名解析,与域名解析正好相反,是指用户给出一个 IP 地址,域名系统找出其对应的域名并返回给用户。这也是利用 DNS 来实现的。由于在域名系统中,一个 IP 地址可以对应多个域名,因此从 IP 出发去找域名,理论上应该遍历整个域名树,但这在 Internet 上是不现实的。

为了完成逆向域名解析,系统提供了一个特别域,该特别域称为逆向解析域 in-addr. arpa。这样要解析的 IP 地址就会被表达成一种像域名一样的可显示串形式,后缀以逆向解析域域名"in-addr. arpa"结尾。例如一个 IP 地址:218.30.103.170,其逆向域名表达方式为:170.103.30.218.in-addr. arpa。两种表达方式中 IP 地址部分顺序恰好相反,因为域名结构是自底向上(从子域到域),而 IP 地址结构是自顶向下(从网络到主机)的。实质上逆向域名解析是将 IP 地址表达成一个域名,是以地址作为索引的域名空间,这样逆向解析的很大部分可以纳入正向解析中。

2. FTP 文件传输

网络环境中的一项基本应用就是将文件从一台计算机中复制到另一台可能相距很远的计算机中。初看起来,在两个主机之间传送文件是很简单的事情。其实这往往非常困难,原因是众多的计算机厂商研制出的文件系统多达数百种,且差别很大。网络环境下复制文件的复杂性包括:

(1) 计算机存储数据的格式不同。

(2) 文件的目录结构和文件命名的规定不同。

(3) 对于相同的文件存取功能,操作系统使用的命令不同。

(4) 访问控制方法不同。

文件传输协议(File Transfer Protocol,FTP)是因特网上使用得最广泛的文件传送协议。FTP 提供交互式的访问,允许客户指明文件的类型与格式,并允许文件具有存取权限。FTP 屏蔽了各计算机系统的细节,因而适合于在异构网络中任意计算机之间传送文件。

FTP 使用 TCP 可靠的数据传输服务,为用户提供文件传送的一些基本服务。FTP 的主要目的是减少或消除在不同操作系统下处理文件的不兼容性。FTP 使用客户/服务器方式,一个 FTP 服务器进程可同时为多个客户进程提供服务。FTP 的服务器进程由两大部分组成:一个控制进程,负责接受新的请求;另外有若干个数据传送进程,负责处理单个请求。

FTP 服务端控制进程的工作步骤如下:

(1) 打开 FTP 的默认端口(端口号为 21),使客户进程能够连接上。

(2) 等待客户进程发出连接请求。

(3) 启动数据传送进程来处理客户进程发来的请求。数据传送进程对客户进程的请求处理完毕后即终止,但数据传送进程在运行期间根据需要还可能创建其他一些子进程。

(4) 回到等待状态,继续接受其他客户进程发来的请求。控制进程与数据传送进程的处理是并发进行的。

控制连接在整个会话期间一直保持打开,FTP 客户发出的传送请求通过控制连接发送给服务器端的控制进程,但控制连接不用来传送文件。实际用于传输文件的是"数据连接"。服务器端的控制进程在接收到 FTP 客户发送来的文件传输请求后就创建"数据传送进程"和"数据连接",用来连接客户端和服务器端的数据传送进程。数据传送进程实际完成文件的传送,在传送完毕后关闭"数据传送进程"并结束运行。FTP 使用的两个 TCP 连接如图 3-37 所示。

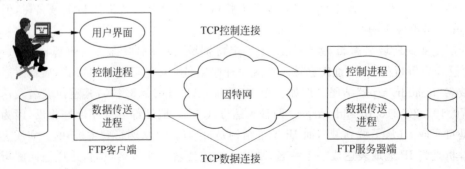

图 3-37　FTP 使用的两个 TCP 连接

当客户进程向服务器进程发出建立连接请求时,要寻找连接服务器进程的默认端口(21),还要告诉服务器进程自己的另一个端口号码,用于建立数据传送连接。接着,服务器进程用自己传送数据的默认端口(20)与客户进程所提供的端口号建立数据传送连接。由于FTP使用了两个不同的端口号,所以数据连接与控制连接不会发生混乱。使用两个不同端口号的好处是使协议更加简单和更容易实现。在传输文件时还可以控制连接(例如,客户发送请求终止传输)。

3. 万维网与HTTP

WWW的英文全称为"World Wide Web",中文名称为"万维网",常简称Web。Web程序分为Web客户程序和Web服务器程序。万维网是一个由许多互相链接的超文本组成的系统,通过互联网访问。在这个系统中,每个可以访问的对象,统一称为"资源",并且由一个全局"统一资源标识符"(Uniform Resource Locator,URL)标识。这些资源使用超文本传输协议(Hypertext Transfer Protocol,HTTP)传送给用户,用户通过点击链接就能获得资源。万维网并不等同于互联网,万维网只是互联网提供的服务之一,是靠互联网运行的一项服务。

万维网以C/S模式工作。浏览器是用户计算机上的客户程序,万维网文档所驻留的计算机则运行服务器程序,因此这台计算机也称为万维网服务器(Web服务器)。客户程序向服务器程序发出请求,服务器程序向客户程序送回客户所要的Web文档。客户程序在主窗口上显示出的一个Web文档称为一个页面。

万维网是一个分布式超媒体系统,是超文本系统的扩充。一个超文本由多个信息源链接组成,超文本中的一个链接称为一个超链接。利用超链接可使用户找到另一些文档,这些文档可以位于世界上任何一个连接在因特网上的超文本系统中。超文本是万维网的基础。超媒体与超文本的区别是文档内容不同。超文本文档仅包含文本信息,而超媒体文档还包含其他表示方式的信息,如图形、图像、声音、动画,视频等。用户通过超链接能非常方便地从因特网上的一个站点访问另一个站点,从而主动按需获取丰富的信息。

1)统一资源定位符

统一资源定位符(URL)是对可以从因特网上访问的资源的位置和访问方法的一种简洁的表示。URL给资源的位置提供了一种抽象的识别方法,并用这种方法给资源定位。只要能够对资源定位,系统就可以对资源进行各种操作,如存取、更新、替换和查找其属性。URL相当于文件名在网络范围的扩展。因此URL是与因特网相连的机器上的任何可访问对象的一个指针。

URL的一般形式是:<协议>://<主机>:<端口>/<路径>。

协议:如ftp表示文件传输协议,http表示超文本传输协议,News表示新闻等;冒号和两个斜线是规定的格式;<主机>是存放资源的主机,即在因特网中的主机域名;端口号以冒号与前面的主机隔开,用于区分主机中的不同应用,如果有默认端口号可省略;<路径>指明资源在主机中的存储路径,若省略<路径>项,则指的是主机上的主页。另外,URL中对字符的大写或小写没有要求。如,http://news.ifeng.com/listpage/jhy/125/xwjhylist.shtml,表示该URL的协议是http,说明使用http协议可以获取该资源;资源所在的主机域名是

news. ifeng. com；资源在主机上的路径是/listpage/jhy/125/；资源名称是 xwjhylist. shtml。这个资源定位符详细给出了拥有该资源的主机在网络中的位置，以及资源在主机中的位置，还有获取该资源的方法。

2) 超文本传送协议（HTTP）

为了使超文本的链接能够高效率地完成，需要用 HTTP 协议来传送一切必需的信息。从层次的角度看，HTTP 是面向事务的（transaction-oriented）应用层协议，是万维网上能够可靠地交换文件（包括文本、声音、图像等多媒体文件）的重要基础。

当用户单击超链接 http://news. ifeng. com/listpage/jhy/125/xwjhylist. shtml 后发生了如下事件，如图 3-38 所示：

(1) 浏览器分析超链接指向页面的 URL。

(2) 浏览器向 DNS 请求解析 news. ifeng. com 的 IP 地址。

(3) 域名系统 DNS 解析出凤凰网服务器的 IP 地址。

(4) 浏览器与 IP 地址的服务器建立 TCP 连接。

(5) 浏览器使用 HTTP 发出取该服务器上的文件命令：GET/jhy/125/xwjhylist. shtml。

(6) 服务器使用 HTTP 给出响应，并使用 HTTP 把/jhy/125 目录下的文件 xwjhylist. shtml 发给浏览器。

说明：HTTP 的全部内容，作为数据部分包含在 TCP 报文内，通过 TCP 连接发送。

(7) 释放 TCP 连接。

(8) 浏览器在页面内显示该文件的所有文本及其他资源。

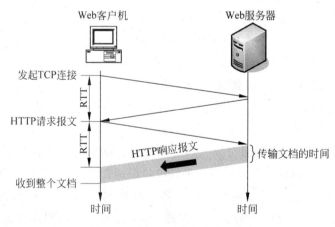

图 3-38　请求 Web 文档的过程

HTTP 有两类报文：请求报文——从客户向服务器发送的请求报文；响应报文——从服务器到客户的回答。由于 HTTP 是面向文本的，因此报文中的每一个字段都是 ASCII 码串，每个字段的长度都是不确定的。

请求报文由 3 个部分组成，请求行、首部行和实体主体，如图 3-39 所示。"方法"是对所请求的对象进行的操作，因此这些方法实际上是一些命令。请求报文的类型就是由它所采用的方法决定的。表 3-1 是请求报文中的方法说明。

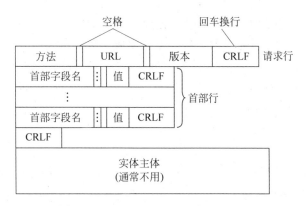

图 3-39　HTTP 报文结构(请求报文)

表 3-1　请求报文中的方法

方法(操作)	意　义
OPTION	请求一些选项的信息
GET	请求读取由 URL 所标志的信息
HEAD	请求读取由 URL 所标志的信息的首部
POST	给服务器添加信息(例如,注释)
PUT	在指明的 URL 下存储一个文档
DELETE	删除指明的 URL 所标志的资源
TRACE	进行环回测试的请求报文
CONNECT	代理服务器
URL	所请求的资源的 URL
版本	HTTP 协议的版本

　　响应报文(如图 3-40 所示)的开始行是状态行。状态行包括三项内容:HTTP 协议的版本、状态码以及解释状态码的简单短语。

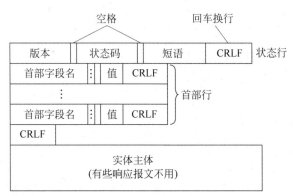

图 3-40　HTTP 的报文结构(响应报文)

状态码都是 3 位数字:

1xx 表示通知信息,如请求收到了或正在进行处理。

2xx 表示成功,如接受或知道了。

3xx 表示重定向,表示要完成请求还必须采取进一步行动。

4xx 表示客户的差错,如请求中有错误的语法或不能完成。

5xx 表示服务器的差错,如服务器失效无法完成请求。

万维网站点使用 Cookie 来跟踪用户。Cookie 表示在 HTTP 服务器和客户之间传递的状态信息。使用 Cookie 的网站服务器为用户产生一个唯一的识别码,利用此识别码,网站就能跟踪该用户在本网站的活动。

3) Web 文档

(1) 静态文档。

超文本标记语言(HTML)定义了许多用于排版的命令,这些命令称为标签。HTML 把各种标签嵌入到万维网页面中,构成 HTML 文档。HTML 文档是一种可以用任何文本编辑器创建的 ASCII 码文件。仅当 HTML 文档是以.html 或.htm 为后缀时,浏览器才对此文档内的各种标签进行解释。如果 HTML 文档改以.txt 为其后缀,则 HTML 解释程序不对标签进行解释,因而浏览器页面内看见的是包含标签的文本文件。浏览器从服务器读取 HTML 文档后,按照 HTML 文档中的各种标签,根据浏览器使用的显示器的尺寸和分辨率大小,重新进行排版并显示出页面。

HTML 文档中标签的用法示例如下。

```
<HTML>
<HEAD>
    <TITLE>一个 HTML 的例子</TITLE>
</HEAD>
<BODY>
    <H1>HTML 很容易掌握</H1>
    <P>这是第一个段落。虽然很短,但它仍是一个段落。</P>
    <P>这是第二个段落。</P>
</BODY>
```

上面这段 HTML 文档经浏览器对标签进行解释后,浏览器在页面内显示的内容如图 3-41 所示。注意,HTML 文档中"很"和"短"之间有个换行符,但是浏览器并不对其换行,因为浏览器认可<P>与</P>之间的文字才是一个段落。

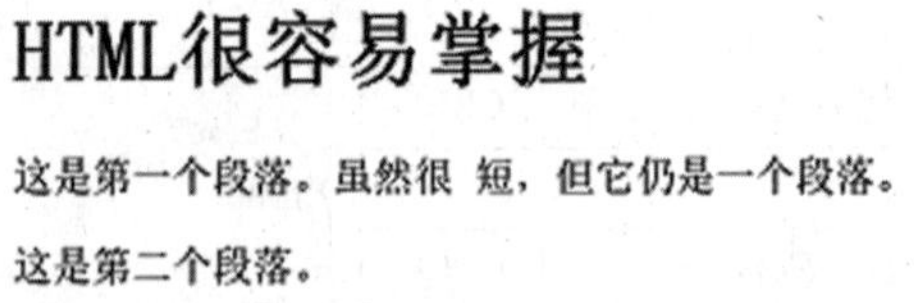

HTML很容易掌握

这是第一个段落。虽然很 短, 但它仍是一个段落。

这是第二个段落。

图 3-41　浏览器显示的页面

(2) 动态文档。

静态文档是指文档创作完毕后存放在 Web 服务器中,用户浏览的过程中文档内容不会改变。动态文档是指文档内容在浏览器访问服务器时才由服务器上的程序临时动态创建。动态文档和静态文档的差别在服务器一端,即文档内容的生成方法不同,从浏览器的角度看,这两种文档没有区别。

与静态文档相比,动态文档 Web 服务器在功能上需要进行以下扩充:

• 增加处理程序,能根据浏览器发来的数据动态创建文档。

- 增加一个机制，使 Web 服务器能把浏览器发来的数据传送给这个处理程序，并且 Web 服务器能够解释这个处理程序的输出，并向浏览器返回 HTML 文档。

（3）活动 Web 文档。

当浏览器请求一个活动文档时，服务器返回一段程序副本在浏览器端运行。活动文档程序可与用户直接交互，并可连续地改变屏幕的显示。由于活动文档技术不需要服务器的连续更新，对网络带宽的要求也不会太高。由美国 SUN 公司开发的 Java 语言是一项用于创建和运行活动文档的技术。在 Java 技术中，使用"小应用程序"描述活动文档。例如，用户从 Web 服务器下载嵌入了 Java 小应用程序的 HTML 文档后，在浏览器的屏幕上单击某个图像，就能看到动画效果，或在下拉式菜单中单击某个项目，就能看到计算结果。Java 技术是活动文档技术的一部分。

4）浏览器的主要组成部分

浏览器有一组客户、一组解释程序，以及管理这些客户和解释程序的控制程序。控制程序是浏览器的核心部件，负责解释鼠标的单击和键盘的输入，并调用有关组件来执行用户指定的操作。例如，当用户单击一个超链接时，控制程序调用一个客户从文档所在的远程服务器上取回该文档，并调用解释程序向用户显示该文档。HTML 解释程序是必不可少的，其他解释程序是可选的。解释程序把 HTML 格式转换为适合用户显示器的命令来处理版面细节。许多浏览器还包含 FTP 客户程序，用来获取文件的传送服务。一些浏览器也包含电子邮件客户程序，使浏览器能够发送和接收电子邮件。

浏览器取回的每一个页面副本都放入本地磁盘的缓存中。当用户单击某个超链接时，浏览器首先检查磁盘的缓存。若缓存中保存了该项，浏览器就直接从缓存中得到该项副本而不必从网络获取，这样能明显改善浏览器的运行特性。但缓存要占用磁盘的大量空间，而浏览器性能的改善只有用户再次查看缓存中的页面时才有帮助。因此许多浏览器允许用户调整缓存策略。

5）万维网的信息检索系统

万维网中用来搜索资源的系统叫做搜索引擎。搜索引擎，通常指的是收集了万维网上几十亿到几百亿个网页并对网页中的每一个词（即关键词）进行索引，建立索引数据库的全文搜索引擎。当用户查找某个关键词时，所有包含了该关键词的网页都将作为搜索结果，经过复杂的算法进行排序后，这些结果按照与搜索关键词相关度的高低依次排列，输出给用户。全文检索搜索引擎是一种技术型的检索工具，其工作原理是通过搜索软件到各网站收集信息，然后按照一定的规则建立一个很大的在线数据库供用户查询，数据库的内容每隔一定的时间就要更新。用户在查询时输入关键词，搜索引擎从已经建立的索引数据库中进行查询，而不是实时地在因特网上检索信息。

一个搜索引擎系统一般由搜索器、索引器、检索器和用户接口 4 个部分组成。搜索器的功能是在互联网中漫游、发现和搜集信息。索引器的功能是理解搜索器搜索到的信息，从中抽取出索引项，用于表示文档以及生成文档库的索引表。检索器的功能是根据用户的查询在索引库中快速检索出文档，并进行文档与查询相关度的评价，根据相关度的高低对输出结果进行排序，并实现某种用户相关性反馈机制。用户接口的作用是输入用户查询、输出查询结果、提供用户相关性反馈机制。

分类目录搜索引擎并不采集网站的任何信息，而是利用各网站向搜索引擎提交网站信息时填写的关键词和网站描述等信息,经过人工审核编辑后,把符合登录条件的网站信息输入到分类目录数据库中,供网上用户查询。分类目录搜索也叫做分类网站搜索。

4. 电子邮件

电子邮件(E-mail)是因特网上使用最多的和最受用户欢迎的一种应用。电子邮件程序把邮件发送到收件人使用的邮件服务器,并放在其中的收件人邮箱中,收件人可随时上网到自己使用的邮件服务器上进行读取。电子邮件不仅使用方便,而且还具有传递迅速和费用低廉的优点。现在电子邮件不仅可传送文字信息,还可附上声音和图像。

1) 电子邮件协议简介

发送邮件的协议是"简单邮件传输协议"(Simple Mail Transfer Protocol,SMTP);读取邮件的协议是"邮局协议版本 3"(Post Office Protocol Version 3,POP3)和"Internet 邮件访问协议"(Internet Mail Access Protocol,IMAP)。"多用途互联网邮件扩展类型"(Multipurpose Internet Mail Extensions,MIME)在邮件首部中说明了邮件的数据类型(如文本、声音、图像、视像等),使用 MIME 可在邮件中同时传送多种类型的数据。"用户代理"(User Agent,UA)是用户与电子邮件系统的接口,是电子邮件客户端软件。用户代理的功能是撰写、显示、处理邮件。邮件服务器的功能是发送和接收邮件,同时还要向发信人报告邮件传送的情况(已发送、被拒绝、丢失等)。邮件服务器需要使用发送和读取两个不同的协议,按照 C/S 模式工作。应当注意的是,一个邮件服务器既可以作为客户,也可以作为服务器。例如,当邮件服务器 A 向另一个邮件服务器 B 发送邮件时,邮件服务器 A 就作为SMTP 客户,而 B 是 SMTP 服务器。当邮件服务器 A 从另一个邮件服务器 B 接收邮件时,邮件服务器 A 就作为 SMTP 服务器,而 B 是 SMTP 客户。

发送和接收电子邮件的几个重要步骤如下:

(1) 发件人调用 PC 中的"用户代理"程序撰写和编辑要发送的邮件。

(2) 发件人的"用户代理"把邮件用 SMTP 协议发给发送方邮件服务器。

(3) SMTP 服务器把邮件临时存放在邮件缓存队列中,等待发送。

(4) 发送方邮件服务器的 SMTP 客户进程与接收方邮件服务器的 SMTP 服务进程建立 TCP 连接,然后把邮件缓存队列中的邮件依次发送出去。

(5) 接收方邮件服务器中的 SMTP 服务进程收到邮件后,把邮件放入收件人的用户邮箱中,等待收件人进行读取。

请注意(4)和(5),发送邮件分两步。第一步,发件人把邮件发送到自己的 SMTP 服务器;第二步,自己的 SMTP 服务器把邮件发送到收件人的 SMTP 服务器。

(6) 收件人打算收信时,运行 PC 中的"用户代理",使用 POP3(或 IMAP)协议,从自己的邮件服务器上读取发送给自己的邮件。请注意,POP3 客户和 POP3 服务器之间的通信是由 POP3 客户发起的。

2) 电子邮件的组成

电子邮件由信封和内容两部分组成。电子邮件的传输程序根据邮件信封上的信息传送邮件。用户从自己的邮箱中读取邮件时才能见到邮件的内容。在邮件的信封上,最重要的就是收件人的地址。

电子邮件地址的格式是:收件人邮箱名@邮箱所在主机的域名。

符号"@"读作"at",表示"在"的意思。例如,电子邮件地址:zhangsan@suda.edu.cn。

其中 suda. edu. cn 是邮箱所在的主机域名,在全世界必须是唯一的。收件人邮箱名 zhangsan 在该域名范围内是唯一的,用于标识该域名上的用户。

3）简单邮件传送协议（SMTP）

SMTP 规定了两个相互通信的 SMTP 进程之间应如何交换信息。由于 SMTP 使用 C/S 模式,因此负责发送邮件的 SMTP 进程是 SMTP 客户,负责接收邮件的 SMTP 进程是 SMTP 服务器。SMTP 规定了 14 条命令和 21 种应答信息。每条命令用 4 个字母组成,而每一种应答信息一般只有一行信息,由一个 3 位数字的代码开始,后面附上（也可不附上）很简单的文字说明。

SMTP 通信的三个阶段是:

（1）建立连接:连接是在发送主机的 SMTP 客户和接收主机的 SMTP 服务器之间建立的 TCP 连接。SMTP 不使用中间邮件服务器。

（2）传送邮件。

（3）释放连接:邮件发送完毕后,SMTP 应释放 TCP 连接。

4）邮件读取协议（POP3 和 IMAP）

POP 是一个非常简单、功能有限的邮件读取协议,现在使用的是第 3 个版本 POP3。POP3 协议也使用 C/S 模式工作。在接收邮件的用户计算机中必须运行 POP3 客户程序,而在用户所连接的邮件服务器中则运行 POP3 服务器程序。

IMAP 协议也是按 C/S 模式工作的,现在较新的是版本 4,即 IMAP4。通过 IMAP4 协议,用户在自己的计算机上就可以操纵邮件服务器中的邮箱,就像在本地操纵一样。因此 IMAP4 是一个联机协议。当用户计算机上的 IMAP4 客户程序打开 IMAP4 服务器的邮箱时,就可看到邮件的首部。若用户需要打开某个邮件,则该邮件才传到用户的计算机上。

5）POP3 与 IMAP4 的区别

POP3 协议允许电子邮件客户端下载服务器上的邮件,但只是在客户端操作邮件（如移动邮件、标记已读等）,用户的操作不会反馈到服务器上。比如通过客户端收取了邮箱中的 3 封邮件并移动到其他文件夹,邮箱服务器上的这些邮件是没有同时被移动的。

IMAP4 以 Web 方式提供了客户端与邮件服务器端的双向通信,客户端的操作都会反馈到服务器上,对邮件进行操作,服务器上的邮件也会做相应的动作。但是同时 IMAP4 也像 POP3 那样提供了方便的邮件下载服务,让用户能进行离线阅读。IMAP4 提供的摘要浏览功能可以在阅读完所有的邮件到达时间、主题、发件人、大小等信息后才作出是否下载的决定。此外,IMAP 更好地支持了从多个不同设备中随时访问邮件。

注意不要将邮件读取协议 POP3 或 IMAP4 与邮件传送协议 SMTP 弄混。发信人的"用户代理"程序向源邮件服务器发送邮件,以及源邮件服务器向目的邮件服务器发送邮件,使用的都是 SMTP 协议。而 POP3 协议或 IMAP4 协议则是用户从目的邮件服务器上读取邮件所使用的协议。

3.4.4 移动互联网

1. 移动互联网概述

在我国互联网的发展过程中,PC 互联网已日趋饱和,移动互联网却呈现井喷式发展。据 CNNIC 第 41 次调查报告显示,截至 2017 年 12 月底,中国网民数量 7.72 亿,其中手机网民规模达 7.53 亿,占比达 97.5%。伴随着移动终端价格的下降及 WiFi 的广泛铺设,移动网民呈现爆发趋势。

移动互联网是指移动通信终端与互联网相结合成为一体,是用户使用手机、PDA、平板电脑或其他无线终端设备,通过 2G、3G(WCDMA、CDMA2000、TD-SCDMA)、4G(TD-LTE、FDD-LTE)或者 WLAN 等移动网络,在移动状态下随时随地访问 Internet 以获取信息,使用商务、娱乐等各种网络服务。相对传统互联网而言,移动互联网强调可以随时随地,并且可以在高速移动的状态中接入互联网并使用应用服务。

移动互联网是互联网技术、平台、商业模式和应用与移动通信技术结合并实践的活动的总称,它包括移动互联网终端设备、移动通信网络、移动互联网应用和移动互联网相关技术 4 个部分。移动通信网络无须连接各终端、节点所需的网络,通过无线电波将网络信号覆盖延伸到每个角落,让用户能随时随地接入所需的移动应用服务。移动互联网终端是指通过无线通信技术接入互联网的终端设备。

2. 移动互联网特征

手机是移动互联网时代的主要终端载体,根据手机及手机应用的特点,移动互联网主要有以下特征:

(1) 随时随地的特征。手机是随身携带的物品,因而具备随时随地的特性。

(2) 私人化,私密性。每部手机都归属一个人,包括手机号码、手机终端的应用,基本上都是私人来使用,相对于 PC 用户,更具有个人化、私密性的特点。

(3) 地理位置特征。不管是通过基站定位、GPS 定位还是混合定位,手机终端可以获取使用者的位置,可以根据不同的位置提供个性化的服务。

(4) 真实关系特征。手机上的通讯录用户关系是最真实的社会关系,随着手机应用从娱乐化转向实用化,基于通讯录的各种应用也将成为移动互联网新的增长点,在确保各种隐私保护之后的联网,将会产生更多的创新型应用。

(5) 终端多样化。众多的手机操作系统、分辨率、处理器,造就了形形色色的终端,一个优秀的产品要想覆盖更多的用户,就需要更多考虑终端兼容。

移动互联网的这些特征是其区别于传统互联网的关键所在,也是移动互联网产生新产品、新应用、新商业模式的源泉。每个特征都可以延伸出新的应用,也可能有新的机会。总之,移动互联网继承了桌面互联网的开放协作的特征,又继承了移动网的实时性、隐私性、便携性、准确性、可定位的特点。

3. 移动通信技术

1) 第一代移动通信技术

第一代移动通信技术(1G)是指最初的模拟、仅限语音的蜂窝电话标准,制定于 20 世纪 80 年代。美国摩托罗拉公司的工程师马丁·库珀于 1976 年首先将无线电应用于移动电话。同年,国际无线电大会批准了 800/900MHz 频段用于移动电话的频率分配方案。一直到 20 世纪 80 年代中期,许多国家都开始建设基于频分复用技术(Frequency Division Multiple Access,FDMA)和模拟调制技术的第一代移动通信系统(1st Generation,1G)。

第一代移动通信主要采用的是模拟技术和频分多址(FDMA)技术。由于受到传输带宽的限制,不能进行移动通信的长途漫游,只能是一种区域性的移动通信系统。第一代移动通信有很多不足之处,如容量有限、制式太多、互不兼容、保密性差、通话质量不高、不能提供数据业务也不能提供自动漫游等。

中国的第一代模拟移动通信系统于 1987 年 11 月 18 日在广东第六届全运会上开通并正式商用,采用的是英国 TACS 制式。从中国电信 1987 年 11 月开始运营模拟移动电话业务到 2001 年 12 月底中国移动关闭模拟移动通信网,1G 系统在中国的应用长达 14 年,用户数最高曾达到 660 万。如今,1G 时代那像砖头一样的手持终端——大哥大,已经成为很多人的回忆。

2)第二代移动通信技术

自 20 世纪 90 年代以来,以数字技术为主体的第二代移动通信技术(2G)得到了极大的发展,短短 10 年其用户就超过了 10 亿。中国以 GSM 为主、CDMA 为辅的第二代移动通信系统只用了 10 年的时间,就发展了近 2.8 亿用户,并超过固定电话用户数,成为世界上最大的移动经营网络。

与第一代模拟蜂窝移动通信相比,第二代移动通信系统具有保密性强、频谱利用率高、能提供丰富的业务、标准化程度高等特点,使得移动通信得到了空前的发展,从过去的对于传统电信的补充地位,已跃居通信的主导地位。

人类社会已经进入了 4G 移动通信时代,而越来越多的运营商也在关闭 GSM 和 CDMA 二代(2G)网络。据报道,全球诸多 GSM 网络运营商将 2017 年确定为关闭 GSM 网络的年份。之所以关闭 GSM 等 2G 网络,是将无线电频率资源腾出,用于建设 4G 以及未来的 5G 网络。在中国市场,中国移动和中国联通运营着全世界最大的两张 GSM 网络,国内尚有大量的老年人和学生用户使用基于 GSM 的非智能手机,截至目前,中国移动和中国联通公司均未出台有关将关闭 GSM 网络的政策或消息。

3)第三代移动通信技术

第三代移动通信技术,即国际电信联盟(ITU)定义的 IMT-2000(International Mobile Telecommunication-2000),俗称 3G,是相对第一代模拟制式和第二代 GSM、TDMA 等数字制式而言的,一般是指将无线通信与国际互联网等多媒体通信结合的新一代移动通信系统。它能够处理图像、音乐、视频流等多种媒体形式,提供包括网页浏览、电话会议、电子商务等多种信息服务,无线网络必须能够支持不同的数据传输速度。3G 下行速度峰值理论可达 3.6Mb/s(一说 2.8Mb/s),上行速度峰值也可达 384Kb/s。

目前,国际上最具代表性的 3G 技术标准有 3 种,分别是 TD-SCDMA、WCDMA 和 CDMA2000,均采用 CDMA 技术。其中 TD-SCDMA 属于时分双工(TDD)模式,是由中国提出的 3G 技术标准,目前中国移动采用此技术;而 WCDMA 和 CDMA2000 属于频分双工(FDD)模式,其中中国联通使用的是 WCDMA 技术,中国电信则使用的是 CDMA2000。

4)第四代移动通信技术

第四代移动通信技术(4G),包括 TD-LTE 和 FDD-LTE 两种制式(严格意义上来讲,LTE 只是 3.9G,尽管被宣传为 4G 无线标准,但它并未被 3GPP 认可为国际电信联盟所描述的下一代无线通信标准 IMT-Advanced,因此严格意义上其还未达到 4G 的标准。只有升级版的 LTE Advanced 才满足国际电信联盟对 4G 的要求)。

4G 是集 3G 与 WLAN 于一体,并能够快速传输数据、高质量、音频、视频和图像等。4G 能够以 100Mb/s 以上的速度下载,并能够满足几乎所有用户对于无线服务的要求。此外,4G 可以在 DSL 和有线电视调制解调器没有覆盖的地方部署,然后再扩展到整个地区。很明显,4G 有着不可比拟的优越性。

2013 年 12 月 4 日,工业和信息化部向中国移动、中国电信、中国联通正式发放了第四代移动通信业务牌照(即 4G 牌照),中国移动、中国电信、中国联通三家均获得 TD-LTE 牌照,此举标志着中国电信产业正式进入了 4G 时代。

表 3-2 给出了不同代际移动通信技术的对比情况。

表 3-2　不同代际移动通信技术对比

代际	营运年份	信号	制式	主要功能	典型应用
1G	1987	模拟	TACS	语音	通话
2G	1993	数字	GSM、CDMA	语音与数据	短信-彩信
3G	2009	数字	CDMA2000、WCDMA、TD-SCDMA	低级宽带	高速上网与多媒体
4G	2013	数字	TD-LTE、FDD-LTE	广带	高清

5)第五代移动通信技术

第五代移动通信技术(5G),也是 4G 之后的延伸。

2016 年 11 月,于乌镇举办的第三届世界互联网大会,美国高通公司带来的可以实现"万物互联"的 5G 技术原型入选 15 项"黑科技"——世界互联网领先成果。高通 5G 向千兆移动网络和人工智能迈进。

中国(华为)、韩国(三星电子)、日本、欧盟都在投入相当大的资源研发 5G 网络。

2013 年 2 月,欧盟宣布将拨款 5000 万欧元,加快 5G 移动技术的发展,计划到 2020 年推出成熟的标准。

2013 年 5 月 13 日,韩国三星电子有限公司宣布,已成功开发第五代移动通信(5G)的核心技术,这一技术预计将于 2020 年开始推向商业化。该技术可在 28GHz 超高频段以每秒 1Gb/s 以上的速度传送数据,且最长传送距离可达 2km。相比之下,当前的第四代长期演进 (4GLTE)服务的传输速率仅为 75Mb/s。而此前这一传输瓶颈被业界普遍认为是一个技术难题,三星电子则利用 64 个天线单元的自适应阵列传输技术破解了这一难题。与韩国目前 4G 技术的传送速度相比,5G 技术预计可提供比 4G 长期演进(LTE)快 100 倍的速度。利用这一技术,下载一部高画质电影只需十秒钟。

2014 年 5 月 8 日,日本电信营运商 NTT DoCoMo 正式宣布将与 Ericsson、Nokia、Samsung 等六家厂商共同合作,开始测试凌驾现有 4G 网络 1000 倍网络承载能力的高速 5G 网络,传输速度可望提升至 10Gb/s。2015 年展开户外测试,并期望于 2020 年开始运作。

2017 年 1 月 17 日,我国工信部发布《信息通信行业发展规划(2016—2020 年)》(工信部规[2016]424 号),将在"十三五"期间积极开展 5G 标准研究,构建 5G 商用网络,推动 5G 支撑移动互联网、物联网应用融合创新发展,为 5G 启动商用服务奠定基础。2017 年华为在 5G 技术研发方面保持领先优势,体现出较强的设备成熟度,从电信产业的追随者转型为技术创新的引领者。这将增加中国在 5G 网络标准研发制定方面的影响力,提高与外国专利持有人谈判时的议价能力,降低电信设备制造商、芯片公司和电信设备供应链相关公司的成本。5G 预计 2020 年商用,将开启万物互联和人机深度交互的新时代。

3.5 信息安全

3.5.1 信息安全概述

Internet 是信息社会的一个重要方面,Internet 强调了开放性和共享性,但它所采用的 TCP/IP 等技术的安全性是很脆弱的,本身并不提供高度的安全保护,所以需要采取措施对信息进行保护。

计算机网络上的通信有可能面临以下 4 种威胁。

(1) 截获:从网络上窃听他人的通信内容。

(2) 中断:有意中断他人在网络上的通信。

(3) 篡改:故意篡改网络上传送的报文。

(4) 伪造:伪造信息在网络上传送。

截获信息的攻击称为被动攻击,而篡改和伪造信息以及中断用户通信的攻击称为主动攻击。4 种威胁如图 3-42 所示。

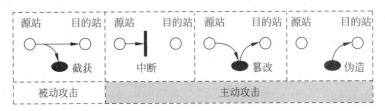

图 3-42 网络通信面临的 4 种威胁

在被动攻击中,攻击者只是观察和分析某一个协议数据单元而不干扰信息流。主动攻击是指攻击者对某个连接中通过的协议数据单元进行各种处理,如更改报文流、拒绝报文服务、伪造连接初始化等。一般计算机网络通信安全有以下几个目标:

(1) 防止析出报文内容。

(2) 防止通信量分析。

(3) 检测更改报文流。

(4) 检测拒绝报文服务。

(5) 检测伪造初始化连接。

3.5.2 数据加密技术

数据加密技术是计算机通信和数据存储中对数据采取的一种安全措施,即使数据被别有用心的人获得,也无法了解其真实意思。数据加密技术的核心是密码学。对一段数据进行加密是通过加密算法用密钥对数据进行处理。算法可以是公开的知识,但密钥是保密的,或者至少有一部分是保密的。使用者可以简单地修改密钥,就能达到改变加密过程和加密结果的目的。

1. 对称密码体制

密码编码学是密码体制的设计学,而密码分析学则是在未知密钥的情况下从密文推演出明文或密钥的技术。密码编码学与密码分析学合起来即为密码学。如果不论截取者获得了多少密文,在密文中都没有足够的信息来唯一地确定出对应的明文,则这一密码体制称为无条件安全的,或称为理论上是不可破的。如果密码体制中的密码不能被可使用的计算资源破译,则这一密码体制称为在计算上是安全的。

常规密钥密码体制,是指加密密钥与解密密钥相同的密码体制。这种加密系统又称为对称密钥系统。数据加密标准(Data Encryption Standard,DES)属于常规密钥密码体制,是一种分组密码。DES 在加密前,先对整个明文进行分组,每一组的长度为 64 位。然后对每个 64 位二进制数据进行加密处理,产生一组 64 位密文数据。最后将各组密文串接起来,即得出整个密文。使用的密钥也是 64 位(实际密钥长度为 56 位,有 8 位用于奇偶校验)。DES 的保密性仅取决于对密钥的保密,而算法是公开的。尽管人们在破译 DES 方面取得了许多进展,但至今仍未能找到比穷举搜索密钥更有效的方法。DES 是世界上第一个公认的实用密码算法标准,曾对密码学的发展做出了重大贡献。

目前较为严重的问题是 DES 的密钥太短,已经能被现代计算机暴力破解。另外一个问题是加密、解密使用同样的密钥,由发送者和接收者保存,分别在加密和解密时使用。采用这种方法的主要问题是密钥的生成、注入、存储、管理、分发等很复杂,特别是随着用户的增加,密钥的需求量成倍增加。在网络通信中,大量密钥的分配是一个难以解决的问题。例如,若系统中有 n 个用户,其中每两个用户之间需要建立密码通信,则系统中每个用户须掌握$(n-1)$个密钥,系统中所需的密钥总数为 $n \times (n-1)/2$ 个。一个系统中如果有较多的用户,庞大数量的密钥生成、管理、分发是一个难处理的问题。

2. 公钥密码体制

公钥密码体制使用互不相同的加密密钥与解密密钥,是一种“由已知加密密钥推导出解密密钥在计算上是不可行的”的密码体制。公钥密码体制的产生主要有两个方面原因,一是由于常规密钥密码体制的密钥分配问题,另一个是数字签名的需求。

现有最著名的公钥密码体制是 RSA 体制。RSA 基于数论中大数分解问题的体制,由美国三位科学家 Rivest、Shamir 和 Adleman 于 1976 年提出并在 1978 年正式发表。R、S、A 分别是三人姓氏的首字母。

在公钥密码体制中,加密密钥(即公钥)PK 是公开信息,而解密密钥(即私钥或秘钥)SK 是需要保密的。加密算法 E 和解密算法 D 也都是公开的。虽然秘钥 SK 是由公钥 PK 决定的,却不能根据 PK 计算出 SK。任何加密方法的安全性取决于密钥的长度,以及攻破密文所需的计算量。在这方面,公钥密码体制并不比传统加密体制更加优越。

目前由于公钥加密算法的计算开销较大,在可见的将来还看不出要放弃传统的加密方法。公钥还需要密钥分配协议,具体的分配过程并不比采用传统加密方法更简单。

公钥密码体制的运算过程如下:

发送者 A 用 B 的公钥 PK_B 对明文 X 加密(E 运算)生成密文 Y 后,接收者 B 用自己的私钥 SK_B 解密(D 运算),即可恢复出明文:

$$D_{SK_B}(Y) = D_{SK_B}(E_{PK_B}(X)) = X$$

解密密钥是接收者专用的密钥,对其他人都保密。

加密密钥是公开的,但不能用它来解密,即:

$$D_{PK_B}(E_{PK_B}(X)) \neq X$$

加密和解密的运算可以对调,即:

$$E_{PK_B}(D_{SK_B}(X)) = D_{SK_B}(E_{PK_B}(X)) = X$$

在计算机上很容易地生成成对的 PK 和 SK,但从已知的 PK 却不可能推导出 SK,即从 PK 到 SK 是"计算上不可能的"。

3. 密钥分配

密钥管理包括密钥的产生、分配、注入、验证和使用,这里只讨论密钥的分配。密钥分配是密钥管理中最大的问题,密钥必须通过最安全的通路进行分配。目前常用的对称密钥分配方式是设立密钥分配中心(Key Distribution Center,KDC),通过 KDC 来分配密钥。KDC 是大家都信任的机构,其任务就是给需要进行秘密通信的用户临时分配一个会话密钥(仅使用一次)。用户 A 和 B 都是 KDC 的登记用户,并已经在 KDC 的服务器上安装了各自和 KDC 进行通信的主密钥 K_A 和 K_B,然后 A 和 B 从 KDC 临时获取双方会话密钥。

非对称公钥的分配需要一个值得信赖的机构——认证中心 CA(Certification Authority)。申请实体(人或机器)首先向认证中心申请一对非对称公钥,认证中心将一对非对称公钥与申请实体绑定并给其颁发证书。证书里有该实体的公钥及标识信息,而私钥由申请实体保存并保密,需要时用私钥对报文进行加密或者解密。认证中心对其颁发的证书进行数字签名,以证实该证书确实由可信的认证中心发出。任何其他用户也都可以从可信渠道获得某个实体的公钥,即公钥是公开的。

3.5.3 公钥基础设施安全技术

PKI(Public Key Infrastructure,公钥基础设施)是一种遵循标准的利用公钥加密技术为电子商务的开展提供一套安全基础平台的技术和规范。

1. PKI 简介

随着 Internet 的普及,人们通过因特网进行沟通越来越多,相应的通过网络进行商务活动即电子商务也得到了广泛的发展。电子商务为我国企业开拓国际国内市场、利用好国内外各种资源提供了一个千载难逢的良机。电子商务对企业来说真正体现了平等、竞争、高效率、低成本、高质量的优势,能让企业在激烈的市场竞争中把握商机、脱颖而出。发达国家已经把电子商务作为 21 世纪国家经济的增长重点,我国也正在大力推进企业发展电子商务。然而随着电子商务的飞速发展也引发出一些 Internet 安全问题。

概括起来,进行电子交易的互联网用户所面临的安全问题有:

(1)保密性。如何保证电子商务中涉及的大量保密信息在公开网络的传输过程中不被窃取。

(2)完整性。如何保证电子商务中所传输的交易信息不被中途篡改及通过重复发送进行虚假交易。

(3)身份认证与授权。在电子商务的交易过程中,如何对双方进行认证,以保证交易双方身份的正确性。

(4)抗抵赖。在电子商务的交易完成后,如何保证交易的任何一方无法否认已发生的交易。这些安全问题将在很大程度上限制电子商务的进一步发展,因此如何保证 Internet 网上信息传输的安全,已成为发展电子商务的重要环节。

为解决这些 Internet 的安全问题,世界各国对其进行了多年的研究,初步形成了一套完整的 Internet 安全解决方案，即时下被广泛采用的 PKI 技术。PKI 技术采用证书管理公钥，通过第三方的可信任机构——认证中心 CA 把用户的公钥和用户的其他标识信息（如名称、E-mail、身份证号等）捆绑在一起，在 Internet 验证用户的身份。通用的办法是采用基于 PKI 结构结合数字证书，通过把要传输的数字信息进行加密，保证信息传输的保密性、完整性，签名保证身份的真实性和抗抵赖。

PKI 的应用非常广，在网上金融、网上银行、网上证券、电子商务、电子政务等领域都提供了安全服务功能。

2. 基本组成

PKI 公钥基础设施是提供公钥加密和数字签名服务的系统或平台，目的是为了管理密钥和证书。一个机构通过采用 PKI 框架管理密钥和证书可以建立一个安全的网络环境。PKI 主要包括 4 个部分：X.509 格式的证书（X.509 V3）和证书废止列表 CRL（X.509 V2）；CA 操作协议；CA 管理协议；CA 政策制定。一个典型、完整、有效的 PKI 应用系统至少应具有以下 5 个部分：

（1）认证中心 CA。CA 是 PKI 的核心，CA 负责管理 PKI 结构下的所有用户（包括各种应用程序）的证书，把用户的公钥和用户的其他信息捆绑在一起，在网上验证用户的身份，CA 还要负责用户证书的黑名单登记和黑名单发布，后面有关于 CA 的详细描述。

（2）X.500 目录服务器。X.500 目录服务器用于发布用户的证书和黑名单信息，用户可通过标准的 LDAP 协议查询自己或其他人的证书和下载黑名单信息。

（3）具有高强度密码算法（SSL）的安全 WWW 服务器。Secure Socket Layer（SSL）协议最初由 Netscape 公司发展，现已成为网络用来鉴别网站和网页浏览者身份，以及在浏览器使用者及网页服务器之间进行加密通信的全球化标准。

（4）Web 安全通信平台。Web 有 Web Client 端和 Web Server 端两部分，分别安装在客户端和服务器端，通过具有高强度密码算法的 SSL 协议保证客户端和服务器端数据的机密性、完整性、身份验证。

（5）自开发安全应用系统。自开发安全应用系统是指各行业自开发的各种具体应用系统，例如银行、证券的应用系统等。完整的 PKI 包括认证政策的制定（包括遵循的技术标准、各 CA 之间的上下级或同级关系、安全策略、安全程度、服务对象、管理原则和框架等）、认证规则、运作制度的制定、所涉及的各方法律关系内容以及技术的实现等。

3.5.4 数字签名技术

数字签名要实现的功能是手写签名要实现的功能的扩展。在书面文件上签名的作用主要有两点，一是因为签名者对自己的签名难以否认，从而确定了文件已被自己签署这一事实，即签名者不可否认；二是因为签名不易被别人模仿，使接收者能够确认文件的确来自签名者而不是他人伪造，即接收者能够对文件的来源进行鉴别；三是签名所在纸张的完整性，能够确认文件的完整性，中间没有遗漏和修改，即确认文件的完整性。采用数字签名，也能完成以下这些功能：

（1）签名者无法否认信息是由自己发送的，即不可否认性。

（2）确认信息是由签名者发送的，即接收者能够进行报文鉴别。

（3）确认信息自签名后到收到为止，未被修改过，即能确认报文的完整性。

现在已有多种实现数字签名的方法,其中采用公钥的算法最容易实现。举例:A要发送一个报文 X 给B,A只要用自己的私钥对报文 X 加密成 X',即实现了对报文 X 的数字签名。B收到加密后的 X' 后,用A的公钥对 X' 解密,即可恢复出报文 X,如图3-43所示。

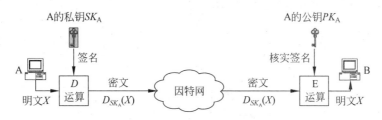

图3-43　数字签名的实现

若A要抵赖曾发送报文给B,B可将明文 X 和对应的密文 X' 出示给公立机构,公立机构很容易用A的公钥去证实 X 确实由A发送给B,因为只有A的私钥才能把 X 加密成 X',而只有A才拥有自己的私钥。——A不可否认。

因为除A外其他人都没有A的私钥,所以除A外其他人都不能生成密文 X'。因此B相信报文 X 是A而不是别人发送的。——B能进行报文鉴别。

如果密文 X' 在传输过程中被人篡改(包括被B篡改),则B无法用A的公钥对密文进行解密。——确认报文的完整性。

3.5.5　身份鉴别技术

身份鉴别也称为身份认证。身份认证技术是在计算机网络中确认操作者身份的过程而产生的有效解决方法。计算机网络世界中一切信息包括用户的身份信息都是用一组特定的数据来表示的,计算机只能识别用户的数字身份,所有对用户的授权也是针对用户数字身份的授权。如何保证以数字身份进行操作的操作者就是这个数字身份合法拥有者,也就是说保证操作者的物理身份与数字身份相对应,身份认证技术就是为了解决这个问题,作为防护网络资产的第一道关口,身份认证有着举足轻重的作用。

在真实世界,对用户的身份认证基本方法可以分为以下这三种:

(1)基于信息秘密的身份认证。根据你所知道的信息来证明你的身份。

(2)基于信任物体的身份认证。根据你所拥有的东西来证明你的身份。

(3)基于生物特征的身份认证。直接根据独一无二的身体特征来证明你的身份,比如指纹、面貌等。

网络世界中的手段与真实世界中一致,为了达到更高的身份认证安全性,某些场景会将上面3种挑选两种混合使用,即双因素认证。

下面介绍几种常见的身份认证技术。

1. 基于口令的身份认证技术

用户的密码是由用户自己设定的。在网络登录时输入正确的密码,计算机就认为操作者就是合法用户。实际上,由于许多用户为了防止忘记密码,经常采用诸如生日、电话号码等容易被猜测的字符串作为密码,或者把密码抄在纸上放在一个自认为安全的地方,这样很容易造成密码泄漏。如果密码是静态的数据,在验证过程中、在计算机内存中和传输过程可能会被木马程序或网络截获。因此,静态密码机制无论是使用还是部署都非常简单,但从安全性上讲,用户名/密码方式是一种不安全的身份认证方式。

目前智能手机的功能越来越强大,里面包含了很多私人信息,为了保护信息安全,通常会为手机设置密码,由于密码存储在手机内部,称为本地密码认证。与之相对的是远程密码认证,例如登录电子邮箱时,电子邮箱的密码存储在邮箱服务器中,在本地输入的密码需要发送给远端的邮箱服务器,只有和服务器中的密码一致,才被允许登录电子邮箱。为了防止攻击者采用离线字典攻击的方式破解密码,通常都会设置在登录尝试失败达到一定次数后锁定账号,在一段时间内阻止攻击者继续尝试登录。另外,还可以通过动态口令的方式,每个动态口令只能使用一次,以手机短信的方式发送动态口令,以加强安全性。目前,动态口令在网银、网游、电子政务等应用领域被广泛运用。

2. 数字签名

数字签名又称电子加密,可以区分真实数据与伪造、被篡改过的数据。这对于网络数据传输,特别是电子商务是极其重要的,一般要采用一种称为摘要的技术,摘要技术主要是采用 Hash 函数(Hash(哈希)函数提供了这样一种计算过程:输入一个长度不固定的字符串,返回一串定长度的字符串,又称 Hash 值)将一段长的报文通过函数变换,转换为一段定长的报文,即摘要。身份识别是指用户向系统出示自己身份证明的过程,主要使用约定口令、智能卡和用户指纹、视网膜和声音等生理特征。数字证明机制提供利用公开密钥进行验证的方法。

3. 生物识别

通过可测量的身体或行为等生物特征进行身份认证的一种技术。生物特征是指唯一的可以测量或可自动识别和验证的生理特征或行为方式。使用传感器或者扫描仪来读取生物的特征信息,将读取的信息和用户在数据库中的特征信息比对,如果一致则通过认证。

生物特征分为身体特征和行为特征两类。身体特征包括:声纹(d-ear)、指纹、掌形、视网膜、虹膜、人体气味、脸形、手的血管和 DNA 等;行为特征包括:签名、语音、行走步态等。目前部分学者将视网膜识别、虹膜识别和指纹识别等归为高级生物识别技术;将掌形识别、脸形识别、语音识别和签名识别等归为次级生物识别技术;将血管纹理识别、人体气味识别、DNA 识别等归为"深奥的"生物识别技术。

目前我们接触最多的是指纹识别技术,应用的领域有门禁系统、微型支付等。日常使用的部分手机和笔记本电脑已具有指纹识别功能,在使用这些设备前,无须输入密码,只要将手指在扫描器上轻轻一按就能进入设备的操作界面,非常方便,而且别人很难复制。

生物特征识别的安全隐患在于一旦生物特征信息在数据库存储或网络传输中被盗取,攻击者就可以执行某种身份欺骗攻击,并且攻击对象会涉及所有使用生物特征信息的设备。

3.5.6 防火墙

防火墙是由软件、硬件构成的系统,是一种特殊编程的路由器,用来在两个网络之间实施接入控制策略。接入控制策略是由使用防火墙的单位自行制订的,以最适合本单位的需要。防火墙内的网络称为"可信赖的网络",而将外部的因特网称为"不可信赖的网络"。防火墙可用来解决内联网和外联网的安全问题。防火墙在互连网络中的位置如图 3-44 所示。

防火墙的功能有两个:阻止和允许。"阻止"就是阻止某种类型的通信量通过防火墙(从外部网络到内部网络,或反过来)。"允许"的功能与"阻止"恰好相反。防火墙必须能够

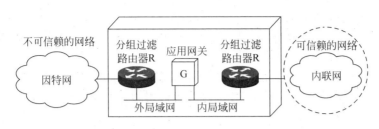

图 3-44 防火墙在互连网络中的位置

识别通信量的各种类型。不过在大多数情况下防火墙的主要功能是"阻止"。

防火墙技术一般分为两类：

（1）网络级防火墙。用来防止整个网络出现外来非法的入侵。属于这类的有分组过滤和授权服务器。前者检查所有流入本网络的信息，然后拒绝不符合事先制订好的一套准则的数据；后者则是检查用户的登录是否合法，合法用户的信息流都是允许的。

（2）应用级防火墙。从应用程序层级进行接入控制。通常使用应用网关或代理服务器来区分各种应用。例如，防火墙只允许访问万维网的应用通过，而阻止 FTP 应用的通过。

3.5.7 计算机病毒及其防治

1. 计算机病毒的基本概念

提起计算机病毒，相信大家都不会陌生。使用过（甚至是没有接触过计算机）的人都听说过，大部分用户甚至对计算机病毒有切肤之痛。

计算机病毒的概念在 1983 年由 Fred Cohen 首次提出，他认为："计算机病毒是一个能感染其他程序的程序，它靠篡改其他程序，并把自身的复制嵌入其他程序而实现病毒的感染。"

Ed Skoudis 则认为："计算机病毒是一种能自我复制的代码，通过将自身嵌入其他程序进行感染，而感染过程需要人工干预才能完成。"

《中华人民共和国计算机信息系统安全保护条例》中明确定义，病毒指"编制者在计算机程序中插入的破坏计算机功能或者破坏数据，影响计算机使用并且能够自我复制的一组计算机指令或者程序代码"。

计算机病毒与医学上的"病毒"不同，计算机病毒不是天然存在的，是人利用计算机软件和硬件所固有的脆弱性编制的一组指令集或程序代码。它能潜伏在计算机的存储介质（或程序）里，条件满足时即被激活，通过修改其他程序的方法将自己精确复制或者可能演化的形式放入其他程序中，从而感染其他程序，对计算机资源进行破坏。病毒就是人为造成的，对其他用户的危害性很大。

2. 计算机病毒的发展

第一份关于计算机病毒理论的学术工作（"病毒"一词当时并未使用）于 1949 年由约翰·冯·诺依曼完成。以 *Theory and Organization of Complicated Automata* 为题的一场在伊利诺伊大学的演讲，后改以 *Theory of self-reproducing automata* 为题出版。冯·诺依曼在他的论文中描述一个计算机程序如何复制其自身。

1980 年，Jürgen Kraus 于多特蒙德大学撰写他的学位论文 *Self-reproduction of programs*。论文中假设计算机程序可以表现出如同病毒般的行为。

"病毒"一词最早用来表达此意是在弗雷德·科恩（Fred Cohen）1984 年的论文《电脑病

毒实验》。

1983 年 11 月，在一次国际计算机安全学术会议上，美国学者科恩第一次明确提出计算机病毒的概念，并进行了演示。

1986 年，巴基斯坦兄弟巴斯特(Basit)和阿姆捷特(Amjad)编写了"大脑"(Brain)病毒，被称为是第一个计算机病毒。这一时期的计算机病毒主要是引导型病毒，具有代表性的是"小球"和"石头"病毒。

1988 年，在我国财政部的计算机上发现中国最早的计算机病毒。

1989 年，引导型病毒发展为可以感染硬盘，典型的代表有"石头 2"。

1990 年，发展为复合型病毒，可感染 COM 和 EXE 文件。

1992 年，利用 DOS 加载文件的优先顺序进行工作，具有代表性的是"金蝉"病毒。

1995 年，当生成器的生成结果为病毒时，就产生了这种复杂的"病毒生成器"，幽灵病毒流行中国。典型病毒代表是"病毒制造机"VCL。

1998 年，我国台湾大同工学院学生陈盈豪编制了 CIH 病毒。

2000 年，最具破坏力的 10 种病毒分别是：Kakworm，爱虫，Apology-B，Marker，Pretty，Stages-A，Navidad，Ska-Happy99，WM97/Thus，XM97/Jin。

2003 年，中国内地发作最多的 10 个病毒分别是：红色结束符、爱情后门、FUNLOVE、QQ 传送者、冲击波杀手、罗拉、求职信、尼姆达Ⅱ、QQ 木马、CIH。

2005 年 1～10 月，金山反病毒监测中心共截获或监测到的病毒达到 50 179 个，其中木马、蠕虫、黑客病毒占其中的 91%，以盗取用户有价账号的木马病毒(如网银、QQ、网游)为主，病毒多达 2000 多种。

2007 年 1 月，病毒累计感染了中国 80% 的用户，其中 78% 以上的病毒为木马、后门病毒。"熊猫烧香"肆虐全球。

2010 年，越南全国计算机数量已 500 万台，其中 93% 受过病毒感染，感染病毒共损失 59 000 万亿越南盾。

2017 年 5 月，一种名为"想哭"的勒索病毒席卷全球，在短短一周时间里，上百个国家和地区受到影响。据美国有线新闻网报道，截至 2017 年 5 月 15 日，大约有 150 个国家受到影响，至少 30 万台计算机被病毒感染。

3. 计算机病毒的特征

1) 繁殖性

计算机病毒可以像生物病毒一样进行繁殖，当正常程序运行时，它也进行运行自身复制，是否具有繁殖、感染的特征是判断某段程序为计算机病毒的首要条件。

2) 破坏性

计算机中毒后，可能会导致正常的程序无法运行，把计算机内的文件删除或受到不同程度的损坏，破坏引导扇区、BIOS 及硬件环境。

3) 传染性

计算机病毒传染性是指计算机病毒通过修改别的程序将自身的复制品或其变体传染到其他无毒的对象上，这些对象可以是一个程序也可以是系统中的某一个部件。

4) 潜伏性

计算机病毒潜伏性是指计算机病毒可以依附于其他媒体寄生的能力，侵入后的病毒潜伏到条件成熟才发作,会使计算机运行速度变慢。

5)隐蔽性

计算机病毒具有很强的隐蔽性,可以通过病毒软件检查出来少数,隐蔽性计算机病毒时隐时现、变化无常,这类病毒处理起来非常困难。

6)可触发性

编制计算机病毒的人,一般都为病毒程序设定了一些触发条件,例如,系统时钟的某个时间或日期、系统运行了某些程序等。一旦条件满足,计算机病毒就会"发作",使系统遭到破坏。

4. 计算机病毒分类

计算机病毒种类繁多复杂,按照不同的方式以及计算机病毒的特点及特性,可以有多种不同的分类方法。同时,根据不同的分类方法,同一种计算机病毒也可以属于不同的计算机病毒种类。

按照计算机病毒属性的方法进行分类,计算机病毒可以根据下面的属性进行分类。

1)根据病毒存在的媒体划分

(1)网络病毒。这类病毒通过计算机网络传播感染网络中的可执行文件。

(2)文件病毒。感染计算机中的文件(如 COM,EXE,DOC 等)。

(3)引导型病毒。感染启动扇区(Boot)和硬盘的系统引导扇区(MBR)。

(4)混合型。这类病毒由以上三种混合而成,例如,多型病毒(文件和引导型)感染文件和引导扇区两种目标,这样的病毒通常都具有复杂的算法,它们使用非常规的办法侵入系统,同时使用了加密和变形算法。

2)根据病毒传染渠道划分

(1)驻留型病毒。这种病毒感染计算机后,把自身的内存驻留部分放在内存(RAM)中,这一部分程序挂接系统调用并合并到操作系统中去,它处于激活状态,一直到关机或重新启动。

(2)非驻留型病毒。这种病毒在得到机会激活时并不感染计算机内存,一些病毒在内存中留有小部分,但是并不通过这一部分进行传染,这类病毒也被划分为非驻留型病毒。

3)根据破坏能力划分

(1)无害型。这类病毒除了传染时减少磁盘的可用空间外,对系统没有其他影响。

(2)无危险型。这类病毒仅仅是减少内存、显示图像、发出声音及同类影响。

(3)危险型。这类病毒在计算机系统操作中造成严重的错误。

(4)非常危险型。这类病毒删除程序、破坏数据、清除系统内存区和操作系统中重要的信息。

4)根据算法划分

(1)伴随型病毒。这类病毒并不改变文件本身,它们根据算法产生 EXE 文件的伴随体,具有同样的名字和不同的扩展名(COM),例如,XCOPY.EXE 的伴随体是 XCOPY.COM。病毒把自身写入 COM 文件并不改变 EXE 文件,当 DOS 加载文件时,伴随体优先被执行到,再由伴随体加载执行原来的 EXE 文件。

(2)"蠕虫"型病毒。这类病毒通过计算机网络传播,不改变文件和资料信息,利用网络从一台机器的内存传播到其他机器的内存,计算机将自身的病毒通过网络发送。有时它们在系统存在,一般除了内存不占用其他资源。

(3)寄生型病毒。除了伴随和"蠕虫"型,其他病毒均可称为寄生型病毒,它们依附在系统的引导扇区或文件中,通过系统的功能进行传播,按其算法不同还可细分。

(4)练习型病毒。这类病毒自身包含错误,不能进行很好的传播,例如一些病毒在调试阶段。

(5)诡秘型病毒。这类病毒一般不直接修改 DOS 中断和扇区数据,而是通过设备技术和文件缓冲区等对 DOS 内部进行修改,不易看到资源,使用比较高级的技术。利用 DOS 空闲的数据区进行工作。

(6)变形病毒(又称幽灵病毒)。这类病毒使用一个复杂的算法,使自己每传播一份都具有不同的内容和长度。它们一般由一段混有无关指令的解码算法和被变化过的病毒体组成。

5. 计算机病毒的防范

1)病毒征兆

(1)屏幕上出现不应有的特殊字符或图像、字符无规则变或脱落、静止、滚动、雪花、跳动、小球亮点、莫名其妙的信息提示等。

(2)发出尖叫、蜂鸣音或非正常奏乐等。

(3)经常无故死机,随机发生重新启动或无法正常启动、运行速度明显下降、内存空间变小、磁盘驱动器以及其他设备无缘无故地变成无效设备等现象。

(4)磁盘标号被自动改写、出现异常文件、出现固定的坏扇区、可用磁盘空间变小、文件无故变大、失踪或被改乱、可执行文件(exe)变得无法运行等。

(5)打印异常、打印速度明显降低、不能打印、不能打印汉字与图形等或打印时出现乱码。

(6)收到来历不明的电子邮件、自动链接到陌生的网站、自动发送电子邮件等。

(7)有特殊文件自动生成。

(8)程序或数据神秘地消失了,文件名不能辨认等。

2)计算机病毒的预防

(1)安装杀毒软件并及时更新病毒数据库。

(2)注意对系统文件、可执行文件和数据写保护。

(3)不使用来历不明的程序或数据。

(4)不轻易打开来历不明的电子邮件。

(5)使用新的计算机系统或软件时,先杀毒后使用。

(6)及时修补操作系统及其捆绑软件的漏洞。

(7)备份系统和参数,建立系统的应急计划等。

习　　题

一、判断题

1. 每块以太网卡都有一个全球唯一的 MAC 地址,MAC 地址由 6 个字节组成。

2. 在广域网中,连接在网络中的主机发生故障不会影响整个网络通信,但若一台节点交换机发生故障,那么整个网络将陷入瘫痪。

3. Internet 中的各个网站的 IP 地址不能相同,但域名可以相同。

4. IE 浏览器在支持 FTP 的功能方面,只能进入匿名式的 FTP,无法上传。

5. 防火墙是一种维护网络安全的软件或硬件设备,位于它维护的子网(内网)和它所连接的网络(外网)之间,能防止来自外网的攻击。

6. 通信系统的基本任务是传递信息,至少需由信源、信宿和信息三个要素组成。

7. 常见的数据交换方式有电路交换、报文交换及分组交换等,因特网采用的交换方式是电路交换方式。

8. 日常生活中经常用"10M 的宽带"描述上网速度,这里所说的 10M 是指 1.25×2^{20} B/s。

二、选择题

1. 数据通信系统的数据传输速率指单位时间内传输的二进制位数据的数目,下面(   )一般不用作它的计量单位。

    A. KB/s   B. Kb/s   C. Mb/s   D. Gb/s

2. 无论有线通信还是无线通信,为了实现信号的远距离传输,通常使用载波技术对信号进行处理,这种技术称为(   )。

    A. 多路复用   B. 调制解调   C. 分组交换   D. 路由选择

3. 我国的 4G 移动通信标准使用了 CDMA 多路复用技术。CDMA 的准确名称是(   )。

    A. 码分多路寻址   B. 时分多路复用

    C. 波分多路复用   D. 频分多路复用

4. 下列关于光纤通信特点的叙述,错误的是(   )。

    A. 适合远距离通信   B. 是无中继通信

    C. 传输损耗小、通信容量大   D. 保密性强

5. 微波是一种具有极高频率的电磁波,其在空气中的传播速度接近(   )。

    A. 光速   B. 低音速   C. 声速   D. 超音速

6. 下列地址中,(   )是不符合标准的 IPv4 地址,或是内部的专用地址。

    A. 256.160.170.11   B. 202.119.224.10

    C. 202.195 14   D. 172.16.2.1

7. 关于超文本和超媒体的说法中,(   )是正确的。

    A. 超文本和超媒体是对同一事物的不同表述

    B. 超文本和超媒体组织信息的结构是相同的

    C. 超文本和超媒体所描述的对象是不同的

    D. 超文本和超媒体是两种完全不同的信息管理技术

8. 在 Internet 的 IPv4 网络地址分类中,B 类 IP 地址的每个网络可容纳(   )台主机。

    A. 254   B. 65 534   C. 65 万   D. 1678 万

9. 计算机系统安全是当前计算机界的热门话题。实现计算机系统安全的核心是(   )。

    A. 硬件系统的安全性   B. 操作系统的安全性

    C. 语言处理系统的安全性   D. 应用软件的安全性

10. 计算机网络的拓扑结构主要取决于它的(   )。

    A. 资源子网   B. FDDI 网   C. 通信子网   D. 城域网

11. 在以太(Ethernet)局域网中,每个节点把要传输的数据封装成"数据帧"。这样来自多个节点的不同的数据帧就可以时分多路复用的方式共享传输介质,这些被传输的"数据帧"能正确地被目的主机所接收,其中一个重要原因是因为"数据帧"的帧头部封装了目的主机的( )。

    A. IP 地址   B. MAC 地址   C.计算机名   D. 域名地址

12. 为了确保跨越网络的计算机能正确地交换数据,它们必须遵循一组共同的规则和约定,这些规则和约定称为( )。

    A. 网络操作系统   B. 网络通信软件   C. OSI 参考模型   D. 通信协议

13. 将一个部门中的多台计算机组建成局域网可以实现资源共享。下列有关局域网的叙述,错误的是( )。

    A. 局域网必须采用 TCP/IP 协议进行通信

    B. 局域网一般采用专用的通信线路

    C. 局域网可以采用的工作模式主要有对等模式和客户/服务器模式

    D. 构建以太局域网时,需要使用集线器或交换机等网络设备,一般不需要路由器

14. 下列关于无线局域网的叙述,正确的是( )。

    A. 由于不使用有线通信,无线局域网绝对安全

    B. 无线局域网的传播介质是高压电

    C. 无线局域网的安装和使用的便捷性吸引了很多用户

    D. 无线局域网在空气中传输数据,速度不限

15. 下列关于 Internet 网中主机、IP 地址和域名的叙述,错误的是( )。

    A. 一台主机只能有一个 IP 地址,与 IP 地址对应的域名也只能有一个

    B. 除美国以外,其他国家(地区)一般采用国家代码作为第 1 级(最高)域名

    C. 域名必须以字母或数字开头和结尾,整个域名长度不得超过 255 个字符

    D. 主机从一个网络移动到另一个网络时,其 IP 地址必须更换,但域名可以不变

三、填空题

1. 现代通信技术的主要特征是以数字技术为基础,以_____为核心。

2. 通信中使用的传输介质分为有线介质和无线介质,有线介质有电话线、_____、同轴电缆和光纤等,无线介质有无线电波、微波、红外线和激光等。

3. 数据传输过程中出错比特数占被传输比特总数的比率称为_____,它是衡量数据通信系统性能的一项重要指标。

4. Internet 主机上的域名和 IP 地址之间的一对一映射关系是通过_____服务器来实现的。

5. 国际标准化组织(ISO)定义的开放系统互连(OSI)参考模型含有_____层。

6. IP 地址分为 A、B、C、D、E 五类。某 IP 地址二进制表示的最高 3 位为"110",则此 IP 地址为_____类地址。

7. TCP/IP 协议中的 IP 相当于 OSI/RM 中的_____层。

8. 计算机网络中,互连的各种数据终端设备是按_____相互通信的。

9. 网络互连的实质是把相同或异构的局域网与局域网、局域网与广域网、广域网与广域网连接起来,实现这种连接起关键作用的设备是_____。

四、简答题

1. 通信系统的基本模型有哪 3 个要素？

2. 传输介质与信道有什么区别与联系？常用的传输介质有哪些？

3. 有哪些常用的交换技术？目前计算机通信主要采用的是哪一种？

4. 什么是多路复用技术？通信系统中为什么要使用多路复用技术？

5. 为什么要将计算机连成网络？

6. 计算机网络提供了哪些功能？你利用网络主要干些什么事情？

7. 网络体系结构为什么要分层？

8. OSI/RM 和 TCP/IP 有什么区别和联系？Internet 采用的是什么体系结构？

9. 传统以太网采用的是什么拓扑结构？

10. 以太网的 MAC 地址是什么？网卡有哪些类型和功能？

11. 交换机和集线器的区别是什么？

12. 网络互连层采用的主要是什么协议？

13. IP 协议主要规定了哪些任务？

14. IPv4 的地址格式是怎样的？

15. 路由器的主要功能是什么？

16. 传输层主要负责什么任务？

17. 传输层的协议主要有哪些？它们的主要区别是什么？

18. 域名和 IP 地址有什么关系？DNS 是如何进行域名解析的？

19. 什么是网站和网页？什么是 URL？什么是 HTTP？

20. 电子邮件由哪几部分组成？它是如何工作的？采用了哪些协议？

21. FTP 采用的是什么工作模式？

22. 下一代因特网有什么特点？

23. IPv4 和 IPv6 有什么区别？

24. 什么是移动互联网？

25. 什么是数据加密？主要有哪些加密体制？它们的主要区别是什么？

26. 什么是数字签名？你在哪些应用中用过数字签名？

27. 防火墙的主要作用是什么？

阅读材料：计算机网络的发展历史

计算机网络已经历了由单一网络向互联网发展的过程。1997 年，在美国拉斯维加斯的全球计算机技术博览会上，微软公司总裁比尔·盖茨发表了著名的演说。在演说中强调"网络才是计算机"的精辟论点充分体现出信息社会中计算机网络的重要基础地位。计算机网络技术的发展越来越成为当今世界高新技术发展的核心之一，而他的发展历程也曲曲折折，绵延至今。计算机网络的发展分为以下几个阶段。

第一阶段：诞生阶段（计算机终端网络）。

20 世纪 60 年代中期之前的第一代计算机网络是以单个计算机为中心的远程联机系统。典型应用是由一台计算机和全美范围内 2000 多个终端组成的飞机订票系统。终端是一台计算机的外部设备,包括显示器和键盘,无 CPU 和内存。随着远程终端的增多,在主机前增加了前端机(FEP)。当时,人们把计算机网络定义为"以传输信息为目的而连接起来,实现远程信息处理或进一步达到资源共享的系统",但这样的通信系统已具备网络的雏形。早期的计算机为了提高资源利用率,采用批处理的工作方式。为适应终端与计算机的连接,出现了多重线路控制器。

第二阶段:形成阶段(计算机通信网络)。

20 世纪 60 年代中期至 70 年代的第二代计算机网络是以多个主机通过通信线路互连起来,为用户提供服务,兴起于 60 年代后期,典型代表是美国国防部高级研究计划局协助开发的 ARPANET。主机之间不是直接用线路相连,而是由接口报文处理机(IMP)转接后互连的。IMP 和它们之间互连的通信线路一起负责主机间的通信任务,构成了通信子网。通信子网互连的主机负责运行程序,提供资源共享,组成资源子网。这个时期,网络概念为"以能够相互共享资源为目的互连起来的具有独立功能的计算机之集合体",形成了计算机网络的基本概念。

ARPANET 是以通信子网为中心的典型代表。在 ARPANET 中,负责通信控制处理的 CCP 称为接口报文处理机 IMP(或称节点机),以存储-转发方式传送分组的通信子网称为分组交换网。

第三阶段:互联互通阶段(开放式的标准化计算机网络)。

20 世纪 70 年代末至 90 年代的第三代计算机网络是具有统一的网络体系结构并遵守国际标准的开放式和标准化的网络。ARPANET 兴起后,计算机网络发展迅猛,各大计算机公司相继推出自己的网络体系结构及实现这些结构的软硬件产品。由于没有统一的标准,不同厂商的产品之间互联很困难,人们迫切需要一种开放性的标准化实用网络环境,这样应运而生了两种国际通用的最重要的体系结构,即 TCP/IP 体系结构和国际标准化组织的 OSI 体系结构。

第四阶段:高速网络技术阶段(新一代计算机网络)。

20 世纪 90 年代至今的第四代计算机网络,由于局域网技术发展成熟,出现光纤及高速网络技术、多媒体网络、智能网络,整个网络就像一个对用户透明的大的计算机系统,发展为以 Internet 为代表的互联网。而其中 Internet(因特网)的发展也分为以下三个阶段。

1. 从单一的 APRANET 发展为互联网

1969 年创建的第一个分组交换网 ARPANET 只是一个单个的分组交换网(不是互联网)。20 世纪 70 年代中期,ARPA 开始研究多种网络互连的技术,这导致互联网的出现。1983 年,ARPANET 分解成两个:一个实验研究用的科研网 ARPANET(人们常把 1983 年作为因特网的诞生之日),另一个是军用的 MILNET。1990 年,ARPANET 正式宣布关闭,实验完成。

2. 建成三级结构的因特网

1985 年,美国 NSF 建立了国家科学基金网 NSFNET。它是一个三级计算机网络,分为主干网、地区网和校园网。1991 年,美国政府决定将因特网的主干网转交给私人公司来经营,并开始对接入因特网的单位收费。1993 年因特网主干网的速率提高到 45Mb/s。

3. 建立多层次 ISP 结构的因特网

从 1993 年开始,由美国政府资助的 NSFNET 逐渐被若干个商用的因特网主干网(即服务提供者网络)所替代。用户通过因特网提供者 ISP 上网。1994 年开始创建了 4 个网络接入点 NAP(Network Access Point),分别由 4 个电信公司经营。自 1994 年起,因特网逐渐演变成多层次 ISP 结构的网络。1996 年,主干网传输速率为 155Mb/s(OC-3)。1998 年,主干网传输速率为 2.5Gb/s(OC-48)。

第4章 计算机新技术

4.1 云 计 算

4.1.1 云计算概述

1. 云计算的产生

Google 公司首席执行官埃里克·施密特在 1993 年就预言道"当网络的速度与微处理器一样快时,计算机就会虚拟化并通过网络传播"。20 世纪 90 年代,SUN 公司也提出了"网络就是计算机"的营销口号。当时提出这个预言式口号时,埃里克·施密特用了一个不同的术语来称呼万维计算机,称它是"云中的计算机"。可见 Google 公司在 2006 年提出"云计算"这个概念并不是偶然,"云"的思想早已存在。

当高高在上的大型计算机时代过去,个人计算机时代产生,再然后随着万维网和 Web 2.0 的产生使人类进入了前所未有的信息爆炸时代。面对这样一个时代,摩尔定律也束手无策,无论是技术上还是经济上都没办法依靠硬件解决信息无限增长的趋势,面对如何低成本地、高效快速地解决无限增长的信息的存储和计算这一问题,云计算也就应运而生。云计算这个概念的直接起源来自戴尔的数据中心解决方案、亚马逊 EC2 产品和 Google-IBM 分布式计算项目。戴尔是从企业层次提出云计算。亚马逊 2006 年 3 月推出的 EC2 产品是现在公认的最早的云计算产品,当时被命名为 Elastic computing cloud,即弹性计算云。但是由于亚马逊自身影响力有限,难以使云计算这个概念普及起来,真正普及则是 2006 年 8 月 9 日,Google 首席执行官埃里克·施密特在搜索引擎大会上提出"云计算"(Cloud Computing)的概念。2007 年 10 月,Google 与 IBM 开始在美国大学校园内推行关于云计算的计划,通过该计划期望能减少分布式计算在学术探索所用各项资源的百分比,参与的高校有卡内基-梅隆大学、斯坦福大学等。

2. 云计算的概念

云计算是整合了集群计算,网格计算,虚拟化、并行处理和分布式计算的新一代信息技术,它是基于互联网相关服务的增加、使用和交付模式,通常涉及通过互联网来提供动态易扩展且经常是虚拟化的资源。对云计算的定义有多种说法,例如:

美国国家标准与技术研究院(NIST)定义：云计算是一种按使用量付费的模式,这种模式提供可用的、便捷的、按需的网络访问,进入可配置的计算资源共享池(资源包括网络、服务器、存储、应用软件、服务等),这些资源能够被快速提供,只需投入很少的管理工作,或与服务供应商进行很少的交互。

IBM 在其技术白皮书中指出：云计算一词描述了一个系统平台或一类应用程序,该平台可以根据用户的需求动态部署、配置等；云计算是一种可以通过互联网进行访问的、可以扩展的应用程序。

进入云计算时代,就好比是从古老的单台发电机模式转向了电厂集中供电模式,计算资源可以像普通的水、电和煤气一样作为一种商品流通,随用随取,按需付费,唯一不同于传统资源的是,云计算是通过互联网进行传输的。

云计算不仅能使企业用户受益,同时也能使个人用户受益。首先,在用户体验方面,对个人用户来说,在云计算时代会出现越来越多的基于互联网的服务,这些服务丰富多样、功能强大、随时随地接入,无须购买、下载和安装任何客户端,只需要使用浏览器就能轻松访问,也无须为软件的升级和病毒的感染操心。对企业用户而言,则可以利用云技术优化其现有的 IT 服务,使现有的 IT 服务更可靠、更自动化,更可以将企业的 IT 服务整体迁移到云上,使企业卸下维护 IT 服务的重担,从而更专注于其主营业务。此外,云计算更是可以帮助用户节省成本,个人利用云计算可以免去购买昂贵的硬件设施或者是不断升级计算机配置,而企业用户则是可以省去一大笔 IT 基础设施的购买成本和维护成本。

3. 云计算的特点

云计算具有如下特点：

(1) 超大规模。云计算通常需要数量众多的服务器等设备作为基础设施,例如 Google 拥有 100 多万台服务器,亚马逊、IBM 和微软等公司的云计算也都有数十万台服务器。

(2) 虚拟化。虚拟化是云计算的底层技术之一,用户所请求的资源都是来自云端,而非某些固定的有形实体。

(3) 高可靠性。云计算中心在软硬件层面采用了诸如数据多副本容错、心跳检测和计算节点同构可互换等措施来保障服务的高可靠性,使用云计算比使用本地计算更加可靠。

(4) 伸缩性。云计算的设计架构可以使得计算机节点在无须停止服务的情况下随时加入或退出整个集群,从而实现了伸缩性。

(5) 按需服务。"云"相当于一个庞大的资源池,用户根据自己的需要使用资源,并像水、电一样按照使用量计费。

(6) 多租户。云计算采用多租户技术,使得大量租户能够共享同一堆栈的软硬件资源,每个租户按需使用资源并且不影响其他用户。

(7) 规模化经济。由于云计算通常拥有较大规模,云计算服务提供商可使用多种资源调度技术来提高系统资源利用率,从而能够降低使用成本,实现规模化经济。

4. 云计算基本原理

云计算的基本原理是把计算任务部署在"超大规模"的数据中心,而不是本地的计算机或远程服务器上,用户根据需求访问数据中心,云计算自动将资源分配到所需的应用上。云计算的常用的服务方式是：用户利用多种终端设备(如 PC、笔记本电脑、智能手机或者其他智能终端)连接到网络,通过客户端界面连接到"云"；"云"端接受请求后对数据中心的资源进行优化及调度,通过网络为"端"提供服务。"端"即客户端,指的是用户接入"云"的终端设备,可以是计算机、笔记本、手机或其他能够完成信息交互的设备;"云"指的是在云计算基地把大量的计算机和服务器连在一起形成的基础设施中心、平台和应用服务器等。云计算的服务类型包括软件和硬件基础设施、平台运行环境和应用。

4.1.2 云计算的分类

云计算,主要有两种分法:按服务模式分类和按部署模式分类。

1. 按服务模式分类

从云计算的服务模式看,云计算架构自底向上主要分为基础设施即服务(IaaS)、平台即服务(PaaS)和软件即服务(SaaS)三种,如图 4-1 所示,它们分别为客户提供构建云计算的基础设施、云计算操作系统、云计算环境下的软件和应用服务。

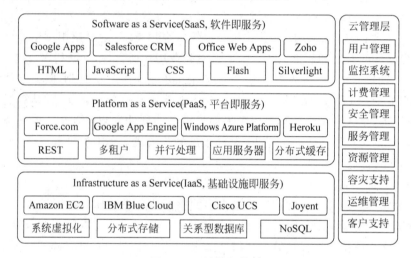

图 4-1 云计算架构图

1) IaaS

IaaS 将硬件设备等基础资源封装成服务供用户使用。在 IaaS 环境中,用户相当于在使用裸机和磁盘,既可以让它运行 Windows,也可以让它运行 Linux。IaaS 的优势在于允许用户动态申请或释放节点,按使用量计费。IaaS 是由公众共享的,因而具有更高的资源使用效率。

2) PaaS

PaaS 提供给用户应用程序的运行环境,典型的如 Google App Engine。PaaS 自身负责资源的动态扩展和容错管理,用户应用程序不必过多考虑节点间的配合问题。与此同时,用户的自主权降低,必须使用特定的编程环境并遵照特定的编程模型,只适用于解决某些特定的计算问题。

3) SaaS

SaaS 针对性更强,它将某些特定应用软件功能封装成服务。SaaS 既不像 PaaS 一样提供计算或存储资源类型的服务,也不像 IaaS 一样提供运行用户自定义应用程序的环境,它只提供某些专门用途的服务供应用调用。

2. 按部署模式分类

云计算在很大程度上是从作为内部解决方案的私有云发展而来的。数据中心最早探索应用包括虚拟、动态、实时分享等特点的技术是以满足内部的应用需求为目的，随着技术发展和商业需求才逐步考虑对外租售计算能力形成公共云。因此，从部署模式来看，云计算主要分为公共云、私有云、混合云和行业云四种形态。

1) 公有云

公有云也称外部云。这种模式的特点是，由外部或者第三方提供商采用细粒度（细粒度直观地说就是划分出很多对象）、自服务的方式在 Internet 上通过网络应用程序或者 Web 服务动态提供资源，而这些外部或者第三方提供商基于细粒度和效用计算方式分享资源和费用。

2) 私有云

私有云的云基础设施由一个单一的组织部署和独占使用，适用于多个用户（比如事业部）。私有云对数据、安全性和服务质量的控制较为有效，相应地，企业必须购买、建造以及管理自己的云计算环境。在私有云内部，企业或组织成员拥有相关权限可以访问并共享该云计算环境所提供的资源，外部用户则因不具有相关权限而无法访问该服务。

3) 混合云

顾名思义，混合云就是将公有云和私有云结合到一起，用户可以在私有云的私密性和公有云的灵活性和价格高低之间做出权衡。在混合云中，每种云仍然保持独立，但是用标准的或专有的技术将它们组合起来，可以让它们具有数据和应用程序的可移植性。

4) 行业云

行业云主要指的是专门为某个行业的业务设计的云，并且开放给多个同属这个行业的企业。行业云可以由某个行业的领导企业自主创建一个行业云，并与其他同行业的公司分享，也可以由多个同类型的企业联合创建和共享一个云计算中心。

4.1.3　云计算的关键技术及存在的问题

1. 云技术的关键技术

云计算是以数据为中心的一种数据密集型的超级计算，其关键技术有编程模式、虚拟化技术、海量数据存储和管理技术以及云计算平台管理技术。

1) 编程模式

为了高效地利用云计算的资源，使用户能更轻松地享受云计算带来的服务，云计算的编程模型必须保证后台复杂的并行执行和任务调度向用户和编程人员透明，云计算中的编程模式也应该尽量方便简单。Google 公司开发的 MapReduce 编程模式是如今流行的云计算编程模式，MapReduce 的思想是通过 Map 映射将任务进行分解并分配，通过 Reduce 映射将结果归约汇总输出。后来的 Hadoop 是 MapReduce 的开源实现，目前已经得到 Yahoo!、Facebook 和 IBM 等公司的支持。

2) 虚拟化技术

虚拟化是实现云计算重要的技术设施。虚拟化是一种调配计算资源的方法，它将系统的不同层面，如硬件、软件、数据、网络、存储等一一隔离开，从而打破了数据中心、服务器存储、网络、数据和应用中的物理设备之间的划分，实现了架构动态化，并达到集中管理和动态使用物理资源及虚拟资源、提高系统结构的弹性和灵活性、降低成本、改进服务和减少管理风险等目的。

3）海量数据存储和管理技术

云计算的一大优势就是能够快速、高效地处理海量数据。在数据爆炸的当今时代，这点至关重要。为了保证数据可靠性，云计算通常会采用分布式数据存储技术，将数据存储在不同的物理设备中。目前，云计算的数据存储技术主要有 Google 公司的非开源 GFS（Google File System）和 Hadoop 团队开发的开源 HDFS（Hadoop Distributed File System）。

云计算系统需要对大数据集进行处理、分析，向用户提供高效的服务，因此数据管理技术也必须能够对大量数据进行高效的管理。现在的数据管理技术中，Google 公司的 BigTable 数据管理技术和 Hadoop 团队开发的开源数据管理模块 HBase 是业界比较典型的大规模数据管理技术。BigTable 是非关系的数据库，是一个分布式的、持久化存储的多维度排序 Map。HBase 不同于一般的关系数据库，它是一个适合于非结构化数据存储的数据库。另一个不同是，HBase 是基于列的而不是基于行的模式。作为高可靠性分布式存储系统，HBase 在性能和可伸缩方面都有比较好的表现。利用 HBase 技术可在廉价 PC Server 上搭建起大规模结构化存储集群。

4）云计算平台管理技术

采用了分布式存储技术存储数据，云计算自然也要引入分布式资源管理技本。在多点并发执行环境中，分布式资源管理系统是保证系统状态正确性的关键技术。系统状态需要在多个节点之间同步，并且在单个节点出现故障时，系统需要有效的机制保证其他节点不受影响。而分布式资源管理系统恰恰是这样的技术，它是保证系统状态的关键。Google 公司的 Chubby 是最著名的分布式资源管理系统。

2. 云计算存在的问题

1）数据隐私问题

如何保证存放在云服务提供商的数据隐私不被非法利用，不仅需要技术的改进，也需要法律的进一步完善。

2）数据安全性

有些数据是企业的商业机密，数据的安全性关系到企业的生存和发展。云计算数据的安全性问题解决不了会影响云计算在企业中的应用。

3）用户的使用习惯

如何改变用户的使用习惯，使用户适应网络化的软硬件应用是长期而艰巨的挑战。

4）网络传输问题

云计算服务依赖网络，网速低且不稳定，使云应用的性能不高。云计算的普及依赖网络技术的发展。

5）缺乏统一的技术标准

云计算的美好前景让传统 IT 厂商纷纷向云计算方向转型。但是由于缺乏统一的技术标准，尤其是接口标准，各厂商在开发各自产品和服务的过程中各自为政，这为将来不同服务之间的互连互通带来严峻挑战。

6）能耗问题

如今有成千上万的云数据中心遍布全球。云数据中心有成千上万个服务器，这些服务器可以说是每周7天、每天24小时不停运转,维持这些巨大的服务器的运转以及为其降温都将耗费大量的能源。据统计,如果将全球的数据中心整体看成一个"国家"的话,那么它的总耗电量将在世界各国家中排名第15位。在云计算的发展中,如何缓解能耗问题,使云计算朝"绿色云"的方向发展,是急需解决的一个问题。

4.2　人工智能

4.2.1　人工智能概述

人工智能(Artificial Intelligence,AI)是计算机学科的一个分支,近三十年来获得了迅速发展,在很多学科领域都有广泛的应用,并取得了丰硕的成果。人工智能的定义可以分为两部分,即"人工"和"智能"。"人工"比较好理解,争议不大。关于什么是"智能",就问题多多了。人唯一了解的智能是人本身的智能,但是我们对自身智能的理解非常有限,所以很难定义什么是"人工"制造的"智能"。

目前人工智能领域分"强人工智能"和"弱人工智能"两个流派。强人工智能观点认为有可能制造出真正能推理(Reasoning)和解决问题(Problem Solving)的智能机器,并且这样的机器是有知觉的,有自我意识。弱人工智能观点认为不可能制造出能真正推理和解决问题的智能机器,这些机器只不过看起来像是智能的,但是并不真正拥有智能,也不会有自主意识。主流科研集中在弱人工智能,并且这一研究领域已经取得了可观的成就;强人工智能的研究则处于停滞不前的状态。

关于什么是人工智能,一个比较流行的定义是由约翰·麦卡锡(John McCarthy)提出的:"人工智能就是要让机器的行为看起来就像是人所表现出来的智能行为一样。"

尼尔逊教授则对人工智能下了这样一个定义:"人工智能是关于知识的学科——怎样表示知识以及怎样获得知识并使用知识的科学。"

美国麻省理工学院的温斯顿教授认为:"人工智能就是研究如何使计算机去做过去只有人才能做的智能工作。"

这些说法反映了人工智能学科的基本思想和基本内容:人工智能是研究人类智能活动的规律,构造具有一定智能的人工系统,研究如何让计算机去完成以往需要人的智力才能胜任的工作,也就是研究如何应用计算机的软硬件来模拟人类某些智能行为的基本理论、方法和技术。

4.2.2　人工智能的研究途径

由于对人工智能本质的理解不同,形成了人工智能多种不同的研究途径,没有统一的原理或范式指导人工智能研究。许多问题研究者都存在争论。人工智能就其本质而言,是对人的思维的模拟。对人的思维模拟有两条道路,一是结构模拟,即仿照人脑的结构机制,制造出"类人脑"的机器;二是功能模拟,即暂时撇开人脑的内部结构,从功能上进行模拟。

1. 大脑模拟

20世纪40—50年代,许多研究者探索神经病学、信息理论及控制论之间的联系,甚至有些还造出了使用电子网络构造的初步智能。但是到20世纪60年代,大部分人都已经放弃了这个方法,尽管在 80 年代又有人再次提出这些原理。

2. 符号处理

20 世纪 50 年代数字计算机研制成功,研究者开始探索人类智能是否能简化成符号来进行处理。60—70 年代的研究者相信符号方法最终可以成功创造强人工智能的机器。

认知模拟经济学家赫伯特·西蒙和艾伦·纽厄尔研究人类问题的解决能力,并尝试将其形式化,为人工智能的基本原理打下了基础。他们使用心理学实验的结果开发模拟人类解决问题方法的程序。这一方法一直在卡耐基-梅隆大学沿袭下来,并在 20 世纪 80 年代发展到高峰。

约翰·麦卡锡认为机器不需要模拟人类的思想,应尝试找到抽象推理和解决问题的本质。他在斯坦福大学的实验室致力于使用形式化逻辑解决多种问题,包括知识表示、智能规划和机器学习。

斯坦福大学的研究者主张不存在简单和通用的原理能够达到所有的智能行为。因为他们发现要解决计算机视觉和自然语言处理的困难问题,需要专门的方案,几乎每次都要编写一个复杂的程序。

20 世纪 70 年代出现了大容量内存计算机,研究者开始把知识构造成应用软件。这场"知识革命"促成了专家系统的开发与实现,这是第一个成功的人工智能软件形式。人们意识到原来许多简单的人工智能软件可能需要大量的知识。

3. 子符号法

20 世纪 80 年代符号人工智能停滞不前,很多人认为符号系统永远不可能模仿人类所有的认知过程,特别是感知、机器人、机器学习和模式识别。研究者开始关注子符号方法解决特定的人工智能问题。他们专注于机器人移动和求生等基本的工程问题,提出在人工智能中使用控制理论。20 世纪 80 年代,David Rumelhart 等再次提出神经网络和连接主义。其他的子符号方法,如模糊控制和进化计算,都属于计算智能学科研究范畴。

4. 统计学法

20 世纪 90 年代,人工智能研究发展出使用复杂的数学工具来解决特定的分支问题。这些工具是真正的科学方法,结果是可测量和可验证的。不过有人批评这些技术太专注于特定的问题,没有考虑长远的强人工智能目标。

5. 集成方法

研究人工智能时人们常用到的一个术语 Agent 是指能感知环境并作出行动以达到目标的系统。最简单的智能 Agent 是那些可以解决特定问题的程序。一个解决特定问题的 Agent 可以使用任何可行的方法,有些 Agent 用符号方法和逻辑方法,有些则是子符号神经网络或其他新的方法。Agent 体系结构和认知体系结构研究者设计了一些系统来处理多 Agent 系统中智能 Agent 之间的相互作用。包含符号和子符号部分的系统被称为混合智能系统,对这种系统的研究就是人工智能系统的集成。

4.2.3 人工智能的研究目标

人工智能的研究目标可分为近期目标和远期目标两个阶段。

人工智能近期目标的中心任务是研究如何使计算机去做那些过去只有靠人的智力才能完成的工作。根据这个近期目标,人工智能主要研究如何依赖现有计算机去模拟人类某些智力行为的基本理论、基本技术和基本方法。

探讨智能的基本机理,研究如何利用自动机去模拟人的某些思维过程和智能行为,最终造出智能机器,这可以作为人工智能的远期目标。

这里所说的自动机并非常规的冯·诺依曼机,因为它的出现并非为人工智能而设计。常规计算机处理的是数据世界中的问题,而人工智能面对的是事实世界和知识世界。人工智能研究的远期目标的实体是智能机器,这种机器能够在现实世界中模拟人类的思维行为,高效率地解决问题。

从研究的内容出发,李艾特和费根鲍姆提出了人工智能的 9 个终极目标:

(1) 理解人类的认识。研究人如何进行思维,而不是研究机器如何工作。应尽量深入了解人的记忆、问题求解能力、学习能力和一般的决策等过程。

(2) 有效的自动化。在需要智能的各种任务上可以用机器取代人,建立执行起来和人一样好的程序。

(3) 有效的智能拓展。有助于使我们的思维更富有成效、更快、更深刻、更清晰。

(4) 超人的智力。建立超过人的性能的程序。越过了这一知识阈值,就可以导致制造业的革新、理论上的突破、超人的教师和非凡的研究人员等。

(5) 通用问题求解。目标是可以使程序能够解决或至少能够尝试其范围之外的一系列问题,包括过去从未听说过的领域。

(6) 连贯性交谈。类似于图灵测试,可以令人满意地与人交谈,交谈使用完整的句子,句子使用的是人类的语言。

(7) 自治。要求能主动在现实世界中完成任务。现实世界永远比我们的模型复杂得多,因此它是测试智能程序的唯一公正的手段。

(8) 学习。要求能将经验进行概括,成为有用的观念、方法、启发性知识,并能以类似方式进行推理。

(9) 存储信息。要求有一个类似于百科全书式的知识库,存储大量的知识。

总之,无论是人工智能研究的近期目标还是远期目标,摆在我们面前的任务十分艰巨,还有很长一段道路要走。

4.2.4　人工智能的研究领域

在人工智能学科中,按照所研究的课题、研究的途径和采用的技术考虑,它所包括的研究领域有模式识别、问题求解、自然语言理解、自动定理证明、机器视觉、自动程序设计、专家系统、机器学习、机器人等。本节将介绍这些领域所涉及的一些基本概念和基本原理。

1. 模式识别

模式识别是人工智能最早研究的领域之一。它是利用计算机对物体、图像、语音、字符等信息模式进行自动识别的科学。

1) 模式识别的过程

模式识别过程一般包括对待识别事物进行样本采集、信息的数字化、数据特征的提取、特征空间的压缩以及提供识别准则等,如图 4-2 所示。

图 4-2 中虚线下方是学习训练过程,虚线上方是识别过程。在学习过程中,首先将已知的模式样本数值化后送入计算机,然后对这些数据进行分析,去掉那些对分类无效或可能引

起混淆的特征数据,尽量保留对分类判别有效的数值特征,这个过程称为特征选择。有时,还得采用某种变换技术,得到数量比原来少的综合性特征,这一过程称为特征空间压缩,或者特征提取。接着按设定的分类判别的数学模型进行分类,并将分类结果与已知类别的输入模式进行对比,不断修改,制订错误率最小的判别准则。

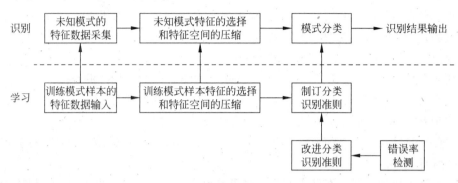

图 4-2　模式识别的过程

2) 模式识别的分类

模式识别(Pattern Recognition)常用的方法有统计决策法与句法方法、监督分类与非监督分类法和参数法与非参数法等。

(1) 统计决策法与句法方法。

统计决策法是利用概率统计的方法进行模式识别。它首先对已知样本模式进行学习,通过样本特征建立判别函数。当给定某一待分类模式特征后,根据落在特征超平面上判别函数的哪一侧来判断它是属于哪个类型。

句法方法也称为结构法。它把模式分解为若干个简单元素,然后用特殊文法规则描述这些元素之间的结构关系。不同的模式对应着不同的结构。句法方法适合于结构明显、噪声较少的模式识别,如文字、染色体、指纹等的识别。

(2) 监督分类与非监督分类。

分类问题就是把特征空间分割成对应于不同类别的互不相容的区域,每一个区域对应一个特定的模式类,不同类别间的界面用判别函数来描述。

监督分类和非监督分类的主要差别在于,各实验样本所属的类别是否预先已知。一般说来,监督分类往往需要提供大量已知类别的样本,但在实际问题中,这是存在一定困难的,因此研究非监督分类就显得十分必要。

非监督分类又叫聚类分析。聚类是将数据分到不同的类或者簇中,同一个簇中的对象有很大的相似性,而不同簇间的对象有很大的相异性。聚类分析是一种探索性的分析,在分类过程中,人们不必事先给出一个分类标准,聚类分析能够从样本数据出发,自动进行分类。因此聚类分析所使用方法的不同,常常会得到不同的结论。

(3) 参数法与非参数法。

参数法又称参数估计法。当模式样本的类概率密度函数的形式已知,或者从提供的作为设计分类器用的训练样本能估计出类概率密度函数的近似表达式的情况下使用的一种模式识别方法。参数估计法中最常用的方法是贝叶斯估计和最大似然估计。

如果样本的数目太少,难以估计出概率密度函数,这时就要使用非参数估计法。非参数

估计法常用的有 k-最近邻判定规则。其基本思想是直接按 k 个最近邻样本的不同类别分布,将未知类别的特征向量分类。

2. 问题求解

问题求解是指通过搜索的方法寻找问题求解操作的一个合适序列,以满足问题的要求。问题求解的基本方法有状态空间法和问题归纳法。一般情况下,问题求解程序由 3 个部分组成:

(1) 数据库。数据库中包含与具体任务有关的信息,这些信息描述了问题的状态和约束条件。

(2) 操作规则。数据库中的知识是叙述性知识,而操作规则是过程性知识。操作规则由条件和动作两部分组成,条件给定了操作适应性的先决条件,动作描述了由于操作而引起的状态中某些分量的变化。

(3) 控制策略。控制策略确定了求解过程中应采用哪一条适用规则,适用规则指从规则集合中选择出的最有希望导致目标状态的操作。

问题求解的状态空间法通常是一种搜索技术。常见的搜索策略有深度优先法、广度优先法、爬山法、回溯策略、图搜索策略、启发式搜索策略、与或图搜索和博弈树搜索等。

3. 自然语言理解

自然语言处理(Natural Language Understanding)俗称人机对话,是计算机科学领域与人工智能领域中的一个重要方向。研究用电子计算机模拟人的语言交际过程,使计算机能理解和运用人类社会的自然语言(如汉语、英语等)实现人机之间的自然语言通信,以代替人的部分脑力劳动,包括查询资料、解答问题、摘录文献、汇编资料以及一切有关自然语言信息的加工处理。

语言是人类区别其他动物的本质特征。人类的逻辑思维以语言为形式,人类的绝大部分知识也是以语言文字的形式记载和流传下来的。因而,它也是人工智能的一个重要部分。自然语言处理大体包括了自然语言理解和自然语言生成两个部分。历史上对自然语言理解研究得较多,而对自然语言生成研究得较少,但这种状况近年来已有所改变。

无论实现自然语言理解,还是自然语言生成,都远不如人们原来想象的那么简单,而是十分困难。造成困难的根本原因是自然语言文本和对话的各个层次上广泛存在的各种各样的歧义性或多义性。消除歧义需要大量的知识和推理,这给基于语言学的方法、基于知识的方法带来了巨大的困难。

自然语言理解目前已经取得了一定的成果,分为语音理解和书面理解两个方面:

(1) 语音理解。用口语语音输入,使计算机"听懂"语音信号,用文字或语音合成输出应答。方法是先在计算机里存储某些单词的声学模式,用它来匹配输入的语音信号,称为语音识别。这只是一个初步的基础,还不能达到语音理解的目的。20 世纪 70 年代中期以后有所突破,建立了一些实验系统,能够理解连续语音的内容,但是仅限于少数简单的语句。

(2) 书面理解。用文字输入,使计算机"看懂"文字符号,也用文字输出应答。这方面的进展较快,目前已能在一定的词汇、句型和主题范围内查询资料、解答问题、阅读故事、解释语句等,有的系统已付诸应用。书面理解的基本方法是:在计算机里存储一定的词汇、句法规则、语义规则、推理规则和主题知识。语句输入后,计算机从左到右逐词扫描,根据词典辨认每个单词的词义和用法;根据句法规则确定短语和句子的组合;根据语义规则和推理规则获取输入句子的含义；查询知识库，根据主题知识和语句生成规则组织应答输出。目前已建成的书面理解系统应用了各种不同的语法理论和分析方法，如生成语法、系统语法、格语法、语义语法等，都取得了一定的成效。

4. 自动定理证明

自动定理证明（Automatic Theorem Proving）是人工智能研究领域中的一个非常重要的课题，其任务是对数学中提出的定理或猜想寻找一种证明或反证的方法。许多非数学领域的问题，如医疗诊断、信息检索、规划制定和难题求解等，都可以像定理证明问题那样进行形式化，从而转化为一个定理证明问题。

自动定理证明的方法通常有如下几类。

1）自动演绎法

自动演绎法是自动定理证明最早使用的一种方法。纽厄尔（Newell）、肖（Shaw）和西蒙（Simon）使用一个称为"逻辑机器"的程序，证明了罗素、怀德海所著《数学原理》中的许多定理。该程序采用"正向链"推理方法，基本思想是依据推理规则，从前提出发向后推理，可得出多个定理，如果待证明的定理在其中，则定理得证。

吉勒洛特（Gelernter）等人提出了一个称为"几何机器"的程序，能够做一些中学几何题，速度与学生相当。该程序采用"反向链"推理方法，基本思想是从目标出发向前推理，依靠公式产生新的子目标，这些子目标逻辑蕴含了最终目标。

2）决策过程法

决策过程是指判断一个理论中某个公式的有效性。依沃（Eevvo）等人提出了使用集合理论的决策过程；尼尔逊等人提出了带有不解释函数符号的等式理论决策过程；我国著名的数学家、计算机科学家吴文俊教授提出了关于平面几何和微分几何定理的机器证明方法。

吴文俊方法的基本思想是：首先将几何问题代数化，通过引入坐标，把有关的假设和求证部分用代数关系式表述，然后处理表示代数关系的多项式，把判定多项式中的坐标逐个消去，如果消去后结果为零，那么定理得证，否则再进一步检查。这个算法已在计算机上证明了不少难度相当高的几何问题，被认为是定理证明和决策中最好的一种方法。

3）定理证明器

定理证明器是研究一切可判定问题的证明方法。它的基础是鲁滨逊（Robinson）提出的归结原理。用归结原理形式化的逻辑里，没有公理，只有一条使用合一替换的推导规则，这样一个简洁的逻辑系统是谓词演算的一个完备系统。也就是说，任意一个恒真的一阶公式，在鲁滨逊的逻辑系统中都是可证的。

归结原理的成功吸引了许多研究者投入到对归结原理的改进中。每种改进都有自己的优点，出现了如超归结、换名归结、锁归结、线性归结等各种改进方法。

5. 机器视觉

机器视觉（Machine Vision）是人工智能正在快速发展的一个分支。机器视觉系统最基本的特点就是提高生产的灵活性和自动化程度。在一些不适于人工作业的危险工作环境或者人眼视觉难以满足要求的场合，常用机器视觉来替代人眼视觉。同时，在大批量重复性工业生产过程中，用机器视觉检测方法可以大大提高生产的效率和自动化程度。

机器视觉的研究是从20世纪60年代中期关于理解多面体组成的积木世界研究开始的。当时运用的预处理、边缘检测、轮廓线构成、对象建模、匹配等技术，后来一直在机器视觉中应用。用边缘检测技术来确定轮廓线,用区域分析技术将图像划分为由灰度相近的像素组成的区域,这些技术统称为图像分割。其目的在于用轮廓线和区域对所分析的图像进行描述,以便同机内存储的模型进行比较匹配。

20 世纪 70 年代,机器视觉形成了几个重要的研究分支:①目标制导的图像处理;②图像处理和分析的并行算法;③从二维图像提取三维信息;④序列图像分析和运动参量求值;⑤视觉知识的表示;⑥视觉系统的知识库等。

由于机器视觉系统可以快速获取大量信息,而且易于自动处理,也易于同设计信息以及加工控制信息集成,因此,在现代自动化生产过程中,人们将机器视觉系统广泛用于工况监视、成品检验和质量控制等领域。

例如,汽车车身检测系统是机器视觉系统用于工业检测中较为典型的例子。英国 ROVER 汽车公司应用检测系统以每 40 秒检测一个车身的速度,检测 3 种类型的车身关键部分的尺寸,如车身整体外形、门、玻璃窗口等,测量精度为 ±0.1mm。实践证明,该系统是成功的。

再比如,智能交通管理系统通过在交通要道放置摄像头,当有违章车辆(如闯红灯)时,摄像头将车辆的牌照拍摄下来,传输给中央管理系统,系统利用图像处理技术,对拍摄的图片进行分析,提取出车牌号,存储在数据库中,供管理人员进行检索。

此外还有自动光学检查、人脸识别、无人驾驶汽车、产品质量等级分类、印刷品质量自动化检测、文字识别、纹理识别、追踪定位等。可以预期的是,随着机器视觉技术自身的成熟和发展,它将在现代和未来制造业中得到越来越广泛的应用。

6. 自动程序设计

自动程序设计(Automatic Programming)是采用自动化手段进行程序设计的技术和过程。其目的是提高软件生产率和软件产品质量。由于编制和调试程序是一件费时费力的繁琐工作,为了摆脱这种状况,就要从软件开发技术方面寻找出路。可以说,人工智能是解决自动程序设计方面问题的一个良好方案。

从技术来看,自动程序设计的实现途径可归结为演绎综合、程序转换、实例推广以及过程实现 4 种。

(1)演绎综合。其理论基础是,数学定理的构造式证明可等价于程序推导。对要生成的程序,用户给出它的输入输出数据必须满足的条件,条件以某种形式语言(如谓词演算)陈述。对于所有这些满足条件的输入,要求定理证明程序证明存在一个满足输出条件的输出,从该证明中析取出所要生成的程序。这一途径的优点是理论基础坚实,但迄今只析取出一些较小的样例,较难用于较大规模的程序。

(2)程序转换。将一个规格说明或程序转换成另一功能等价的规格说明或程序。从抽象级别的异同来看,可分为纵向转换与横向转换。前者是由抽象级别较高的规格说明或程序转换成与之功能等价的抽象级别较低的规格说明或程序;后者是在相同抽象级别上的规格说明或程序间的功能等价转换。

(3)实例推广。借助反映程序行为的实例来构造程序。一般有两种方法。一种是输入输出对法:借助于给出的一组输入输出对,逐步导出适用于一类问题的程序;另一种是部分程序轨迹法:通过所给实例的运行轨迹,逐步导出程序。这一途径的思想为用户所称道,但要归纳出一定规模的程序,仍难度颇大。

（4）过程实现。在对应规格说明中的各个成分，其转换目标的相应成分明确，而且相应的转换映射也明确的前提下，该映射可借助过程来实现。这一途径的实现效率较高，难点在于从非算法性成分到算法性成分的转换。因此，采用这一途径的系统一般自动化程度不高，很难实现从功能规格说明到可执行的程序代码的自动转换。

自动程序设计所涉及的基本问题与定理证明和机器人学有关，它是软件工程和人工智能相结合的产物。

7. 专家系统

专家系统（Expert System）是一个具有大量的专门知识与经验的程序系统，它应用人工智能技术和计算机技术，根据某领域一个或多个专家提供的知识和经验进行推理和判断，模拟人类专家的决策过程，以便解决那些需要人类专家处理的复杂问题。简而言之，专家系统是一种模拟人类专家解决领域问题的计算机程序系统。

专家系统通常由人机交互界面、知识库、推理机、解释器、综合数据库、知识获取等 6 个部分构成，其结构如图 4-3 所示。

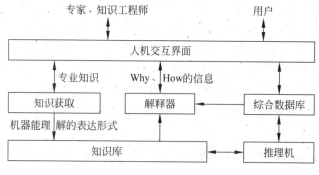

图 4-3　专家系统结构图

（1）知识库。用于存放专家提供的知识。知识库是专家系统质量是否优越的关键所在，知识库中知识的质量和数量决定着专家系统的质量水平。一般来说，专家系统中的知识库与专家系统程序是相互独立的，用户可以通过改变、完善知识库中的知识内容来提高专家系统的性能。

（2）推理机。针对当前问题的条件或已知信息，反复匹配知识库中的规则，获得新的结论，以得到问题求解结果。推理机就如同专家解决问题的思维方式，知识库是通过推理机来实现其价值的。

（3）人机交互界面。系统与用户进行交流时的界面。通过该界面，用户输入基本信息、回答系统提出的相关问题，并输出推理结果及相关的解释等。

（4）综合数据库。专门用于存储推理过程中所需的原始数据、中间结果和最终结论，往往作为临时的存储区。

（5）解释器。能够根据用户的提问，对结论、求解过程做出说明，因而使专家系统更具有人情味。

（6）知识获取。是专家系统知识库是否优越的关键，也是专家系统设计的"瓶颈"问题，通过知识获取，可以扩充和修改知识库中的内容，也可以实现自动学习功能。

下面介绍几个著名的专家系统。

Dendral 系统根据质谱仪所产生的数据,不仅可以推断出确定的分子结构,而且还可以说明未知分子的谱分析。据说该系统已经达到化学博士的水平。

Mycin 是第一个功能较全的医疗诊断专家系统。该系统可以在不知道原始病原体的情况下,判断如何用抗生素来处理败血病患者。只要输入患者的症状、病史和化验结果,系统就可以根据专家知识和输入的资料判断是什么病菌引起的感染,并提出治疗方案。

Siri 是一个通过辨识语音作业的专家系统,由苹果公司收购并且推广到自家产品内作为个人秘书功能。

8. 机器学习

机器学习(Machine Learning)专门研究计算机怎样模拟或实现人类的学习行为,以获取新的知识或技能,重新组织已有的知识结构使之不断改善自身的性能。它是人工智能的核心,是使计算机具有智能的根本途径,其应用遍及人工智能的各个领域。对机器学习的讨论和机器学习研究的进展,将促使人工智能和整个科学技术的进一步发展。

这里所说的"机器",指的是计算机。机器能否像人类一样具有学习能力? 1959 年美国的塞缪尔(Samuel)设计了一个下棋程序,这个程序具有学习能力,它可以在不断的对弈中改善自己的棋艺。4 年后,这个程序战胜了设计者本人。又过了 3 年,这个程序战胜了美国一个保持 8 年之久的常胜不败的冠军。这个程序向人们展示了机器学习的能力,提出了许多令人深思的社会问题与哲学问题。

机器的能力是否能超过人的能力,很多持否定意见的人的主要论据是:机器是人造的,其性能和动作完全是由设计者规定的,因此无论如何其能力也不会超过设计者本人。这种意见对不具备学习能力的机器来说的确是对的,可是对具备学习能力的机器就值得考虑了,因为这种机器的能力在应用中不断地提高,过一段时间之后,设计者本人也不知它的能力会到何种水平。

目前,常用的机器学习方法主要有以下几种:

(1) 决策树学习。根据数据属性,采用树状结构建立决策模型,常用来解决分类和回归问题。

(2) 关联规则学习。一种用来在大型数据库中发现变量之间有趣联系的方法。

(3) 人工神经网络。简称神经网络,计算结构是由联结的人工神经元所构成,通过联结的方法来传递信息和计算。它们在输入和输出之间模拟复杂关系,找到数据中的关系,或者在观测变量中从不知道的节点捕获统计学结构。

(4) 深度学习。深度学习由人工神经网络中的多个隐藏层组成。这种方法试图去模拟人脑的过程。成功的应用主要在计算机视觉和语言识别领域。

(5) 支持向量机。关于监督学习在分类和回归上的应用。给出训练样本的数据集,可以用来预测一个新的样本是否进入一个类别或者是另一个。

(6) 贝叶斯网络。通过有向无环图代表了一系列的随机变量和它们的条件独立性。比如,一个贝叶斯网络代表着疾病和症状可能的关系。给出症状,网络就可以计算疾病出现的可能性。

(7) 强化学习。强化学习关心 Agent 如何在一个环境中采取行动,从而最大化长期回报。强化学习算法尝试去寻找一些策略,映射 Agent 在当前状态中应该采取的行动。

（8）相似度量学习。学习器被给予了很多对相似或者不相似的例子。它需要去学习一个相似的函数，以预测一个新的对象是否相似。

（9）遗传算法。一种启发式搜索算法，它模仿自然选择的过程，使用一些遗传和变异来生成新的基因，以找到好的情况解决问题。

（10）基于规则的机器学习。学习器的定义特征是一组关系规则的标识和利用，这些规则集合了系统所捕获的知识。这与其他机器学习器形成鲜明对比，它们通常会识别出一种特殊的模型，这种模型可以普遍应用于任何实例，以便做出预测。

9. 机器人

机器人（Robot）是整合了控制论、机械电子、计算机、材料和仿生学的产物，在工业、医学、农业、建筑业甚至军事等领域均有重要用途。中国科学家对机器人的定义是："机器人是一种自动化的机器，这种机器具备一些与人或生物相似的智能能力，如感知能力、规划能力、动作能力和协同能力，是一种具有高度灵活性的自动化机器。"

机器人一般由执行机构、驱动装置、检测装置、控制系统和复杂机械等组成。

（1）执行机构。即机器人本体，包括基座、腰部、臂部、腕部、手部和行走部等。

（2）驱动装置。是驱使执行机构运动的机构，主要是电力驱动装置，如步进电机、伺服电机等，它按照控制系统发出的指令信号，借助于动力元件使机器人进行动作。

（3）检测装置。实时检测机器人的运动及工作情况，根据需要反馈给控制系统，与设定信息进行比较后，对执行机构进行调整，以保证机器人的动作符合预定的要求。

（4）控制系统。根据控制方式可以分为两种类型。一种是集中式控制，即机器人的全部控制由一台微型计算机完成。另一种是分散式控制，即采用多台微机来分担机器人的控制，主机常用于负责系统的管理、通信、运动学和动力学计算，并向下级微机发送指令信息；下级从机在各关节分别对应一个CPU，进行插补运算和伺服控制处理，实现给定的运动，并向主机反馈信息。

从应用环境出发，机器人分为工业机器人和特种机器人两大类。工业机器人是面向工业领域的多关节机械手或多自由度机器人，占到了机器人应用的95%。特种机器人则是除工业机器人之外的、用于非制造业并服务于人类的各种先进机器人，包括服务机器人、水下机器人、娱乐机器人、军用机器人、农业机器人、机器人化机器等，可以帮助人们做手术、采摘水果、剪枝、巷道掘进、侦察、排雷等。

只要人能想得到的，就可以利用机器人去实现。并且随着人们对机器人技术智能化本质认识的加深，机器人的功能和智能程度大大增强。目前机器人已从外观上脱离了最初的仿人型机器人和工业机器人所具有的形状，更加符合各种不同应用领域的特殊要求，为机器人技术开辟出更加广阔的发展空间。

4.2.5 人工智能的进展

2017年是人工智能技术多点突破、全面开花的一年，每天都能听到关于"人工智能"的最新消息。从"互联网＋"走向"人工智能＋"，风口之上的人工智能正在创造新的神话。在巨头涌入、政策助推等多方因素的影响下，人工智能在2017年释放出了巨大的能量。

人形机器人除了在外形上更像人类，它们的动作也更加灵活了，甚至连身体机能都在向人类靠近。美国机器人公司波士顿动力的机器人Atlas拥有立体视觉、距离感应等能力，不仅能规避障碍物,跌倒了能自己爬起来,还学会了后空翻。东京大学的人形机器人 Kengoro 和 Kenshire 完全按照人类肌肉骨骼系统搭建,通过水循环系统还能表现运动后"流汗"的反应。

2017 年 10 月,机器人索菲娅(图 4-4)作为小组成员参加了联合国会议,还被授予了沙特阿拉伯公民身份,成为史上首个获得公民身份的机器人。索菲娅外形使用硅胶打造仿生皮肤,质感与人类皮肤非常相似,她可以模仿人的面部表情和情绪,通过语音和人脸识别技术,她能理解语言并与人类进行对话。在过去的一年里,索菲娅尝试融入人类社会,有了自己的推特账号,作客脱口秀节目,登上时尚杂志的封面。

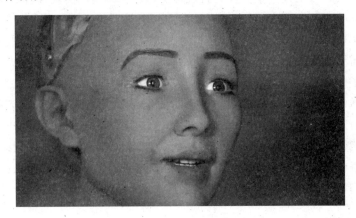

图 4-4　机器人索菲娅

AI 在棋牌、医疗、推理能力等方面也超越人类,学会了驾驶无人机、帮助科学家进行量子力学实验设计等。2017 年 1 月 30 日,宾夕法尼亚州匹兹堡 Rivers 赌场,耗时 20 天的德州扑克人机大战尘埃落定。卡耐基-梅隆大学开发的 AI 程序 Libratus 击败人类顶级职业玩家,赢得了 20 万美元的奖金。尽管之前 Google DeepMind 的 AlphaGo 在与李世石的 5 局围棋大战以及在网络上跟顶级围棋选手的 60 局大战中出尽了风头,但相对而言德州扑克对于 AI 是更大的挑战,因为 AI 只能看到游戏的部分信息,游戏并不存在单一的最优下法。

AlphaGo 以 3∶0 击败柯洁后,谷歌的 DeepMind 并没有停下脚步。AlphaGo Zero 用更低的处理能力发现了此前人类和机器从来没有想到的战术,而且在 3 天之后就击败了它的"前辈";之后 AlphaGo Zero 再进化,通用棋类算法 AI Alpha Zero 问世。

2017 年 5 月,"谷歌大脑"(Google Brain)的研究人员宣布研发出自动人工智能 AutoML,该人工智能可以产生自己的"子 AI"系统。这个新生成的"孩子"名为 NASNet,可以实时地在视频中识别目标,正确率达到 82.7%,比之前公布的同类 AI 产品的结果高 1.2%,系统效率高出 4%。

无人驾驶也已成为世界性的前沿科技,Google、百度、特斯拉等科技巨头纷纷布局于此。2016 年 11 月 16 日,18 辆百度无人车在乌镇运营体验,是百度首次在开放城市道路情况下,实现全程无人工干预的 L4 级无人驾驶技术。人工智能使用大量的服务器和数据来拟合人类的驾驶能力,这个系统比人类驾驶员的水平更高。安全性之外,智能化的无人车可以实时将交通状况、行驶情况回传,交通指挥中心将根据大数据进行交通调度,可以更好地解决拥堵问题。

2017 年 1 月，斯坦福大学的研究人员开发出了基于深度学习算法的皮肤癌诊断系统，使得识别皮肤癌的准确率与专业的人类医生相当。成果论文被 *Nature* 杂志采用刊登。这一成果是采用深度卷积神经网络，通过大量训练发展出模式识别的 AI，使计算机学会分析图片并诊断疾病。使用这一技术，有望制造出家用便携皮肤癌扫描仪，造福广大患者。

人工智能技术快速发展，也和其他强大的技术一样，是一柄双刃剑。AI 既能造福人类，也能被罪犯所利用。恶意使用人工智能，不仅会威胁到人们的财产和隐私，还可能带来生命威胁。

人工智能还会导致工人大量失业，当机器配上人工智能，人类被代替的趋势就会愈演愈烈。特斯拉自动化工厂被曝光，整个工厂只有 150 个机器人，从原材料加工到成品组装，所有的生产流程都由 150 台机器人完成，在车间内根本看不到人的身影。不仅仅是特斯拉，很多传统意义上需要大量人力的行业，已经开始逐步引入机器人，不仅成本大大降低，而且效率也大幅提高了。

麦肯锡全球研究院发布报告称，到 2030 年，机器人将抢走 4 亿～8 亿人的饭碗，相当于当前全球劳动力总量的 1/5，风险最大的行业是建筑和采矿、工厂产品生产、办公室助理和销售人员。智能化、无人化是大势所趋，无论是谁，都会面临被机器人抢饭碗的境地。但这并不代表我们就会饿死，因为有了新的科技，就会有新的工作，同样需要人去完成。但关键在于，我们是否有毅力、有意愿改变自己，跟上这个时代潮流的步伐？这个世界从来不会辜负努力的人！

4.3 物 联 网

4.3.1 物联网概述

1. 物联网的概念

随着信息领域及相关学科的发展，相关领域的科研工作者分别从不同的方面对物联网进行了较为深入的研究，物联网的概念也随之有了深刻的改变，但是至今仍没有权威、完整和精确的物联网定义。

物联网是新一代信息技术的重要组成部分，也是信息化时代的重要发展阶段。其英文名称是"Internet of Things(IoT)"。物联网的概念最初是由美国麻省理工学院在 1999 年提出：通过射频识别(RFID)、红外感应器、全球定位系统、激光扫描器、气体感应器等信息传感设备，按约定的协议，把任何物品与互联网连接起来，进行信息交换和通信，以实现智能化识别、定位、跟踪、监控和管理的一种网络。

中国物联网校企联盟将物联网定义为：当下几乎所有技术与计算机、互联网技术的结合，实现物体与物体之间、环境以及状态信息实时的共享以及智能化的收集、传递、处理和执行。广义上说，当下涉及信息技术的应用，都可以纳入物联网的范畴。

国际电信联盟(ITU)发布的 ITU 互联网报告，对物联网做了如下定义：通过二维码识读设备、射频识别装置、红外感应器、全球定位系统和激光扫描器等信息传感设备，按约定的协议，把任何物品与互联网相连接，进行信息交换和通信，以实现智能化识别、定位、眼踪、监控和管理的一种网络。

简单地说，物联网就是物物相连的互联网，包含以下三层意思：

第一，物联网的核心和基础仍然是互联网，是在互联网基础上的延伸和扩展的网络。

第二，其用户端延伸和扩展到了任何物品与物品之间，进行信息交换和通信，也就是物物相息。

第三，物联网具有智能属性，可进行智能控制、自动监测与自动操作。

根据国际电信联盟的定义，物联网主要解决人与物品（Human to Thing，H2T）、人与人（Human to Human，H2H）、物品与物品（Thing to Thing，T2T）之间的连接。但是与传统互联网不同的是，H2T 是指人利用通用装置与物品之间的连接，从而使得物品连接更加简化，而 H2H 是指人之间不依赖 PC 进行的互连。因为互联网并没有考虑到对于任何物品连接的问题，故我们使用物联网来解决这个传统意义上的问题。顾名思义，物联网就是连接物品的网络，许多学者讨论物联网时经常会引入一个 M2M 的概念，可以解释成为人到人（Man to Man）、人到机器（Man to Machine）、机器到机器（Machine to Machine）。本质而言，人与机器、机器与机器的交互，大部分是为了实现人与人之间的信息交互。

2. 物联网的基本特征

和传统的互联网相比，物联网有其鲜明的特征。

（1）它是各种感知技术的广泛应用。物联网部署了海量的多种类型传感器，每个传感器都是一个信息源，不同类别的传感器所捕获的信息内容和信息格式不同。传感器获得的数据具有实时性，按一定的频率周期性地采集环境信息，不断更新数据。

（2）它是一种建立在互联网上的泛型网络。物联网技术的重要基础和核心仍是互联网，通过各种有线和无线网络融合，将物体的信息实时准确地传递出去。在物联网上的传感器定时采集的信息传输需要网络，由于信息量巨大，形成了海量的信息，在传输过程中，为了保障数据的正确性和及时性，必须适应各种异构网络协议。

（3）智能处理。物联网不仅仅提供了传感器的链接，其本身也具有智能处理的能力，能够对物体实施智能控制。物联网将传感器和智能处理相结合，利用云计算、模式识别等各种智能技术，扩充其应用领域。从传感器获得的海量信息中分析、加工和处理出有意义的数据，以适应不同用户的不同需求，发现新的应用领域和应用模式。

4.3.2 物联网的关键技术

ITU 在物联网报告中重点描述了物联网的 4 个关键性应用技术：标签事物的 RFID 技术、感知事物的传感器技术、思考事物的智能技术、微缩事物的纳米技术。目前，国内物联网技术的关注热点主要集中在传感器、RFID、嵌入式系统技术等领域。物联网技术涉及多个领域，这些技术在不同的行业往往具有不同的应用需求和技术形态。物联网的技术构成主要包括感知与标识技术、网络与通信技术、嵌入式系统技术等。

1. 感知与标识技术

感知和标识技术是物联网的基础，负责采集物理世界中发生的物理事件和数据，实现外部世界信息的感知和识别，包括多种发展成熟度差异性很大的技术，如传感器、RFID、二维码等。感测技术利用传感器和多跳自组织传感器网络，协作感知、采集网络覆盖区域中被感知对象的信息。传感器技术依附于敏感机理、敏感材料、工艺设备和计测技术，对基础技术和综合技术要求非常高。目前，传感器在被检测量类型和精度、稳定性、可靠性、低成本、低功耗方面还没有达到规模应用水平,是物联网产业化发展的重要瓶颈之一。识别技术涵盖物体识别、位置识别和地理识别,对物理世界的识别是实现全面感知的基础。物联网标识技术是以二维码、RFID 标识为基础的,对象标识体系是物联网的一个重要技术点。从应用需求的角度,识别技术首先要解决的是对象的全局标识问题,需要研究物联网的标准化物体标识体系,进一步融合及适当兼容现有各种传感器和标识方法,并支持现有的和未来的识别方案。

2. 网络与通信技术

网络是物联网信息传递和服务支撑的基础设施,通过泛在的互联功能,实现感知信息高可靠性、高安全性传送。物联网的网络技术涵盖泛在接入和骨干传输等多个层面的内容。以互联网协议版本 6(IPv6)为核心的下一代网络,为物联网的发展创造了良好的基础网条件。以传感器网络为代表的末梢网络在规模化应用后,面临与骨干网络的接入问题,并且其网络技术需要与骨干网络进行充分协同,这些都将面临新的挑战,需要研究固定、无线和移动网及 Ad-hoc 网技术、自治计算与连网技术等。物联网需要综合各种有线和无线通信技术,其中近距离无线通信技术将是物联网的研究重点。由于物联网终端一般使用工业科学医疗(ISM)频段进行通信(免许可证的 2.4GHz ISM 频段全世界都可通用),频段内包括大量的物联网设备以及现有的无线保真(WiFi)、超宽带(UWB)、ZigBee、蓝牙等设备,频谱空间将极其拥挤,制约物联网的实际大规模应用。为提升频谱资源的利用率,让更多物联网业务能实现空间并存,需切实提高物联网规模化应用的频谱保障能力,保证异种物联网的共存,并实现其互联互通互操作。

3. 嵌入式系统技术

嵌入式系统技术是综合了计算机软硬件、传感器技术、集成电路技术、电子应用技术为一体的复杂技术。经过几十年的演变,以嵌入式系统为特征的智能终端产品随处可见,小到人们身边的 MP3,大到航天航空的卫星系统。嵌入式系统正在改变着人们的生活,推动着工业生产以及国防工业的发展。

如果把物联网用人体做一个简单比喻,传感器相当于人的眼睛、鼻子、皮肤等感官,网络就是神经系统用来传递信息,嵌入式系统则是人的大脑,在接收到信息后要进行分类处理。这个例子很形象地描述了传感器、嵌入式系统在物联网中的位置与作用。

4.3.3 物联网的应用

物联网用途广泛,遍及智能交通、环境保护、政府工作、公共安全、平安家居、智能消防、工业监测、环境监测、路灯照明管控、水系监测、食品溯源、敌情侦察和情报搜集等多个领域。

(1) 物联网传感器产品已率先在上海浦东国际机场防入侵系统中得到应用。该系统铺设了 3 万多个传感节点,覆盖了地面、栅栏和低空探测,可以防止人员翻越、偷渡、恐怖袭击等攻击性入侵。上海世博会也与中科院无锡高新微纳传感网工程技术研发中心签下订单,购买防入侵微纳传感网产品。

(2) 首家手机物联网落户广州。将移动终端与电子商务相结合的模式,让消费者可以与商家进行便捷的互动交流,随时随地体验品牌品质,传播分享信息,实现互联网向物联网的从容过渡,缔造出一种全新的零接触、高透明、无风险的市场模式。手机物联网购物其实就是闪购。广州闪购通过手机扫描条形码、二维码等方式,可以进行购物、比价、鉴别产品等功能。

这种智能手机和电子商务的结合,是"手机物联网"一项重要功能,手机物联网应用正伴随着电子商务大规模兴起。

（3）与门禁系统的结合。一个完整的门禁系统由读卡器、控制器、电锁、出门开关、门磁、电源、处理中心等模块组成,无线物联网门禁将门点的设备简化到了极致:一把电池供电的锁具。除了门上面要开孔装锁外,门的四周不需要设备任何辅佐设备。整个系统简洁明了,大幅缩短施工工期,也能降低后期维护的本钱。无线物联网门禁系统的安全与可靠首要体现在以下两个方面:无线数据通信的安全性和传输数据的安稳性。

（4）与云计算的结合。物联网的智能处理依靠先进的信息处理技术,如云计算、模式识别等技术,云计算可以从两个方面促进物联网和智慧地球的实现:首先,云计算是实现物联网的核心;其次,云计算促进物联网和互联网的智能融合。

（5）与移动互联结合。物联网的应用在与移动互联相结合后,发挥了巨大的作用。智能家居使得物联网的应用更加生活化,具有网络远程控制、遥控器控制、触摸开关控制、自动报警和自动定时等功能,普通电工即可安装,变更扩展和维护非常容易,开关面板颜色多样,图案个性,给每一个家庭带来不一样的生活体验。

（6）与指挥中心的结合。物联网在指挥中心已得到很好的应用,网连网智能控制系统可以指挥中心的大屏幕、窗帘、灯光、摄像头、DVD、电视机、电视机顶盒、电视电话会议;也可以调度马路上的摄像头图像到指挥中心,同时也可以控制摄像头的转动。网连网智能控制系统还可以通过 3G 网络进行控制,可以多个指挥中心分级控制,也可以连网控制。还可以显示机房温度湿度,可以远程控制需要控制的各种设备开关电源。

（7）物联网助力食品溯源,肉类源头追溯系统。从 2003 年开始,中国已开始将先进的RFID 技术应用于现代化的动物养殖加工企业,开发出了 RFID 实时生产监控管理系统。该系统能够实时监控生产的全过程,自动、实时、准确地采集主要生产工序与卫生检验、检疫等关键环节的有关数据,较好地满足质量监管要求,过去市场上常出现的肉质问题得到了妥善的解决。此外,政府监管部门可以通过该系统有效地监控产品质量安全,及时追踪、追溯问题产品的源头及流向,规范肉食品企业的生产操作过程,从而有效提高肉食品的质量安全。

4.4　虚拟现实与增强现实技术

4.4.1　虚拟现实技术概述

1. 虚拟现实技术概念

虚拟现实（Virtual Reality,VR）技术也被称为灵境技术,是一种可以创建和体验虚拟世界的计算机仿真系统。它利用计算机生成一种模拟环境,是一种多源信息融合的、交互式的三维动态视景和实体行为的系统仿真,使用户沉浸到该环境中。

虚拟现实技术是仿真技术的一个重要方向,是仿真技术与计算机图形学、人机接口技术、多媒体技术、传感技术、网络技术等多种技术的集合,是一门富有挑战性的交叉技术前沿学科和研究领域。虚拟现实技术主要包括模拟环境、感知、自然技能和传感设备等方面。模拟环境是由计算机生成的、实时动态的三维立体逼真图像。感知是指理想的 VR 应该具有一切人所具有的感知。除计算机图形技术所生成的视觉感知外,还有听觉、触觉、力觉、运动等感知,甚至还包括嗅觉和味觉等,也称为多感知。自然技能是指人的头部转动、眼睛、手势或其他人体行为动作,由计算机来处理与参与者的动作相适应的数据,并对用户的输入做出实时响应,再分别反馈到用户的五官。传感设备是指三维交互设备。

2. 虚拟现实发展过程

虚拟现实技术的发展,经历了军事、企业界以及学术实验室长时间的研制开发后才进入公众领域。早在20世纪50年代中期就有人提出虚拟现实这一构想,但受到当时技术条件的限制,直到20世纪80年代末,虚拟现实技术随着计算机技术的高速发展和互联网技术的普及才得以广泛应用。

虚拟现实技术的发展可以大致分成以下3个阶段。

1) 虚拟现实技术的探索阶段(20世纪70年代前)

1929年,Edwin A. Link发明了一种飞行模拟器,使乘坐者实现了对飞行的一种感觉体验,可以说这是人类模拟仿真物理现实的初次尝试。其后随着控制技术的不断发展,各种仿真模拟器陆续问世。

1956年,Morton Heileg开发了一个摩托车仿真器Sensorama,具有三维显示及立体声效果,并能产生振动感觉。1960年,Morton Heileg获得了单人使用立体电视设备的美国专利,该专利蕴含了虚拟现实技术的思想。

1965年,计算机图形学的重要奠基人Ivan Sutherland博士发表了一篇短文 *The Ultimate Display*(终极显示),设想在这种显示技术支持下,观察者可以直接沉浸在计算机控制的虚拟环境之中,就如同日常生活在真实世界一样。同时,观察者还能以自然的方式与虚拟环境中的对象进行交互,如触摸感知和控制虚拟对象等。Sutherland的文章从计算机显示和人机交互的角度提出了模拟现实世界的思想,推动了计算机图形图像技术的发展,并启发了头盔显示器、数据手套等新型人机交互设备的研究。

1966年,Ivan Sutherland等开始研制头盔式显示器(Head Mounted Display,HMD),随后又将模拟力和触觉的反馈装置加入系统中。

1973年,Myron Krueger提出了Artificial Reality一词,这是早期出现的VR词语。由于受计算机技术本身发展的限制,总体上说20世纪六七十年代这一方向的技术发展不是很快,处于思想、概念和技术的酝酿形成阶段。

2) 虚拟现实技术的系统化实现阶段(20世纪80年代)

进入20世纪80年代,随着计算机技术,特别是个人计算机和计算机网络的发展,VR技术发展加快,这一时期出现了几个典型的虚拟现实系统。

1983年美国陆军和美国国防部高级项目研究计划局(Defense Advanced Research Project Agency,DARPA)为坦克编队作战训练开发了一个实用的虚拟战场系统SIMNET,以减少训练费用,提高安全性,另外也可以减轻对环境的影响。SIMNET开创了分布式交互仿真技术的研究和应用。

1984年,NASA Ames研究中心虚拟行星探索实验室M. Mcgreevy和J. Humphries开发了用于火星探测的虚拟环境视觉显示器,将火星探测器发回地面的数据输入计算机构造了三维虚拟火星表面环境。

1986年,Furness提出了一个"虚拟工作台"(Virtual Crew Station)的革命性概念;Robinett与多位合作者发表了早期的虚拟现实系统方面的论文 *The Virtual Environment*

Display System。

1987年，James. D. Foley在具有影响力的《科学美国人》(*Scientific American*)上发表了*Interfaces for Advanced Computing*（先进的计算界面）。该杂志还发表了关于数据手套的文章，引起人们的关注。

1989年，美国VPL公司的创立者Jaron Lanier正式提出"Virtual Reality"一词。

3）虚拟现实技术的全面发展阶段（20世纪90年代至今）

20世纪90年代以后，随着计算机技术与高性能计算、人机交互技术与设备、计算机网络与通信等科学技术领域的突破和高速发展，以及军事演练、航空航天、复杂设备研制等重要应用领域的巨大需求，虚拟现实技术进入了快速发展时期。

1990年，在美国达拉斯（Dallas）召开的SIGGRAPH（Special Interest Group for Computer Graphics，计算机图形图像特别兴趣小组）会议上，对虚拟现实技术进行了讨论，提出虚拟现实技术研究的主要内容是实时三维图形生成技术、多传感器交互技术，以及高分辨率显示技术等。

1992年，Sense8公司开发了WTK开发包，为虚拟现实技术提供更高层次上的应用，极大缩短了虚拟现实系统的开发周期。

1994年3月，在日内瓦召开的第一届WWW大会上，首次正式提出了VRML（Virtual Reality Modeling Language，虚拟现实建模语言）的概念。

1994年，G. Burdea和P. Coiffet出版了《虚拟现实技术》(*Virtual Reality Technology*)一书，在书中他们用3I(Immersion,Interaction,Imagination)概括了虚拟现实的基本特征。

1996年12月，世界上第一个虚拟现实环球网在英国投入运行。用户可以在一个由虚拟现实世界组成的网络中遨游，身临其境地欣赏各地风光、参观博览会等。

3. 虚拟现实技术的特征

1）多感知性

除一般计算机所具有的视觉感知外，还有听觉感知、触觉感知、运动感知，甚至还包括味觉、嗅觉、感知等，使用户感觉像是被真实世界包围。理想的虚拟现实应该具有一切人所具有的感知功能。目前相对成熟的主要是视觉沉浸技术、听觉沉浸技术、触觉沉浸技术，而有关味觉和嗅觉的感知技术正在研究之中，目前还不成熟。

2）存在感

存在感指用户感到作为主角存在于模拟环境中的真实程度。理想的模拟环境应该达到使用户难辨真假的程度。

3）交互性

交互性指交互的自然性和实时性，用来表示参与者通过专门的输入和输出设备（如数据手套、力反馈装置等），用人类的自然技能实现对模拟环境的考察与操作的程度。

4）自主性

自主性指虚拟环境中的物体依据现实世界物理运动定律动作的程度。

4.4.2　虚拟现实技术基础及硬件设备

1. 虚拟现实技术基础

虚拟现实是多种技术的综合，包括实时三维计算机图形技术，广角（宽视野）立体显示技术,对观察者头、眼和手的跟踪技术,以及触觉/力觉反馈、立体声、网络传输、语音输入输出技术等。下面对这些技术分别加以说明。

1) 实时三维计算机图形

相比较而言,利用计算机模型产生图形图像并不是太难的事情。如果有足够准确的模型,又有足够的时间,我们就可以生成不同光照条件下各种物体的精确图像,但是关键是实时。例如在飞行模拟系统中,图像的刷新相当重要,同时对图像质量的要求也很高,再加上非常复杂的虚拟环境,问题就变得相当困难。

2) 立体显示

人看周围的世界时,由于两只眼睛的位置不同,得到的图像略有不同,这些图像在大脑里融合起来,就形成了一个关于周围世界的整体景象,这个景象中包括了距离远近的信息。当然,距离信息也可以通过其他方法获得,例如眼睛焦距的远近、物体大小的比较等。

在 VR 系统中,双目立体视觉起了很大作用。用户的两只眼睛看到的不同图像是分别产生的,显示在不同的显示器上。有的系统采用单个显示器,但用户带上特殊的眼镜后,一只眼睛只能看到奇数帧图像,另一只眼睛只能看到偶数帧图像,奇、偶帧之间的不同(即视差)就产生了立体感。

用户(头、眼)的跟踪:在人造环境中,每个物体相对于系统的坐标系都有一个位置与姿态,而用户也是如此。用户看到的景象是由用户的位置和头(眼)的方向来确定的。

跟踪头部运动的虚拟现实头套:在传统的计算机图形技术中,视场的改变是通过鼠标或键盘来实现的,用户的视觉系统和运动感知系统是分离的。利用头部跟踪来改变图像的视角,用户的视觉系统和运动感知系统之间就可以联系起来,感觉更逼真。另一个优点是,用户不仅可以通过双目立体视觉去认识环境,还可以通过头部的运动去观察环境。

在用户与计算机的交互中,键盘和鼠标是目前最常用的工具,但对于三维空间来说,它们都不太适合。在三维空间中因为有 6 个自由度,我们很难找出比较直观的办法把鼠标的平面运动映射成三维空间的任意运动。现在已经有一些设备可以提供 6 个自由度,如3Space 数字化仪和 Space Ball 等;另外一些性能比较优异的设备是数据手套和数据衣。

3) 声音

人能够很好地判定声源的方向。在水平方向上,我们靠声音的相位差及强度的差别来确定声音的方向,因为声音到达两只耳朵的时间或距离有所不同。常见的立体声效果就是靠左右耳听到在不同位置录制的不同声音来实现的,所以会有一种方向感。现实生活中,当头部转动时,听到的声音的方向就会改变。但目前在 VR 系统中,声音的方向与用户头部的运动无关。

4) 感觉反馈

在一个 VR 系统中,用户可以看到一个虚拟的杯子,你可以设法去抓住它,但是你的手没有真正接触杯子的感觉,并有可能穿过虚拟杯子的"表面",而这在现实生活中是不可能的。解决这一问题的常用装置是在手套内层安装一些可以振动的触点来模拟触觉。

5) 语音

在 VR 系统中,语音的输入输出也很重要。这就要求虚拟环境能听懂人的语言,并能与人实时交互。让计算机识别人的语音是相当困难的,因为语音信号和自然语言信号有其"多边性"和复杂性。例如,连续语音中词与词之间没有明显的停顿,同一词、同一字的发音受前后词、字的影响,不仅不同人说同一词会有所不同,就是同一人发音也会受到心理、生理和环境的影响而有所不同。

使用人的自然语言作为计算机输入目前有两个问题:首先是效率问题,为便于计算机理解,输入的语音可能会相当啰唆;其次是正确性问题,计算机理解语音的方法是对比匹配,而没有人的智能。

2. 虚拟现实技术硬件设备

1) 数据手套

数据手套(Data Glove,如图 4-5 所示)是美国 VPL 公司推出的一种传感手套,它已成为一种被广泛使用的输入传感设备。它是一种穿戴在用户手上,作为一只虚拟的手用于与虚拟现实系统进行交互,可以在虚拟世界中进行物体抓取、移动、装配、操作、控制,并把手指和手掌伸屈时的各种姿势转换成数字信号传送给计算机。

图 4-5　数据手套

2) 三维控制器

三维控制器包括三维鼠标(3D Mouse)和力矩球(Space Ball),如图 4-6 所示。和常用的鼠标相比,普通鼠标只能感受在平面的运动,而三维鼠标可以让用户感受到在三维空间中的运动,其工作原理是在鼠标内部装有超声波或电磁发射器,利用配套的接收设备可检测到鼠标在空间中的位置与方向。力矩球通常被安装在固定平台上,用户可以通过手的扭动、挤压、回摇摆等操作,实现相应的操作。它是采用发光二极管和光接收器,通过安装在球中心的几个张力器来测量手施加的力,力矩球既简单又耐用,而且可以操纵物体。

图 4-6　三维鼠标

3) 人体运动捕捉设备

人体运动捕捉的目的是把真实的人体动作完全附加到虚拟场景中的一个虚拟角色上,让虚拟角色表现出真实人物的动作效果。从应用角度来看,运动捕捉设备主要有表情捕捉和肢体捕捉两类;从实时性来看,运动捕捉设备可以分为实时捕捉和非实时捕捉。

人体运动捕捉设备(如图 4-7 所示)一般由传感器、信号捕捉设备、数据传输设备和数据处理设备 4 部分组成,根据传感器信号类型的不同,可以将运动捕捉设备分为机械式、声学式、电磁式和光学式四种类型。

4) 头盔显示器

头盔显示器(Head Mounted Display,HMD)即头显(如图 4-8 所示),是虚拟现实应用中的 3D VR 图形显示与观察设备,可单独与主机相连以接收来自主机的 3D VR 图形信号。使用方式为头戴式,辅以 3 个自由度的空间跟踪定位器,可进行 VR 输出效果观察,同时观察者可做空间上的自由移动,如自由行走、旋转等,沉浸感较强。在 VR 效果的观察设备中,头盔显示器的沉浸感优于显示器的虚拟现实观察效果;在投影式虚拟现实系统中,头盔显示器作为系统功能和设备的一种补充和辅助。

图 4-7　人体运动捕捉设备

图 4-8　头盔显示器

5)触觉力觉反馈设备

在虚拟现实中,接触感的作用一般包括两个方面:一方面,用户在探索虚拟环境时,利用接触感来识别探索的对象及其位置和方向;另一方面,用户需要利用接触感去操纵和移动虚拟物体以完成某种任务。按照信息的不同来源,接触感可以分为触觉反馈和力觉反馈两类,而触觉反馈是力觉反馈的基础和前提。

目前,常见的触觉反馈设备主要有充气式、振动式、温度式,常见的力觉反馈设备包括力反馈鼠标、力反端手柄、力反馈手臂、力反馈手套等。图 4-9 所示是触觉力觉反馈设备。

图 4-9　触觉力觉反馈设备

6)其他辅助设备

在虚拟现实技术的硬件设备中,常见的还有三维扫描仪和三维打印机等。三维扫描仪是一种快速获取真实物体的立体信息,并将其转化为虚拟模型的仪器,它一般通过点扫描方式获取真实物体表面上的一系列点集,通过对这些点集的插补便可形成物体的表面外形。三维打印机则是根据三维虚拟模型自动制作真实物体的仪器,其基本原理就是让软件程序将三维模型分解成若干个横断面,硬件设备使用树脂或石膏粉等材料将这些横断面一层一层地沉淀、堆积,最终形成真实物体。图4-10所示是三维扫描仪。

图4-10　三维扫描仪

4.4.3　增强现实技术概述

1. 增强现实的概念

增强现实技术(Augmented Reality,AR),是在虚拟现实技术的基础上发展起来的新兴研究领域,综合了计算机图形学、光电成像、融合显示、多传感器、图像处理、计算机视觉等多门学科,是一种利用计算机产生的附加信息对真实世界的景象增强或扩张的技术。

增强现实技术将真实世界信息和虚拟世界信息"无缝"集成,把原本在现实世界一定时间空间范围内很难体验到的实体信息(视觉信息、声音、味道、触觉等),通过计算机等科学技术,模拟仿真后再叠加,将虚拟的信息应用到真实世界,被人类感官所感知,从而达到超越现实的感官体验。

增强现实技术不仅展现了真实世界的信息,而且将虚拟的信息同时显示出来,两种信息相互补充、叠加。在视觉化的增强现实中,用户利用头盔显示器,把真实世界与计算机图形多重合成在一起,便可以看到真实的世界围绕。

增强现实技术包含了多媒体、三维建模、实时视频显示及控制、多传感器融合、实时跟踪及注册、场景融合等新技术与新手段。

增强现实系统也是虚拟现实系统的一种,也被称作增强式虚拟现实系统。虚拟现实致力于完全打造沉浸式虚拟环境,而增强现实则是将虚拟资讯融入真实世界。

2. 增强现实技术的特点

AR具有以下三个突出的特点。

1)真实世界和虚拟的信息集成

增强现实技术不同于虚拟现实,它没有完全取代现实环境,相反它比较依赖现实世界,它的存在就是为现实服务的。AR将虚拟信息应用到真实世界中,二者叠加成一个画面,不仅展现了真实世界的信息,而且将虚拟的信息同时显示出来,两种信息相互补充、叠加。

2)具有实时交互性

实时交互是指用户能够通过现实世界的信息比较及时地得到相应的反馈信息。因为增强现实需要迅速识别现实世界的事物,在设备中进行迅速合成,并通过传感技术将混合信息传达给用户,这样才能实现所见即能所知的效果。

3)在三维尺度空间中增添定位虚拟物体

增强现实中需要通过实时跟踪摄像机姿态,实时计算出摄像机影像位置及角度,定位出虚拟图像在真实场景中的注册位置,以实现虚拟世界与真实世界更自然的融合。增强现实必须经过三维注册才能识别,它不是对任何一个物体都能实现增强的。

4.4.4 虚拟现实和增强现实的应用

1. 虚拟现实的应用

除了大家熟悉的看电影和玩游戏之外,虚拟现实还能被运用于生活中的各行各业,下面列举一些 VR 技术的典型应用。

1)医疗

VR 在医学方面的应用具有十分重要的现实意义。在虚拟环境中,建立虚拟的人体模型,借助于跟踪球、HMD、感觉手套,可以学习了解人体内部各器官结构,对虚拟的人体模型进行手术等。

VR 技术在医学中的应用是非常有前景的,学员在进行手术学习之前,可以通过 VR 制作的模拟手术系统进行预习,这样,在进行实际操作时,有的放矢,教学效果相比预习文字描述的步骤要深刻得多,将大大减少失误造成的实验动物和标本的浪费,如图 4-11 所示。

图 4-11 虚拟现实技术在医学领域的应用

比如,在学习诊断学时,心脏的心音听诊是个难点,这时可以让学员通过 VR 系统,在虚拟的病人身上,直接看到心脏内部的结构,将心音的录音与心脏实际的工作过程相关联,使学员可以以三维的方式,从各个角度观看心瓣膜工作状态与心音产生的关系。这种学习的直观程度,即使在真实病人的身上,配合彩色超声也很难达到。

临床上,80%的手术失误是人为因素引起的,所以手术训练极其重要。医生可在虚拟手术系统上观察专家手术过程,也可重复练习。虚拟手术使得手术培训的时间大为缩短,同时减少了对昂贵的实验对象的需求。由于虚拟手术系统可为操作者提供一个极具真实感和沉浸感的训练环境,力反馈绘制算法能够制造很好的临场感,所以训练过程与真实情况几乎一致,尤其是能够获得在实际手术中的手感。计算机还能够给出手术练习的评价。在虚拟环境中进行手术,不会发生严重的意外,能够提高医生的协作能力。外科医生在真正动手术之前,通过虚拟现实技术的帮助,能在显示器上重复地模拟手术,移动人体内的器官,寻找最佳手术方案并提高熟练度。另外,在远距离遥控外科手术、复杂手术的计划安排、手术过程的信息指导、手术后果预测及改善残疾人生活状况,乃至新药研制等方面,虚拟现实技术都能发挥十分重要的作用。

2）游戏、艺术和教育

游戏领域：丰富的感觉能力与 3D 显示环境使得 VR 成为理想的视频游戏工具，VR 在该方面发展最为迅猛。对于游戏的开发，角色扮演类、动作类、冒险解谜类、竞速赛车类的游戏，其先进的图像引擎丝毫不亚于目前的主流游戏引擎的图像表现效果，而且整合配套的动力学和 AI 系统更给游戏的开发提供了便利。目前已投入市场商业运营，显示出了很好的前景，如图 4-12 所示。

图 4-12　虚拟现实在游戏中的应用

艺术领域：VR 所具有的临场参与感与交互能力可以将静态的艺术（如油画、雕刻等）转换为动态的，可以使观赏者更好地欣赏作者的思想艺术。另外，VR 提高了艺术表现能力。同时，各种大型的文艺演出效果，也能通过 VR 技术进行效果模拟。

教育领域：主要是发挥其互动性和生动的表现效果，用于立体几何、物理、化学等相关课件的模拟制作，解释一些复杂的系统抽象的概念，如量子物理等。在相关专业的培训机构，虚拟现实技术能够提供给学员更多的辅助，比如虚拟驾驶、各种交通规则的模拟、特种器械模拟操作、模拟装备等等。

3）应急推演

对于具有一定危险性的行业（消防、电力、石油、矿产等）来说，定期执行应急推演是传统并有效的防范方式，但投入成本高，使得其不可能频繁地执行。在军事与航天工业中，模拟训练一直是一个重要课题，如图 4-13 所示。这些都为 VR 提供了广阔的应用前景。VR 为应急演练或模拟训练提供了一种全新的模式，将事故现场模拟到虚拟场景中去，人为制造各种事故情况，组织参演人员做出正确响应。这样的推演大大降低了投入成本，提高了推演实训时间，从而保证了人们面对事故灾难时的应对技能，并且可以打破空间的限制，方便地组织各地人员进行推演。

4）城市规划和地理交通

VR 技术对于政府在城市规划的工作起到了举足轻重的作用，如图 4-14 所示。用 VR 技术不仅能十分直观地表现虚拟的城市环境，而且能很好地模拟飓风、火灾、水灾、地震等自然灾害的突发情况，排水系统、供电系统、道路交通、沟渠湖泊等也都一目了然。

除了以上提到的几个典型应用外，VR 技术还有着广泛的应用，几乎涉及各行各业。例

图 4-13 虚拟现实技术在军事演练中的应用

图 4-14 虚拟现实技术在城市规划中的应用

如在娱乐、室内设计、房产开发、工业仿真、文物古迹、道路桥梁、地理、船舶制造、汽车仿真、轨道交通、数字地球、康复训练、能源等领域都有着丰富的应用。

2. 增强现实的应用

AR 技术不仅与 VR 技术有类似的应用领域,诸如尖端武器、飞行器的研制与开发、数据模型的可视化、虚拟训练、娱乐与艺术等,而且由于其具有能够对真实环境进行增强显示输出的特性,在医疗研究与解剖训练、精密仪器制造和维修、军用飞机导航、工程设计和远程机器人控制等领域,具有比 VR 技术更加明显的优势。下面介绍几个典型的 AR 应用。

1)医疗辅助

在最新的 AR 技术应用下,医生可以准确断定手术的位置,降低手术的风险,可以更好地提高手术的成功率。尤其是一些对手术刀操作有精确需求的外科手术,就更需要这样的辅助型设备了。

最声名远播的是微软 HoloLens 全息眼镜(如图 4-15 所示)。医学研究人员可通过 HoloLens 查看人体器官、肌肉组织、人体骨骼的结构。例如,一个脊柱外科手术,AR 技术的应用可以让一个螺丝更容易、更快、更安全地插入到脊椎。

2)电视电影节目

在电视制作领域的增强现实制作技术,主要还是视觉化的增强现实技术,是基于实时跟踪摄像机所拍

图 4-15 HoloLens 全息眼镜

摄影像的位置,并通过计算机系统实时叠加上相应的视频、音频、图文信息等,这种技术可以在电视屏幕上把虚拟信息叠加到现实世界上,通过普通电视屏幕不仅展现了真实世界的信息,而且将虚拟的信息同时显示出来,两种信息相互补充、叠加,甚至通过精心的节目创意设计,可以实现真实世界同虚拟世界的良好互动效果,让观众在电视屏幕前难辨虚拟世界和真实世界。

以虚拟植入为主体的 AR 制作可以完成多种多样的节目需求,无论是在艺术效果上还是功能结构上,且在很大程度上弥补了画面中实景内容的不充分,丰富有效画面。在大量的节目需求和技术投入之下,虚拟植入已经被广泛地使用在了录播或直播节目当中,甚至和LED 大屏幕一样成为了大小晚会和专题节目的标准配置,如图 4-16 所示为 2017 年央视春晚《清风》节目应用了大量虚拟植入技术。

图 4-16　AR 技术在电视节目中的应用

3) 广告营销

AR 技术在广告营销中的应用非常多,而且创新了广告表现手法,视觉效果和艺术上的提升能够吸引客户,从而获得更高的广告效益。例如,消费者可以通过 AR 技术将想要选购的商品先叠加在真实的环境中进行试看,再决定是否购买。真实看到一件家居摆放在自己家里或者办公室里的样子。其中较具有代表性的有宜家推出的 APP"家居指南",如果用户有纸质版的家居指南,可以直接扫描对应的家具,没有的也可以先进入选择某款家具,选中后摄像头会自动打开呈现出现实画面,而被选择的家具也会被叠加到现实画面中,以供用户购买时进行参考,如图 4-17 所示。

图 4-17　"家居指南"增强现实效果图

习　题

一、判断题

1. 云计算就是一种计算平台或者应用模式。

2. 简单理解,云计算是因资源的闲置产生的。

3. 云计算服务可信性依赖于计算平台的安全性。

4. 人工智能就是要让机器的行为看起来就像是人所表现出来的智能行为一样。

5. 物联网与互联网不同,不需要考虑网络数据安全。

6. 物联网的核心是"物物互联、协同感知"。

二、选择题

1. SaaS 是( )的简称。

　　A. 软件即服务　　　　　　　　　　　B. 平台即服务

　　C. 基础设施即服务　　　　　　　　　D. 硬件即服务

2. 云计算里面临的一个很大的问题,就是( )。

　　A. 服务器　　　　　B. 存储　　　　　C. 计算　　　　　D. 节能

3. 首次提出"人工智能"是在( )年。

　　A. 1946　　　　　B. 1960　　　　　C. 1916　　　　　D. 1956

4. 人工智能应用研究的两个最重要最广泛领域为( )。

　　A. 专家系统、自动规划　　　　　　　B. 专家系统、机器学习

　　C. 机器学习、智能控制　　　　　　　D. 机器学习、自然语言理解

5. 1997 年 5 月,著名的"人机大战",最终计算机以 3.5 比 2.5 的总比分将世界国际象棋棋王卡斯帕罗夫击败,这台计算机被称为( )。

　　A. 深蓝　　　　　B. IBM　　　　　C. 深思　　　　　D. 蓝天

6. 在物联网的发展过程中,我国与国外发达国家相比,最需要突破的是( )。

　　A. 传感器技术　　　　　　　　　　　B. 通信协议

　　C. 集成电路技术　　　　　　　　　　D. 控制理论

7. 射频识别卡与其他识别卡最大的区别在于( )。

　　A. 功耗　　　　　B. 非接触性　　　　　C. 抗干扰性　　　　　D. 保密性

三、填空题

1. 从部署模式来看,云计算主要分为_____、_____、_____和_____ 4 种形态。

2. 目前人工智能主要分为_____和_____两个流派。

3. 虚拟现实的本质特征:Immersion(沉浸)、Interaction(交互)、Imagination(想象),其中_____是最弱的,是虚拟现实最重要的技术特征。

四、简答题

1. 什么是云计算?

2. 物联网的定义是什么? 有什么特征? 它主要应用在哪些方面?

3. 人工智能的应用有哪些?

4. 什么是虚拟现实？什么是增强现实？二者有什么联系和区别？

阅读材料：人工智能的应用——AlphaGo

阿尔法狗(AlphaGo)是第一个击败人类职业围棋选手、第一个战胜围棋世界冠军的人工智能程序，由 Google 公司旗下 DeepMind 公司戴密斯·哈萨比斯领衔的团队开发。其主要工作原理是"深度学习"。

2016 年 3 月，AlphaGo 与围棋世界冠军、职业九段棋手李世石进行围棋人机大战，以 4 比 1 的总比分获胜；2016 年末至 2017 年初，AlphaGo 在中国棋类网站上以"大师"(Master)为注册账号与中日韩数十位围棋高手进行快棋对决，连续 60 局无一败绩；2017 年 5 月，在中国乌镇围棋峰会上，AlphaGo 与排名世界第一的世界围棋冠军柯洁对战，以 3 比 0 的总比分获胜。围棋界公认 AlphaGo 的棋力已经超过人类职业围棋顶尖水平，在 GoRatings 网站公布的世界职业围棋排名中，AlphaGo 等级分曾超过排名人类第一的棋手柯洁。

2017 年 5 月 27 日，在柯洁与 AlphaGo 的人机大战之后，AlphaGo 团队宣布 AlphaGo 将不再参加围棋比赛。

2017 年 10 月 18 日，DeepMind 团队公布了最强版 AlphaGo，代号 AlphaGo Zero。同年 12 月，AlphaGo Zero 再进化，通用棋类算法 AI Alpha Zero 问世。

1. 旧版原理

1）深度学习

AlphaGo 是一款围棋人工智能程序。其主要工作原理是"深度学习"。"深度学习"是指多层人工神经网络和训练它的方法。一层神经网络会把大量矩阵数字作为输入，通过非线性激活方法取权重，再产生另一个数据集合作为输出。这就像生物神经大脑的工作机理一样，通过合适的矩阵数量，多层组织链接一起，形成神经网络"大脑"进行精准复杂的处理，就像人们识别物体标注图片一样。

AlphaGo 用到了很多新技术，如神经网络、深度学习、蒙特卡罗树搜索法等，使其实力有了实质性飞跃。美国脸书公司"黑暗森林"围棋软件的开发者田渊栋在网上发表分析文章说，阿尔法围棋系统主要由几个部分组成：①策略网络(Policy Network)，给定当前局面，预测并采样下一步的走棋；②快速走子(Fast rollout)，目标和策略网络一样，但在适当牺牲走棋质量的条件下，速度要比策略网络快 1000 倍；③价值网络(Value Network)，给定当前局面，估计是白胜概率大还是黑胜概率大；④蒙特卡罗树搜索(Monte Carlo Tree Search)，把以上这 3 个部分连起来，形成一个完整的系统。

2）两个大脑

AlphaGo 通过两个不同神经网络"大脑"合作来改进下棋。这些"大脑"是多层神经网络，跟那些 Google 图片搜索引擎识别图片在结构上是相似的。它们从多层启发式二维过滤器开始，去处理围棋棋盘的定位，就像图片分类器网络处理图片一样。经过过滤，13 个完全连接的神经网络层产生对它们看到的局面判断。这些层能够进行分类和逻辑推理。

第一大脑：落子选择器(Move Picker)。

AlphaGo 的第一个神经网络大脑是"监督学习的策略网络"(Policy Network)，观察棋盘布局企图找到最佳的下一步。事实上,它预测每一个合法下一步的最佳概率,那么最前面猜测的就是那个概率最高的。这可以理解成"落子选择器"。

第二大脑:棋局评估器(Position Evaluator)。

AlphaGo 的第二个大脑相对于落子选择器是回答另一个问题,它不是去猜测具体下一步,而是在给定棋子位置情况下,预测每一个棋手赢棋的概率。"局面评估器"就是"价值网络"(Value Network),通过整体局面判断来辅助落子选择器。这个判断仅仅是大概的,但对于阅读速度提高很有帮助。通过分析归类潜在的未来局面的"好"与"坏",AlphaGo 能够决定是否通过特殊变种去深入阅读。如果局面评估器说这个特殊变种不行,那么 AI 就跳过阅读。

这些网络通过反复训练来检查结果,再去校对调整参数,让下次执行更好。这个处理器有大量的随机性元素,所以人们是不可能精确知道网络是如何"思考"的,但更多的训练后能让它进化到更好。

3) 操作过程

AlphaGo 为了应对围棋的复杂性,结合了监督学习和强化学习的优势。它通过训练形成一个策略网络,将棋盘上的局势作为输入信息,并对所有可行的落子位置生成一个概率分布。然后,训练出一个价值网络对自我对弈进行预测,以 -1(对手的绝对胜利)到 1(AlphaGo 的绝对胜利)的标准,预测所有可行落子位置的结果。这两个网络自身都十分强大,而 AlphaGo 将这两种网络整合进基于概率的蒙特卡罗树搜索(MCTS)中,实现了它真正的优势。新版的阿尔法围棋产生大量自我对弈棋局,为下一代版本提供了训练数据,此过程循环往复。

在获取棋局信息后,AlphaGo 会根据策略网络探索哪个位置同时具备高潜在价值和高可能性,进而决定最佳落子位置。在分配的搜索时间结束时,模拟过程中被系统最频繁考察的位置将成为 AlphaGo 的最终选择。在经过先期的全盘探索过程中对最佳落子的不断揣摩后,AlphaGo 的搜索算法就能在其计算能力之上加入近似人类的直觉判断。

2017 年 1 月,谷歌 DeepMind 公司 CEO 哈萨比斯在德国慕尼黑 DLD(数字、生活、设计)创新大会上宣布推出真正 2.0 版本的 AlphaGo。其特点是摒弃了人类棋谱,只靠深度学习的方式成长起来挑战围棋的极限。

2. 新版原理

1) 自学成才

AlphaGo 此前的版本结合了数百万人类围棋专家的棋谱,以及强化学习的监督学习进行了自我训练。AlphaGo Zero 的能力则在这个基础上有了质的提升。最大的区别是,它不再需要人类数据。也就是说,它一开始就没有接触过人类棋谱。研发团队只是让它自由随意地在棋盘上下棋,然后进行自我博弈。

"这些技术细节强于此前版本的原因是,我们不再受到人类知识的限制,它可以向围棋领域里最高的选手——AlphaGo 自身学习。"AlphaGo 团队负责人大卫·席尔瓦(Dave Sliver)说。

据大卫·席尔瓦介绍,AlphaGo Zero 使用新的强化学习方法,让自己变成了老师。系统一开始甚至并不知道什么是围棋,只是从单一神经网络开始,通过神经网络强大的搜索算法,进行了自我对弈。

随着自我博弈的增加,神经网络逐渐调整,提升预测下一步的能力,最终赢得比赛。更为厉害的是,随着训练的深入,DeepMind 团队发现,AlphaGo Zero 还独立发现了游戏规则,并走出了新策略,为围棋这项古老游戏带来了新的见解。

2) 一个大脑

AlphaGo Zero 仅用了单一的神经网络。在此前的版本中,AlphaGo 用到了"策略网络"来选择下一步棋的走法,以及使用"价值网络"来预测每一步棋后的赢家。而在新的版本中,这两个神经网络合二为一,从而让它能得到更高效的训练和评估。

3) 神经网络

AlphaGoZero 并不使用快速、随机的走子方法。在此前的版本中,AlphaGo 用的是快速走子方法,来预测哪个玩家会从当前的局面中赢得比赛。相反,新版本依靠的是其高质量的神经网络来评估下棋的局势。

3. 旧版战绩

1) 对战机器

研究者让 AlphaGo 和其他的围棋人工智能机器人进行了较量,在总计 495 局中只输了一局,胜率是 99.8%。它甚至尝试了让 4 子对阵 CrazyStone、Zen 和 Pachi 3 个先进的人工智能机器人,胜率分别是 77%、86% 和 99%。

2017 年 5 月 26 日,中国乌镇围棋峰会举行人机配对赛。对战双方为古力/阿尔法围棋组合和连笑/阿尔法围棋组合。最终连笑/阿尔法围棋组合逆转获得胜利。

2) 对战人类

2016 年 1 月 27 日,国际顶尖期刊《自然》封面文章报道,谷歌研究者开发的名为 AlphaGo 的人工智能机器人,在没有任何让子的情况下,以 5:0 完胜欧洲围棋冠军、职业二段选手樊麾。在围棋人工智能领域,实现了一次史无前例的突破。计算机程序能在不让子的情况下,在完整的围棋竞技中击败专业选手,这是第一次。

2016 年 3 月 9 日到 15 日,AlphaGo 程序挑战世界围棋冠军李世石的围棋人机大战五番棋在韩国首尔举行。比赛采用中国围棋规则,最终阿尔法围棋以 4 比 1 的总比分取得了胜利。

2016 年 12 月 29 日晚起到 2017 年 1 月 4 日晚,AlphaGo 在弈城围棋网和野狐围棋网以 Master 为注册名,依次对战数十位人类顶尖围棋高手,取得 60 胜 0 负的辉煌战绩。

2017 年 5 月 23 日到 27 日,在中国乌镇围棋峰会上,AlphaGo 以 3 比 0 的总比分战胜排名世界第一的世界围棋冠军柯洁。在这次围棋峰会期间的 2017 年 5 月 26 日,AlphaGo 还战胜了由陈耀烨、唐韦星、周睿羊、时越、芈昱廷五位世界冠军组成的围棋团队。

4. 新版战绩

经过短短 3 天的自我训练,AlphaGo Zero 就强势打败了此前战胜李世石的旧版 AlphaGo,战绩是 100:0。经过 40 天的自我训练,AlphaGo Zero 又打败了 AlphaGo Master 版本。Master 曾击败过世界顶尖的围棋选手,甚至包括世界排名第一的柯洁。

5. 版本介绍

据公布的题为《在没有人类知识条件下掌握围棋游戏》的论文介绍,开发公司将 AlphaGo 的发展分为四个阶段,也就是四个版本,第一个版本即战胜樊麾时的人工智能,第二个版本是 2016 年战胜李世石的"狗",第三个是在围棋对弈平台名为 Master(大师)的版本,其在与人类顶尖棋手的较量中取得60胜0负的骄人战绩,而最新版的人工智能开始学习围棋3天后便以100∶0横扫了第二版本的"旧狗",学习40天后又战胜了在人类高手看来不可企及的第三个版本"大师"。

6. 设计团队

戴密斯·哈萨比斯(Demis Hassabis),人工智能企业家,DeepMind Technologies 公司创始人,人称"AlphaGo 之父"。4岁开始下国际象棋,8岁自学编程,13岁获得国际象棋大师称号。17岁进入剑桥大学攻读计算机科学专业。在大学里,他开始学习围棋。2005年进入伦敦大学学院攻读神经科学博士,选择大脑中的海马体作为研究对象。两年后,他证明了5位因为海马体受伤而患上健忘症的病人,在畅想未来时也会面临障碍,并凭这项研究入选《科学》杂志的"年度突破奖"。2011年创办 DeepMind Technologies 公司,以"解决智能"为公司的终极目标。

大卫·席尔瓦(David Silver),剑桥大学计算机科学学士、硕士,加拿大阿尔伯塔大学计算机科学博士,伦敦大学学院讲师,Google DeepMind 研究员,AlphaGo 主要设计者之一。

除上述人员之外,AlphaGo 设计团队核心人员还有黄士杰(Aja Huang)、施恩·莱格(Shane Legg)和穆斯塔法·苏莱曼(Mustafa Suleyman)等。

2017年10月18日,DeepMind 团队在世界顶级科学杂志《自然》发表论文,公布了最强版 AlphaGo,代号 AlphaGo Zero。它的独门秘籍是"自学成才",而且是从零基础开始学习,在短短3天内成为顶级高手。

7. 发展方向

AlphaGo 能否代表智能计算发展方向还有争议,但比较一致的观点是,它象征着计算机技术已进入人工智能的新信息技术时代(新 IT 时代),其特征就是大数据、大计算、大决策,三位一体。它的智慧正在接近人类。

谷歌 DeepMind 首席执行官(CEO)戴密斯·哈萨比斯宣布"要将阿尔法围棋(AlphaGo)和医疗、机器人等进行结合"。因为它是人工智能,会自己学习,只要给它资料就可以移植。

据韩国《朝鲜日报》报道,为实现该计划,哈萨比斯2016年初在英国的初创公司"巴比伦"投资了2500万美元。巴比伦正在开发医生或患者说出症状后,在互联网上搜索医疗信息、寻找诊断和处方的人工智能应用程序。如果 AlphaGo 和"巴比伦"结合,诊断的准确度将得到划时代的提高。

在柯洁与 AlphaGo 的围棋人机大战结束后,AlphaGo 团队宣布阿尔法围棋将不再参加围棋比赛。AlphaGo 将进一步探索医疗领域,利用人工智能技术攻克现实现代医学中存在的种种难题。在医疗资源的现状下,人工智能的深度学习已经展现出了潜力,可以为医生提供辅助工具。

谷歌公司研发 AlphaGo,只是为了对付人类棋手吗?实际上,这从来不是 AlphaGo 的目的,开发公司只是通过围棋来试探它的功力,而研发这一人工智能的最终目的是为了推动社会变革、改变人类命运。

AlphaGo 之父哈萨比斯表示:"如果我们通过人工智能可以在蛋白质折叠或设计新材料等问题上取得进展,那么它就有潜力推动人们理解生命,并以积极的方式影响我们的生活。"据悉,目前他们正积极与英国医疗机构和电力能源部门合作,以此提高看病效率和能源效率。

第5章 大数据技术

近几年,大数据技术迅猛发展,在各个领域都得到了广泛关注,推动了新一轮技术发展浪潮。大数据技术的发展,已被列为国家重大发展战略。随着大数据技术的发展,大数据处理及其行业应用价值有目共睹。本章将从大数据的发展背景、大数据的基本概念和特点、大数据处理主要技术等方面简要介绍大数据技术的基础知识。

5.1 大数据概述

"大数据"一词已经无处不在,然而,其概念仍然存在混淆。大数据已被用于承载所有类型的概念,包括巨量的数据、社交媒体分析、下一代数据管理能力、实时数据等。无论是任何种类,人们都已经开始理解并且探索如何以新的方式处理并分析大量的信息。

5.1.1 大数据的发展背景

近几年,大数据迅速发展成为科技界和企业界甚至世界各国政府关注的热点。人们对于大数据的挖掘和运用,预示着新一波生产力增长和消费浪潮的到来。美国政府认为大数据是"未来的钻石矿和新石油",一个国家拥有数据的规模和运用数据的能力将成为综合国力的重要体现,对数据的占有和控制将成为国家间和企业间新的争夺焦点。全球著名管理咨询公司麦肯锡(McKinsey&Company)首先提出了"大数据时代"的到来并声称:"数据已经渗透到当今各行各业的职能领域,成为重要的生产因素。"

随着计算机和信息技术的迅猛发展与普及应用,行业应用系统的规模迅速扩大,行业应用所产生的数据呈爆炸性增长。互联网(社交、搜索、电商)、移动互联网(微博、微信)、物联网(传感器、智慧地球)、车联网、GPS、医学影像、安全监控、金融(银行、股市、保险)、电信(通话、短信)都在疯狂地产生数据。例如,互联网领域中,谷歌搜索引擎的每秒使用用户量达到200万;科研领域中,仅某大型强子对撞机在一年内积累的新数据量就达到15PB左右;电子商务领域中,eBay的分析平台每天处理的数据量高达10PB,超过了纳斯达克交易所每天的数据处理量;"双十一"大型商业活动中,淘宝商城屡创神话,销售额由2010年的9亿元一路攀升到2017年的1682亿元,支付宝平台平均每秒成功交易25.6万笔,交易覆盖二百多个国家和地区；航空航天领域中，仅一架双引擎波音 737 飞机在横贯大陆飞行的过程中，传感器网络便会产生近 240TB 的数据。综合各个领域，目前积累的数据量已经从 TB 量级上升至 PB、EB 甚至 ZB 量级，其数据规模已经远远超出了现有通用计算机所能够处理的量级。

根据全球著名咨询机构互联网数据中心（Internet Data Center，IDC）做出的估测，人类社会产生的数据一直都在以每年 50% 的速度增长，也就是说，每两年数据量就会增加一倍，即已形成了"大数据摩尔定律"，这意味着人类在最近两年产生的数据量相当于之前产生的全部数据量之和。据 IDC 统计，2011 年全球被创建和复制的数据总量为 1.8ZB，到 2020 年这一数据将攀升到 35ZB，我国的数据量到 2020 年将超过 8ZB，其中 8% 以上来自于个人（主要是图片、视频和音乐），远远超过人类有史以来所有印刷材料的数据总量（200PB）。目前，全球的数据量正以每 18 个月至 24 个月翻一番的速度膨胀式增长，数据量的飞速增长也带来了大数据技术和服务市场的繁荣发展。

5.1.2 大数据的基本概念

"大数据"一词由英文 Big Data 翻译而来，是近几年兴起的概念。往前追溯却发现由来已久，早在 1980 年就已由美国著名未来学家阿尔文·托夫勒在《第三次浪潮》一书中提及，并将大数据赞颂为"第三次浪潮的华彩乐章"。

1. 大数据的定义

"大数据"并不等同于"大规模数据"，那么何谓"大数据"呢？迄今并没有公认的定义，由于大数据是相对概念，因此，目前的定义都是对大数据的定性描述，并未明确定量指标。

维基（Wiki）百科给出的大数据概念是：在信息技术中，"大数据"是指一些使用现有数据库管理工具或者传统数据处理应用很难处理的大型而复杂的数据集。其挑战包括采集、管理、存储、搜索、共享、分析和可视化。

麦肯锡公司认为将数据规模超出传统数据库管理软件的获取存储管理，以及分析能力的数据集称为大数据。

高德纳咨询公司（Gartner）则将大数据归纳为需要新处理模式才能增强决策力、洞察发现力和流程优化能力的海量高增长率和多样化的信息资产。

徐宗本院士在第 462 次香山科学会议的报告中，将大数据定义为不能够集中存储并且难以在可接受时间内分析处理，其中个体或部分数据呈现低价值性而数据整体呈现高价值的海量复杂数据集。

复旦大学朱扬勇教授提出，大数据本质上是数据交叉、方法交叉、知识交叉、领域交叉、学科交叉，从而产生新的科学研究方法、新的管理决策方法、新的经济增长方式、新的社会发展方式等。

虽说这些关于大数据定义的方式、角度及侧重点不同，但是所传递的信息基本一致，即大数据归根结底是一种数据集，其特性是通过与传统的数据管理及处理技术对比来凸显，并且在不同需求下，其要求的时间处理范围具有差异性，最重要的一点是大数据的价值并非来自数据本身，而是来自大数据所反映的"大决策""大知识""大问题"等。

从宏观世界角度来看，大数据则是融合物理世界、信息空间和人类社会三元世界的纽带，因为物理世界通过互联网、物联网等技术有了在信息空间中的大数据反映，而人类社会则借助人机界面、脑机界面、移动互联等手段在信息空间中产生自己的大数据映像。从信息产业角度来讲,大数据还是新一代信息技术产业的强劲推动力。所谓新一代信息技术产业,本质上是构建在第三代平台上的信息产业,主要是指云计算、大数据、物联网、移动互联网(社交网络)等。

2. 大数据产生的原因

"大数据"并不是一个凭空出现的概念,其出现对应了数据产生方式的变革,生产力决定生产关系的道理对于技术领域仍然是有效的,正是由于技术发展到了一定的阶段才导致海量数据被源源不断地生产出来,并使当前的技术面临重大挑战。归纳起来大数据出现的原因有以下几点。

1) 数据生产方式变得自动化

数据的生产方式经历了从结绳计数到现在的完全自动化,人类的数据生产能力已不可同日而语。物联网技术、智能城市、工业控制技术的广泛应用使数据的生产完全实现了自动化,自动数据生产必然会产生大量的数据。甚至当前人们所使用的绝大多数数字设备都可以被认为是一个自动化的数据生产设备:我们的手机会不断与数据中心进行联系,通话记录、位置记录、费用记录都会被服务器记录下来;我们用计算机访问网页时访问历史、访问习惯也会被服务器记录并分析;我们生活的城市、小区遍布的传感器、摄像头会不断产生数据并保证我们的安全;天上的卫星、地面的雷达、空中的飞机也都在不断地自动产生着数据。

2) 数据生产融入每个人的日常生活

在计算机出现的早期,数据的产生往往只是由专业的人员来完成的,能够有机会使用计算机的人员通常都是因为工作的需要,物理学家、数学家是最早使用计算机的人员。随着计算机技术的高速发展,计算机得到迅速普及,特别是手机和移动互联网的出现使数据的生产和每个人的日常生活结合起来,每个人都成为数据的生产者:当你发出一条微博时,你在生产数据;当你拍出一张照片时,你在生产数据;当你使用手中的市民卡和银行卡时,你在生产数据;当你在 QQ 上聊天时,你在生产数据;当你在用微信发朋友圈或聊天时,你在生产数据;当你在玩游戏时,你在生产数据。数据的生产已完全融入人们的生活:在地铁上,你在生产数据;在工作单位,你在生产数据;在家里,你也在生产数据。个人数据的生产呈现出随时、随地、移动化的趋势,我们的生活已经是数字化的生活。

3) 图像、音频和视频数据所占比例越来越大

人类在过去几千年主要靠文字记录信息,随着技术的发展,人类越来越多地采用视频、图像和音频这类占用空间更大、更形象的手段来记录和传播信息。从前聊天用文字,现在用微信和视频,人们越来越习惯利用多媒体方式进行交流。城市中的摄像头每天都会产生大量视频数据,由于技术的进步,图像和视频的分辨率变得越来越高,数据变得越来越大。

4) 网络技术的发展为数据的生产提供了极大的方便

前面说到的几个大数据产生原因还缺乏一个重要的引子:网络。网络技术的高速发展是大数据出现的重要催化剂:没有网络的发展就没有移动互联网,我们就不能随时随地实现数据生产;没有网络的发展就不可能实现大数据视频数据的传输和存储;没有网络的发展就不会有现在大量数据的自动化生产和传输。网络的发展催生了云计算等网络化应用的出现,使数据的生产触角延伸到网络的各个终端,使任何终端所产生的数据能快速有效地被传输并存储。很难想象在一个网络条件很差的环境下能出现大数据,可以这么认为:大数

据的出现依赖于集成电路技术和网络技术的发展,集成电路为大数据的生产和处理提供了计算能力的基础,网络技术为大数据的传输提供了可能。

5) 云计算概念的出现进一步促进了大数据的发展

云计算这一概念是在 2008 年前后进入我国的,最早可以追溯到 1960 年人工智能之父麦卡锡所预言的"今后计算机将会作为公共设施提供给公众"。2012 年 3 月,在国务院政府工作报告中,云计算被作为附录给出了一个官方的解释,表达了政府对云计算产业的重视。在政府工作报告中云计算的定义是这样的:"云计算是基于互联网的服务的增加、使用和交付模式,通常涉及通过互联网来提供动态易扩展且经常是虚拟化的资源。是传统计算机和网络技术发展融合的产物,它意味着计算能力也可作为一种商品通过互联网进行流通。"云计算的出现使计算和服务都可以通过网络向用户交付,而用户的数据也可以方便地利用网络传递,云计算这一模式网络的作用被进一步凸显出来,数据的生产、处理和传输可以利用网络快速地进行,改变传统的数据生产模式,这一变化大大加快了数据的产生速度,对大数据的出现起到了至关重要的作用。

3. 大数据的特征

大数据的"大"是一个动态的概念,以前 10GB 的数据就是天文数字,而现在,在地球、物理、基因、空间科学等领域,TB 级的数据集已经很普遍。大数据具备以下五个维度的特征(如图 5-1 所示)。

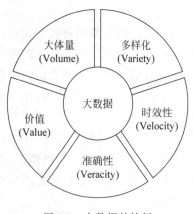

图 5-1　大数据的特征

(1) 大体量(Volume)。需要采集、处理、传输的数据容量大,数据量可从数百 TB 到数百 PB 甚至 EB 的规模。

(2) 多样化(Variety)。大数据所处理的数据类型早已不是单一的文本数据或者结构化的数据库中的表,而是包括各种格式和形态的数据,数据结构种类多,复杂度高。

(3) 时效性(Velocity)。很多大数据需要在一定时间限度下得到及时处理,处理数据的效率决定企业的生命。

(4) 准确性(Veracity)。大数据处理的结果要保证一定的准确性。

(5) 价值(Value)。大数据包含很多深度的价值,通过强大的机器学习和高级分析对数据进行"提纯",能够带来巨大商业价值。

5.1.3　典型大数据应用实例

1. 从谷歌流感趋势看大数据的应用价值

谷歌有一个名为"谷歌流感趋势"的工具,它通过跟踪搜索词相关数据来判断全美地区的流感情况(比如患者会搜索"流感"两个字)。如果这个工具发出警告,表明全美的流感已经进入"紧张"级别。它对于健康服务产业和流行病学专家来说是非常有用的,因为它的时效性极强,能够很好地对疾病暴发进行跟踪和处理。事实也证明,通过海量搜索词的跟踪获得的趋势报告是很有说服力的,例如,仅波士顿地区就有 700 例流感得到确认,该地区已宣布进入公共健康紧急状态。

这个工具工作的原理大致是这样的：设计人员置入了一些关键词（比如温度计、流感症状、肌肉疼痛、胸闷等），只要用户输入这些关键词，系统就会展开跟踪分析，创建地区流感图表和流感地图。谷歌多次把测试结果与美国疾病控制和预防中心的报告做比对，从图 5-2 可知，两者结论存在很大相关性。

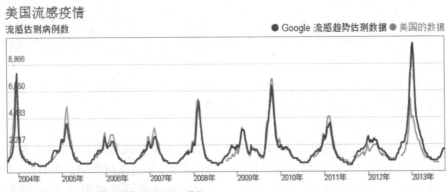

图 5-2　谷歌把测试结果与美国疾病控制和预防中心的报告做比对

　　但它比线下收集的报告强在"时效性"上，因为患者只要一旦自觉有流感症状，在搜索和去医院就诊这两件事上，前者通常是他首先会去做的。就医很麻烦而且价格不菲，如果能自己通过搜索来寻找到一些自我救助的方案，人们就会第一时间使用搜索引擎。还存在一种可能是，医院或官方收集到的病例只能说明一小部分重病患者，轻度患者是不会去医院而成为它们的样本的。

　　2．大数据在医疗行业的应用

　　Seton Healthcare 是采用 IBM 最新沃森技术医疗保健内容分析预测的首个客户。该技术允许企业找到大量病人相关的临床医疗信息，通过大数据处理，更好地分析病人的信息。在加拿大多伦多的一家医院，针对早产婴儿，每秒有超过 3000 次的数据读取。通过这些数据分析，医院能够提前知道哪些早产儿出现问题并且有针对性地采取措施，避免早产婴儿发生意外。

　　大数据让更多的创业者更方便地开发产品，比如通过社交网络来收集数据的健康类App。也许未来数年后，它们搜集的数据能让医生给你的诊断变得更为精确，例如，不是通用的成人每日三次一次一片，而是检测到你的血液中药剂已经代谢完成才会自动提醒你再次服药。

　　3．大数据在能源行业的应用

　　智能电网在欧洲已经做到了终端，也就是所谓的智能电表。在德国，为了鼓励利用太阳能，会在家庭安装太阳能，除了卖电给你，当你的太阳能有多余电的时候还可以买回来。通过电网每隔五分钟或十分钟收集一次数据，收集来的这些数据可以用来预测客户的用电习惯等，从而推断出在未来 2～3 个月时间里，整个电网大概需要多少电。有了这个预测后，就可以向发电或者供电企业购买一定数量的电。因为电有点像期货，如果提前买就会比较便宜，买现货就比较贵。通过这个预测后，就可以降低采购成本。

　　4．大数据在通信行业的应用

　　XO Communications 通过使用 IBM SPSS 预测分析软件，减少了将近一半的客户流失率。XO 现在可以预测客户的行为，发现行为趋势，并找出存在缺陷的环节，从而帮助公司及时采取措施，保留客户。此外，IBM 新的 Netezza 网络分析加速器，将通过提供单个端到端网络、服务、客户分析视图的可扩展平台，帮助通信企业制定更科学、更合理的决策。

电信业者通过数以千万计的客户资料，能分析出多种使用者的行为和趋势，卖给需要的企业，这是全新的资料经济。

中国移动通过大数据分析，对企业运营的全业务进行针对性的监控、预警、跟踪。系统在第一时间自动捕捉市场变化，再以最快捷的方式推送给指定负责人，使他在最短时间内获知市场行情。

NTT docomo 把手机位置信息和互联网上的信息结合起来，能为顾客提供附近的餐饮店信息；接近末班车时间时，提供末班车信息服务。

5. 大数据在零售业的应用

如某个客户，是一家领先的专业时装零售商，通过当地的百货商店、网络及其邮购目录业务为客户提供服务。公司希望向客户提供差异化服务，如何定位公司的差异化，他们通过从 Twitter 和 Facebook 收集社交信息，更深入地理解化妆品的营销模式，随后他们认识到必须保留两类有价值的客户：高消费者和高影响者。希望通过接受免费化妆服务，让用户进行口碑宣传，这是交易数据与交互数据的完美结合，为业务挑战提供了解决方案。Informatica 的技术帮助这家零售商用社交平台上的数据充实了客户主数据，使他的业务服务更具有目标性。

零售企业也监控客户的店内走动情况以及与商品的互动。它们将这些数据与交易记录相结合来展开分析，从而在销售哪些商品、如何摆放货品以及何时调整售价上给出意见。此类方法已经帮助某领先零售企业减少了 17% 的存货，同时在保持市场份额的前提下，增加了高利润率自有品牌商品的比例。

5.1.4 大数据处理的基本流程

当人们谈到大数据时，往往并非仅指数据本身，而是数据和大数据技术这两者的结合。大数据技术是指伴随着大数据的采集、存储、处理、分析和呈现的相关技术，是一系列使用非传统的工具来对大量的结构化、半结构化和非结构化数据进行处理，从而获得分析和预测结果的一系列数据处理和分析技术。

讨论大数据技术时，需要首先了解大数据的基本处理流程，主要包括数据采集、存储、计算、分析和结果呈现等环节。数据无处不在，网站、政务系统、零售系统、办公系统、自动化生产系统、监控摄像头、传感器等，每时每刻都在产生数据。这些分散在各处的数据，需要采用相应的设备或软件进行采集。采集到的数据通常无法直接用于后续的数据处理和分析，因为对于来源众多、类型多样的数据而言，数据缺失和语义模糊等问题是不可避免的，因而必须采取相应措施有效解决这些问题，这就需要一个被称为"数据预处理"的过程，把数据变成一个可用的状态。数据经过预处理以后，会被存放到文件系统或数据库系统中进行存储与管理，然后采用数据挖掘工具对数据进行处理分析，最后采用可视化工具为用户呈现结果。

因此，从数据分析全流程的角度，大数据技术主要包括数据采集与预处理、数据存储和管理、数据处理与分析、数据呈现等几个层面的内容，具体见图 5-3。

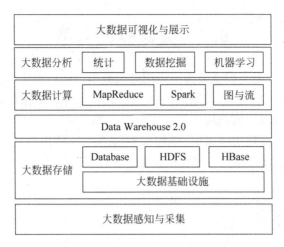

图 5-3　大数据处理的基本流程图

1）数据采集与预处理

利用 ETL（Extract Transform Load）工具将分布的、异构数据源中的数据，如关系数据、平面数据文件等，抽取数据采集与预处理到临时中间层后进行清洗、转换、集成，最后加载到数据仓库或数据集市中，成为联机分析处理、数据挖掘的基础；也可以利用日志采集工具（如 Flume、Kafka 等）把实时采集的数据作为流计算系统的输入，进行实时处理分析。

2）数据存储与管理

利用分布式文件系统、数据仓库、关系数据库、NoSQL 数据库、云数据库等，实现对结构化、半结构化和非结构化海量数据的存储和管理。

3）数据处理与分析

利用分布式并行编程模型和计算框架，结合机器学习和数据挖掘算法，实现对海量数据的处理和分析，数据分析可以用于决策支持、商业智能、推荐系统、预测系统等。

4）数据呈现

对分析结果进行可视化呈现，帮助人们更好地理解数据、分析数据。使用可视化技术，可以将处理的结果通过图形的方式直观地呈现给用户，标签云（Tag Cloud）、历史流（History Flow）、空间信息流（Spatial Information Flow）等是常用的可视化技术，用户可以根据自己的需求灵活地使用这些可视化技术；人机交互技术可以引导用户对数据进行逐步分析，使用户参与到数据分析的过程中，使用户可以深刻地理解数据分析结果。

需要注意的是，大数据技术是许多技术的一个集合体，这些技术也并非全部都是新生事物。诸如关系数据库、数据仓库、数据采集、ETL、OLAP（Online Analytical Processing）、数据挖掘、数据可视化等技术是已经发展多年的技术，在大数据时代得到不断补充、完善、提高后又有了新的升华，也可以视为大数据技术的一个组成部分。另外大数据技术还处于不断发展过程中，各种新技术、新软件日新月异，更新很快，目前主流的大数据处理基本都是建立在 Hadoop（5.4.2 节将详细介绍）大数据处理架构之上的。本章后续内容也都是以 Hadoop 为基础来介绍的。

5.2 大数据的获取

研究大数据、分析大数据的首要前提是拥有大数据。拥有大数据的方式，要么是自己采集和汇聚数据，要么是获取别人采集、汇聚、整理之后的数据。数据汇聚的方式多种多样，有些数据是通过业务系统或互联网端的服务器自动汇聚起来的，如业务数据、点击流数据、用户行为数据等；有些数据是通过卫星、摄像机和传感器等硬件设备自动汇聚的，如流感数据、交通数据、人流数据等；还有一些数据是通过整理汇聚的，如商业景气数据、人口普查数据、政府统计数据等。

5.2.1 大数据来源

1. 大数据的产生

大量数据的产生是计算机技术和网络通信技术普及的必然结果，特别是近年来互联网、云计算、移动互联网、物联网及社交网络等新型信息技术的发展，使得数据产生来源更加丰富。

1) 企业内部及企业外延

企业原有内部系统（如 ERP、OA 等应用系统）所产生的存储在数据库中的数据，属于结构化数据，可直接进行处理使用，为公司决策提供依据。另外，企业内部也存在大量非结构化的内部交易数据，并且随着移动互联网、社交网络等的应用越来越广泛，信息化环境的变化促使企业越来越多的业务需要在互联网、移动互联网、社交网络等平台开展，使得企业外部数据迅速扩展。

2) 互联网及移动互联网

随着社交网络的发展，互联网进入新的时代，用户角色也发生了巨大的变化，从传统的数据使用者转变为随时随地的数据生产者，数据规模迅猛扩展。另外，移动互联网更进一步促进更多用户成为数据生产者。

3) 物联网

物联网技术的发展，使得视频、音频、RFID、M2M、物联网和传感器等产生大量数据，其数据规模巨大。据 IDC 预测，到 2020 年，由 M2M 产生的数据将占到全世界数据总量的 42%，由此可见物联网产生的数据在整体数据来源中的比重之大。

2. 数据类型

除了数据量巨大外，大数据另一个特点就是数据类型多。在海量数据中，仅有 20% 属于结构化数据，其余均为非结构化数据。

按照数据结构，数据可以分为结构化数据、半结构化数据和无结构的非结构化数据。结构化数据存储在数据库中，逻辑结构清晰，易于使用。非结构化数据不方便用数据库二维表来表现，如文档、图片、XML、图像、音频、视频等。非结构化数据中有半结构化数据和无结构化的数据。

按照生产主体，数据可以分为企业应用产生的少量数据、用户产生的大量数据（社交、电商等）、机器产生的巨量数据（应用服务器日志、传感器数据、图像和视频、RFID 等）。

按照数据作用的方式，数据可以分为交易数据和交互数据。海量交易数据指企业内部的经营交易信息,主要包括联机交易数据和联机分析数据,是结构化的、可以通过关系数据库进行管理和访问的静态历史数据。海量交互数据源于 Facebook、Twitter、微博及其他来源的社交媒体数据,包括呼叫详细记录(CDR)、设备和传感信息、GPS 和地理位置映射数据、通过管理文件传输协议传送的海量图像文件、Web 文本和点击流数据、科学信息、电子邮件等。两类数据的有效融合将是大势所趋,大数据应用要有效集成两类数据,并实现数据的处理和分析。

5.2.2　大数据采集

大数据的价值不在于存储数据本身,而在于如何挖掘数据,只有具备足够的数据源才可以挖掘出数据背后的价值,因此,获取大数据是非常重要的基础。就数据获取而言,大型互联网企业由于自身用户规模庞大,可以把自身用户产生的交易、社交、搜索等数据充分挖掘,拥有稳定安全的数据资源。对于其他大数据公司和大数据研究机构而言,目前获取大数据的方法有如下 4 种。

1) 系统日志采集

可以使用海量数据采集工具,用于系统日志采集,如 Hadoop 的 Chukwa、Cloudera 的 Flume、Facebook 的 Scribe 等,这些工具均采用分布式架构,能满足大数据的日志数据采集和传输需求。

2) 互联网数据采集

通过网络爬虫或网站公开 API 等方式从网站上获取数据信息,该方法可以把数据从网页中抽取出来,将其存储为统一的本地数据文件,它支持图片、音频、视频等文件或附件的采集,附件与正文可以自动关联。除了网站中包含的内容之外,还可以使用 DPI 或 DFI 等带宽管理技术实现对网络流量的采集。

3) App 移动端数据采集

App 是获取用户移动端数据的一种有效方法,App 中的 SDK 插件可以将用户使用 App 的信息汇总给指定服务器,即便用户没有访问,也能获知用户终端的相关信息,包括安装应用的数量和类型等。单个 App 用户规模有限,数据量有限;但数十万 App 用户,获取的用户终端数据和部分行为数据也会达到数亿的量级。

4) 与数据服务机构进行合作

数据服务机构通常具备规范的数据共享和交易渠道,人们可以在平台上快速、明确地获取自己所需要的数据。对于企业生产经营数据或学科研究数据等保密性要求较高的数据,也可以通过与企业或研究机构合作,使用特定系统接口等相关方式采集数据。

5.2.3　互联网数据抓取

随着网络的迅速发展,Internet 成为当今世界最大的信息载体,每天有不可计数的新数据涌入 Internet 中,人们面临的一个巨大的挑战就是如何从海量数据中提取有效信息并加以利用。"要处理数据,就要先得到数据",从 Internet 上将数据获取下来,是进行数据处理的第一步,互联网信息自动抓取,最常见且有效的方式是使用网络爬虫(Web Crawler、Web Spider)。

1. 什么是网络爬虫

网络爬虫有很多名字,例如,"网络蜘蛛"(Web Spider)、"蚂蚁"(Ant)、"自动检索工具"(Automatic Indexer)。网络爬虫是一种"机器人程序",其作用是自动采集所有它们可以到达的网页,并记录下这些网页的内容,以便其他程序进行后续处理。例如,搜索引擎可以对已爬取的网页进行分拣、归类,使用户可以更快地进行检索。

互联网世界的每个网页,都可经过有限个超链接相互到达。爬虫的爬行是从一些被称为"种子"的网页开始进行的。这些"种子"是一个包含很多超链接的列表,爬虫依次访问每一个超链接,得到网页内容,将网页内容存储到数据库中供其他程序进行后续处理,同时提取该网页内的所有超链接,并循环执行"访问网页—记录信息—提取并记录超链接"这一过程。爬虫的初始种子是非常重要的,为了保证抓取尽可能多的网页,初始种子越完备越好。一个对应的解决方案是通过 DNS 服务器所在机构获取所有注册的域名。爬虫爬取过的网页也有可能发生变化(例如,网页内容被删除或修改了),为了保证这些变化能够被及时获取,爬虫需要根据一定的策略对这些网页重新爬取。

爬虫程序使用的技术很多,在超链接访问顺序策略中,最常用的是"广度优先搜索"和"深度优先搜索"。在重新爬取策略中,需要根据网站更新记录得到更新规律,确定重新抓取间隔。爬虫可以收集"原始"的网页,但这些网页由于信息混杂,不便于被检索。这时,就需要对原始网页进行分析和组织,例如,文本分词、数据抽取、文本聚类和建立索引等。

2. 网络爬虫类别

网络爬虫可以被分为两类。

一类叫做"通用爬虫",搜索引擎背后的数据采集工作大多是由通用爬虫来做的。这种爬虫追求大的爬行覆盖范围,对于在网页中提取到的超链接会"照单全收",能够爬取到尽可能多的网站,获取到各式各样的信息。

对于"通用爬虫"来说,目前成熟的网络爬虫有很多,其中不乏 Googlebot、百度蜘蛛这样的广分布式多服务器多线程的商业爬虫和 Apache Nutch 这样的灵活方便的开源爬虫。

Googlebot 使用计算机集群,每天获取(或称为"爬取")数十亿个网页,同时使用各种算法来计算需要获取哪些网站、获取网站的频率和从每个网站上获取网页的数量。目前,Googlebot 不仅可以爬取静态 HTML 页面,还可以执行 JavaScript 语言并且爬取由 Ajax 动态生成的内容。百度蜘蛛的调度程序采用深度优先和权重优先结合的抓取策略来控制蜘蛛的抓取行为,并将下载回来的网页放到"补充数据区",通过计算后再放入"检索区",形成稳定的排名,供用户进行检索。Nutch 是一个包含 Web 爬虫和全文搜索功能的开源搜索引擎,使用 Java 语言实现,相对于商用搜索引擎,它的工作流程更加公开透明,拥有很强的可定制性,并且同样可以运行在服务器集群上。

另一类叫做"聚焦爬虫",与通用爬虫不同的是,它会对提取到的超链接进行过滤,只对特定网站或者特定领域的网站进行爬取。这类爬虫的应用也很广泛,例如,可以在招聘网站上收集所有公司的信息,分析公司所在地分布状况和公司规模分布状况。

对于"聚焦爬虫",也有很多网络爬虫工具,如 Hawk、Web Scraper、GooSeeker、神箭手、八爪鱼等。当然如果有编程基础的话,也可以通过编写程序来开发符合自己要求的网络爬虫,譬如用 Python 语言编写网络爬虫。

5.2.4　数据预处理

数据预处理(Data Preprocessing)是指在对数据进行挖掘以前,需要先对原始数据进行清理、集成与变换等一系列处理工作,以达到挖掘算法进行知识获取研究所要求的最低规范和标准。在当今的大数据时代,存在含噪声的、值丢失的和不一致的数据是现实世界大型数据库的共同特点。通过数据预处理工作,可以使残缺的数据完整,并将错误的数据纠正、多余的数据去除,进而将所需的数据挑选出来,并且进行数据集成。数据预处理的常见方法有数据清洗、数据集成与数据变换。

数据清洗(Data Cleaning)是进行数据预处理的首要方法。其过程一般包括填补存在遗漏的数据值、平滑有噪声的数据、识别或除去异常值,并且解决数据不一致等问题。

数据集成(Data Integration)是指将多个不同数据源的数据合并在一起,形成一致的数据存储,例如,将不同数据库中的数据集成到一个数据库中进行存储。

数据变换(Data Transformation)是指将数据转换或统一成适合于挖掘的形式,通常包括平滑处理、聚集处理、数据泛化处理、规格化、属性构造等方式。

5.3　大数据存储

大数据无处不在,可以使用关系数据库、非关系数据库、元数据库、分布式文件系统、分布式数据库等技术,实现对结构化、半结构化和非结构化海量数据的存储和管理。

5.3.1　数据库基础

在人工方式管理的企业中,业务人员根据业务工作的需要,设计各种形式的票据、账簿和报表,如企业的合同、发票、入库单、出库单等,它们是企业存储、传输数据的载体,也是人工系统组织、管理企业数据的途径。建立信息系统后,企业的各类数据存放在计算机中,并通过专门的软件进行存取。在企业数据的输入、存储和按一定要求加工输出的这一企业数据处理过程中,必须解决如何按用户要求组织数据的逻辑存储结构,如何将逻辑存储结构转换成计算机物理存储结构,以及如何根据需要准确、迅速地存取数据等,这些问题都是数据库技术研究的主要内容。

1. 数据库

简单来说,数据库(Database,DB)是存放数据的仓库,这个仓库按照一定的数据结构来组织、存储,我们可以通过数据库提供的多种方法来管理数据库里的数据。数据库是目前数据组织的最高形式,也是应用最广泛的数据组织的管理方式与技术。数据库中的数据按一定的数据模型组织描述和存储,具有较小的冗余度、较高的数据独立性和易扩展性,并可为各种用户所共享。图5-4是某学校采用数据库方式的信息系统示意图。

数据库产生于60多年前,随着信息技术和市场的发展,特别是20世纪90年代以后,数据管理不再仅仅是存储和管理数据,而转变为用户所需要的各种数据管理的方式。

数据库有很多种类型,从最简单的存储有各种数据的表格到能够进行海量数据存储的大型数据库系统都在各个方面得到了广泛的应用。

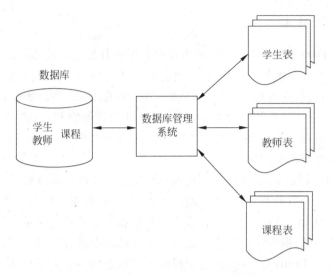

图 5-4 某学校数据库方式的信息系统

数据库具有以下特点。

1) 数据结构化

数据结构化是数据库的主要特征之一。通过数据的结构化,可以大大降低系统数据的冗余度。这样,不但节省了存储空间,而且还减少了存取时间。另外,结构化后的数据是面向整个管理系统的,而不是面向基本项应用的,它有利于系统功能的扩充。

2) 数据共享性

数据共享性是大量数据集成的结果。同一组数据可以服务于不同的应用要求,满足不同管理部门的处理业务。另外,多个用户可以在相同的时间内使用同一个数据库,每个用户可以使用自己所关心的那一部分数据,允许其访问的数据相互交叉和重叠。

3) 数据独立性

在数据库系统中,数据独立性是指数据的结构与应用程序间相互独立,它包括逻辑独立性和物理独立性两个方面。不论是数据的存储结构还是总体逻辑结构发生变化都不必修改应用程序。

以上是数据库的主要优点,按照不同的理解,数据库还有数据的完整性、一致性和安全性等优点。数据库的这些优点将弥补文件方式的不足。

2. 数据库管理系统

数据库管理系统(DataBase Management System,DBMS)是位于用户与操作系统之间的一层数据管理软件。数据库在建立、运用和维护时由数据库管理系统统一管理、统一控制。数据库管理系统使用户能方便地定义数据和操纵数据,并能够保证数据的安全性、完整性、多用户对数据的并发使用及发生故障后的系统恢复。

DBMS 接收应用程序的数据请求和处理请求,然后将用户的数据请求(高级指令)转换成复杂的机器代码(低层指令),通过其实现对数据库的操作,并接收对数据库操作而得到的查询结果,同时对查询结果进行处理(格式转换),最后将处理结果返回给用户。

DBMS 的主要功能有数据库定义、数据库操纵、数据库的运行管理、数据组织、存储与管理、数据库的保护、数据库的维护以及通信。

3. 数据库系统

数据库系统(DataBase System,DBS)是指在计算机系统中引入数据库后的系统构成,一般由数据库、数据库管理系统(及其开发工具)、应用系统、数据库管理员和用户构成,如图5-5所示。

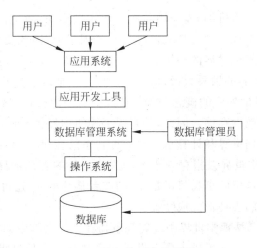

图 5-5　数据库系统结构图

一个完整的数据库系统由以下几方面构成。

1) 硬件

数据库系统的硬件部分包括 CPU、内存、磁盘、磁带以及其他外部设备。随着数据库中数据量的增加,以及 DBMS 规模的扩大,除了要求 CPU 运算速度足够快之外,数据库系统对硬件部分要求有足够大的内存、大容量的直接存取设备和高性能的数据通道传输能力。

2) 软件

数据库系统的软件部分包括如下内容:操作系统(OS)、数据库管理系统(DBMS)、应用于开发应用程序的具有数据库接口的高级语言及其编译系统、以 DBMS 为核心的应用开发工具、为某应用环境开发的数据库应用系统。

3) 人员

管理、使用和开发数据库的人员主要有数据库管理员(DataBase Administrator,DBA)、系统分析员和数据库设计人员、应用程序员和最终用户。他们不但熟悉操作系统、程序设计语言和 DBMS 等,而且对于应用系统的业务处理工作也很了解。其具体工作任务如下:

(1) DBA。专门监督和管理数据库系统的一个或一组人员,负责数据库的全面管理和控制。其主要职责包括:定义数据库的结构和内容;决定数据库的存储结构和存储策略;定义数据的安全性要求和完整性约束条件;监控数据库的运行和使用;负责数据库的改进和重组重构;规划和实现数据库信息的备份和恢复等。

(2) 系统分析员。负责应用系统的需求分析和规范说明,与 DBA 和用户一起确定系统的硬件软件配置,并参与数据库系统的概念设计。

(3) 数据库设计人员。一般由 DBA 兼任,负责数据库中数据的确定、数据库的存储结构、全局和局部逻辑结构的设计。

(4) 应用程序员。负责设计、编写、调试和安装应用系统程序模块。

（5）最终用户。通过应用程序的用户接口，如浏览器、菜单、表格、图形或报表等直观的数据表示方式使用数据库。

4. 数据模型

1）信息描述

数据库系统是面向计算机的，而应用是面向现实世界的，两个世界存在着很大差异，要直接将现实世界中的语义映射到计算机世界是十分困难的，因此要引入信息世界和数据世界作为现实世界通向计算机世界的桥梁。一方面，信息世界是经过人脑对这些事物的认识、选择、描述之后对现实世界的抽象，从纷繁的现实世界中抽取出能反映现实本质的概念和基本关系；另一方面，信息世界中的概念和关系要以一定的数据方式转换到计算机世界中去，最终在计算机系统实现数据存储。因此，从客观事物的物理状态到计算机内的数据，要经历现实世界、信息世界、数据世界和计算机世界 4 种状态的转换。

（1）现实世界。现实世界是指存在于人们头脑之外的客观世界，事物及其相互间联系就处在这个世界之中。这里的事物可以是人、物或者某种事件，还可以是客观事物之间存在的联系。它们具有一定的表现形式或特征。

（2）信息世界。信息是现实世界中的客观事物在人们头脑中的反映。人的头脑对于这些事物经过认识、选择、描述之后进入信息世界。客观事物在信息世界中称为实体，反映事物间联系的是实体模型或概念模型。概念模型的表示方法很多，其中最为常用的是 P. P. S. Chen 于 1976 年提出的实体-联系方法（entity-relationship）。该方法用 E-R 图来描述现实世界的概念模型。E-R 图是一个过渡的数据模型，随后需要再转换为 DBMS 接受的数据模型。

E-R 模型有三个基本元素，即实体、实体之间的联系和属性，它们分别用矩形框、菱形框和椭圆形框来表示，并且将对应的名字填入框内以作标识，用无向边把实体与其属性连接起来，将参与联系的实体用线段连接，并标上联系的数量，如图 5-6 所示为学生选修课程的 E-R 图。

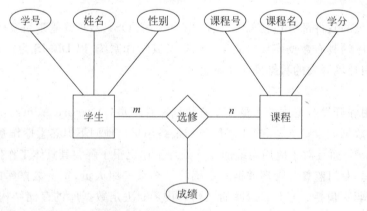

图 5-6　学生选修课的 E-R 图

其中实体间的联系有 3 种类型：

- 一对一联系

如果 A 中的每个实体至多和 B 中的一个实体有联系，反之亦然，那么 A 和 B 的联系称为"一对一联系"，记为 1∶1。

- 一对多联系

如果 A 中的每个实体与 B 中的任意个（零个或多个）实体有联系，而 B 中的每个实体最多与 A 中的一个实体有联系,则称 A 与 B 是"一对多联系",记为 $1:n$。

- 多对多联系

如果 A 中的每个实体与 B 中的任意个(零个或多个)实体有联系,反之亦然,那么称 A 与 B 的联系是"多对多联系",记为 $m:n$。

(3)数据世界。数据世界研究的对象是数据,数据是对信息的符号化表示。它与信息世界之间存在对应关系。信息世界中的一个实体对应于数据世界里的一条记录。对应于属性的数据为数据项或字段;对应于实体集的数据称为文件;描述数据和数据之间关系的模型称为数据模型,它与信息世界中的实体-联系模型相对应。

(4)计算机世界。数据世界中的数据经过编码、加工后就进入计算机世界。在计算机世界中,数据用二进制编码表示。程序的任务之一就是在计算机所承认的二进制数与人们所习惯的数据表示法之间进行转换。因此,建立数据库系统的过程,实际上就是将现实世界与计算机世界紧密结合的过程。

数据库中的数据是面向整体组织的结构化数据,它既要反映"事物"之间的联系,又要反映"事物"内部的联系。因此,在系统调查的基础上,通过对信息结构作细致分析来构造出实体-联系模型。然后将实体-联系模型转换为 DBMS 可接受的数据模型,再经过模式描述、数据输入等,这个过程就是数据库设计,人们所做的信息描述就是为了说明这个过程。

2)数据模型

数据模型是对客观事物及其联系的数据化描述。在现实世界中,事物并不是孤立存在的,不仅事物内部属性之间有联系,而且彼此关联。显然,描述实体的数据也是相互联系的。这种联系也有两种:一是数据记录内部,即数据项之间的联系;二是数据记录之间的联系。前者对应实体属性之间的联系,后者对应实体之间的联系。

在数据库系统中,除了描述记录内部的联系外,还必须考虑记录之间,即文件之间的联系。

数据模型就是反映这种联系的结构,它是数据库系统的一个重要特征。在数据库系统中,基本的数据模型有四种:层次模型、网络模型、关系模型和面向对象模型。其中层次模型和网络模型统称为非关系模型。目前使用最多的是关系数据模型,因此,这里只介绍关系数据模型。

关系数据模型或称关系模型,是目前最重要的一种数据模型。关系数据库就是采用关系模型作为数据的组织方式。因此本书主要介绍的是关系数据库,后面使用到的 Access 数据库就是关系数据库产品之一。

(1)关系模型的数据结构。

关系数据模型源于数学,它把数据看成是二维表中的元素,这个二维表就是关系。例如,管理学生基本信息的关系模型的形式如表 5-1 所示。

表 5-1　学生表

学　　号	姓　　名	班　　级	性　　别
1442402034	高潇雨	轨 14 智能控制	女
1442402035	朱涛	轨 14 智能控制	男
1442404002	严垚	轨 14 车辆	男

用关系(表格数据)表示实体和实体之间联系的模型称为关系数据模型。

关系模型的优点是:简单,表达概念直观,用户易理解;具有非过程化的数据请求,数据请求可以不指明路径;数据独立性强,用户只需提出"做什么",无须说明"怎么做"。

关系模型把数据看成是二维表中的元素,一张表就是一个关系(Relation)。

表中的每一行称为一个元组(Tuple),它相当于一个记录值。

表中的每一列是一个属性(Attribute)值集,属性的取值范围称为域(Domain),属性相当于数据项或字段,例如表5-1中有四个属性(学号,姓名,班级,性别)。

表中的某个属性或者某几个属性,可以唯一确定一个元组,称为主码(Primary Key),也称为主键或主关键字。例如,表5-1所示的例子中,学号就是此学生表的主码,因为它可以唯一地确定一个学生。表5-2所示的关系的主码就是(学号,课程号),因为一个学生可以修多门课程,而一门课程也可以有多个学生学,因此,只有(学号,课程号)一起才能共同确定一条记录。我们称由多个列共同组成的主码为复合主码。

表 5-2　选课表

学　号	课　程　号	成　绩
1442402034	c01	78
1442402034	c02	84
1442402035	c01	98
1442402035	c02	68
1442404002	c03	92

元组中的一个属性值称为分量。

如果表格有 n 列,则称该关系为 n 元关系或关系模式,关系模式实际对应关系表的表头。关系模式一般表示为:关系名(属性1,属性2,……,属性n)。例如表5-1所示的学生表的关系模式为:

学生(学号,姓名,班级,性别)

关系具有如下性质:

- 关系中的每一列属性都是不能再分的;
- 一个关系中的各列都被指定一个相异的名字;
- 各行相异,不允许重复;
- 行、列的次序均无关;
- 每个关系都有一个唯一标识各元组的主关键字,它可以是一个属性或属性组合。

(2)关系模型的数据操作。

关系数据模型的数据操作主要包括查询、插入、删除和修改数据。这些操作必须要满足关系的完整性约束条件。关系模型中的数据操作是基于集合的操作,操作对象和操作结果都是集合(或关系);另一方面,关系模型把存储路径向用户隐藏起来,用户只须指出"干什么"或"需要什么",而不必详细说明"怎样干",从而极大地提高了数据的独立性。

(3)关系模型的数据完整性约束。

数据完整性是指数据库中存储的数据是有意义的或正确的。关系模型中的数据完整性规则是对关系的某种约束条件。它的数据完整性约束主要包括三大类:实体完整性、参照完整性和用户自定义完整性。

- 实体完整性

实体完整性约束规定基本关系的所有主关键字对应的主属性都不能取空值,且取值唯一,通过主关键字可以区别不同的记录(行)。例如表 5-2 学生表的关系:选课(学号,课程号,成绩)中,学号和课程号共同组成为主关键字,则学号和课程号两个属性都不能为空且取值唯一,一旦确定了学号和课程号,就可以唯一确定选课表中的一条记录。

- 参照完整性

参照完整性也称为引用完整性。现实世界中的实体之间往往存在某种联系,在关系模型中,实体以及实体之间的联系都是用关系来表示的,这样就自然存在着关系与关系之间的引用。参照完整性就是描述实体之间的联系的。

参照完整性一般是指多个表之间的关联关系。比如表 5-2 中,选课表所描述的学生必须受限于学生表中已有的学生,不能在选课表中描述一个根本就不存在的学生。这种限制一个表中的某列的取值受另一个表的某列的取值范围约束的特点就称为参照完整性。在关系数据库中用外码来实现参照完整性。例如,只要将选课表中的"学号"定义为引用学生表的"学号"的外码,就可以保证选课表中的"学号"的取值在学生表的已有"学号"范围内。外码(Foreign Key)又称为外键或外部关键字,它是取自本表属性之一的外表主码。外码一般在联系实体中,用于表示两个或多个实体之间的关联关系。

- 用户自定义完整性

用户自定义完整性也称为域的完整性或应用语义完整性。任何关系数据库系统都应该支持实体完整性和参照完整性,除此之外,不同的关系数据库系统根据其应用环境的不同,往往还需要一些特殊的约束条件,用户定义的完整性就是针对某一具体应用定义的数据库约束条件。它反映某一具体应用所涉及的数据必须满足应用语义的要求。

用户自定义完整性实际就是指明关系中属性的域,即限制关系中的属性的取值类型及取值范围,防止属性的值与应用语义矛盾。例如,学生的考试成绩的取值范围为 0～100,或取{优、良、中、及格、不及格}。又例如学生的入学日期早于毕业日期、最低工资小于最高工资等。

5. 数据视图

数据库系统的一个重要目标就是要解决文件系统中用户要对其所用文件的物理组织、存储细节等都需自行处理的这一问题,而把一些细节事务都交由 DBMS 来处理。用户只需要逻辑地、抽象地去处理数据,而不必考虑数据在计算机中的存放。这样,在数据库系统中,用户看到的数据与在计算机系统中所存放的数据就不是一回事。从用户看到的数据到计算机内的物理数据之间经过了两次转换。第一次是系统为了实现数据共享、减少冗余,把所有用户视图的数据进行综合,抽象成一个统一视图-全局数据。第二次是系统为了提高存取效率,把全局视图的数据按照物理组织的最优方式来存放。图 5-7 给出了数据库的分层结构。一般来说,数据库系统的基本结构大体上是一致的,可以用三级模式和两级映像来概括描述。

1) 三级模式

(1) 外模式。外模式(External Schema)对应于用户级数据库,又称子模式。它用子模式定义语言来定义,而且是用户与数据库的接口。因此,一个子模式中包含了相应用户的记录类型的描述以及与概念模式中相应记录的映像定义。这里,每个用户都必须使用一个子

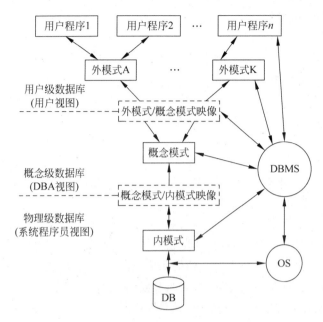

图 5-7　数据库的分层结构

模式,但多个用户也可以使用同一个子模式。

(2)概念模式。概念模式(Conceptual Schema)对应于概念级数据库,又称模式。它用模式定义语言定义。模式的主体是数据库的数据模型,它是所有用户视图数据库的一个最小并集。

(3)内模式。内模式(Internal Schema)对应于物理级数据库,又称存储模式,用物理模式描述语言描述。物理级数据库包括数据库的全部存储数据,是用户操作的对象。从系统程序员的角度看,这些数据是按一定的文件方式组织起来的。

2)两级映像

从图 5-7 可以看出,在每两级模式之间存在着从一种模式结构到另一种模式结构的映像,这种功能是由 DBMS 支持的。

从外模式到概念模式的映像的作用在于,当整个系统要求改变模式时,只需改变映像关系而保持外模式不变。这种用户级数据独立于全局的逻辑数据的特性称为逻辑数据独立性。

从概念模式到内模式的映像作用在于:

当物理数据库改变时,只需修改这种映像关系而保持概念模式和外模式不变。这种全局的逻辑数据独立于物理数据的特性叫物理数据独立性。

由于有了这两级数据独立性的存在,数据库系统就把用户数据和物理数据完全分开了,用户不必过多地涉及物理存储细节,用户程序也不必依赖于物理数据,从而减少了系统的维护开销。值得指出的是,无论哪一级模式都只是处理数据的一个框架,而按这样的框架结构填入的数据才是数据库的内容。另外,用户数据库是概念数据库的部分抽取;概念数据库是物理数据库的抽象表示;物理数据库是概念数据库的具体实现,只有物理数据库才是真正存在的。因此,在设计一个数据库时,数据库管理员主要关心的是整个数据库的框架结构,即数据模型及其描述,而用户在使用数据库时关心的则是数据库中的内容。数据库的框架结构是相对稳定的,而数据库的内容则是动态变化的。

6. 结构化查询语言

1) SQL 概述

人与人交互必须使用某种人类的自然语言,如英语、汉语等。人与数据库交互就不能使用人类的自然语言了,而需要使用 SQL 语言。人们使用 SQL 语言可以告诉具体的数据库系统要干什么工作,让其返回什么数据等。

(1) SQL 的历史。

SQL 语言是 20 世纪 70 年代由 Boyce 和 Chamberlin 提出的。1979 年,IBM 公司开发出 SQL 语言,并将其作为 IBM 关系数据库原型 System R 的关系语言,实现了关系数据库中的信息检索。20 世纪 80 年代初,美国国家标准局(ANSI)开始着手制定 SQL 标准,并在 1986 年 10 月公布了最早的 SQL 标准。标准的出台使 SQL 作为标准的关系数据库语言的地位得到加强。扩展的标准版本是 1989 年发表的 SQL-89,之后还有 1992 年制定的版本 SQL-92 和 1999 年 ISO 发布的版本 SQL-99。

SQL 标准几经修改和完善,其功能更加强大,但目前很多数据库系统只支持 SQL-99 的部分特征,而大部分数据库系统都能支持 1992 年制定的 SQL-92。

(2) SQL 的特点。

SQL 语言已经成为几乎所有主流数据库管理系统的标准语言,其魅力是可想而知的。SQL 语言不仅功能强大,而且容易掌握。下面是其最主要的 5 个特点。

• 具有综合统一性

SQL 语言格式统一,能够独立完成数据库系统使用过程中的数据录入、关系模式的定义、数据库的建立,以及数据查询、插入、删除、更新、数据库重构与数据库安全性控制等一系列操作的要求,为用户提供了开发数据库应用系统的良好环境。用户在数据库投入运行后,还可根据需要随时修改数据模式,而不影响数据库的运行,使系统具有良好的可扩充性。

• 非过程化语言

SQL 语言与 C、COBOL、BASIC 等语言不同,它不是一种完全的语言。SQL 语言并不能编写通用的程序,因为它没有普通过程化语言中的 IF 和 FOR 等语句,只是一种操作数据库的语言,属于非过程化语言。

• 语言简洁,用户容易接受

SQL 语言十分简洁,完成主要功能只需使用 9 个动词。虽然 SQL 只使用 9 个动词,但其功能强大、设计精巧、语言语句简洁,使用户非常容易接受。

• 以一种语法结构提供两种使用方式

SQL 语言既是自含式语言,又是嵌入式语言,且在两种不同的使用方式下,SQL 语言的语法结构基本上是一致的。作为自含式语言,能够独立地用于联机交互的使用方式,用户可以在终端键盘上直接输入 SQL 命令对数据库进行操作。作为嵌入式语言,SQL 语句能够嵌入到高级语言中,为程序员的程序设计提供了方便。

• 面向集合的操作方式

非关系数据模型采用的是面向记录的操作方式,任何一个操作其对象都是一条记录。SQL 语言采用集合操作方式,不仅查找结果可以是元组的集合,而且一次插入、删除、更新操作的对象也可以是元组的集合。

2）SQL 语言的组成

SQL 语言集数据定义语言（Data Definition Language，DDL）、数据查询语言（Data Query Language，DQL）、数据操纵语言（Data Manipulation Language，DML）和数据控制语言（Data Control Language，DCL）的功能于一体，可以完成数据库系统的所有操作。

（1）数据定义语言。

数据定义语言（DDL）用于创建、删除和管理数据库、数据表以及视图与索引。DDL 语句通常包括对每个对象的创建（CREATE）、修改（ALTER）以及删除（DROP）等命令。

（2）数据查询语言。

数据查询语言（DQL）用于查询检索数据库中的数据。该语言使用 SELECT 语句达到查询数据的目的。使用 SELECT 语句除了可以简单地查询数据外，还可以排序数据、连接多个数据表、统计汇总数据等。SELECT 语句由一系列必选或可选的子句组成，例如，FROM 子句、WHERE 子句、ORDER BY 子句、GROUP BY 子句和 HAVING 子句等。

（3）数据操纵语言。

数据操纵语言（DML）用于插入数据、修改数据和删除数据。该语言由 3 种不同的语句组成，分别是 INSERT、UPDATE 和 DELETE 语句。INSERT 语句用于向表中插入数据，UPDATE 语句用于修改表中的数据，DELETE 语句用于删除表中的数据。

（4）数据控制语言。

数据控制语言（DCL）用来设置或者更改数据库用户或角色权限，这些语句包括 GRANT、DENY 和 REVOKE 等。其中，GRANT 语句用于授予用户访问权限，DENY 语句用于拒绝用户访问，REVOKE 语句用于解除用户访问权限。

3）SQL 语言的基本概念

由于 SQL 语言的强大功能及其通用性，当前流行的所有数据库系统、大部分高级编程语言都支持 SQL 语言。

（1）SQL 的执行环境。

SQL 语言提供了两种不同的执行方式：一种是联机交互式执行，就是用户在某数据库系统的 SQL 执行工具中把 SQL 作为独立语言交互式执行，例如，SQL Server 的查询分析器、Oracle 的 SQL * Plus 等；另一种执行方式是将 SQL 语言融入某种高级语言（例如，VB、VC、Java、PHP 等语言）中使用，这样便可利用高级语言的过程结构弥补 SQL 语言在实现复杂应用方面的不足。

（2）SQL 数据库的层次结构。

SQL 语言支持关系数据库三级模式结构，其层次结构如图 5-8 所示。

所有基本表构成了数据库的模式。视图与部分基本表构成了数据库的外模式。数据库的存储文件与其索引文件构成了关系数据库的内模式。

在 SQL 中，关系模式（对应模式）称为"基本表"，存储模式（对应内模式）称为"存储文件"，子模式（外模式）称为"视图"，元组（或记录）称为"行"，属性（或字段）称为"字段"。

基本表是独立存在的，在 SQL 中一个关系对应一个表。一个或多个基本表对应一个存储文件，每个表有若干索引，索引也存放在存储文件中。视图是从一个或多个基本表导出的虚拟表，视图本身不独立存储在数据库中，数据库中只存储视图的定义而不存储对应的数据，视图对应的数据被存放在基本表中。用户可以用 SQL 语句对视图和基本表进行查询等

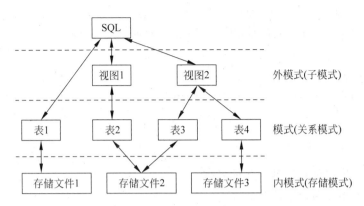

图 5-8　SQL 数据库的层次结构

操作。存储文件的逻辑结构组成了关系数据库的内模式,所以其物理结构是任意的,对用户是透明的。

4) SQL 语言的内容

为了介绍 SQL 语言的基本用法,这里使用"教学管理系统"数据库中的 3 张基本表作为例子来讲解 SQL 语言基本使用方法。下面例子所涉及的表是:

Student(sid,sname,class,sex,birthday)　学生表(学号,姓名,所在班级,性别,出生日期)

Course(cid,cname,credit)　课程表(课程号,课程名,学分)

Grade(sid,cid,score)　成绩表(学号,课程号,成绩)

带下画线的字段为该表中的主键。各个表中的示例数据如图 5-9 所示。

sid	sname	class	sex	birthday
1429401024	张亚	机14机械类1	女	1996/12/24
1442402034	高潇雨	轨14智能控制	女	1996/7/25
1442402035	朱涛	轨14智能控制	男	1995/11/21
1442402036	林旻昊	轨14智能控制	男	1996/2/9
1442402037	陆晓宇	轨14智能控制	男	1994/7/7
1442402038	袁铭辰	轨14智能控制	男	1996/5/3
1442402057	李典	轨14智能控制	男	1996/12/19
1442404002	严垚	轨14车辆	男	1995/4/27
1442404003	韩锋	轨14车辆	男	1996/12/2
1442404006	陈玲	轨14车辆	女	1996/3/4
1442404008	张志朋	轨14车辆	男	1995/12/7
1442404010	余奇峰	轨14车辆	男	1995/1/3
1442404016	孙逊	轨14车辆	男	1995/6/30
1442404017	汪后云	轨14车辆	女	1997/1/1

cid	cname	credit
c01	计算机应用基	2
c02	c语言程序设计	4
c03	大学英语1	4
c04	高等数学1	4

sid	cid	score
1429401024	c01	78
1442402034	c01	78
1442402034	c02	84
1442402034	c03	90
1442402034	c04	48
1442402035	c01	98
1442402035	c02	68

图 5-9　"教学管理系统"数据库中的 3 张基本表

(1) 表的创建(CREATE TABLE)。

SQL 语言创建表用 CREATE TABLE 语句来实现。CREATE TABLE 语句可以定义各种表的结构、约束以及继承等内容。

CREATE TABLE 将在当前数据库创建一个新的、初始为空的数据表，该表将由发出此命令的用户所有。下面是 CREATE TABLE 语句的基本语法格式。

```
CREATE TABLE <表名> (
<列名 1><数据类型> [NOT NULL] [DEFAULT <默认值>],
[<列名 2><数据类型> [NOT NULL] [DEFAULT <默认值>], …
<列名 n><数据类型>…
);
```

具体说明如下：
- 表名：给出要创建的基本表的名称。
- 列名：给出列名或字段名。
- NOT NULL：可选项，如果在某列名或字段名后加上该项，则向表添加数据时，必须给该列输入内容，即不能为空。
- DEFAULT <默认值>：可选项，如果在某列名或字段名后加上该项，则向表添加数据时，如果不向该列添加数据，系统就会自动用默认值填充该列。

下面通过两个例题来介绍 CREATE TABLE 语句的使用方法。

【例 5.1】 创建一个 Student 表，设置其学号 sid、姓名 sname、班级 class 和性别 sex，4 个字段都不能为空，学号 sid 值唯一。

其创建语句如下所示：

```
CREATE TABLE Student(
    sid    char(10) NOT NULL UNIQUE,
    sname  char(20) NOT NULL,
    class  char(20) NOT NULL,
    sex    char(2) NOT NULL
    );
```

在 Access 数据库的 SQL 视图中执行上面的语句后，就可以在数据库中创建一个学生信息表了（本书中的所有 SQL 语句运行环境为 Access 数据库，在其他数据库不一定可以正常执行）。

【例 5.2】 创建 Grade 表，并设置"学号 sid"和"课号 cid"两个字段为联合主键，分别为 Student 和 Course 表的外键。

```
CREATE TABLE Grade(
    sid    char(10) NOT NULL,
    cid    char(10) NOT NULL,
    score   short NOT NULL,
    CONSTRAINT pk_sid_cid PRIMARY KEY(sid,cid),
    CONSTRAINT fk_StudentGrade FOREIGN KEY (sid) REFERENCES Student(sid),
    CONSTRAINT fk_CourseGrade FOREIGN KEY (cid) REFERENCES Course(cid)
)
```

（2）表结构的修改（ALTER TABLE）。

在数据库操作时，可能需要更改表结构，使用 ALTER TABLE 语句可以修改字段的类型和长度，可以添加新字段，还可以删除不需要的字段等。下面分别介绍使用 ALTER TABLE 修改字段、添加字段和删除字段的语法格式。

```
ALTER TABLE <表名>
[ADD <新字段名> 数据类型 [完整性约束]]
[DROP [完整性约束]]
[ALTER COLUMN <列名><数据类型>;
```

其中<表名>是要修改的基本表；ADD 子句用于增加新列和新的完整性约束条件；DROP 子句用于删除指定的完整性约束条件；ALTER COLUMN 子句用于修改原有的列定义。

【例 5.3】 在 Student 表中，增加新字段"出生日期"，该字段的类型为日期型，长度为 10。其 SQL 语句如下所示。

```
ALTER TABLE Student ADD
birthday datetime;
```

【例 5.4】 为例 5.1 中的 Student 表的"姓名"字段建立主键约束。

```
ALTER TABLE Student
ADD CONSTRAINT pk_sname
PRIMARY KEY(sname)
```

【例 5.5】 将例 5.4 中设置的 Student 表中的"姓名"字段主键约束修改为"学号"主键约束。

- 删除当前主键约束。

```
ALTER TABLE Student
DROP CONSTRAINT pk_sname;
```

- 添加"学号"主键约束。

```
ALTER TABLE Student
ADD CONSTRAINT pk_sid
PRIMARY KEY(sid)
```

注意：被设置主键约束的字段必须设置 NOT NULL 约束。

（3）删除表（DROP TABLE）。

当不再需要数据库中的某表时，就应当删除该表，释放该表所占有的资源。在 SQL 语言中，删除数据表使用 DROP TABLE 语句。例如，下面的语句用于删除 Student 表。

```
DROP TABLE Student;
```

说明：有时，在使用 DROP TABLE 语句删除数据表时会出现删除失败的情况。导致删除失败的绝大多数原因是该表可能与数据库中的其他表存在联系。此时，应当先解除表之间的联系，然后再使用 DROP TABLE 语句删除表。

（4）表的查询（SELECT）。

一条 SELECT 语句可以很简单，也可以很复杂。一个较复杂的查询操作可以使用多种方法完成，即 SELECT 语句的编写方法也是灵活多样的，就像一道数学题有多种解法一样，所以 SELECT 语句没有绝对的固定格式。

- 最基本的语法格式

SQL 语言中的 SELECT 查询语句用来从数据表中查询数据，其完整的语法格式由一系列的可选子句组成。下面首先介绍 SELECT 语句最基本的语法格式。

```
SELECT *
FROM <表名>
```

具体说明如下：

➤ SELECT 关键字后的"＊"，代表查询数据表中的所有（字段）的内容。在这个位置也可以指定要查询的字段名列表。

➤ FROM 关键字后的<表名>，指明要从哪个表查询数据，可以是一个表，也可以是多个表，多个表用逗号隔开。

➤ 所有 SELECT 语句必须有 SELECT 子句和 FROM 子句，书写时可以将两个子句写在一行中。

【例 5.6】 查询 Student 数据表中的所有内容。

```
SELECT *
FROM Student
```

【例 5.7】 查询 Student 数据表中的学号、姓名、性别字段。

```
SELECT sid, sname, sex
FROM Student
```

• 带有主要子句的语法格式

前面介绍了 SELECT 语句最基本的语法格式，实际上 SELECT 语句的完整语法格式要比其复杂得多。下面将经常用到的主要子句的语法格式归纳如下。

```
SELECT [DISTINCT|ALL] <目标列表达式> [,<目标列表达式>] …
FROM <表名>
[WHERE <条件表达式>]
[GROUP BY <列名>] [HAVING <条件表达式>]
[ORDER BY <列名> [ASC | DESC ]]
```

具体说明如下：

➤ SELECT 子句：必选子句。可选关键字 DISTINCT 用于去除查询结果集中的重复值所在的记录；关键字 ALL 用于返回查询结果集中的全部记录，它是默认的关键字，即当没有任何关键字时返回全部记录。目标列表达式为星号（＊），或者用逗号分隔的字段名列表，或者引用字段名的表达式，或者其他表达式（常量或函数）。该子句决定了结果集中应该有什么字段。

➤ FROM 子句：必选子句。其中表名可以是一个基本表名称，或者一个视图名称，或者为用逗号分隔的基本表名称列表，或者为视图名列表，或者为基本表名和视图名混合列表。该子句决定了要从哪个（哪些）数据源查询数据。

➤ WHERE 子句：可选子句。该子句用于指定查询条件，DBMS 将满足条件的行显示出来（或者添加到结果集中）。

➤ GROUP BY 子句：可选子句。其中列名为一个字段名，或者用逗号分隔的字段名列表。该子句用于按条件表达式分组（分类）查询到的数据。

➤ ORDER BY 子句：可选子句。该子句用于按字段名排序查询结果。如果其后有 ASC

（默认值），则按升序排序结果；如果其后有 DESC,则按降序排序结果。如果没有该子句,查询结果将以添加记录时的顺序显示。

注意：如果 SELECT 语句中有 ORDER BY 子句,则必须将其放在所有子句的后面。

【例 5.8】 从 Student 表中查询所有学生的学号、姓名、班级和出生日期,并按出生日期排序。

```
SELECT sid,sname,class,birthday
FROM Student
ORDER BY birthday;
```

【例 5.9】 从 Course 表中查询所有内容。要求将查询结果按照学分降序排序。

```
SELECT *
FROM Course
ORDER BY credit DESC
```

【例 5.10】 从 Course 表中查询所有内容。要求将查询结果按照学分降序排序,当学分相同时按照课号升序排序。

```
SELECT *
FROM Course
ORDER BY credit DESC,cid
```

为了增强查询功能,在查询语句中可以使用 SQL 提供的内置函数,这里列出几个常用的函数：

COUNT(＊) 统计查询结果中的记录个数;

COUNT(<列名>) 统计查询结果中某列值的个数;

MAX(<列名>) 取字段最大值;

MIN(<列名>) 取字段最小值;

SUM(<列名>) 计算字段的总和;

AVG(<列名>) 取字段平均值;

NOW() 返回当前时间(完整时间,包括年月日 小时分秒);

YEAR(<日期型数据>) 返回某个日期中的年份。

【例 5.11】 计算 c01 号课程的学生平均成绩。

```
SELECT AVG(score)
FROM Grade
WHERE cid = 'c01';
```

【例 5.12】 从 Student 表中查询学生的姓名、出生日期和年龄,并按年龄降序排序记录。

```
SELECT sname,birthday,YEAR(NOW())-YEAR(birthday) AS 年龄
FROM Student
ORDER BY 3 DESC;
```

- 条件查询

如果要使用 WHERE 子句,则必须学会编写条件表达式。条件表达式其实是关系表达式、逻辑(布尔)表达式和几个 SQL 特殊条件表达式的统称。条件表达式只有真(True)和

假(False)两种值。在学习编写条件表达式之前,首先应当了解条件运算符。

SQL 语言中常使用的条件运算符有下面一些。

> 比较运算符:=(等于),>(大于),<(小于),>=(大于等于),<=(小于等于), !=或<>(不等于)。

> 逻辑(布尔)运算符:NOT(非),AND(与),OR(或)。

> 确定范围:BETWEEN AND(在某个范围内),NOT BETWEEN AND(不在某个范围内)。

> 确定集合:IN(在某个集合中),NOT IN(不在某个集合中)。

> 字符匹配:LIKE(与某种模式匹配,其中" * "匹配任何长度,"?"匹配一个字符), NOT LIKE(不与某种模式匹配)。

> 空值:IS NULL(是 NULL 值),IS NOT NULL(不是 NULL 值)。

【例 5.13】 从 Course 表中查询所有 4 学分的课程信息。

```
SELECT *
FROM Course
WHERE credit = 4;
```

【例 5.14】 从 Student 表中查询名叫"林强"的学生。

```
SELECT *
FROM Student
WHERE sname = '林强'
```

【例 5.15】 从 Student 表中查询出生日期大于"1996-01-01"的学生。

```
SELECT *
FROM Student
WHERE birthday > #1996-01-01#;
```

有时需要查询某个范围内的数据,此时可以在 WHERE 子句中使用 BETWEEN 运算符,该运算符需要两个值,即范围的开始值和结束值。

【例 5.16】 从 Grade 表中查询考试成绩 70~80 分的所有学生的学号、课程号和成绩。

```
SELECT sid, cid, score
FROM Grade
WHERE score BETWEEN 70 AND 80;
```

【例 5.17】 从 Student 表中查询 1996 年 1 月 1 日~1997 年 1 月 1 日出生的学生姓名、出生日期和所属班级。

```
SELECT sname as 姓名, birthday as 出生日期, class as 所属班级
FROM Student
WHERE birthday BETWEEN #01/01/1996# AND #01/01/1997#
```

【例 5.18】 从 Student 表中查询"轨 14 车辆"班中的所有女生,并将结果按学号升序排序。

分析:使用前面所学的知识,只能完成查询"轨 14 车辆"班中的所有学生或者查询所有女生,并不能完成查询不但是"轨 14 车辆"班中的学生,而且还是女生的任务。这就需要组合这两个条件,因为这两个条件是"而且"的关系,所以使用 AND 运算符连接。具体的

SELECT 语句如下。

```
SELECT *
FROM Student
WHERE class = '轨 14 车辆' AND sex = '女'
ORDER BY sid;
```

运行结果如图 5-10 所示。

sid	sname	class	sex	birthday
1442404006	陈玲	轨14车辆	女	1996/3/4
1442404017	汪后云	轨14车辆	女	1997/1/1
1442404023	孟荣梅	轨14车辆	女	1995/4/30

图 5-10 查询结果

【例 5.19】 从 Course 表中查询学分为 2、3、4 的课程的信息,并按学分降序、课号升序排序。

```
SELECT *
FROM Course WHERE credit IN (2,3,4)
ORDER BY credit DESC,cid;
```

使用 LIKE 运算符和通配符可以对表进行模糊查询,即仅仅使用查询内容的一部分查询数据库中存储的数据。当然,LIKE 运算符也可以单独使用,单独使用时,其功能与等于运算符(=)相同。不过,需要注意的是 LIKE 运算符只支持字符型数据。下面的例题演示了 LIKE 运算符的使用方法,因为没有使用通配符,实际上没有什么太大意义,只是演示了使用方法而已。

【例 5.20】 从 Student 表中查询"轨 14 车辆"班中所有学生的信息,并按学号升序排序。

```
SELECT *
FROM Student
WHERE class
LIKE '轨 14 车辆'
ORDER BY sid;
```

下面的例题演示了结合使用"*"和 LIKE 运算符实现模糊查询功能的具体方法。

【例 5.21】 从 Student 表中查询所有姓"张"的学生信息。

```
SELECT *
FROM Student
WHERE sname
LIKE '张 * ';
```

· 连接查询

前面的查询都是针对一个表进行的。若一个查询同时涉及两个以上的表,则称为连接查询。连接查询是关系数据库中最主要的查询,包括等值连接查询、自然连接查询、非等值连接查询、外连接查询和复合条件连接查询等。

连接查询的 WHERE 子句用来连接两个表的条件称为连接条件或连接谓词,连接条件一般由连接运算符(比较运算符)构成,当连接运算符为"="时,称为等值连接,使用其他运算符称为非等值连接。

【例 5.22】 查询每个学生的基本信息和所选课程情况。

```
SELECT Student. * , Grade. *
FROM Student,Grade
WHERE Student. sid = Grade. sid;
```

运行结果如图 5-11 所示。

Student.sid ᵛ	sname	class ᵛ	sex ᵛ	birthday ᵛ	Grade.sid ᵛ	cid ᵛ	score ᵛ
1429401024	张亚	机14机械类1	女	1996/12/24	1429401024	c01	78
1442402034	高潇雨	轨14智能控制	女	1996/7/25	1442402034	c01	78
1442402034	高潇雨	轨14智能控制	女	1996/7/25	1442402034	c02	84
1442402034	高潇雨	轨14智能控制	女	1996/7/25	1442402034	c03	90
1442402034	高潇雨	轨14智能控制	女	1996/7/25	1442402034	c04	48
1442402035	朱涛	轨14智能控制	男	1995/11/21	1442402035	c04	84
1442402035	朱涛	轨14智能控制	男	1995/11/21	1442402035	c03	88
1442402035	朱涛	轨14智能控制	男	1995/11/21	1442402035	c02	68
1442402035	朱涛	轨14智能控制	男	1995/11/21	1442402035	c01	98
1442402036	林昊昊	轨14智能控制	男	1996/2/9	1442402036	c01	78
1442402037	陆晓宇	轨14智能控制	男	1994/7/7	1442402037	c01	73
1442402038	袁铭辰	轨14智能控制	男	1996/5/3	1442402038	c01	86
1442402057	李典	轨14智能控制	男	1996/12/19	1442402057	c01	65
1442404002	严垚	轨14车辆	男	1995/4/27	1442404002	c01	92
1442404002	严垚	轨14车辆	男	1995/4/27	1442404002	c03	92

图 5-11 查询结果

在例 5.22 中,SELECT 子句和 WHERE 子句中的属性名前都加上了表名前缀,这是为了避免混淆,如果字段名在参加连接的各表中是唯一的,则可以省略表名前缀。

若在等值连接中把目标列中重复的属性列去掉,则为自然连接。

【例 5.23】 对例 5.22 用自然连接完成查询。

```
SELECT Student. sid, sname,class,sex,birthday,cid,score
FROM Student,Grade
WHERE Student. sid = Grade. sid;
```

在通常的连接操作中,只有满足连接条件的记录才能作为结果输出。但在例 5.22 中,由于一些学生并没有选课,所以在 Grade 表中没有相应的记录,造成 Student 表中这些记录在连接时被舍弃了。有时希望以 Student 表为主体列出每个学生的基本情况及其选课情况。若某个学生没有选课,仍想把这些学生的记录保存在结果关系中,而在 Grade 表的属性上填空值,这时就需要使用外连接。

外连接又分为左连接(LEFT JOIN)和右连接(RIGHT JOIN)。左连接列出左边关系(如本例 Student)中所有的记录,右连接列出右边关系(Grade)中所有的记录。

【例 5.24】 使用左连接改写例 5.23。

```
SELECT Student. sid, sname,class,sex,birthday,cid,score
FROM Student
LEFT JOIN Grade ON Student. sid = Grade. sid;
```

运行结果如图 5-12 所示。

除了外连接之外,还有内连接(INNER JOIN),其只返回两个表中连接字段相等的行。

sid	sname	class	sex	birthday	cid	score
1442404002	严垚	轨14车辆	男	1995/4/27	c02	94
1442404002	严垚	轨14车辆	男	1995/4/27	c04	96
1442404003	韩锋	轨14车辆	男	1996/12/2	c01	82
1442404003	韩锋	轨14车辆	男	1996/12/2	c04	66
1442404003	韩锋	轨14车辆	男	1996/12/2	c03	81
1442404003	韩锋	轨14车辆	男	1996/12/2	c02	77
1442404006	陈玲	轨14车辆	女	1996/3/4		
1442404008	张志朋	轨14车辆	男	1995/12/7		
1442404010	余奇峰	轨14车辆	男	1995/1/3		
1442404016	孙逊	轨14车辆	男	1995/6/30		
1442404017	汪后云	轨14车辆	女	1997/1/1		
1442404018	马志超	轨14车辆	男	1995/2/28		
1442404019	林强	轨14车辆	男	1995/5/27		
1442404020	宫冬	轨14车辆	男	1995/11/17		
1442404021	查光圣	轨14车辆	男	1995/5/9		
1442404023	孟荣梅	轨14车辆	女	1995/4/30		
1442404027	陈海东	轨14车辆	男	1997/4/23		
1442405005	左亚玲	轨14建环与能	女	1995/2/2	c01	85
1442405006	史雪影	轨14建环与能	女	1996/1/2	c01	89
1442405007	吴学宇	轨14建环与能	男	1995/12/23	c01	60
1442405009	蒋依然	轨14建环与能	女	1995/6/8	c01	96
1442405010	蒋迪雅	轨14建环与能	女	1996/2/8	c01	50

图 5-12 查询结果

【例 5.25】 使用 INNER JOIN 改写例 5.23。

```
SELECT Student.sid, sname,class,sex,birthday,cid,score
FROM Student
INNER JOIN Grade ON Student.sid = Grade.sid;
```

结果和等值连接相同。

上面各个连接查询中,WHERE 子句中只有一个条件,即连接谓词。WHERE 子句中可以有多个连接条件,称为复合条件连接。

【例 5.26】 查询选修了"c01"课程且成绩在 80 分以上的所有学生。

```
SELECT Student.sid, sname
FROM Student,Grade
WHERE Student.sid = Grade.sid AND
      Grade.cid = 'c01' AND
      Grade.score > 80;
```

连接操作除了可以是两表连接、一个表与其自身连接外,还可以是两个以上的表进行连接,后者通常称为多表连接。

【例 5.27】 查询每个学生的学号、姓名、选修的课程名及成绩。

```
SELECT Student.sid, sname,cname,score
FROM Student,Grade,Course
WHERE Student.sid = Grade.sid AND
      Grade.cid = Course.cid;
```

• 嵌套查询

在 SQL 语言中,一个 SELECT-FROM-WHERE 语句称为一个查询块。将一个查询块嵌套在另一个查询块的 WHERE 子句或 HAVING 短语的条件中的查询称为嵌套查询。

【例 5.28】 查询选修了 c02 号课程的学生姓名。

```
SELECT sname
FROM Student
WHERE sid in
        (SELECT sid
        FROM Grade
        WHERE cid = 'c02')
```

（5）插入语句（INSERT）。

插入记录的语句格式为：

```
INSERT INTO <表名> [(<列名 1> [,<列名 2>, …])]
VALUES (<常量 1> [,<常量 2>, …])
```

其功能是将新记录插入指定表中。其中新记录的属性列 1 的值为常量 1，属性列 2 的值为常量 2……。如果 INTO 子句中没有指明任何属性列名，则新插入的元组必须在每个属性列上均有值。

【例 5.29】 将一个新学生记录（'1442405006'，'史雪影'，'轨 14 建环与能源工程'，'女'，1996/5/7）插入到 Student 表中。

```
INSERT INTO Student
VALUES ('1442405006', '史雪影', '轨 14 建环与能源工程', '女', ♯1996/5/7♯);
```

（6）修改语句（UPDATE）。

修改操作又称为更新操作，其语句的一般格式为：

```
UPDATE <表名>
SET 列名 1 = 常量表达式 1[,列名 2 = 常量表达式 2 …]
WHERE <条件表达式> [AND|OR <条件表达式>…]
```

【例 5.30】 将 Course 表中的"数据库技术"这门课的学分修改为 4。

```
UPDATE Course
SET credit = 4
WHERE cname = '数据库技术';
```

（7）删除语句（DELETE）。

删除语句的一般格式为：

```
DELETE FROM <表名>
[WHERE <条件表达式> [AND|OR <条件表达式>…]]
```

【例 5.31】 从 Grade 表中删除"1442402034"同学的"c01"课程的成绩记录。

```
DELETE FROM Grade
WHERE sid = '1442402034'and cid = 'c01';
```

（8）SQL 视图。

视图是从一个或几个基本表（或视图）导出的表。它与基本表不同，是一个虚表。数据库中只存放视图的定义，而不存放视图对应的数据，这些数据仍存放在原来的基本表中。所以基本表中的数据发生变化,从视图中查询出的数据也就随之改变了。从这个意义上讲,视图就像一个窗口,通过它可以看到数据库中自己感兴趣的数据及其变化。

SQL 语言用 CREATE VIEW 命令建立视图,其一般格式为:

```
CREATE VIEW <视图名> [(<列名 1 > [,<列名 2>, …])]
AS <子查询>
```

【例 5.32】 建立查询所有女生信息的视图。

```
CREATE VIEW G_Student
AS
SELECT sid, sname, class
FROM Student
WHERE sex = '女;
```

注意:由于 Access 查询不支持 CREATE VIEW,所以例 5.32 无法在 Access 中执行。本例中省略了视图 G_Student 的列名,隐含了由子查询中 SELECT 子句中的三个列名组成。

DBMS 执行 CREATE VIEW 语句的结果只是把视图的定义存入数据字典,并不执行其中的 SELECT 语句。只有在对视图查询时,才按视图的定义从基本表中将数据查出。

视图一经定义,就可以和基本表一样被查询、被删除。也可以在一个视图之上再定义新的视图,但对视图的更新(增加、删除和修改)操作则有一定的限制。具体规定,可以查询相关资料。

7. 数据库设计

数据库是管理信息系统开发和建设中的核心技术。因此,数据库设计在管理信息系统的开发中占有非常重要的位置,数据库设计的好坏将直接影响整个系统的效率。数据库设计是在现有数据库管理系统上建立数据库,需要将数据库管理系统与现实世界有机结合。

数据库设计,尤其是大型数据库的设计和开发,是涉及多学科的综合性技术,必须将软件工程的原理和方法应用到数据库建设中去。因此,数据库设计者必须具备数据库系统和实际应用对象两方面的知识,不但要熟悉以 DBMS 为基础的计算机系统,还要熟悉涉及所处理的现实世界的内容。设计一个性能良好的数据库不是一项简单的工作。

数据库设计,其设计者的知识和经验还是首要的。到目前为止,还没有一个完善的设计方法和工具。因此,同样一个应用对象,同一个 DBMS,不同设计者设计的数据库,其性能可能会有较大差异。因此要求数据人员掌握管理业务知识,同时又熟悉数据库和计算机技术。用户对数据库系统的应用应尽可能地提出明确的目标要求。设计人员应使用完善的设计工具和方法,同时设计要能适应环境的变化和用户的新需求。

数据库设计主要包括如下步骤:需求分析、概念结构设计、逻辑结构设计及物理结构设计。

1) 需求分析

需求分析的任务是详细调查现实世界要处理的对象,充分了解原系统工作概况,明确用户的各种需求,以确定新系统的功能。

需求分析的方法主要是调查组织机构情况;调查各部门的业务活动情况;协助用户明确对新系统的各种要求;确定新系统的边界;确定哪些功能由计算机完成或将来准备让计

算机完成,哪些活动由人工完成,由计算机完成的功能就是新系统应该实现的功能。

2）概念结构设计

概念结构设计的任务是对用户的需求进行综合、归纳和抽象,产生一个独立于 DBMS 的概念数据模型。在概念结构设计阶段,所用的代表工具主要是 E-R 图(Entity-Relationship Diagram)。E-R 方法的基本思想是在构造一个给定的 DBMS 所接受的数据模型之前,建立一个过渡的数据模型,即 E-R 模型(E-R Model)。E-R 模型直接面向现实世界,不必考虑给定 DBMS 的限制,目前广泛应用于数据库设计。

构造 E-R 模型实质上就是根据现实世界客观存在的"事物"及其关系所给出的语义要求,组合基本 E-R 图形为 E-R 模型。它包括如下步骤:标识实体集,标识联系集,标识属性值集和标识关键字。

如果所处理的对象是一个比较大的系统,则应先画出局部 E-R 图,而后再将局部 E-R 图经过合并同类实体、消除冗余,汇总为综合整体 E-R 图。另外,对于一个给定的应用处理对象,所构造出的 E-R 图并不是唯一的,可以得出不同形式的 E-R 模型。这主要是由于强调的侧重点不同,以及设计者的理解和经验的差别所致。

构造概念数据模型时要注意如下几点:应充分反映现实世界中实体与实体之间的联系;满足不同用户对数据处理的要求;易于理解,可以与用户交流;易于更改;易于向关系模型转化。概念数据模型是 DBMS 所用数据模型的基础,是数据库设计过程的关键步骤之一。

3）逻辑结构设计

逻辑结构设计的任务是将概念模型(如 E-R 模型)转换为某个 DBMS 支持的数据模型,然后再对转换后的模型进行定义描述,并对其进行优化,最终产生一个优化的数据库模式。

数据库逻辑设计的步骤主要包括两步:第一步,把概念数据模型转换为关系模式,按一定的规则向一般的数据模型转换;第二步,按照给定的 DBMS 的要求,将上一步得到的数据模型进行修改完善。

4）物理结构设计

物理结构设计是为逻辑结构选取最适合应用环境的物理结构,包括存储结构和存取方法。它主要依赖于给定的计算机系统。在进行物理结构设计时主要考虑数据存储和数据处理方面的问题。数据存储是确定数据库所需存储空间的大小,以尽量减少空间占用为原则。数据处理是决定操作次数的多少,应尽量减少操作次数,使响应时间越快越好。

8. 数据仓库

数据仓库(Data Warehouse)有多种定义,很难提出一种严格的定义。最广义的说法是,数据仓库是一个数据库,它与企业的操作数据库分别维护。数据仓库系统要集成各种应用系统,为历史数据分析提供统一的平台,并支持决策信息处理。

著名的数据仓库专家 W. H. Inmon 在其著作 *Building the Data Warehouse* 中对数据仓库作了如下描述:"数据仓库是一个面向主题的、集成的、随时间变化的、相对稳定的数据集合,用于支持管理决策。"该定义将数据仓库与其他数据存储系统(如关系数据库系统和文件系统)相区别。

数据仓库的概念可以从两个层次予以理解。首先,数据仓库用于支持决策,面向分析型数据处理,它不同于企业现有的操作型数据库;其次,数据仓库是对多个异构的数据源的有效集成,集成后按照主题进行了重组,并包含历史数据,而且存放在数据仓库中的数据一般不再修改。因此,数据仓库的定义包含以下特性:

(1)面向主题性(Subject-Oriented)。数据仓库围绕一些主题,如顾客、供应商、产品和销售组织。数据仓库关注决策者的数据建模与分析,而不是集中于组织机构的日常操作和事务处理。因此,数据仓库排除对于决策无用的数据,提供特定主题的简明视图。

(2)数据集成性(Integrated)。通常,构造数据仓库是将多个异种数据源,如关系数据库、一般文件和联机事务处理记录集成在一起。使用数据清理和数据集成技术,确保命名约定、编码结构、属性度量等的一致性。

(3)数据时变性(Time Variant)。数据存储从历史的角度提供信息。数据仓库中的关键结构,隐式或显式地包含时间元素。

(4)相对稳定性(Non-Volatile)。操作型数据库中的数据通常实时更新,数据根据需要即时发生变化。数据仓库的数据主要供企业决策分析之用,所涉及的数据操作主要是数据查询,一旦某个数据进入数据仓库以后,一般情况下将被长期保留,也就是数据仓库中一般有大量的查询操作,但修改和删除操作很少,通常只需要定期加载和更新。

(5)数据集合性。数据仓库的集合性意味着数据仓库要以数据集合性质存储。目前数据仓库的数据集合方式主要是以多维数据库方式进行存储的多维模式和以关系数据库进行存储的关系模式,或者是这两者结合的方式进行存储的混合模式。

(6)支持管理决策。建立数据仓库的目的是对决策进行支持。数据仓库可以满足不同层次的企业管理者,它为决策者对数据的自我分析提供便利,是辅助决策分析的有力工具。

数据仓库总是物理地分离存放数据,该数据源于操作环境下的应用数据。由于这种分离,数据仓库不需要事务处理、恢复和并发控制机制。通常,它只需两种数据访问:数据初始化装入和数据访问。因此,数据仓库是一种语义上一致的数据存储,它充当决策支持数据模型的物理实现,并存储企业战略决策所需的信息。数据仓库也常常被看作是一种体系结构,通过将异种数据源中的数据集成在一起构造,支持结构化的和专门的查询、分析报告和决策制定。

9. 分布式数据库系统

分布式数据库是指利用高速计算机网络将物理上分散的多个数据存储单元连接起来组成一个逻辑上统一的数据库。分布式数据库的基本思想是将原来集中式数据库中的数据分散存储到多个通过网络连接的数据存储节点上,以获取更大的存储容量和更高的并发访问量。

分布式数据库系统(DDBS)包含分布式数据库管理系统(DDBMS)和分布式数据库(DDB)。在分布式数据库系统中,一个应用程序可以对数据库进行透明操作,数据库中的数据分别在不同的局部数据库中存储、由不同的DBMS进行管理、在不同的机器上运行、由不同的操作系统支持、被不同的通信网络连接在一起。

分布式数据库系统是在集中式数据库系统的基础上发展起来的,是计算机技术和网络技术结合的产物。分布式数据库系统适合于单位分散的部门,允许各个部门将其常用的数据存储在本地,实施就地存放本地使用,从而提高响应速度,降低通信费用。分布式数据库系统与集中式数据库系统相比具有可扩展性,通过增加适当的数据冗余,提高系统的可靠性。在集中式数据库中,尽量减少冗余度是系统目标之一。其原因是,冗余数据浪费存储空

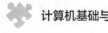

间,而且容易造成各副本之间的不一致性。为了保证数据的一致性,系统要付出一定的维护代价。减少冗余度的目标是用数据共享来达到的。分布式数据库却希望增加冗余数据,在不同的场地存储同一数据的多个副本,其原因是:①提高系统的可靠性、可用性。当某一场地出现故障时,系统可以对另一场地上的相同副本进行操作,不会因一处故障而造成整个系统的瘫痪。②提高系统性能。系统可以根据距离选择离用户最近的数据副本进行操作,减少通信代价,改善整个系统的性能。

5.3.2 关系型数据库

1. 关系型数据库产品

关系型数据库模型是把复杂的数据结构归结为简单的二元关系(即二维表格形式)。在关系型数据库中,对数据的操作几乎全部建立在一个或多个关系表格上,通过对这些关联的表格分类、合并、连接或选取等运算来实现数据库的管理。

关系型数据库诞生 40 多年了,从理论产生发展到现实产品(如 Oracle 和 MySQL 等),其中 Oracle 在数据库领域上升到霸主地位,形成每年高达数百亿美元的庞大产业市场。

常用的关系型数据库产品有如下几种。

1) Oracle 数据库

Oracle 数据库系统是美国 Oracle 公司(甲骨文)提供的以分布式数据库为核心的一组软件产品,是目前最流行的客户/服务器(Client/Server)或 B/S 体系结构的数据库之一。Oracle 数据库是目前使用最广泛的数据库管理系统。作为一个通用的数据库系统,它具有完整的数据管理功能;作为一个关系数据库,它是一个完备关系的产品;作为分布式数据库,它实现了分布式处理功能。只要在一种机型上学习了 Oracle 知识,便能在各种类型的机器上使用它。

2) MySQL 数据库

MySQL 是一种开放源代码的关系型数据库管理系统(RDBMS),MySQL 数据库系统使用最常用的数据库管理语言——结构化查询语言(SQL)进行数据库管理。

由于 MySQL 是开放源代码的,因此任何人都可以在 General Public License 的许可下下载并根据个性化的需要对其进行修改。MySQL 因为其速度、可靠性和适应性而备受关注。大多数人都认为在不需要事务化处理的情况下,MySQL 是管理内容最好的选择。

3) SQL Server 数据库

SQL Server 是由 Microsoft 公司开发和推广的关系数据库管理系统(DBMS),它最初是由 Microsoft、Sybase 和 Ashton-Tate 三家公司共同开发的,并于 1988 年推出了第一个 OS/2 版本。Microsoft SQL Server 近年来不断更新版本,1996 年,Microsoft 推出了 SQL Server 6.5 版本;1998 年,SQL Server 7.0 版本和用户见面;SQL Server 2000 是 Microsoft 公司于 2000 年推出的,目前的最新版本是 SQL Server 2018。

4) PostgreSQL 数据库

PostgreSQL 是一个自由的对象-关系数据库服务器(数据库管理系统),它在灵活的 BSD 许可证下发行。它提供了相对其他开放源代码数据库系统(比如 MySQL 和 Firebird),和专有系统(比如 Oracle、Sybase、IBM 的 DB2 和 Microsoft SQL Server)之外的另一种选择。

事实上,PostgreSQL 的特性覆盖了 SQL-2/SQL-92 和 SQL-3/SQL-99。首先,它包括

了可以说是目前世界上最丰富的数据类型的支持,其中有些数据类型可以说连商业数据库都不具备,PostgreSQL 拥有一支非常活跃的开发队伍,而且质量日益提高。

5)Access 数据库

Office Access 是 Microsoft 公司把数据库引擎的图形用户界面和软件开发工具结合在一起的一个数据库管理系统。它是 Office 中的一个成员,在包括专业版和更高版本的 Office 版本里面被单独出售。2012 年 12 月 4 日,Office Access 2013 发布。MS Access 以它自己的格式将数据存储在基于 Access Jet 的数据库引擎里。它还可以直接导入或者链接数据(这些数据存储在其他应用程序和数据库)。

还有其他一些不常用的数据库,如 DB2、Informix、Sybase 等。

以上数据库中,除了 Access 数据库是单机版数据库外,其他数据库都是使用客户/服务器模式。数据库包含数据库服务端和客户端,一般都是通过客户端来访问服务端数据库中的数据。

2. Access 数据库

Access 是一个功能强大、方便灵活的关系型数据库管理系统。使用 Access,用户可以管理从简单的文本、数字到复杂的图片、动画和音频等各种类型的数据。在 Access 中,可以构造应用程序来存储和归档数据,可以使用多种方式进行数据的筛选、分类和查询,还可以通过显示在屏幕上的窗体来查看数据,或者生成报表将数据按一定的格式打印出来,并支持通过 VBA 编程来处理数据库中的数据。

1)Access 的基本特点和功能

Access 数据库管理系统以其系统小、功能强和使用方便、简单易用等优点,深受中小型企业和普通用户的欢迎。Access 已逐步成为一个国内外广泛流行的、功能强大的桌面数据库管理系统。

Access 是 Office 软件包的一个组成部分,是一个面向对象的、采用事件驱动的新型关系型数据库。使用 Access 无须编写程序代码,仅通过直观的可视化操作即可完成大部分数据的管理工作。

与其他关系型数据库管理系统相比,Access 具有以下几个特点。

(1)存储文件单一。

Access 数据库文件中包含了该数据库中的全部数据表、查询以及其他与之相关的内容(如查询、窗体、报表等)。文件单一,便于计算机外存储器的文件管理,也使用户操作数据库及编写应用程序更为方便。而在其他关系型数据库系统中,每个数据库由许多不同的文件组成,往往是一个数据库表存为一个文件。

(2)数据处理功能丰富。

Access 数据库能处理各种类型的数据,例如数字、文本、图片、动画、音频等信息;另外 Access 还提供了丰富的内置函数,以帮助开发人员开发出功能更完善、操作更加简便的数据库系统。

(3)面向对象。

Access 是一个面向对象的、采用事件驱动的新型关系型数据库。利用面向对象的方式将数据库系统中的各种功能对象化,将数据库管理的各种功能封装在各类对象中。它将一个应用系统当作是由一系列对象组成的,对每个对象都定义一组方法和属性,以定义该对象的行为和属性,用户还可以按需要给对象扩展方法和属性。通过对象的方法、属性,完成数据库的操作和管理,极大地简化了用户的开发工作。同时,这种基于面向对象的开发方式,使得开发应用程序更为简便,可以完善地管理各种数据库对象,具有强大的数据组织、用户管理、安全检查等功能。

(4) 支持广泛。

Access 可以通过 ODBC(Open DataBase Connectivity,开放数据库互联)与 Oracle、Sybase、FoxPro 等其他数据库相连,实现数据的交换和共享。作为 Office 办公软件包中的一员,Access 还可以与 Word、Outlook、Excel 等其他软件进行数据的交换和共享,利用 Access 强大的 DDE(Dynamic Data Exchange,动态数据交换)和 OLE(Object Link Embed,对象的链接和嵌入)特性,可以在一个数据表中嵌入位图、声音、Excel 表格、Word 文档等。

(5) 具有 Web 数据库发布功能。

借助 Microsoft Share Point Server 中新增的 Access Services,可以通过新的 Web 数据库在 Web 上发布数据库。联机发布数据库,然后通过 Web 访问、查看和编辑。没有 Access 客户端的用户可以通过浏览器打开 Web 窗体和报表,对其所做的更改将自动同步。无论是大型企业、小企业主、非盈利组织,还是只想找到更高效的方式来管理个人信息的用户,Access 都可以更轻松地完成任务,且速度更快、方式更灵活、效果更好。

(6) 操作使用方便。

Access 是一个可视化工具,其风格与 Windows 完全一样,用户想要生成对象并应用,只要使用鼠标进行拖放即可,非常直观方便。系统还提供了表设计器、查询设计器、窗体设计器、报表设计器、宏设计器等许多可视化的操作工具,以及数据库向导、表向导、查询向导、窗体向导、报表向导等多种向导,可以使用户很方便地构建一个功能完善的数据库系统。

Access 中嵌入的 VBA(Visual Basic for Application)编程语言是一种可视化的软件开发工具,编写程序时只需将一些常用的控件摆放到窗体上,即可形成良好的用户界面,必要时再编写一些 VBA 代码即可形成完整的程序。实际上,在编写数据库操作程序时,如摆放必要的控件、编写基本的代码这样的工作,也都可以自动进行。

2) Access 的基本对象

Access 将数据库定义成一个 .accdb 文件,并分成表、查询、窗体、报表、宏和模块 6 个对象。

(1) 表。

表是 Access 数据库最基本的对象,是具有结构的某个相同主题的数据集合。表由行和列组成。表中的列称为字段,用来描述数据的某类特征。表中的行称为记录,用来反映某一实体的全部信息。记录由若干字段组成。能够唯一标识表中每一条记录的字段或字段组合称为主关键字,在 Access 中也称为主键。

在表内可以定义索引,以加快查找速度。一个数据库中的多个表并不是孤立存在的,通过有相同内容的字段可在多个表之间建立联系。例如,"教学管理"数据库中的教师表和授课表之间通过共有字段"教师编号"建立了联系。

(2) 查询。

查询是通过设置某些条件,从表中获取所需要的数据。按照指定规则,查询可以从一组相关表和其他查询中抽取全部或部分数据,并将其集中起来,形成一个集合供用户查看。将查询保存为一个数据库对象后,可以在任何时候查询数据库的内容。

例如,可以创建一个将"学生"表中的 sid(学生编号)、sname(学生姓名)字段与"选课成绩"表中的 score(考试成绩)字段以及"课程"表中的 cid(课程编号)字段拼接起来的查询,如图 5-13 和图 5-14 所示。

cid	cname	credit
c01	计算机应用基	2
c02	c语言程序设计	4
c03	大学英语1	4
c04	高等数学1	4

图 5-13 课程表

Student.sid	sname	class	sex	birthday	Grade.sid	cid	score
1429401024	张亚	机14机械类1	女	1996/12/24	1429401024	c01	78
1442402034	高潇雨	轨14智能控制	女	1996/7/25	1442402034	c01	78
1442402034	高潇雨	轨14智能控制	女	1996/7/25	1442402034	c02	84
1442402034	高潇雨	轨14智能控制	女	1996/7/25	1442402034	c03	90
1442402034	高潇雨	轨14智能控制	女	1996/7/25	1442402034	c04	48
1442402035	朱涛	轨14智能控制	男	1995/11/21	1442402035	c04	84
1442402035	朱涛	轨14智能控制	男	1995/11/21	1442402035	c03	88
1442402035	朱涛	轨14智能控制	男	1995/11/21	1442402035	c02	68
1442402035	朱涛	轨14智能控制	男	1995/11/21	1442402035	c01	98
1442402036	林昊昊	轨14智能控制	男	1996/2/9	1442402036	c01	78
1442402037	陆晓宇	轨14智能控制	男	1994/7/7	1442402037	c01	73
1442402038	袁铭辰	轨14智能控制	男	1996/5/3	1442402038	c01	86
1442402057	李典	轨14智能控制	男	1996/12/19	1442402057	c01	65
1442404002	严垚	轨14车辆	男	1995/4/27	1442404002	c01	92
1442404002	严垚	轨14车辆	男	1995/4/27	1442404002	c03	92

图 5-14 学生选课成绩查询结果

在数据表视图中显示一个查询时,看起来很像一个表。但查询与表有本质的区别。首先,查询中的数据最终都是来自于表中的数据。其次,查询结果的每一行可能由好几个表中的字段构成;查询可以包含计算字段,也可以显示基于其他字段内容的一些结果。可以将查询看作是以表为基础数据源的"虚表"。

(3) 窗体。

窗体是 Access 数据库对象中最具灵活性的一个对象,是数据库和用户的一个联系界面,用于显示包含在表或查询中的数据和操作数据库中的数据。在窗体上摆放各种控件,如文本框、列表框、复选框、按钮等,分别用于显示和编辑某个字段的内容,也可以通过单击、双击等操作,调用与之联系的宏或模块(VBA 程序),完成较为复杂的操作。

在窗体中,不仅可以包含普通的数据,还可以包含图片、图形、声音、视频等多种对象,如图 5-15 所示。

图 5-15 窗体示例

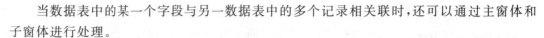

当数据表中的某一个字段与另一数据表中的多个记录相关联时,还可以通过主窗体和子窗体进行处理。

(4) 报表。

报表可以按照指定的样式将多个表或查询中的数据显示(打印)出来。报表中包含了指定数据的详细列表。报表也可以进行统计计算,如求和、求最大值、求平均值等。报表与窗体类似也是通过各种控件来显示数据的,报表的设计方法也与窗体大致相同。

(5) 宏。

宏是若干个操作的组合,用来简化一些经常性的操作。用户可以设计一个宏来控制系统的操作,当执行这个宏时,就会按这个宏的定义依次执行相应的操作。宏可以打开并执行查询、打开表、打开窗体、打印、显示报表、修改数据及统计信息、修改记录、修改表中的数据、插入记录、删除记录、关闭表等操作。

当数据库中有大量重复性的工作需要处理时,使用宏是最佳的选择。宏可以单独使用,也可以与窗体配合使用。用户可以在窗体上设置一个命令按钮,单击这个按钮时,就会执行一个指定的宏。

宏有多种类型,它们之间的差别在于用户触发宏的方式。宏可以是包含一系列操作的一个宏,也可以是由若干个宏组成的宏组。另外,还可以在宏操作中添加条件来控制其是否执行。

(6) 模块。

模块是用 VBA 语言编写的程序段,它以 Visual Basic 为内置数据库程序语言。对于数据库一些较为复杂或高级的应用功能,需要使用 VBA 代码编程实现。通过在数据库中添加 VBA 代码,可以创建出自定义菜单、工具栏和具有其他功能的数据库应用系统。

模块由声明、语句和过程组成。Access 有两种类型的模块:标准模块和类模块。标准模块包含与任何其他对象都无关的常规过程,以及可以从数据库任何位置运行的经常使用的过程。标准模块和某个特定对象相关的类型模块的主要区别在于其范围和生命周期。类模块属于一种与某特定窗体或报表相关联的过程集合,这些过程均被命名为事件过程,作为窗体或报表处理某些事件的方法。

3) Access 工作界面

本书主要介绍 Access 2010。

Access 2010 系统的主窗口与以前的版本相比有较大变化,这种用户界面可以帮助用户提高工作效率,操作更方便。下面介绍其主窗口的主要操作要点。

Access 2010 启动后的主窗口界面如图 5-16 所示。界面的主要元素有标题栏、快速访问工具栏、功能区、导航窗格、文档信息区等。下面对 Access 2010 系统主窗口的各个部分进行说明。

(1) 快速访问工具栏。

快速访问工具栏位于主窗口的第一行的左侧,如图 5-17 所示。用户单击该工具栏右侧的向下三角箭头,可以自己定义各种工具标识,以便使用。

(2) 标题栏。

标题栏位于主窗口的第一行的中央,是系统的标志性标记。

图 5-16　Access 2010 启动界面

（3）功能区。

功能区包含几个不同的选项卡，包含了该系统的主要操作以及系统的所有功能，每个选项卡有对应的工具按钮。Access 2010 系统主窗口的功能区由文件、开始、创建、外部数据、数据库工具五大选项卡构成。选项卡会随着五大功能的不同而增加或改变。

图 5-17　快速访问工具栏

- "文件"选项卡

"文件"选项卡如图 5-18 所示，包含了选项卡的全部功能。左侧为导航窗格，主要是针对文件的各种操作，右侧为当前使用的文件列表。

- "开始"选项卡

"开始"选项卡包含的功能如图 5-19 所示，包含了当前数据库对象使用的工具选项。

- "创建"选项卡

"创建"选项卡所包含的功能如图 5-20 所示。单击"创建"选项卡，可以创建数据库包含的所有对象，这给用户操作带来极大的方便。

- "外部数据"选项卡

"外部数据"选项卡所包含的功能如图 5-21 所示，主要提供数据的导入并链接以及导出数据的操作。

- "数据库工具"选项卡

"数据库工具"选项卡所包含的功能如图 5-22 所示。

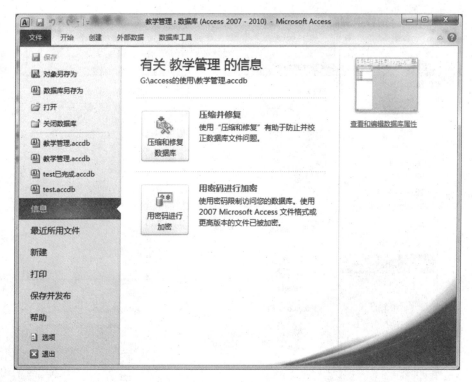

图 5-18 "文件"选项卡

图 5-19 "开始"选项卡

图 5-20 "创建"选项卡

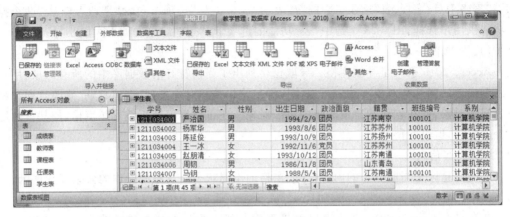

图 5-21 "外部数据"选项卡

图 5-22 "数据库工具"选项卡

• "常用对象"选项卡

系统窗口提供了 5 个主要选项卡,在其后,还会由于操作对象不同而出现的几个重要选项卡,此处是"表格工具/字段-表"选项卡,如图 5-23 所示。

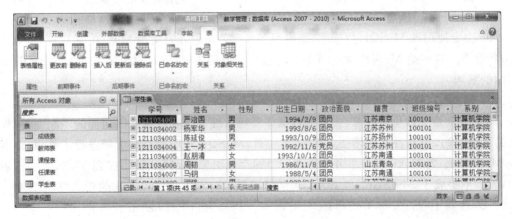

图 5-23 "表格工具/字段-表"选项卡

"表格工具/字段-表"选项卡中的"/"表示"表格工具"选项卡包含"字段"与"表"两个操作功能供用户选择,图 5-23 是选中"表"功能的选项卡。其他对象选项卡大同小异。

（4）导航窗格

Access 2010 引入了导航窗格。导航窗格列出了当前打开的数据库中的所有对象,用户可以轻松地访问这些对象。用户可以使用导航窗格按照对象类型、创建日期、修改日期和相关表组织对象,或在创建的自定义组中组织对象。还可以轻松地折叠导航窗格,使其只占用极少的空间,但仍保持可用。

（5）文档信息区

文档信息区是当前操作的内容,导航窗格的不同状态以及不同操作的效果在此展示。

（6）状态栏

状态栏在 Access 2010 系统窗口的最下面一栏。该状态栏会随着当前对象不同而变化,且设有不同对象的操作视图选择按钮。

4）Access 2010 的启动与退出

启动 Access 2010 的具体操作步骤如下:

（1）单击"开始"菜单按钮,移动鼠标指向"所有程序"。

（2）移动鼠标指向 Microsoft Office。

（3）移动鼠标指向 Microsoft Office Access 2010 并单击鼠标。

退出 Access 2010 应用程序也即关闭 Access 2010 窗口,有如下几种方法:

（1）单击 Access 2010 窗口右上角的"关闭"按钮 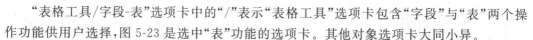 ,退出 Access 2010。

（2）单击 Access 2010 窗口功能区的"文件"选项卡中的"退出"菜单项,退出 Access 2010。

（3）单击 Access 2010 主窗口第一行左侧的快速访问工具栏上的按钮 ,在打开的菜单中单击"关闭"菜单项,退出 Access 2010。

（4）按 Alt＋F4 组合键,退出 Access 2010。

3. MySQL 数据库

在数据库世界,关于 MySQL 数据库的新闻一直不断,始终萦绕在程序员的耳边。2008年,SUN 公司以 10 亿美元收购了 MySQL 数据库,标志着该数据库已经成为世界上的主流数据库之一。2010 年,Oracle 公司收购了 SUN 公司,标志着该数据库成为 Oracle 公司的主流数据库产品。随着 MySQL 数据库的逐渐成熟,全球规模最大的网络搜索引擎公司 Google 决定使用该 MySQL 数据库,国内很多大型公司也开始使用 MySQL 数据库,例如网易、新浪等。这就给 MySQL 数据库带来了前所未有的机遇,同时也出现了学习 MySQL 数据库的高潮。

1）MySQL 简介

MySQL 是一款免费开源、关系型数据库管理系统。随着该数据库功能的不断完善、性能的不断提高,可靠性不断增强。2000 年 4 月,MySQL 对旧的存储引擎进行了整理,命名为 MyISAM。2001 年,支持事务处理和行级锁存储引擎 InnoDB 被集成到 MySQL 发行版中,该版本集成了 MyISAM 与 InnoDB 存储引擎,MySQL 与 InnoDB 的正式结合版本是4.0。2004 年 10 月,发布了经典的 4.1 版本。2005 年 10 月,发布了里程碑的版本——MySQL 5.0,在 5.0 中加入了游标、存储过程、触发器、视图和事务的支持。在 5.0 之后的版本里,MySQL 明确地表现出迈向高性能数据库的发展步伐。

MySQL 虽然是免费的,但与其他商业数据库一样,具有数据库系统的通用性,提供了数据的存取、增加、修改、删除或更加复杂的数据操作。同时 MySQL 是关系型的数据库系统,支持标准的结构化查询语言,同时 MySQL 为客户端提供了不同的程序接口和链接库,如 C、C++、Java 和 PHP 语言等。目前 MySQL 被广泛地应用在 Internet 上的中小型网站中。由于其体积小、速度快、总体拥有成本低,尤其是开放源码这一特点,因此许多中小型网站为了降低网站总体成本而选择 MySQL 作为网站数据库。在 MySQL 最新版本中,数据库的可扩展性、集成度以及查询性能都得到提升。新增功能包括实现全文搜索,开发者可以通过 InnoDB 存储引擎列表进行索引和搜索基于文本的信息;InnoDB 重写日志文件容量也增至 2TB,能够提升写密集型应用程序的负载性能;加速 MySQL 复制;提供新的编程接口,使用户可以将 MySQL 与新的和原有的应用程序以及数据存储无缝集成。

随着 MySQL 功能的不断完善,该数据库管理系统几乎支持所有的操作系统,同时也支持许多新的特性,这些都使得 MySQL 迅猛发展,目前已经广泛应用在各个行业中。

2) MySQL 的特性

(1) 使用 C 和 C++语言编写,并使用了多种编译器进行测试,保证源代码的可移植性。

(2) 支持 AIX、FreeBSD、HP-UX、Linux、Mac OS、Novell Netware、OpenBSD、OS/2 Wrap、Solaris、Windows 等多种操作系统。

(3) 为多种编程语言提供了 API。这些编程语言包括 C、C++、Eiffel、Java、Perl、PHP、Python、Ruby 和 Tcl 等。

(4) 支持多线程,充分利用 CPU 资源。

(5) 优化的 SQL 查询算法,有效地提高查询速度。

(6) 既能够作为一个单独的应用程序应用在客户/服务器网络环境中,也能够作为一个库嵌入到其他软件。提供多语言支持,常见的编码如中文的 GB 2312、BIG5,日文的 Shift_JIS 等都可以用作数据表名和数据列名。

(7) 提供 TCP/IP、ODBC 和 JDBC 等多种数据库连接途径。

(8) 提供用于管理、检查、优化数据库操作的管理工具。

(9) 可以处理拥有上千万条记录的大型数据库。

3) 基于客户/服务器(C/S)的数据库管理系统

到目前为止,市场上几乎所有的数据库管理系统都基于客户/服务器模式。基于该模式的数据库管理系统分为两个不同的部分,分别为服务器软件和客户端软件。服务器软件是负责所有数据访问和处理的一个软件,而关于数据添加、删除等所有请求都来自于客户端软件。

客户端软件和服务器软件可能安装在两台计算机或一台计算机上。不管这套软件在不在相同的计算机上,客户端软件和服务器软件都可以进行通信,从而实现数据的相关操作。

(1) 服务器端软件为 MySQL 数据库管理系统,可以在本地计算机或者具有访问权限的远程服务器上安装该软件。

(2) 客户端软件为可以操作 MySQL 服务器的软件,通常为官方客户端 MySQL Command Line Client、CMD 命令窗口或者第三方图形化工具。

4) MySQL 的各种版本

目前 MySQL 数据库按照用户群分为社区版(Community)和企业版(Enterprise),这两个版本的重要区别为：社区版可以自由下载而且完全免费，但是官方不提供任何技术支持，适用于大多数普通用户；企业版不仅不能自由下载而且还收费，但是该版本提供了更多的功能，可以享受完备的技术支持，适用于对数据库的功能和可靠性要求比较高的企业客户。

MySQL 版本更新非常快，现在主推的社区版本为 5.7.21。从 MySQL 5.0 开始支持触发器、视图、存储过程等数据库对象。常见的软件版本有 GA、RC、Alpha 和 Bean，它们的含义分别如下：

GA(General Availability)：官方推崇广泛使用的版本。

RC(Release Candidate)：候选版本，该版本是最接近正式版的版本。

Alpha 和 Bean 都属于测试版本，其中 Alpha 是指内测版本，Bean 是指公测版本。

5）MySQL 数据库存储引擎

与其他数据库软件不同，MySQL 数据库软件提出了一个名为存储引擎的概念。由于存储引擎是以插件的形式被 MySQL 数据库软件引入，所以可以根据实际应用、实际的领域来选择相应的存储引擎。MySQL 常用 MyISAM、InnoDB 和 Memory 这 3 种存储引擎。

MyISAM 存储引擎：由于该存储引擎不支持事务，也不支持外键，所以访问速度比较快。因此对事务完整性没有要求并以访问为主的应用适合使用该存储引擎。

InnoDB 存储引擎：由于该存储引擎在事务上具有优势，即支持具有提交、回滚和崩溃恢复能力的事务安装，所以比 MyISAM 存储引擎占用更多的磁盘空间。因此需要进行频繁的更新、删除操作，同时还对事务的完整性要求比较高，需要实现并发控制，此时适合使用该存储引擎。

Memory 存储引擎：该存储引擎使用内存来存储数据，因此该存储引擎的数据访问速度快，但是安全上没有保障。如果应用中涉及数据比较小，需要进行快速访问，则适合使用该存储引擎。

5.3.3 非关系型数据库

1. 从关系型数据库到非关系型数据库

关系型数据库(Relational Database)技术是 1970 年埃德加·科德(Edgar Frank Codd)提出的，关系型数据库克服了网络数据库模型和层次数据库模型的一些弱点。1981 年埃德加·科德因在关系型数据库方面的贡献获得了图灵奖，因此他也被称为"关系数据库之父"。传统的关系数据库可以较好地支持结构化数据存储和管理，它以完善的关系代数理论作为基础，具有严格的标准，支持事务 ACID 特性，借助索引机制可以实现高效的查询。关系型数据库几十年来一直是统治数据库技术的核心标准，目前主要的数据库系统仍然采用的是关系型数据库。但是，Web 2.0 的迅猛发展以及大数据时代的到来，使关系型数据库的发展越来越力不从心。在大数据时代，数据类型繁多，包括结构化数据和各种非结构化数据，其中非结构化数据的比例更是高达 80% 以上。关系型数据库由于数据模型不灵活、水平扩展能力较差等局限性，已经无法满足各种类型的非结构化数据的大规模存储需求。不仅如此，关系型数据库引以为傲的一些关键特性，如事务机制和支持复杂查询，在 Web 2.0 时代的很多应用中却不是必要的，而且系统为此付出了较大的代价。

非关系型数据库技术的出现是云计算、大数据技术的必然需求，非关系型数据库可以称为一项数据库的革命。从 2009 年开始，在云计算的发展和开源社区的推动下，非关系型数据库的发展显示了较强的活力,也得到了越来越多的用户关注和认可。目前已经有多家大型 IT 企业已经采用非关系型数据库作为重要的生产系统基础支撑,比如 Google 的 BigTable,Amazon 的 Dynamo,以及 Digg、Twitter、Facebook 在使用的 Cassandra 等。

2. 非关系型数据库的定义

非关系型数据库又被称为 NoSQL(Not Only SQL),意为不仅仅是 SQL。NoSQL 出现于 1998 年,是由 Carlo Strozzi 开发的一个轻量、开源、不兼容 SQL 功能的关系型数据库。2009 年,在一次关于分布式开源数据库的讨论会上,再次提出了 NoSQL 的概念,此时 NoSQL 主要是指非关系型、分布式、不提供 ACID(数据库事务处理的 4 个基本要素)的数据库设计模式。同年,在亚特兰大举行的 No:SQL(east)讨论会上,对 NoSQL 最普遍的定义是"非关联型的",强调键-值存储和文档数据库的优点,而不是单纯地反对 RDBMS,至此,NoSQL 正式出现在世人面前。

3. NoSQL 简介

NoSQL 是一种不同于关系数据库的数据库管理系统设计方式,是对非关系型数据库的统称。它所采用的数据模型并非传统关系数据库的关系模型,而是类似键-值、列族、文档等非关系模型。

NoSQL 数据库没有固定的表结构,通常也不存在连接操作,也没有严格遵守 ACID 约束。因此,与关系数据库相比,NoSQL 具有灵活的水平可扩展性,可以支持海量数据存储。此外,NoSQL 数据库支持 MapReduce 风格的编程,可以较好地应用于大数据时代的各种数据管理。NoSQL 数据库的出现,一方面弥补了关系数据库在当前商业应用中存在的各种缺陷,另一方面也撼动了关系数据库的传统垄断地位。

当应用场合需要简单的数据模型、灵活性的 IT 系统、较高的数据库性能和较低的数据库一致性时,NoSQL 数据库是一个很好的选择。通常 NoSQL 数据库具有以下 3 个特点。

1) 灵活的可扩展性

传统的关系型数据库由于自身设计机理的原因,通常很难实现"横向扩展",在面对数据库负载大规模增加时,往往需要通过升级硬件来实现"纵向扩展"。但是,当前的计算机硬件制造工艺已经达到一个限度,性能提升的速度趋缓,已经远远赶不上数据库系统负载的增加速度,而且配置高端的高性能服务器价格不菲,因此寄希望于通过"纵向扩展"满足实际业务需求,已经变得越来越不现实。相反,"横向扩展"仅需要非常普通廉价的标准化刀片服务器,不仅具有较高的性价比,也提供了理论上近乎无限的扩展空间。NoSQL 数据库在设计之初就是为了满足"横向扩展"的需求,因此天生具备良好的水平扩展能力。

2) 灵活的数据模型

关系模型是关系型数据库的基石,它以完备的关系代数理论为基础,具有规范的定义,遵守各种严格的约束条件。这种做法虽然保证了业务系统对数据一致性的需求,但是过于死板的数据模型也意味着无法满足各种新兴的业务需求。相反,NoSQL 数据库天生就旨在摆脱关系数据库的各种束缚条件,摒弃了流行多年的关系数据模型,转而采用键-值、列族等非关系模型,允许在一个数据元素里存储不同类型的数据。

3) 与云计算紧密融合

云计算具有很好的水平扩展能力,可以根据资源使用情况进行自由伸缩,各种资源可以动态加入或退出,NoSOL 数据库可以凭借自身良好的横向扩展能力,充分自由利用云计算基础设施,很好地融入云计算环境中,构建基于 NoSQL 的云数据库服务。

4. NoSQL 的种类

NoSQL 数据库虽然数量众多,但是归结起来,典型的 NoSQL 数据库通常包括键-值数据库、列族数据库、文档数据库和图数据库。

1) 键-值存储数据库(Key-Value Database)

键-值数据库类似传统语言中使用的哈希表。可以通过 Key 来添加、查询或者删除数据库。因为使用 Key 主键访问,所以会获得很高的性能及扩展性。

键-值数据库会使用一个哈希表,这个表中有一个特定的 Key 和一个指针指向特定的 Value。Key 可以用来定位 Value,即存储和检索具体的 Value。Value 对数据库而言是透明不可见的,不能对 Value 进行索引和查询,只能通过 Key 进行查询。Value 可以用来存储任意类型的数据,包括整型、字符型、数组、对象等。在存在大量读写操作的情况下,键-值数据库可以比关系型数据库取得更好的性能。因为,关系型数据库需要建立索引来加速查询,当存在大量读写操作时,索引会发生频繁更新,由此会产生高昂的索引维护代价。关系型数据库通常很难水平扩展,但是键-值数据库天生具有良好的伸缩性,理论上几乎可以实现数据量的无限扩容。键-值数据库可以进一步划分为内存键-值数据库和持久化(Persistent)键-值数据库。内存键-值数据库把数据保存在内存,如 Memcached 和 Redis;持久化键-值数据库把数据保存在磁盘,如 Berkeley DB、Voldmort 和 Riak。

当然,键-值数据库也有自身的局限性,条件查询就是键-值数据库的弱项。因此,如果只对部分值进行查询或更新,效率就会比较低下。在使用键-值数据库时,应该尽量避免多表关联查询,可以采用双向冗余存储关系来代替表关联,把操作分解成单表操作。此外,键-值数据库在发生故障时不支持回滚操作,因此无法支持事务。键-值数据库的优势在于简单、易部署、高并发。

相关产品包括 Memcached、Risk、Redis、SimpleDB、Chordless、Scalaris。

使用者包括百度云数据库(Redis)、Github(Riak)、Bestbuy(Riak)、Twitter(Redis 和 Memcached)、Stackoverflow(Redis)、Instagram(Redis)、Youtube(Memcached)和 Wikipedia(Memcached)。

2) 列存储(Column-Oriented)数据库

列族数据库一般采用列族数据模型,数据库由多个行构成,每行数据包含多个列族,不同的行可以具有不同数量的列族,属于同一列族的数据会被存放在一起。比如人类,我们经常会查询某个人的姓名和年龄,而不是薪资。这种情况下姓名和年龄会被放到一个列族中,薪资会被放到另一个列族中。每行数据通过行键进行定位,与这个行键对应的是一个列族,从这个角度来说,列族数据库也可以被视为一个键-值数据库。列族可以被配置成支持不同类型的访问模式,一个列族也可以被设置成放入内存当中,以消耗内存为代价来换取更好的响应性能。这种数据库通常用来应对分布式存储海量数据。

相关产品包括 Cassandra、HBase、BigTable、Hadoopdb、Green Plum 和 PNUTS。

使用者包括 Ebay(Cassandra)、Instagram(Cassandra)、NASA(Cassandra)、Twitter(Cassandra and HBase)、Facebook(HBase)和 Yahoo!(HBase)。

3) 面向文档(Document-Oriented)数据库

文档型数据库的灵感是来自于 Lotus Notes 办公软件,而且它同第一种键-值数据库类似。该类型的数据模型是版本化的文档,半结构化的文档以特定的格式存储,比如 JSON。文档型数据库可以看作是键-值数据库的升级版,允许嵌套键值,而且文档型数据库比键-值数据库的查询效率更高。

面向文档数据库会将数据以文档形式存储。每个文档都是自包含的数据单元,是一系列数据项的集合。每个数据项都有一个名词与对应值,值既可以是简单的数据类型,如字符串、数字和日期等;也可以是复杂的类型,如有序列表和关联对象。数据存储的最小单位是文档,同一个表中存储的文档属性可以是不同的,数据可以使用 XML、JSON 或 JSONB 等多种形式存储。

在文档数据库中,文档是数据库的最小单位。虽然每一种文档数据库的部署都有所不同,但是大都假定文档以某种标准化格式封装并对数据进行加密,同时用多种格式进行解码,包括 XML、YAML、JSON 和 BSON 等,或者也可以使用二进制格式(如 PDF、微软 Office 文档等)。文档数据库通过键来定位一个文档,因此可以看成是键-值数据库的一个衍生品,而且前者比后者具有更高的查询效率。对于那些可以把输入数据表示成文档的应用而言,文档数据库是非常合适的。一个文档可以包含非常复杂的数据结构,如嵌套对象,并且不需要采用特定的数据模式,每个文档可能具有完全不同的结构。文档数据库既可以根据键(Key)来构建索引,也可以基于文档内容来构建索引。

基于文档内容的索引和查询这种能力,是文档数据库不同于键-值数据库的地方,因为在键-值数据库中,值(Value)对数据库是透明不可见的,不能根据值来构建索引。文档数据库主要用于存储并检索文档数据,当需要考虑很多关系和标准化约束以及需要事务支持时,传统的关系数据库是更好的选择。

相关产品包括 MongoDB、CouchDB、Terrastore、ThruDB、RavenDB、SisoDB、RaptorDB、CloudKit、Perservere 和 Jackrabbit。

使用者包括百度云数据库(MongoDB)、SAP(MongoDB)、Codecademy(MongoDB)、Foursquare(Mongodb)和 NBC News(RavenDB)。

4)图形数据库

图形数据库以图论为基础,一个图是一个数学概念,用来表示一个对象集合,包括顶点以及连接顶点的边。图形数据库使用图形作为数据模型来存储数据,完全不同于键-值、列族和文档数据模型可以高效地存储不同顶点之间的关系。图形数据库专门用于处理具有高度相互关联关系的数据,可以高效地处理实体之间的关系,比较适合于社交网络、模式识别、依赖分析、推荐系统以及路径寻找等问题。

相关产品包括 Neo4J、InforGrid、Orientdb、Infinite Graph 和 Graphdb。

使用者包括 Adobe(Neo4J)、Cisco(Neo4J)和 T-Mobile(Neo4J)。

5. 从 NoSQL 到 NewSQL 数据库

NoSQL 数据库可以提供良好的扩展性和灵活性,很好地弥补了传统关系型数据库的缺陷,较好地满足了 Web 2.0 应用的需求。但是,NoSQL 数据库也存在自己的不足之处。由于采用非关系型数据模型,因此它不具备高度结构化查询等特性,查询效率尤其是复杂查询方面不如关系型数据库,而且不支持事务 ACID。

在这一背景下,NewSQL 数据库开始逐渐升温。NewSQL 是对各种新的可扩展、高性能数据库的简称,这类数据库不仅具有 NoSQL 对海量数据的存储管理能力,还保持了传统数据库支持 ACID 和 SQL 等特性。不同的 NewSQL 数据库的内部结构差异很大,但是它们有两个显著的共同特点:都支持关系型数据模型;都使用 SQL 作为其主要的接口。

目前,具有代表性的 NewSQL 数据库主要包括 Spanner、Clustrix、Geniedb、Schooner、VoltDB、Rethinkdb、Scaledb、Akiban 及 CodeFutures 等。此外,还有一些在云端提供的 NewSQL 数据库,包括 Amazon RDS 及 Microsoft SQL Azure 等。

在众多 NewSQL 数据库中,Spanner 备受瞩目,它是一个可扩展、多版本、全球分布式并且支持同步复制的数据库,是 Google 公司的第一个可以全球扩展并且支持外部一致性的数据库。Spanner 能做到这些,离不开一个用 GPS 和原子钟实现的时间 API。这个 API 能将数据中心之间的时间同步精确到 10ms 以内。因此,Spanner 有几个良好的特性:无锁读事务、原子模式修改、读历史数据无阻塞。

一些 NewSQL 数据库比传统的关系数据库具有明显的性能优势。比如,VoltDB 系统使用了 NewSQL 创新的体系架构,释放了主内存运行的数据库中消耗系统资源的缓冲池,在执行交易时可比传统关系数据库快 45 倍。VoltDB 可扩展服务器数量为 39 个,并可以每秒处理 160 万个交易(300 个 CPU 核心),而具备同样处理能力的 Hadoop 则需要更多的服务器。

综合来看,大数据时代的到来,引发了数据处理架构的变革。以前,业界和学术界追求的方向是一种架构支持多类应用(One Size Fits All),包括事务型应用(OLTP 系统)、分析型应用(OLAP、数据仓库)和互联网应用(Web 2.0),但是,实践证明,这种理想愿景是不可能实现的,不同应用场景的数据管理需求截然不同,一种数据库架构根本无法满足所有场景。

因此,到了大数据时代,数据库架构开始向着多元化方向发展,并形成了传统关系数据库(Oldson)、NoSOL 数据库和 NewSQL 数据库 3 个阵营,三者各有自己的应用场景和发展空间。尤其是传统关系型数据库,并没有就此被其他两者完全取代,在基本架构不变的基础上,许多关系型数据库产品开始引入内存计算和一体机技术以提升处理性能。在未来一段时期内,3 个阵营共存共荣的局面还将持续,不过有一点是肯定的,那就是传统关系型数据库的辉煌时期已经过去了。

6. MongoDB

MongoDB 是一个开源的、基于分布式的、面向文档存储的非关系型数据库。它是非关系型数据库中功能最丰富、最像关系数据库的。

1) MongoDB 简介

MongoDB 由 C++ 语言编写,其名字来源于"humongous"这个单词,其宗旨在于处理大量数据。MongoDB 可以运行在 Windows、UNIX、OSX、Solaris 系统上,支持 32 位和 64 位应用,提供多种编程语言的驱动程序。

MongoDB 支持的数据结构非常松散,是类似 JSON 的 BSON 格式,通过键-值对的形式存储数据,可以存储复杂的数据类型。

MongoDB 支持的数据类型有:null、boolean、String、objectId、32 位整数、64 位整数、64 位浮点数、日期、正则表达式、js 代码、二进制数据、数组、内嵌文档、最大值、最小值、未定义类型。

其中,内嵌文档并不是 doc、txt 等文件,这里所指的文档是 MongoDB 的一个存储单元(相当于关系型数据库当中的记录),在 MongoDB 中的表现形式为{key1:value1,key2:value2},

而内嵌文档则是这样的形式{key1：value1,key2：{key2.1：value2.1,key2.2：value2.2}}。

MongoDB 最大的特点是它支持的查询语言非常强大,其语法有点类似于面向对象的查询语言,几乎可以实现类似关系型数据库单表查询的绝大部分功能,而且还支持对数据建立索引。

MongoDB 的运行方式主要基于两个概念：集合(Collection)与文档(Document)。

MongoDB 数据库是集合的实际容器。每一数据库都在文件系统中有自己的一组文件。一个 MongoDB 服务器通常有多个数据库。

(1)集合。集合就是一组 MongoDB 文档,它相当于关系型数据库(RDBMS)中的表这种概念。集合位于单独的一个数据库中。集合不能执行模式(Schema)。一个集合内的多个文档可以有多个不同的字段。一般来说,集合中的文档都有着相同或相关的目的。

(2)文档。文档就是一组键-值对。文档有着动态的模式,这意味着同一集合内的文档不需要具有同样的字段或结构。

表 5-3 展示了关系型数据库与 MongoDB 在术语上的对比。

表 5-3   MongoDB 与 RDBMS 在术语上的对比

关系型数据库	MongoDB
数据库	数据库
表	集合
行	文档
列	字段
表	Join 内嵌文档
主键	主键(由 MongoDB 提供的默认 key_id)

在存储结构上 MongoDB 与 RDBMS 最大的区别在于：没有固定的行列组织数据结构,如图 5-24 所示。

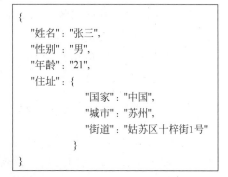

图 5-24   MongoDB 与 RDBMS 在存储结构上的不同

2) MongoDB 的特性

MongoDB 是一种强大、灵活、可扩展的数据存储方式。它扩展了关系型数据库的众多有用功能,如辅助索引、范围查询和排序。MongoDB 的功能非常丰富,例如,内置的对MapReduce 式聚合的支持,以及对地理空间索引的支持。

(1)面向集合存储。数据被分组到若干集合,每个集合可以包含无限个文档,可以将集合想象成 RDBMS 的表,区别是集合不需要进行模式定义。

（2）模式自由。集合中没有行和列的概念,每个文档可以有不同的 key,key 的值不要求有一致的数据类型。

（3）支持动态查询。MongoDB 支持丰富的查询表达式,查询指令使用 JSON 形式表达式。

（4）完整的索引支持。MongoDB 的查询优化器会分析查询表达式,并生成一个高效的查询计划。

（5）高效的数据存储。支持二进制数据及大型对象(图片、视频等)。

（6）支持复制和故障恢复。MongoDB 尽量让服务器自治来简化数据库的管理,处理启动数据库服务器之外,几乎没有什么必要的管理操作。如果主服务器失灵,MongoDB 会自动切换到备份服务器上,并且将备份服务器升级为活跃服务器,在分布式环境下,集群只需要知道有新增的节点,就会自动集成和配置新节点。

（7）自动分片以支持云级别的伸缩性,支持水平的数据库集群,可动态添加额外的服务器。MongoDB 最初的设计就考虑了扩展的问题,它所采用的面向文档的数据模型使其可以自动在多台服务器间分割数据。它还可以平衡集群的数据和负载,自动重排文档,这样开发者就可以专注于编写应用,而不是考虑如何扩展. 要是需要更大的容量,只需在集群中添加新机器,让数据库来处理剩下的事。

3）MongoDB 的适用场景

（1）适合作为信息基础设施的持久化缓存层。

（2）适合实时的插入、更新与查询,并具备应用程序实时数据存储所需的复制及高度伸缩性。

（3）适合文档化格式的存储及查询。

（4）适合由数十台或数百台服务器组成的数据库。

4）MongoDB 不适用场景

（1）要求高度事务性的系统。例如对于银行或会计等需要大量原子性复杂事物的应用程序来说,还是需要关系型数据库的。

（2）传统的商业智能应用。

（3）复杂的表级联查询。

5.3.4 大数据存储关键技术

大数据的出现,必将颠覆传统的数据管理方式。在数据来源、数据处理方式和数据思维等方面都会为其带来革命性的变化。必须清楚的是,从数据库(DB)到大数据(BD),不仅仅是规模的变大,而是随着互联网、云计算、移动和物联网的迅猛发展而发展。无所不在的移动设备、RFID、无线传感器每分每秒都在产生数据,数以亿计用户的互联网服务时时刻刻在产生巨量的交互,要处理的数据量实在是太大、增长太快了,而业务需求和竞争压力对数据处理的实时性、有效性又提出了更高要求,传统的常规技术手段根本无法应付。在这种情况下,技术人员纷纷研发和采用了一批新技术,主要包括分布式文件系统、分布式数据库、云数据库等大数据存储方案。

1. 分布式文件系统

大数据时代必须解决海量数据的高效存储问题,为此,谷歌公司开发了分布式文件系统(Google File System,GFS),通过网络实现文件在多台机器上的分布式存储,较好地满足了大规模数据存储的需求。Hadoop 分布式文件系统(Hadoop Distributed File System,HDFS)是针对 GFS 的开源实现,它是 Hadoop 两大核心组成部分之一,提供了在廉价服务器集群中进行大规模分布式文件存储的能力。HDFS 具有很好的容错能力,并且硬件设备廉价,因此可以以较低的成本利用现有机器实现大流量和大数据量的读写。

1）分布式文件系统含义

相对于传统的本地文件系统而言,分布式文件系统是一种通过网络实现文件在多台主机上进行分布式存储的文件系统。分布式文件系统的设计一般采用"客户/服务器"(Client/Server)模式,客户端以特定的通信协议通过网络与服务器建立连接,提出文件访问请求,客户端和服务器可以通过设置访问权限来限制请求方对底层数据存储块的访问。

2）计算机集群结构

普通的文件系统只需要单个计算机节点就可以完成文件的存储和处理,单个计算机节点由处理器、内存、高速缓存和本地磁盘构成。分布式文件系统把文件分布存储到多个计算机节点上,成千上万的计算机节点构成计算机集群。与之前使用多个处理器和专用高级硬件的并行化处理装置不同的是,目前的分布式文件系统所采用的计算机集群都是由普通硬件构成的,这就大大降低了硬件上的开销。

计算机集群的基本架构如图 5-25 所示。集群中的计算机节点存放在机架(Rack)上,每个机架可以存放 8～64 个节点,同一机架上的不同节点之间通过网络互连(常采用吉比特以太网),多个不同机架之间采用另一级网络或交换机互连。

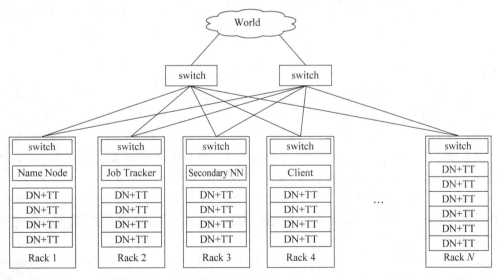

图 5-25　计算机集群的基本架构

3）分布式文件系统的结构

在我们所熟悉的 Windows、Linux 等操作系统中,文件系统一般会把磁盘空间划分为每512 字节一组,称为"磁盘块",它是文件系统读写操作的最小单位。文件系统的块(Block)

通常是磁盘块的整数倍,即每次读写的数据量必须是磁盘块大小的整数倍。与普通文件系统类似,分布式文件系统也采用了块的概念,文件被分成若干个块进行存储,块是数据读写的基本单元,只不过分布式文件系统的块要比操作系统中的块大很多,例如,HDFS默认的一个块的大小是64MB。与普通文件不同的是,在分布式文件系统中,如果一个文件小于一个数据块的大小,则它并不占用整个数据块的存储空间。

分布式文件系统在物理结构上是由计算机集群中的多个节点构成的,如图5-26所示。这些节点分为两类:一类叫"主节点"(Master Node),也称为"名称节点"(Name Node);另一类叫"从节点"(Slave Node),也称为"数据节点"(Data Node)。名称节点负责文件和目录的创建、删除和重命名等,同时管理着数据节点和文件块的映射关系,因此客户端只有访问名称节点才能找到请求的文件块所在的位置,进而到相应位置读取所需文件块。数据节点负责数据的存储和读取,存储时,由名称节点分配存储位置,然后由客户端把数据直接写入相应数据节点;读取时,客户端从名称节点获得数据节点和文件块的映射关系,然后就可以到相应位置访问文件块。数据节点也要根据名称节点的命令创建、删除数据块和冗余复制。

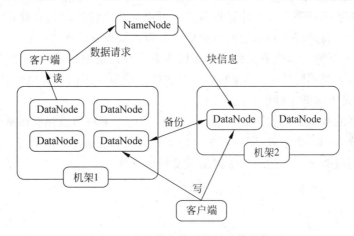

图 5-26 大规模文件系统的整体结构

计算机集群中的节点可能发生故障,为了保证数据的完整性,分布式文件系统通常采用多副本存储。文件块会被复制为多个副本,存储在不同的节点上,而且存储同一文件块的不同副本的各个节点会分布在不同的机架上,这样,在单个节点出现故障时,就可以快速调用副本重启单个节点上的计算过程,而不用重启整个计算过程,整个机架出现故障时也不会丢失所有文件块。文件块的大小和副本个数通常可以由用户指定。

分布式文件系统是针对大规模数据存储设计的,主要用于处理大规模文件,如TB级文件处理过小的文件不仅无法充分发挥其优势,而且会严重影响到系统的扩展和性能。

4) HDFS 简介

HDFS开源实现了GFS的基本思想。HDFS原来是Apache Nutch搜索引擎的一部分,后来独立出来作为一个Apache子项目,并和MapReduce一起成为Hadoop的核心组成部分。HDFS支持流数据读取和处理超大规模文件,并能够运行在由廉价的普通机器组成的集群上,这主要得益于HDFS在设计之初就充分考虑了实际应用环境的特点,即硬件出错在普通服务器集群中是种常态,而不是异常。因此,HDFS在设计上采取了多种机制保证在硬件出错的环境中实现数据的完整性。总体而言,HDFS要实现以下目标。

（1）兼容廉价的硬件设备。在成百上千台廉价服务器中存储数据，常会出现节点失效的情况，因此 HDFS 设计了快速检测硬件故障和进行自动恢复的机制，可以实现持续监视、错误检查、容错处理和自动恢复，从而使得在硬件出错的情况下也能实现数据的完整性。

（2）流数据读写。普通文件系统主要用于随机读写以及与用户进行交互，而 HDFS 则是为了满足批量数据处理的要求而设计的。为了提高数据吞吐率，HDFS 放松了一些 POSIX(Portable Operating System Interface)的要求，从而能够以流式方式来访问文件系统数据。

（3）大数据集。HDFS 中的文件通常可以达到 GB 甚至 TB 级别，一个数百台机器组成的集群可以支持千万级别的文件模型。HDFS 采用了"一次写入、多次读取"的简单文件模型，文件一旦完成写入，关闭后就无法再次写入，只能被读取。

（4）强大的跨平台兼容性。HDFS 采用 Java 语言实现，具有很好的跨平台兼容性，支持 JVM(Java Virtual Machine)的机器都可以运行 HDFS 特殊的设计，在实现上述优良特性的同时，也使得自身具有一些应用局限性，主要包括以下几个方面：

① 不适合低延迟数据访问。HDFS 主要是面向大规模数据批量处理设计的，采用流式数据读取，具有很高的数据吞吐率，但是，这也意味着较高的延迟。因此，HDFS 不适合用在需要较低延迟（如数十毫秒）的应用场合。对于低延时要求的应用程序而言，HBase 是更好的选择。

② 无法高效存储大量小文件。小文件是指文件大小小于一个块的文件，HDFS 无法高效存储和处理大量小文件，过多小文件会给系统扩展性和性能带来诸多问题。首先，HDFS 采用名称节点来管理文件系统的元数据，这些元数据被保存在内存中，从而使客户端可以快速获取文件实际存储位置。通常，每个文件、目录和块大约占 150 字节，如果有 1000 万个文件，每个文件对应一个块，那么名称节点至少要消耗 3GB 内存来保存这些元数据信息。很显然，这时元数据检索的效率就比较低了，需要花费较多的时间找到一个文件的实际存储位置。如果继续扩展到数十亿个文件时，名称节点保存元数据所需要的内存空间就会大大增加，以现有的硬件水平是无法在内存中保存如此大量的元数据。其次，用 MapReduce 处理大量小文件时，会产生过多的 Map 任务，线程管理开销会大大增加，因此处理大量小文件的速度远远低于处理同等大小的大文件的速度。再次，访问大量小文件的速度远远低于访问几个大文件的速度，因为访问大量小文件需要不断从一个数据节点跳到另一个数据节点，严重影响性能。

③ 不支持多用户写入及任意修改文件。HDFS 只允许一个文件有一个写入者，不允许多个用户对同一个文件执行写操作，而且只允许对文件执行追加操作，不能执行随机写操作。

2. 分布式数据库

1) HBase 简介

分布式数据库（HBase）是针对谷歌 BigTable 的开源实现，是一个高可靠、高性能、面向列、可伸缩的分布式数据库，主要用来存储非结构化和半结构化的松散数据。HBase 可以支持超大规模数据存储，它可以通过水平扩展的方式，利用廉价计算机集群处理由超过 10 亿行据和数百万列元素组成的数据表。

图 5-27 描述了 Hadoop 生态系统中 HBase 与其他部分的关系。HBase 利用 Hadoop

MapReduce 来处理 HBase 中的海量数据,实现高性能计算;利用 Zookeeper 作为协同服务,实现稳定服务和失败恢复;使用 HDFS 作为高可靠的底层存储,利用廉价集群提供海量数据存储能力。当然,HBase 也可以直接使用本地文件系统而不用 HDFS 作为底层数据存储方式,不过,为了提高数据可靠性和系统的健壮性,发挥 HBase 处理大数据量等功能,一般都使用 HDFS 作为 HBase 的底层数据储方式。此外,为了方便在 HBase 上进行数据处理,Sqoop 为 HBase 提供了高效、便捷的 RDBMS 数据导入功能,Pig 和 Hive 为 HBase 提供了高层语言支持。

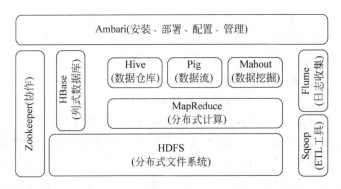

图 5-27　Hadoop 生态系统中 HBase 与其他部分的关系

2) HBase 数据模型

HBase 是一个稀疏、多维度、排序的映射表,这张表的索引是行键、列族、列限定符和时间戳。每个值是一个未经解释的字符串,没有数据类型。用户在表中存储数据,每一行都有一个可排序的行键和任意多的列。表在水平方向由一个或者多个列族组成,一个列族中可以包含任意多个列,同一个列族里面的数据存储在一起。列族支持动态扩展,可以很轻松地添加一个列族或列,无须预先定义列的数量以及类型,所有列均以字符串形式存储,用户需要自行进行数据类型转换。由于同一张表里的每一行数据都可以有截然不同的列,因此对于整个映射表的每行数据而言,有些列的值就是空的,所以说 HBase 是稀疏的。

在 HBase 中执行更新操作时,并不会删除数据旧的版本,而是生成一个新的版本,旧的版本仍然保留,HBase 可以对允许保留的版本的数量进行设置。客户端可以选择获取距离某个时间最近的版本,或者一次获取所有版本。如果在查询时不提供时间戳,就会返回距离现在最近的那一个版本的数据,因为在存储时,数据会按照时间戳排序。HBase 提供了两种数据版本回收方式:一是保存数据的最后几个版本;二是保存最近一段时间内的版本(如最近 7 天)。

3) HBase 与传统关系型数据库的对比分析

关系型数据库从 20 世纪 70 年代发展到今天,已经是一种非常成熟稳定的数据库管理系统。其具备的功能包括面向磁盘的存储和索引结构、多线程访问、基于锁的同步访问机制、基于日志记录的恢复机制和事务机制等。

但是,随着 Web 2.0 应用的不断发展,传统的关系型数据库已经无法满足 Web 2.0 的需求。无论在数据高并发方面,还是在高可扩展性和高可用性方面,传统的关系型数据库都显得力不从心,关系型数据库的关键特性——完善的事务机制和高效的查询机制,在 Web 2.0 时代也成为"鸡肋"。包括 HBase 在内的非关系型数据库的出现,有效弥补了传统关系型数据库的缺陷,在 Web 2.0 中得到了大量使用。

HBase 与传统关系型数据库的区别主要体现在以下几个方面。

(1) 数据类型。关系型数据库采用关系模型,具有丰富的数据类型和存储方式。HBase 则采用了更加简单的数据模型,它把数据存储为未经解释的字符串,用户可以把不同格式的结构化数据和非结构化数据都序列化成字符串保存到 HBase 中,用户需要自己编写程序把字符串解析成不同的数据类型。

(2) 数据操作。关系型数据库中包含了丰富的操作,如增加、删除、修改和检查等,其中会涉及复杂的多表连接,通常是借助于多个表之间的主外键关联来实现的。HBase 操作则不存在复杂的表与表之间的关系,只有简单的插入、查询、删除和清空等,因为 HBase 在设计上就避免了复杂的表与表之间的关系,通常只采用单表的主键查询,所以它无法实现像关系型数据库那样的表与表之间的连接操作。

(3) 存储模式。关系型数据库是基于行模式存储的,元组或行会被连续地存储在磁盘页中。在读取数据时,需要顺序扫描每个元组,然后从中筛选出查询所需要的属性。如果每个元组只有少量属性的值对于查询是有用的,那么基于行模式存储就会浪费许多磁盘空间和内存带宽。HBase 是基于列存储的,每个列族都由几个文件保存,不同列族的文件是分离的,它的优点是:可以降低 I/O 开销,支持大量并发用户查询,因为仅需要处理可以回答这些查询的列,而不需要处理与查询无关的大量数据行;同一个列族中的数据会被一起进行压缩,由于同一列族内的数据相似度较高,因此可以获得较高的数据压缩比。

(4) 数据索引。关系型数据库通常可以针对不同列构建复杂的多个索引,以提高数据访问性能。与关系型数据库不同的是,HBase 只有一个索引——行键,通过巧妙的设计,HBase 中的所有访问方法,或者通过行键访问,或者通过行键扫描,从而使得整个系统不会慢下来。由于 HBase 位于 Hadoop 框架之上,因此可以使用 Hadoop MapReduce 来快速、高效地生成索引表。

(5) 数据维护。在关系型数据库中,更新操作会用最新的当前值去替换记录中原来的旧值,旧值被覆盖后就不会存在。而在 HBase 中执行更新操作时,并不会删除数据旧的版本,而是生成一个新的版本,旧有的版本仍然保留。

(6) 可伸缩性。关系型数据库很难实现横向扩展,纵向扩展的空间也比较有限。相反,HBase 和 BigTable 这些分布式数据库就是为了实现灵活的水平扩展而开发的,因此能够轻易地通过在集群中增加或者减少硬件数量来实现性能的伸缩。

相对于关系型数据库来说,HBase 也有自身的局限性,如 HBase 不支持事务,因此无法实现跨行的原子性。

3. 云数据库

研究机构 IDC 预言,大数据将按照每年 60% 的速度增加,其中包含结构化和非结构化数据。如何方便、快捷、低成本地存储这些海量数据,是许多企业和机构面临的一个严峻挑战。云数据库就是一个非常好的解决方案,目前云服务提供商正通过云技术推出更多可在公有云中托管数据库的方法,将用户从繁琐的数据库硬件定制中解放出来,同时让用户拥有强大的数据库扩展能力,满足海量数据的存储需求。此外,云数据库还能够很好地满足企业动态变化的数据存储需求和中小企业的低成本数据存储需求,可以说,在大数据时代,云数据库将成为许多企业数据的目的地。

1）云计算是云数据库兴起的基础

云计算是分布式计算、并行计算、效用计算、网络存储、虚拟化、负载均衡等计算机和网络技术发展融合的产物。云计算是由一系列可以动态升级和被虚拟化的资源组成的，用户无须掌握云计算的技术，只要通过网络就可以访问这些资源。云计算主要包括 3 种类型，即 IaaS（Infrastructure as a Service）、PaaS（Platform as a Service）和 SaaS（Software as a Service）。以 SaaS 为例，它极大地改变了用户使用软件的方式，用户不再需要购买软件安装到本地计算机上，只要通过网络就可以使用各种软件。SaaS 厂商将应用软件统部署在自己的服务器上，用户可以在线购买、在线使用、按需付费。成立于 1999 年的 Salesforce 公司是 SaaS 厂商的先驱，提供 SaaS 云服务，并提出了"终结软件"的口号。在该公司的带动下，其他 SaaS 厂商也大量涌现。

2）云数据库的概念

云数据库是部署和虚拟化在云计算环境中的数据库。云数据库是在云计算的大背景下发展起来的一种新兴的共享基础架构的方法，它极大地增强了数据库的存储能力，消除了人员、硬件、软件的重复配置，让软硬件升级变得更加容易，同时也虚拟化了许多后端功能。云数据库具有高可扩展性、高可用性、采用多租户形式和支持资源有效分发等特点。

在云数据库中，所有数据库功能都是在云端提供的，客户端可以通过网络远程使用云数据库提供的服务，如图 5-28 所示。客户端不需要了解云数据库的底层细节，所有的底层硬件都已经被虚拟化，对客户端而言是透明的，就像在使用一个运行在单一服务器上的数据库一样，非常方便容易，同时又可以获得理论上近乎无限的存储和处理能力。

图 5-28　云数据库示意

需要指出的是，有人认为数据库属于应用基础设施（即中间件），因此把云数据库列入 PaaS 的范畴；也有人认为数据库本身也是一种应用软件，因此把云数据库划入 SaaS。本书把云数据库划入 SaaS，但同时也认为，云数据库到底应该被划入 PaaS 还是 SaaS，这并不是最重要的。实际上，云计算 IaaS、PaaS 和 SaaS 这 3 个层次之间的界限有时也不是非常清晰。对于数据库而言,最重要的就是它允许用户以服务的方式通过网络获得云端的数据库功能。

3) 云数据库的特性

云数据库具有以下特性。

(1) 动态可扩展。理论上,云数据库具有无限可扩展性,可以满足不断增加的数据存储需求。在面对不断变化的条件时,云数据库可以表现出很好的弹性。例如,对于一个从事产品零售的电子商务公司,会存在季节性或突发性的产品需求变化,可能会经历一个指数级的用户增长阶段,这时,就可以分配额外的数据库存储资源来处理增加的需求,这个过程只需要几分钟。一旦需求过去以后,就可以立即释放这些资源。

(2) 高可用性。不存在单点失效问题。如果一个节点失效了,剩余的节点就会接管未完成的事务。在云数据库中,数据通常是冗余存储的,在地理上也是广泛分布的。诸如Google、Amazon 和 IBM 等大型云计算供应商,具有分布在世界范围内的数据中心,通过在不同地理区间内进行数据复制,可以提供高水平的容错能力。例如,Amazon SimpleDB 会在不同的区域内进行数据复制,即使某个区域内的云设施发生失效,也可以保证数据继续可用。

(3) 较低的使用代价。通常采用多租户(Multi-tenancy)的形式,同时为多个用户提供服务,这种共享资源的形式对于用户而言可以节省开销,而且用户采用"按需付费"的方式使用云计算环境中的各种软硬件资源,不会产生不必要的资源浪费。另外,云数据库底层存储通常采用大量廉价的商业服务器也大大降低了用户开销。腾讯云数据库官方公布的资料显示,当实现类似的数据库性能时,如果采用自己投资自建 MySQL 的方式,则单价为每台每天 50.6 元,实现双机容灾需要 2 台,即 101.2 元/天,平均存储成本是 0.25 元/GB·天,平均 1 元可获得的 QPS(Query Per Second)为 24 次/秒;如果采用腾讯云数据库产品,企业不需要投入任何初期建设成本,成本仅为 72 元/天,平均存储成本为 0.18 元/GB·天,平均1 元可获得的 QPS 为 83 次/秒,相对于自建,云数据库平均 1 元获得的 QPS 提高到原来的346%,具有极高的性价比。

(4) 易用性。使用云数据库的用户不用控制运行原始数据库的机器,也不必了解它身在何处。用户只需要一个有效的连接字符串(URL)就可以使用云数据库,而且就像使用本地数据库一样。许多基于 MySQL 的云数据库产品(如腾讯数据库、阿里云 RDS 等)完全兼容 MySQL 协议,用户可通过基于 MySQL 协议的客户端或者 API 访问实例。用户可无缝地将原有 MySQL 应用迁移到云存储平台,无须进行任何代码改造。

(5) 高性能。采用大型分布式存储服务集群,支撑海量数据访问,多机房自动冗余备份,自动读写分离。

(6) 免维护。用户不需要关注后端机器及数据库的稳定性、网络问题、机房灾难、单库压力等各种风险,云数据库服务商提供 7×24h 的专业服务,扩容和迁移对用户透明且不影响服务,并且可以提供全方位、全天候立体式监控,用户无须半夜去处理数据库故障。

(7) 安全。提供数据隔离,不同应用的数据会存在于不同的数据库中而不会相互影响;提供安全性检查,可以及时发现并拒绝恶意攻击性访问;数据提供多点备份,确保不会发生数据丢失。

4) 云数据库是个性化数据存储需求的理想选择

在大数据时代,每个企业几乎每天都在不断产生大量的数据。企业类型不同,对于存储的需求千差万别,云数据库可以很好地满足不同企业的个性化存储需求。

(1) 云数据库可以满足大企业的海量数据存储需求。云数据库在当前数据爆炸的大数据时代具有广阔的应用前景。根据 IDC 的研究报告,企业对结构化数据的存储需求每年会增加 20%左右,面对非结构化数据的存储需求将会每年增加 60%左右。传统的关系型数据库难以水平扩展,根本无法存储如此海量的数据。因此,具有高可扩展性的云数据库就成为企业海量数据存储管理的选择。

(2) 云数据库可以满足中小企业的低成本数据存储需求。中小企业在 IT 基础设施方面投入有限,非常渴望从第三方方便、快捷、廉价地获得数据库服务。云数据库采用多租户方式同时为多个用户提供服务,降低了单个用户的使用成本,而且用户使用云数据库服务通常按需付费,不会浪费资源造成额外支出。因此,云数据库使用成本很低,对于中小企业而言可以大大降低企业的信息化门槛,让企业在付出较低成本的同时,获得优质的专业级数据库服务,从而有效提升企业信息化水平。

(3) 云数据库可以满足企业动态变化的数据存储需求。企业在不同时期需要存储的数据量是不断变化的,有时增加,有时减少。在小规模应用的情况下,系统负载的变化可以由系统空闲的多余资源来处理。但是在大规模应用情况下,传统的关系型数据库由于其伸缩性较差,不仅无法满足应用需求,而且会给企业带来高昂的存储成本和管理开销。云数据库的良好伸缩性,可以让企业在需求增加时立即获得数据库能力的提升,在需求减少时立即释放多余的数据库能力,较好地满足了企业的动态数据存储需求。

当然,并不是说云数据库可以满足不同类型的个性化存储需求,就意味着企业一定要把数据存放到云数据库中。到底选择自建数据库还是选择云数据库,取决于企业自身的具体需求。对于一些大型企业,目前通常采用自建数据库,一方面是由于企业财力比较雄厚,有内部的 IT 团队负责数据库维护;另一方面数据是现代企业的核心资产,涉及很多高级商业机密,企业出于数据安全考虑,不愿意把内部数据保存在公有云的云数据库中,尽管云数据库供应商也会一直强调数据的安全性,但是这依然不能打消企业的顾虑。对于一些财力有限的中小企业而言,IT 预算比较有限,不可能投入大量资金建设和维护数据库,企业数据并非特别敏感,因此云数据库这种前期零投入、后期免维护的数据库服务,可以很好地满足小企业需求。

5) 云数据库与其他数据库的关系

关系型数据库采用关系数据模型,NoSQL 数据库采用非关系型数据模型,二者都属于不同的数据库技术。从数据模型的角度来说,云数据库并非一种全新的数据库技术,只是以服务的方式提供数据库功能。云数据库并没有专属于自己的数据模型,云数据库所采用的数据模型可以是关系型数据库所使用的关系模型(如微软的 SQL Azure 云数据库、阿里云的 RDS 都采用了关系模型),也可以是 NoSQL 数据库所使用的非关系模型(如 Amazon Dynamo 云数据库采用的是键-值存储)。同一个公司也可能提供采用不同数据模型的多种云数据库服务,例如百度云数据库提供了 3 种数据库服务,即分布式关系型数据库服务(基于关系型数据库 MySQL)、分布式非关系型数据库服务(基于文档数据库 MongoDB)、键-值型非关系型数据库服务(基于键-值数据库 Redis)。实际上,许多公司在开发云数据库时,后端数据库直接使用现有的各种关系型数据库或 NoSQL 数据库产品。比如,腾讯云数据库采用 MySQL 作为后端数据库,微软的 SQL Azure 云数据库采用 SQL Server 作为后端数据库。从市场的整体应用情况来看,由于 NoSQL 应用对开发者要求较高,而 MySQL 拥有成熟的中间件、运维工具,已经形成一个良性的生态圈等,因此现阶段来看,云数据库的后端数据库主要是以 MySQL 为主、NoSOL 为辅。

在云数据库这种 IT 服务模式出现之前,企业要使用数据库,就需要自建关系型数据库或 NoSQL 数据库,它们被称为"自建数据库"。云数据库与这些"自建数据库"最本质的区别在于,云数据库是部署在云端的数据库,采用 SaaS 服务模式,用户可以通过网络租赁使用数据库服务,只要有网络的地方都可以使用,不需要前期投入和后期维护,使用价格也比较低廉,云数据库对用户而言是完全透明的,用户根本不知道自己的数据被保存在哪里。云数据库通常采用多租户模式,即多个租户共用一个实例,租户的数据既有隔离又有共享,从而解决了数据存储的问题,同时也降低了用户使用数据库的成本。自建的关系型数据库和 NoSQL 数据库本身都没有采用 SaaS 服务模式,需要用户自己搭建 IT 基础设施和配置数据库,成本相对而言比较昂贵,而且需要自己进行机房维护和数据库故障处理。

6) 云数据库产品

云数据库供应商主要分为以下三类:

(1) 传统的数据库厂商,如 Teradata Oracle,IBM DB2 和 Microsoft SQL Server 等。

(2) 涉足数据库市场的云供应商,如 Amazon、Google、Yahoo!、阿里、百度及腾讯等。

(3) 新兴厂商,如 Vertica、LongJump 和 EnterpriseDB 等。

常见的云数据库产品如表 5-4 所示。

表 5-4 云数据库产品

企　　业	产　　品
Amazon	Dynamo、SimpleDB、RDS
Google	Google Cloud SQL
Microsoft	Microsoft SQL Azure
Oracle	Oracle Cloud
Yahoo!	PNUTS
Vertica	Analytic Database v3.0 for the Cloud
EnerpriseDB	Postgres Plus in the Cloud
阿里	阿里云 RDS
百度	百度云数据库
腾讯	腾讯云数据库

5.4 大数据计算

解决了大数据的存储问题后,进一步面临的问题是如何能快速有效地完成大规模数据的计算。大数据的数据规模极大,为了提高大数据处理的效率,需要使用大数据并行计算模型和框架来支撑大数据的计算。目前,最主流的大数据并行计算框架是 Hadoop MapReduce 技术。同时,人们开始研究并提出其他的大数据计算模型和方法,如高实时、低延迟的流式计算,针对复杂数据关系的图计算、查询分析类计算等。

5.4.1 主要的大数据计算模式

大数据处理的数据源类型多种多样,如结构化数据、半结构化数据、非结构化数据。数据处理的需求各不相同,有些场合需要对已有海量数据进行批量处理;有些场合需要对大量实时生成的数据进行实时处理;有些场合需要在数据分析时进行反复迭代计算;有些场合需要对图像数据进行分析计算。大数据计算模式,是指根据大数据的不同数据特征和计算特征,从多样性的大数据计算问题和需求中提炼并建立的各种高层抽象和模型。目前主要的大数据计算模式有数据查询分析计算系统、批处理系统、流式计算系统、迭代计算系统、图计算系统和内存计算系统。

1. 数据查询分析计算系统

大数据时代,数据查询分析计算系统需要具备对大规模数据进行实时或准实时查询的能力,数据规模的增长已经超出了传统关系型数据库的承载和处理能力。目前主要的数据查询分析计算系统包括 HBase、Hive、Cassandra、Dremel、Shark 和 Hana 等。

HBase:开源、分布式、面向列的非关系型数据库模型,是 Apache 的 Hadoop 项目的子项目,源于 Google 论文《Bigtable:一个结构化数据的分布式存储系统》。它实现了其中的压缩算法、内存操作和布隆过滤器。HBase 的编程语言为 Java。HBase 的表能够作为 MapReduce 任务的输入和输出,可以通过 Java API 来存取数据。

Hive:基于 Hadoop 的数据仓库工具,用于查询、管理分布式存储系统中的大数据集,提供完整的 SQL 查询功能,可以将结构化的数据文件映射为一张数据表。Hive 提供了一种类 SQL 语言(HiveQL),可以将 SQL 语句转换为 MapReduce 任务运行。

Cassandra:开源 NoSQL 数据库系统,最早由 Facebook 公司开发,并于 2008 年开源。由于其良好的可扩展性,Cassandra 被 Facebook、Twitter、Rackspace、Cisco 等公司使用,其数据模型借鉴了 Amazon 的 Dynamo 和 Google BigTable,是一种流行的分布式结构化数据存储方案。

Impala:由 Cloudera 公司主导开发,是运行在 Hadoop 平台上的开源的大规模并行 SQL 查有询引擎。用户可以使用标准的 SQL 接口的工具查询存储在 Hadoop 的 HDFS 和 HBase 中的 PB 级大数据。

Shark:Spark 上的数据仓库实现,即 SQL on Spark。与 Hive 相兼容,但处理 Hive QL 的性能比 Hive 快 100 倍。

Hana:由 SAP 公司开发的与数据源无关、软硬件结合、基于内存计算的平台。

2. 批处理系统

MapReduce 是被广泛使用的批处理计算模式。MapReduce 对具有简单数据关系、易于划分的大数据采用"分而治之"的并行处理思想,将数据记录的处理分为 Map 和 Reduce 两个简单的抽象操作,提供了一个统一的并行计算框架,批处理系统将复杂的并行计算的实现进行封装,大大降低开发人员的并行程序设计难度。Hadoop 和 Spark 是典型的批处理系统。MapReduce 的批处理模式不支持迭代计算。

Hadoop:目前大数据处理的主流平台,是 Apache 基金会的开源软件项目,使用 Java 语言开发实现。Hadoop 平台使开发人员无须了解底层的分布式细节,即可开发出分布式程序,在集群中对大数据进行存储及分析。

Spark：由加州大学伯克利分校 AMP 实验室开发,适用于机器学习、数据挖掘等迭代运算较多的计算任务。Spark 引入了内存计算的概念,运行 Spark 时服务器可以将中间数据存储在 RAM 内存中,大大加快数据分析结果的返回速度,可用于需要互动分析的场景。

3. 流式计算系统

流式计算具有很强的实时性,需要对应用源源不断产生的数据实时进行处理,使数据不积压、不丢失,常用于处理电信、电力等行业应用以及互联网行业的访问日志等。Facebook公司的 Scribe、Apache 公司的 Flume、Twitter 公司的 Storm、Yahoo! 公司的 S4、Ucberkeley 公司的 Spark Streaming 是常用的流式计算系统。

Scribe：Scribe 由 Facebook 公司开发开源系统,用于从海量服务器实时收集日志信息,对日志信息进行实时的统计分析处理,应用在 Facebook 内部。

Flume：Flume 由 Cloudera 公司开发,其功能与 Scribe 相似,主要用于实时收集在海量节点上产生的日志信息,存储到类似于 HDFS 的网络文件系统中,并根据用户的需求进行相应的数大据分析。

Storm：基于拓扑的分布式流数据实时计算系统,由 BackType 公司(后被 Twitter 收购)开发,现已经开放源代码,并应用于淘宝、百度、支付宝、Groupon、Facebook 等平台,是主要的流数据计算平台之一。

S4：S4 的全称是 Simple Scalable Streaming System,是由 Yahoo! 公司开发的通用、分布式、可扩展、部分容错、具备可插拔功能的平台。其设计目的是根据用户的搜索内容计算得到相应的推荐广告,现已开源,是重要的大数据计算平台。

Spark Streaming：构建在 Spark 上的流数据处理框架,将流式计算分解成一系列短小的批处理任务进行处理。网站流量统计是 Spark Streaming 的一种典型的使用场景,这种应用既需要具有实时性,还需要进行聚合、去重、连接等统计计算操作。如果使用 HadoopMapReduce 框架,则可以很容易地实现统计需求,但无法保证实时性;如果使用 Storm 这种流式框架则可以保证实时性,但实现难度较大;Spark Streaming 可以以准实时的方式方便地实现复杂的统计需求。

4. 迭代计算系统

针对 MapReduce 不支持迭代计算的缺陷,人们对 Hadoop 的 MapReduce 进行了大量改进,HaLoop、iMapReduce、Twister、Spark 是典型的迭代计算系统。

HaLoop：HaLoop 是 Hadoop MapReduce 框架的修改版本,用于支持迭代、递归类型的数据分析任务,如 PageRank、K-means 等。

iMapReduce：一种基于 iMapReduce 的迭代模型,实现了 iMapReduce 的异步迭代。

Twister：基于 Java 的迭代 iMapReduce 模型,上一轮 Reduce 的结果会直接传送到下一轮的 Map。

Spark：基于内存计算的开源集群计算框架。

5. 图计算系统

社交网络、网页链接等包含具有复杂关系的图数据,这些图数据的规模巨大,可包含数十亿顶点和上百亿条边,图数据需要由专门的系统进行存储和计算。常用的图计算系统有Google 的 Pregel、Pregel 的开源版本 Giraph、微软的 Trinity、Berkeley AMPLab 的 GraphX以及高速图数据处理系统 PowerGraph。

Pregel：Google 公司开发的一种面向图数据计算的分布式编程框架,采用迭代的计算模型。Google 的数据计算任务中,大约 80% 的任务处理采用 MapReduce 模式,如网页内容索引;图数据的计算任务约占 20%,采用 Pregel 进行处理。

Giraph：一个迭代的图计算系统,最早由雅虎公司借鉴 Pregel 系统开发,后捐赠给 Apache 软件基金会,成为开源的图计算系统。Giraph 是基于 Hadoop 建立的,Facebook 在其脸谱搜索服务中大量使用了 Giraph。

Trinity：微软公司开发的图数据库系统,该系统是基于内存的数据存储与运算系统,源代码不公开。

GraphX：由 AMPLab 开发的运行在数据并行的 Spark 平台上的图数据计算系统。

PowerGraph：高速图处理系统,常用于广告推荐计算和自然语言处理。

6. 内存计算系统

随着内存价格的不断下降、服务器可配置内存容量的不断增长,使用内存计算完成高速的大数据处理已成为大数据处理的重要发展方向。目前常用的内存计算系统有分布式内存计算系统 Spark、全内存式分布式数据库系统 Hana、Google 的可扩展交互式查询系统 Dremel。

Dremel：Google 的交互式数据分析系统,可以在数以千计的服务器组成的集群上发起计算,处理 PB 级的数据。Dremel 是 Google MapReduce 的补充,大大缩短了数据的处理时间,成功地应用在 Google 的 bigquery 中。

Hana：SAP 公司开发的基于内存技术、面向企业分析性的产品。

Spark：基于内存计算的开源集群计算系统。

5.4.2 大数据处理架构 Hadoop

Hadoop 是一个开源的、可运行于大规模集群上的分布式计算平台,它实现了 MapReduce 计算模型和分布式文件系统(HDFS)等功能,在业内得到了广泛应用,同时也成为大数据的代名词。借助 Hadoop,程序员可以轻松地编写分布式并行程序,将其运行于计算机集群上,完成海量数据的存储与处理分析。

1. Hadoop 简介

Hadoop 是 Apache 软件基金会旗下的一个开源分布式计算平台,为用户提供了系统底层细节透明的分布式基础架构。Hadoop 是基于 Java 语言开发的,具有很好的跨平台特性,并且可以部署在廉价的计算机集群中。Hadoop 的核心是 HDFS 和 MapReduce。HDFS 是针对谷歌文件系统的开源实现,是面向普通硬件环境的分布式文件系统,具有较高的读写速度、很好的容错性和可伸缩性,支持大规模数据的分布式存储,其冗余数据存储的方式很好地保证了数据的安全性。MapReduce 是针对谷歌 MapReduce 的开源实现,允许用户在不了解分布式系统底层细节的情况下开发并行应用程序,采用 MapReduce 来整合分布式文件系统上的数据,可保证分析和处理数据的高效性。

Hadoop 被公认为行业大数据标准开源软件,在分布式环境下提供了海量数据的处理能力。几乎所有主流厂商都围绕 Hadoop 提供开发工具、开源软件、商业化工具和技术服务,如谷歌、雅虎、微软、思科、淘宝等都支持 Hadoop。

2. Hadoop 的应用现状

Hadoop 凭借其优势,已经在各个领域得到了广泛的应用,而互联网领域是其应用的主阵地。2007 年,雅虎在 Sunnyvale 总部建立了 M45——一个包含了 400 个处理器和 1.5PB 容量的 Hadoop 集群系统。此后,包括卡耐基-梅隆大学、加州大学伯克利分校、康奈尔大学和马萨诸塞大学阿默斯特分校、斯坦福大学、华盛顿大学、密歇根大学、普渡大学等 12 所大学加入该集群系统的研究,推动了开放平台下的开放源码发布。目前,雅虎拥有全球最大的 Hadoop 集群,有大约 25000 个节点,主要用于支持广告系统与网页搜索。

Facebook 作为全球知名的社交网站,拥有超过 3 亿的活跃用户,其中约有 3000 万用户至少每天更新一次自己的状态;用户每月总共上传 10 亿余张照片、1000 万个视频,每周共享 10 亿条内容,包括日志、链接、新闻、微博等。因此,Facebook 需要存储和处理的数据量同样是非常巨大的,每天新增加 4TB 压缩后的数据,扫描 135TB 大小的数据,在集群上执行 Hive 任务超过 7500 次,每小时需要进行 8 万次计算。很显然,对于 Facebook 而言,Hadoop 是非常理想的选择,Facebook 主要将 Hadoop 平台用于日志处理、推荐系统和数据仓库等方面。

国内采用 Hadoop 的公司主要有百度、淘宝、网易、华为、中国移动等。其中,淘宝的 Hadoop 集群比较大。据悉,淘宝 Hadoop 集群拥有 2860 个节点,均基于 Intel 处理器的 x86 服务器。其总存储容量达到 50PB,实际使用容量超过 40PB,日均作业数高达 15 万,服务于阿里巴巴集团各部门,数据来源于各部门产品的线上数据库(Oracle、MySQL)备份、系统日志以及爬虫数据,每天在 Hadoop 集群运行各种 MapReduce 任务,如数据魔方、量子统计、推荐系统、排行榜等。

作为全球最大的中文搜索引擎公司,百度对海量数据的存储和处理要求是非常高的。因此百度选择了 Hadoop,主要用于日志的存储和统计、网页数据的分析和挖掘、商业分析、在线数据反馈、网页聚类等。百度目前拥有 3 个 Hadoop 集群,计算机节点数量在 700 个左右,并且规模还在不断增加中,每天运行的 MapReduce 任务在 3000 个左右,处理数据每天约 120TB。

华为是 Hadoop 的使用者,也是 Hadoop 技术的重要推动者。由雅虎成立的 Hadoop 公司 Hortonworks 曾经发布一份报告,用来说明各个公司对 Hadoop 发展的贡献。其中,华为公司在 Hadoop 重要贡献公司名单内排在谷歌和思科公司的前面,说明华为公司也在积极参与开源社区贡献。

3. Hadoop 生态系统

经过多年的发展,Hadoop 生态系统不断完善和成熟,目前已经包含了多个子项(见图 5-27)。除了核心的 HDFS 和 MapReduce 以外,Hadoop 生态系统还包括 Zookeeper、HBase、Hive、Pig、Mahout、Flume、Sqoop 及 Ambari 等功能组件。

1) HDFS

HDFS 是 Hadoop 项目的两大核心之一,是针对谷歌文件系统的开源实现。HDFS 具有处理超大数据、流式处理、可以运行在廉价商用服务器上等优点。HDFS 在设计之初就是要运行在廉价的大型服务器集群上,因此在设计上就把硬件故障作为一种常态来考虑,可以保证在部分硬件发生故障的情况下仍然能够保证文件系统的整体可用性和可靠性。HDFS 放宽了一部分 POSIX 约束,从而实现以流的形式访问文件系统中的数据。HDFS 在访问应用程序数据时,可以具有很高的吞吐率,因此对于超大数据集的应用程序而言,选择 HDFS 作为底层数据存储是较好的选择。

2）HBase

HBase 是一个提供高可靠性、高性能、可伸缩、实时读写、分布式的列式数据库,一般采用 HDFS 作为其底层数据存储。HBase 是针对谷歌 BigTable 的开源实现,二者都采用了相同的数据模型,具有强大的非结构化数据存储能力。HBase 与传统关系数据库的一个重要区别是,前者采用基于列的存储,而后者采用基于行的存储。HBase 具有良好的横向扩展能力,可以通过不断增加廉价的商用服务器来增加存储能力。

3）MapReduce

Hadoop MapReduce 是针对谷歌 MapReduce 的开源实现。MapReduce 是一种编程模型,用于大规模数据集(大于 1TB)的并行运算,它将复杂的、运行于大规模集群上的并行计算过程高度地抽象到了两个函数——Map 和 Reduce 上,并且允许用户在不了解分布式系统底层细节的情况下开发并行应用程序,并将其运行于廉价计算机集群上,完成海量数据的处理。通俗地说,MapReduce 的核心思想就是"分而治之",它把输入的数据集切分为若干独立的数据块,分发给一个主节点管理下的各个分节点来共同并行完成。最后,通过整合各个节点的中间结果得到最终结果。

4）Hive

Hive 是一个基于 Hadoop 的数据仓库工具,可以用于对 Hadoop 文件中的数据集进行数据整理、特殊查询和分析存储。Hive 的学习门槛较低,因为它提供了类似于关系型数据库 SQL 语言的查询语言——Hive QL,可以通过 Hive QL 语句快速实现简单的 MapReduce 统计,Hive 自身可以将 Hive QL 语句转换为 MapReduce 任务进行运行,而不必开发专门的 MapReduce 应用,因而十分适合数据仓库的统计分析。

5）Pig

Pig 是一种数据流语言和运行环境,适合于使用 Hadoop 和 MapReduce 平台来查询大型半结构化数据集。虽然 MapReduce 应用程序的编写不是十分复杂,但毕竟也是需要一定的开发经验的。Pig 的出现大大简化了 Hadoop 常见的工作任务,它在 MapReduce 的基础上创建了更简单的过程语言抽象,为 Hadoop 应用程序提供了一种更加接近结构化查询语言(SQL)的接口。Pig 是一个相对简单的语言,它可以执行语句,因此当我们需要从大型数据集中搜索满足某个给定搜索条件的记录时,采用 Pig 要比 MapReduce 具有明显的优势,前者只需要编写简单的脚本在集群中自动并行处理与分发,而后者则需要编写一个单独的 MapReduce 应用程序。

6）Mahout

Mahout 是 Apache 软件基金会旗下的一个开源项目,提供一些可扩展的机器学习领域经典算法的实现,旨在帮助开发人员更加方便快捷地创建智能应用程序。Mahout 包含许多实现,包括聚类、分类、推荐过滤、频繁子项挖掘。此外,通过使用 Apache Hadoop 库,Mahout 可以有效地扩展到云中。

7）Zookeeper

Zookeeper 是针对谷歌 Chubby 的一个开源实现,是高效和可靠的协同工作系统,提供分布式锁之类的基本服务(如统一命名服务、状态同步服务、集群管理、分布式应用配置项的管理等)用于构建分布式应用,减轻分布式应用程序所承担的协调任务。Zookeeper 使用 Java 语言编写,很容易编程接入,它使用了一个和文件树结构相似的数据模型。

8) Flume

Flume 是 Cloudera 提供的一个高可用的、高可靠的、分布式的海量日志采集、聚合和传输系统。Flume 支持在日志系统中定制各类数据发送方,用于收集数据;同时,Flume 提供对数据进行简单处理并写到各种数据接受方的能力。

9) Sqoop

Sqoop 是 SQL-to-Hadoop 的缩写,主要用来在 Hadoop 和关系型数据库之间交换数据,可以改进数据的互操作性。通过 Sqoop 可以方便地将数据从 MySQL、Oracle、Postgresql 等关系数据库中导入 Hadoop(可以导入 HDFS、HBase 或 Hive),或者将数据从 Hadoop 导出到关系型数据库,使得传统关系型数据库和 Hadoop 之间的数据迁移变得非常方便。Sqoop 主要通过 JDBC(Java Data Base Connectivity)和关系型数据库进行交互,理论上,支持 JDBC 的关系型数据库都可以使用 Sqoop 和 Hadoop 进行数据交互。Sqoop 是专门为大数据集设计的,支持增量更新,可以将新记录添加到最近一次导出的数据源上,或者指定上次修改的时间戳。

10) Ambari

ApacheAmbari 是一种基于 Web 的工具,支持 Apache Hadoop 集群的安装、部署、配置和管理。Ambari 目前已支持大多数 Hadoop 组件,包括 HDFS、MapReduce、Hive、Pig、HBase、Zookeeper、Sqoop 等。

5.4.3 MapReduce

大数据时代除了需要解决大规模数据的高效存储问题,还需要解决大规模数据的高效处理问题。分布式并行编程可以大幅提高程序性能,实现高效的批量数据处理,分布式程序运行在大规模计算机集群上,集群中包括大量廉价服务器,可以并行执行大规模数据处理任务,从而获得海量计算能力。MapReduce 是一种并行编程模型,用于大规模数据集(大于 1TB)的并行运算,它将复杂的、运行于大规模集群上的并行计算过程高度抽象到两个函数:Map 和 Reduce。MapReduce 极大地方便了分布式编程工作,编程人员在不会分布式并行编程的情况下,也可以很容易地将自己的程序运行在分布式系统上,完成海量数据集的计算。

1. 分布式并行编程

在过去的很长一段时间里,CPU 的性能都遵循"摩尔定律",大约每隔 18 个月性能翻一番。这意味着不需要对程序做任何改变,仅仅通过使用更高级的 CPU,程序就可以享受免费的性能提升。但是,大规模集成电路的制作工艺已经达到一个极限,2005 年开始摩尔定律逐渐失效。为了提升程序的运行性能,就不能再把希望过多地寄托在性能更高的 CPU 上。于是,人们开始借助分布式并行编程来提高程序的性能。分布式程序运行在大规模计算机集群上,集群中包括大量廉价服务器,可以并行执行大规模数据处理任务,从而获得海量的计算能力。

分布式并行编程与传统的程序开发方式有很大的区别。传统的程序都是以单指令、单数据流的方式顺序执行,虽然这种方式比较符合人类的思维习惯,但是这种程序的性能受到单台机器性能的限制,可扩展性较差。分布式并行程序可以运行在由大量计算机构成的集群上,从而可以充分利用集群的并行处理能力,同时通过向集群中增加新的计算节点,就可以很容易地实现集群计算能力的扩充。

谷歌公司最先提出了分布式并行编程模型 MapReduce,Hadoop MapReduce 是它的开源实现。谷歌的 MapReduce 运行在分布式文件系统 GFS 上,与谷歌类似,Hadoop MapReduce 运行在分布式文件系统(HDFS)上。相对而言,Hadoop MapReduce 要比谷歌 MapReduce 的使用门槛低很多,即使没有任何分布式程序开发经验,也可以很轻松地开发出分布式程序并部署到计算机集中。

2. MapReduce 模型简介

谷歌在 2003—2006 年连续发表了 3 篇很有影响力的文章,分别阐述了 GFS、MapReduce 和 BigTable 的核心思想。其中,MapReduce 是谷歌公司的核心计算模型。MapReduce 将复杂的运行于大规模集群上的并行计算过程高度地抽象到两个函数: Map 和 Reduce,这两个函数及其核心思想都源自函数式编程语言。

在 MapReduce 中,一个存储在分布式文件系统中的大规模数据集会被切分成许多独立的小数据块,这些小数据块可以被多个 Map 任务并行处理。MapReduce 框架会为每个 Map 任务输入一个数据子集,Map 任务生成的结果会继续作为 Reduce 任务的输入,最终由 Reduce 任务输出最后结果,并写入分布式文件系统。特别需要注意的是,适合用 MapReduce 来处理的数据集需要满足一个前提条件:待处理的数据集可以分解成许多小的数据集,而且每一个小数据集都可以完全并行地进行处理。

MapReduce 设计的一个理念就是"计算向数据靠拢",而不是"数据向计算靠拢",因为移动数据需要大量的网络传输开销,尤其是在大规模数据环境下,这种开销尤为惊人,所以,移动计算要比移动数据更加经济。本着这个理念,在一个集群中,只要有可能,MapReduce 框架就会将 Map 程序就近地在 HDFS 数据所在的节点运行了,即将计算节点和存储节点放在一起运行,从而减少了节点间的数据移动开销。

3. MapReduce 的具体应用

MapReduce 可以很好地应用于各种计算问题,具体包括关系代数运算、分组与聚合运算、矩阵向量运算、矩阵乘法等各种运算。

5.4.4　Spark

Spark 是一个可应用于大规模数据处理的快速、通用引擎,Spark 最初的设计目标是使数据分析更快——不仅运行速度快,也要能快速、容易地编写程序。为了使程序运行更快,Spark 提供了内存计算,减少了迭代计算时的 I/O 开销;为了使编写程序更为容易,Spark 使用简练优雅的 Scala 语言编写,基于 Scala 提供了交互式的编程体验。虽然 Hadoop 已成为大数据的事实标准,但是 MapReduce 分布式计算模型仍存在诸多缺陷,而 Spark 不仅具备了 Hadoop MapReduce 的优点,而且改进了 Hadoop MapReduce 的缺陷。Spark 正以其结构一体化、功能多元化的优势逐渐成为当今大数据领域最热门的大数据计算平台。

1. Spark 简介

Spark 最初由美国加州大学伯克利分校的 AMP(Algorithms,Machines and People)实验室于 2009 年开发,是基于内存计算的大数据并行计算框架,可用于构建大型的、低延迟的数据分析应用程序。Spark 在诞生之初属于研究性项目,其诸多核心理念均源自学术研究论文。2013 年,Spark 加入 Apache 孵化器项目后获得迅猛发展,已成为 Apache 软件基金会最重要的三大分布式计算系统开源项目之一(即 Hadoop、Spark、Storm)。

Spark 作为大数据计算平台的后起之秀,在 2014 年打破了 Hadoop 保持的基准排序 (Sort Benchmark)纪录,使用 206 个节点在 23min 的时间里完成了 100TB 数据的排序,而 Hadoop 则是使用 2000 个节点在 72min 的时间里才完成同样数据的排序。也就是说, Spark 仅使用了十分之一的计算资源,获得了比 Hadoop 快 3 倍的速度。新纪录的诞生,使得 Spark 获得多方追捧,也表明了 Spark 可以作为一个更加快速、高效的大数据计算平台。

Spark 如今已吸引了国内外各大公司的注意,如腾讯、淘宝、百度、亚马逊等公司均不同程度地使用了 Spark 来构建大数据分析应用,并应用到实际的生产环境中。相信在将来, Spark 会在更多的应用中发挥重要作用。

2. Spark 与 Hadoop 的对比

Hadoop 虽然已成为大数据技术的事实标准,但其本身还存在诸多缺陷,最主要的缺陷是 MapReduce 计算模型延迟过高,无法胜任实时、快速计算的需求,因而只适用于离线批处理的应用场景。

Spark 最大的特点就是将计算数据、中间结果都存储在内存中,大大减少了 I/O 开销, 因而 Spark 更适合于迭代运算比较多的数据挖掘与机器学习运算。

使用 Hadoop 进行迭代计算非常耗资源,因为每次迭代都需要从磁盘中写入、读取中间数据,I/O 开销大。而 Spark 将数据载入内存后,之后的迭代计算都可以直接使用内存中的中间结果作运算,避免了从磁盘中频繁读取数据。

在实际进行开发时,使用 Hadoop 需要编写不少相对底层的代码,不够高效。相对而言,Spark 提供了多种高层次、简洁的 API。通常情况下,对于实现相同功能的应用程序, Hadoop 的代码量要比 Spark 多 2~5 倍。更重要的是,Spark 提供了实时交互式编程反馈, 可以方便地验证、调整算法。

尽管 Spark 相对于 Hadoop 而言具有较大优势,但 Spark 并不能完全替代 Hadoop,主要用于替代 Hadoop 中的 MapReduce 计算模型。实际上,Spark 已经很好地融入了 Hadoop 生态圈,并成为其中的重要一员,它可以借助于于 YARN 实现资源调度管理,借助于 DBFS 实现分布式存储。此外,Hadoop 可以使用廉价的、异构的机器来做分布式存储与计算,但是 Spark 对硬件的要求稍高一些,对内存与 CPU 有一定的要求。

3. Spark 生态系统

Spark 生态系统主要包含了 Spark Core、Spark SQL、Spark Streaming、MLlib 和 GraphX 等组件,各组件的具体功能如下。

1) Spark Core

Spark Core 包含 Spark 的基本功能,如内存计算、任务调度、部署模式、故障恢复、存储管理等,主要面向批数据处理。Spark 建立在统一的抽象 RDD 之上,使其可以以基本一致的方式应对不同的大数据处理场景。

2) Spark SQL

Spark SQL 允许开发人员直接处理 RDD,同时也可查询 Hive、HBase 等外部数据源。 Spark SQL 的一个重要特点是其能够统一处理关系表和 RDD,使得开发人员不需要自己编写 Spark 应用程序。开发人员可以轻松地使用 SQL 命令进行查询,并进行更复杂的数据分析。

3）Spark Streaming

Spark Streaming 支持高吞吐量、可容错处理的实时流数据处理，其核心思路是将流数据分解成一系列短小的批处理作业，每个短小的批处理作业都可以使用 Spark Core 进行快速处理。Spark Streaming 支持多种数据输入源，如 Kafka、Flume 和 TCP 套接字等。

4）MLlib（机器学习）

MLlib 提供了常用机器学习算法的实现，包括聚类、分类、回归、协同过滤等，降低了机器学习的门槛，开发人员只要具备一定的理论知识就能进行机器学习的工作。

5）GraphX（图计算）

GraphX 是 Spark 中用于图计算的 API，可认为是 Pregel 在 Spark 上的重写及优化，Graphx 性能良好，拥有丰富的功能和运算符，能在海量数据上自如地运行复杂的图算法。

需要注意的是，无论是 Spark SQL、Spark Streaming、MLlib 还是 GraphX，都可以使用 Spark Core 的 API 处理问题，它们的方法几乎是通用的，处理的数据也可以共享，不同应用之间的数据可以无缝集成。

5.5 大数据分析

传统意义上的数据分析主要针对结构化数据展开，且已经形成了一整套行之有效的分析体系。首先利用数据库来存储结构化数据，在此基础上构建数据仓库，根据需要构建数据立方体进行联机分析处理（Online Analytical Processing，OLAP）。从数据中提炼更深层次的知识的需求促使数据挖掘技术的产生，并发明了聚类、关联分析等一系列在实践中行之有效的方法。这一整套处理流程在处理相对较少的结构化数据时极为高效。但是，随着大数据时代的到来，半结构化和非结构化数据量的迅猛增长，给传统的分析技术带来了巨大的冲击和挑战。

5.5.1 数据分析简介

1. 什么是数据分析

数据分析（Data Analysis）是指用适当的统计方法对收集来的大量数据资料进行分析，以求最大化地开发数据资料的功能，发挥数据的作用，是为了提取有用信息和形成结论而对数据加以详细研究和概括总结的过程。

数据分析的目的是把隐没在一大批看来杂乱无章的数据中的信息集中、萃取和提炼出来，以找出所研究对象的内在规律。主要目标包括：

（1）推测或解释数据并确定如何使用数据；

（2）检查数据是否合法；

（3）给决策制定合理建议；

（4）诊断或推断错误原因；

（5）预测未来将要发生的事情。

2. 数据分析的分类

根据数据分析深度将数据分析分为三个层次：

（1）描述性分析。基于历史数据描述发生了什么，通常应用在商业智能和可见性系统中。

例如,利用回归技术从数据集中发现简单的趋势,可视化技术用于更有意义地表示数据,数据建模则以更有效的方式收集、存储和删减数据。

(2) 预测性分析。用于预测未来的概率和趋势。

例如,预测性模型使用线性和对数回归等统计技术发现数据趋势,预测未来的输出结果,并使用数据挖掘技术提取数据模式。

(3) 规则性分析。决策制定和提高分析效率。

例如,仿真用于分析复杂系统以了解系统行为并发现问题,而优化技术则在给定约束条件下给出最优解决方案。

3. 大数据分析技术

数据分析是整个大数据处理流程的核心,因为大数据的价值产生于分析过程。从异构数据源抽取和集成的数据构成了数据分析的原始数据。根据不同应用的需求可以从这些数据中选择全部或部分进行分析。大数据时代的分析技术主要有统计分析、数据挖掘、机器学习、可视化分析等技术。这些技术以前就有,只是在大数据时代需要做出调整。这些技术在大数据时代面临着一些新的挑战,主要原因是数据量大并不一定意味着数据价值的增加,相反这往往意味着数据噪音的增多。因此在数据分析之前必须进行数据清洗等预处理工作,但是预处理如此大量的数据对于机器硬件以及算法都是严峻的考验。

大数据时代的数据分析算法需要进行调整。首先,大数据的应用常常具有实时性的特点,算法的准确率不再是大数据应用的最主要指标。很多场景中算法需要在处理的实时性和准确率之间取得一个平衡,比如在线的机器学习算法(Online Machine Learning)。其次,云计算是进行大数据处理的有力工具,这就要求很多算法必须做出调整以适应云计算的框架,算法需要变得具有可扩展性。最后,在选择算法处理大数据时必须谨慎,当数据量增长到一定规模以后,可以从小量数据中挖掘出有效信息的算法并不一定适用于大数据。

1) 统计分析

统计分析基于统计理论,运用数学方式,建立数学模型,对通过调查获取的各种数据及资料进行数理统计和分析,形成定量的结论。统计分析方法是目前广泛使用的现代科学方法,是一种比较科学、精确和客观的测评方法。其具体应用方法很多,在实践中使用较多的是指标评分法和图表测评法。

在统计理论中,随机性和不确定性由概率理论建模。统计分析技术可以分为描述性统计和推断性统计。描述性统计技术对数据集进行摘要(Summarization)或描述;推断性统计则能够对过程进行推断;例如多元统计分析包括回归、因子分析、聚类和判别分析等。

2) 数据挖掘

数据挖掘可以认为是发现大数据集中数据模式的一种计算过程。许多数据挖掘算法已经在人工智能、机器学习、模式识别、统计和数据库领域得到了应用。2006 年 ICDM 国际会议上总结了影响力最高的 10 种数据挖掘算法,包括 C4. 5、K-means、SVM、Apriori、EM、PageRank、AdaBoost、kNN、朴素贝叶斯和 CART,覆盖了分类、聚类、回归和统计学习等方向。有时候,几乎可以认为很多方法间的界线逐渐淡化,例如数据挖掘、机器学习、模式识别甚至视觉信息处理、媒体信息处理等,"数据挖掘"只是作为一个通称。

3) 机器学习

机器学习是一门研究机器获取新知识和新技能,并识别现有知识的学问,其理论主要是设计和分析一些让计算机可以自动"学习"的算法。机器学习算法从数据中自动分析获得规律,并利用规律对未知数据进行预测。与传统的在线联机分析处理(OLAP)不同,对大数据的深度分析主要基于大规模的机器学习技术。

4) 可视化分析

利用可视化技术,实时呈现当前分析结果,引导用户参与分析过程,根据用户反馈信息执行后续分析操作,完成用户与分析算法的全程交互,实现数据分析算法与用户领域知识的完全结合。一个典型的可视化分析过程应该是数据首先被转化为图像呈现给用户,用户通过视觉系统进行观察分析,同时结合自己的领域背景知识,对可视化图像进行认知,从而理解和分析数据的内涵与特征。随后,用户还可以根据分析结果,通过改变可视化程序系统的设置,来交互式地改变输出的可视化图像,从而可以根据自己的需求从不同角度对数据进行理解。

5.5.2　数据挖掘

数据挖掘(Data Mining)就是从大量的、不完全的、有噪声的、模糊的、随机的实际应用数据中,提取隐含在其中的、人们事先不知道的,但又是潜在有用的信息和知识的过程。

数据挖掘使用了机器学习和传统的统计学方法。它与传统数据分析,如查询、报表、联机分析处理等的本质区别在于:数据挖掘是在没有明确假设的前提下去挖掘信息、发现知识的。因此,数据挖掘得到的信息具有预先未知的、有效的和实用的三种特征。数据挖掘使用的技术主要有决策树、人工神经网络、遗传算法、近邻算法、规则推导等,这些技术的主要作用是自动预测趋势和行为、关联分析、聚类、概念描述、偏差检测等。

数据的高速增长及广泛运用使得我们生活在真正的数据时代,需要功能强大的算法或工具,以便从海量数据中发现有价值的信息,并通过分析把这些信息转化成有组织的知识,这种需求促成了数据挖掘的诞生。

1. 数据挖掘常用算法

在发展过程中,由于数据挖掘不断地将诸多学科领域知识与技术融入当中,因此,目前数据挖掘方法与算法已呈现出极为丰富的多种形式。从使用的广义角度上看,数据挖掘常用分析方法主要有分类、聚类、估值、预测、关联规则和可视化等。

从数据挖掘算法所依托的数理基础角度归类,目前数据挖掘算法主要分为三大类:机器学习方法、统计方法与神经网络方法。机器学习方法分为决策树、基于范例学习、规则归纳与遗传算法等;统计方法细分为回归分析、时间序列分析、关联分析、聚类分析、模糊集、粗糙集、探索性分析、支持向量机与最近邻分析等;神经网络方法分为前向神经网络、自组织神经网络、感知机、多层神经网络、深度学习等。在具体的项目应用场景中通过使用上述这些特定算法,可以从大数据中整理并挖掘出有价值的所需数据,经过针对性的数学或统计模型的进一步解释与分析,提取出隐含在这些大数据中的潜在的规律、规则、知识与模式。

下面介绍数据挖掘中经常使用的分类、聚类、关联规则与时间序列预测等相关概念。

1) 分类

数据挖掘方法中的一种重要方法就是分类,在给定数据基础上构建分类函数或分类模型,该函数或模型能够把数据归类为给定类别中的某一种类别,这就是分类的概念。在分类过程中,通常通过构建分类器来实现具体分类,分类器是对样本进行分类的方法统称。

下面介绍几种典型算法。

(1) 朴素贝叶斯算法。

朴素贝叶斯算法是统计学的一种分类方法,它是利用概率统计知识进行分类的算法。该算法能运用到大型数据库中,而且方法简单、分类准确率高、速度快。

(2) K 最近邻算法。

K 最近邻算法(KNN 算法)是一个理论上比较成熟的方法,也是最简单的机器学习算法之一。该方法的思路是,如果一个样本在特征空间中的 K 个最相似的样本中的大多数属于某一个类别,则该样本也属于这个类别。由于该算法主要靠周围邻近的样本,而不是靠判别类域的方法来确定所属类别,因此对于类域的交叉或重叠较多的待分样本集来说,KNN 方法较其他方法更为适合。

(3) 支持向量机算法。

支持向量机算法(SVM)是建立在统计学习理论的 VC 维理论和结构风险最小原理基础上的,根据有限的样本信息在模型的复杂性和学习能力之间寻求最佳折中,以求获得最好的推广能力。使用 SVM 算法可以在高维空间构造良好的预测模型,该算法在 OCR、语言识别、图像识别等领域得到广泛应用。

(4) AdaBoost 算法。

AdaBoost 算法是一种迭代算法,其核心思想是针对同一个训练集训练不同的分类器(弱分类器),然后把这些分类器集合起来,构成一个更强的最终分类器(强分类器)。对 AdaBoost 算法的研究和应用大多集中于分类问题,主要解决了多类单标签问题、多类多标签问题、大类单标签问题等。

(5) C4.5 算法。

C4.5 算法是决策树核心算法 ID3 的改进算法。C4.5 算法的优点是产生的分类规则易于理解,准确率较高,缺点是在构造树的过程中,需要对数据集进行多次顺序扫描和排序,因而导致算法的低效,此外,C4.5 只适合于能够驻留于内存的数据集,当训练集大得无法在内存容纳时,程序无法运行。

(6) CART 算法。

CART 算法采用二分递归分割的技术,将当前的样本集分为两个子样本集,使得生成的每个非叶子节点都有两个分支。因此,CART 算法生成的是结构简洁的二叉树,通过构造决策树来发现数据中蕴涵的分类规则。

2) 聚类

随着科技的进步,数据收集变得相对容易,从而导致数据库规模越来越庞大,例如,各类网上交易数据、图像与视频数据等,数据的维度通常可以达到成百上千维。在自然社会中,存在大量的数据聚类问题,聚类也就是将抽象对象的集合分为相似对象组成的多个类的过程,聚类过程生成的簇称为一组数据对象的集合。聚类源于分类,聚类又称为群分析,是研究分类问题的另一种统计计算方法,但聚类又不完全等同于分类,聚类与分类的不同点在于:聚类要求归类的类通常是未知的,而分类则要求事先已知多个类。

下面介绍几种典型算法。

(1) BIRCH 算法。

BIRCH 算法是一种综合的层次聚类算法,它用到了聚类特征和聚类特征树两个概念,用于概括聚类描述。聚类特征树概括了聚类的有用信息，并且占用的空间较元数据集合小得多，可以存放在内存中，从而提高算法在大型数据集合上的聚类速度及可伸缩性。

（2）K-means 算法。

K-means 算法是一种典型的基于距离的聚类算法，采用距离作为相似性评价指标，即认为两个对象的距离越近，其相似度就越大。该算法认为簇是由距离靠近的对象组成的，因此把得到紧凑且独立的簇作为最终目标。K-means 算法是解决聚类问题的一种经典算法，简单快速，对于处理大数据集，该算法具备相对可伸缩性和高效性。

（3）期望最大化算法（EM 算法）：EM 算法是一种迭代算法，每次迭代由两步组成，E 步求出期望，M 步将参数极大化。EM 算法在处理缺失值上，经过实际验证是一种非常稳健的算法。

3）关联规则

关联规则属于数据挖掘算法中的一类重要方法，关联规则就是支持度与置信度分别满足用户给定阈值的规则。关联，反映一个事件与其他事件间关联的知识；支持度揭示了 A 和 B 同时出现的频率。置信度揭示了 B 出现时，A 有多大的可能出现。关联规则最初是针对购物篮分析问题提出的，销售分店经理想更多了解顾客的购物习惯，尤其想获知顾客在一次购物时会购买哪些商品。通过发现顾客放入购物篮中不同商品间的关联，从而分析顾客的购物习惯。关联规则的发现可以帮助销售商掌握顾客同时会频繁购买哪些商品，从而有效帮助销售商开发良好的营销手段。

下面介绍几种典型算法。

（1）Apriori 算法。

Apriori 算法是一种挖掘关联规则的频繁项集算法，其核心思想是通过候选集生成和情节的向下封闭检测两个阶段来挖掘频繁项集。算法已经被广泛应用到商业、网络安全等各个领域。

（2）FP-Growth 算法

FP-Growth 算法使用了一种称为频繁模式树（Frequen Pattern Tree，FP-Tree）的数据结构，FP-Tree 是一种特殊的前缀树，由频繁项头表和项前缀树构成，FP-Growth 算法基于以上的结构加快整个挖掘过程。该算法高度浓缩了数据库，同时也能保证对频繁项集的挖掘是完备的。

4）时间序列预测

通常将统计指标的数值按时间顺序排列所形成的数列，称为时间序列。时间序列预测法是一种历史引申预测法，也即将时间数列所反映的事件发展过程进行引申外推，预测发展趋势的一种方法。时间序列分析是动态数据处理的统计方法，主要基于数理统计与随机过程方法，用于研究随机数列所服从的统计学规律，常用于企业经营、气象预报、市场预测、污染源监控、地震预测、农林病虫灾害预报、天文学等方面。时间序列预测及其分析是将系统观测所得的实时数据，通过参数估计与曲线拟合来建立合理数学模型的方法，包含谱分析与自相关分析在内的一系列统计分析理论，涉及时间序列模型的建立、推断、最优预测、非线性控制等原理。时间序列预测法可用于短期、中期和长期预测，依据所采用的分析方法，时间序列预测又可以分为简单序时平均数法、移动平均法、季节性预测法、趋势预测法、指数平滑法等方法。

代表性的预测模型是序贯模式挖掘(SPMGC)算法。SPMGC算法首先对约束条件按照优先级进行排序,然后依据约束条件产生候选序列,可以有效地发现有价值的数据序列模式,提供给大数据专家进行各类时间序列的相似性与预测研究。

2. 数据挖掘应用场景

按照数据挖掘的应用场景分类,数据挖掘的应用主要涉及通信、股票、金融、银行、交通、商品零售、生物医学、精确营销、地震预测、工业产品设计等领域,在这些领域众多数据挖掘方法均被广泛应用且衍生出各自独特的算法。数据挖掘在诸如以下的典型商业方面发挥巨大的作用:客户群体定向分析、数据营销、交叉销售、市场细分、满意度统计、欺诈与风险评估、商业风险分析等,在数据挖掘应用方面,不存在一个广泛适用于各种不同应用的数据挖掘方法,特定的应用场景往往需要针对该领域应用的专门数据挖掘方法。

3. 数据挖掘工具

根据适用的范围,数据挖掘工具分为两类:专用挖掘工具和通用挖掘工具。

专用数据挖掘工具针对某个特定领域的问题提供解决方案,在涉及算法的时候充分考虑数据、需求的特殊性。对任何应用领域,专业的统计研发人员都可以开发特定的数据挖掘工具。例如,IBM公司的Advanced Scout系统针对NBA联赛的统计数据,从中挖掘数据以帮助教练优化战术组合。特定领域的数据挖掘工具针对性通常比较强,但通常只能用于一种应用场景,也正因为针对性较强,数据挖掘过程中往往采用特殊的算法去处理特殊类型的数据,发现的知识可靠度一般也比较高。

通用数据挖掘工具不区分具体数据的含义,往往采用通用的挖掘算法处理常见的数据类型。例如,IBM公司下属的Almaden研究中心开发的Quest系统、SGI公司开发的MineSet系统、加拿大Simon Fraser大学开发的Dbminer系统。通用的数据挖掘工具可以做多种模式的挖掘,至于挖掘的内容与挖掘工具都可以由用户自己来选择。

数据挖掘中的挖掘工具具体如下。

1) Weka软件

Weka的全称是Waikato智能分析环境,是一款免费与非商业化的数据挖掘软件,它是基于Java环境下开源的机器学习与数据挖掘软件,Weka的源代码可在其官方网站下载。Weka可能是名气最大的开源机器学习和数据挖掘软件,界面简洁。Weka作为一个公开的数据挖掘工作平台,集成大量能承担数据挖掘任务的机器学习算法,包括对数据进行预处理、分类、回归、聚类、关联规则,以及交互式界面上的可视化。

2) SPSS软件

SPSS是世界上最早的统计分析软件,是世界上最早采用图形菜单驱动界面的数据统计软件。突出的特点是操作界面友好,且输出结果美观。SPSS将几乎所有的功能以统一、规范的界面展现出来,使用Windows的窗口方式展示各种管理和分析数据方法的功能。分析人员只要掌握必要的Windows操作技能与统计分析原理,就可以使用SPSS软件为特定的工作服务。SPSS采用类似Excel表格的方式输入与管理数据,数据接口较为通用,能方便地从其他数据库中读入数据。SPSS具有完整的数据输入、统计分析、报表、编辑、图形制作等功能,提供从简单的统计描述到复杂的多因素统计分析方法,例如,数据的探索性分析、统计描述、聚类分析、非线性回归、列联表分析、非参数检验、多元回归、二维相关、秩相关、偏相关、方差分析、生存分析、协方差分析、判别分析、因子分析和Logistic回归等。

3）Clementine 软件

Clementine 是 SPSS 公司开发的商业数据挖掘产品，为了解决各种商务问题，企业需要以不同的方式来处理各种类型迥异的数据，不同的任务类型和数据类型要求有不同的分析技术。Clementine 提供出色、广泛的数据挖掘技术，确保用恰当的分析技术来处理相应的商业问题，得到最优的结果以应对随时出现的问题。即便改进业务的机会被庞杂的数据表格所掩盖，Clementine 也能最大限度地执行标准的数据挖掘流程，较好地找到解决商业问题的最佳答案。

4）RapidMiner 软件

RapidMiner 是一款很流行的数据挖掘软件，2015 年在 KDnuggets 举办的第 16 届国际数据挖掘暨分析软件投票中 RapidMiner 位居第 2，地位仅次于 R 语言。RapidMiner 的操作方式和商用软件差别车较大，RapidMiner 并不支持分析流程图方式，当包含的运算符比较多时就不容易查看。RapidMiner 具有丰富的数据挖掘分析和算法功能，常用于解决各种商业关键问题，例如，营销响应率、客户细分、资产维护、资源规划、客户忠诚度及终身价值、质量管理、社交媒体监测和情感分析等典型商业案例。RapidMiner 提供的解决方案覆盖许多领域，包括生命科学、制造业、石油和天然气、保险、汽车、银行、零售业、通信业及公用事业等。

5）其他数据挖掘软件

近年来，流行的数据挖掘软件还包括 Orange、Knime、Keel 与 Tanagra 等。Orange 界面简洁但目前不支持中文；Knime 则可以同时安装 Weka 和 R 扩展包；Keel 是基于 Java 的机器学习工具，为一系列大数据任务提供了算法；Tanagra 是使用图形界面的数据挖掘软件。

4. 大数据挖掘工具

数据挖掘是识别出海量数据中有效的、新颖的、潜在有用的、最终可理解的模式的非平凡过程，简单来说就是从海量数据中找出有用的知识。机器学习起初的研究动机是为了让计算机系统具有人的学习能力，以便实现人工智能。机器学习利用经验来改善计算机系统的自身性能，由于"经验"在计算机系统中是以数据的形式存在的，因此，机器学习主要就是实现智能的数据分析。数据挖掘利用了机器学习提供的技术来分析数据以发掘其中蕴含的有用信息。针对大数据进行数据挖掘，不仅需要关注机器学习方法和算法本身，即研究新的或改进的学习模型和学习方法，以不断提升分析预测结果的准确性，而且还需关注如何结合分布式和并行化的大数据处理技术，以便在可接受的时间内完成计算。业界已经研究并构建了一批兼具机器学习和大规模分布并行计算处理能力的一体化系统，普通用户不用编写复杂的机器学习算法，也不用深入掌握基于大数据的分布式存储与并行计算模型，只需了解算法的调用接口即可应用机器学习并实现大数据挖掘。

1）Mahout

Apache Mahout 是一个由 Java 语言实现的开源的可扩展的机器学习算法库。2008 年 Mahout 还只是 Apache Lucene 开源搜索引擎的子项目，其主要实现 Lucene 框架在文本搜索与文本挖掘中用到的聚类和分类算法，后来 Mahout 逐渐脱离出来成为独立的子项目并吸纳了开源的协同过滤项目 Taste。2010 年 4 月，Mahout 成为 Apache 顶级项目。Mahout 不仅高效地实现了聚类、分类和协同过滤等机器学习算法，关键是其所能处理的数据规模远大于 R、Python 和 MATLAB 等基于单机的传统数据分析平台,因为 Mahout 的算法既可在单机上运行,也可在 Hadoop 平台上运行。通过将机器学习算法构建于 MapReduce 并行计算模型之上,将算法的输入、输出和中间结果构建于 HDFS 之上,使得 Mahout 具有高吞吐、高并发、高可靠性的特点,这就保证了其适合于大规模数据的机器学习。

2) Spark MLlib

Apache Mahout 主要运作于 MapReduce 计算模型之上,MapReduce 为大数据挖掘提供了有力的支持,但数据挖掘类业务大多具有复杂的处理逻辑,其挖掘算法往往需要多个 MapReduce 作业协作完成,而多个作业之间存在的冗余磁盘读写开销和多次资源申请过程,会使基于 MapReduce 的算法实现存在严重的性能问题。Spark 得益于其在迭代计算和内存计算上的优势,可自动调度复杂的计算任务,避免中间结果的磁盘读写和资源申请过程,大幅降低了运行时间和计算成本,非常适用于数据挖掘算法。Spark 中的机器学习库 MLlib 是专为在集群上并行运行而设计的,只包含了能够在集群上运行良好的并行算法,并不考虑一些虽经典但不能并行执行的机器学习算法,所以,MLlib 中的每一个算法都适用于大规模数据集。

相对于 Mahout 基于 MapReduce 计算模型所需的序列化和磁盘 I/O 开销,MLlib 基于 Spark 计算模型可以在内存中更快地实现多次迭代。相对于 Mahout 基于 Java 语言来实现算法,MLlib 基于 Scala 语言,可以用更少的代码来实现同样的算法。MLlib 除了支持 Java、Scala、Python 及 R 语言之外,训练模型时所需调整的参数更少,接口调用要比 Mahout 简洁。此外,Mahout 是独立于 Hadoop 之外的项目,而 MLlib 是内置在 Spark 中的,其可与 Spark Streming、Spark SQL 及 GraphX 很好地协作。

5.5.3 大数据与深度学习

随着大数据高速发展,人工智能迎来了春天。作为人工智能发展的核心动力,深度学习引起了各界的关注。深度学习的概念起源于人工神经网络,是一种具有多隐含层的神经网络结构,其通过提取低层特征,组合成更加抽象的高层特征,以发现最能代表数据语义的特征表达。深度学习是机器学习的一个新领域,得益于大数据,深度神经网络能学习出各种复杂的特征。其在语音识别、计算机视觉等领域有着广泛应用。

1. 深度学习简介

深度学习(Deep Learning)(也称为深度结构学习(Deep Structured Learning)、层次学习(Hierarchical Learning)或者是深度机器学习(Deep Machine Learning))是一类算法集合,是机器学习的一个分支。其概念是由 Hinton、Yoshua Bengio 和 Yann Lecun 等人在 2006 年提出的。深度学习的思想与人工神经网络思想是一致的。人工神经网络算法的思想来源于模仿人类大脑思考的方式。人类大脑是通过神经系统得到输入信号再作出相应反应的,而接受外部刺激的方式是用神经元接收神经末梢转换的电信号。希望通过人造神经元的方式模拟大脑的思考就产生了人工神经网络。人工神经元组成了人工神经网络的计算单元,而人工神经网络结构描述了这些神经元的连接方式。我们可以采用层的方式组织神经元,层与层之间可以互相连接。以前受制于很多因素,我们无法添加很多层,而现在随着算法的更新、数据量的增加以及 GPU 的发展,我们可以用很多的层来开发神经网络,这就产生了深度神经网络。深度学习就是深度神经网络的一个代名词。

2. 大数据与深度学习

在工业界有一个非常流行的观点,即简单的机器学习模型要比复杂模型更有效。所以,要想充分挖掘数据中隐藏的信息,只有采用表达能力强的模型。传统的方式是依靠人工经验构造样本特征,进行浅层模型的分析和预测。采取这种方式,人工判断的特征的好坏将直接影响到系统的性能。但是,深度学习强调模型结构的深度,构建很多隐藏层和海量训练数据的每个阶段的权值,提取更有用的特征,构建结构复杂的模型,提高模型分类或预测的准确性。

随着 CPU 和 GPU 计算能力的大幅提升,深度学习使用更高效的硬件平台作为支撑。大数据时代的海量数据解决了早期神经网络由于训练样本不足出现的过拟合、泛化能力差等问题。因此,大数据需要深度学习,深度学习的发展又需要大数据的支撑。例如,2010 年 Hinton 采用深度学习方法和 GPU 的计算,让语音识别在计算速度方面提升了 70 倍以上。2012 年深度学习首次参加了 ImageNet 大规模视觉挑战大赛 ILSVRC,将 120 万张照片作为训练集,5 万张作为测试集,进行 1000 个类别分组,与之前相比,正确率提高了 11%。同年,微软团队在发布的论文中显示,他们利用深度学习将 ImageNet 2012 数据集的错误率降到了 4.94%,比人类的错误率 5.1% 还低。2012 年 6 月,《纽约时报》披露了 Google Brain 项目,由斯坦福大学教授 Andrew 和计算机专家系统 Jeff Dean 共同主导,训练 YouTube 上的 1000 万张 200×200 的未标记图片,用 16000 个 CPU Core 的并行计算平台训练一种叫做"深度神经网络"(10 亿个连接和 9 层神经网络)的机器学习模型,能够自动识别出猫脸。2015 年,微软使用 152 层深度学习网络,再度拿下 ImageNet 2015 冠军,此时错误率已经降到了 3.57% 的超低水平。Facebook 采用 Deep Face 项目,使用深度学习,利用 LFW 数据库中 4000 个人的 400 万张人脸,最终人脸识别率可以达到 97.35%。

由于深度学习能够深刻刻画海量数据中的内在信息,在未来几年,它将会被广泛应用于大数据的预测,而不是停留在浅层模型上,这将推动"大数据+深度模型"时代的来临,以及人工智能和人机交互的前进步伐。

5.6　大数据可视化

在大数据时代,人们面对海量数据有时难免显得无所适从。一方面,数据复杂繁多,各种不同类型的数据大量涌来,庞大的数据量已经大大超出了人们的处理能力,在日益紧张的工作中已经不允许人们在阅读和理解数据上花费大量时间;另一方面,人类大脑无法从堆积如山的数据中快速发现核心问题,必须有一种高效的方式来刻画和呈现数据所反映的本质问题。要解决这个问题,就需要数据可视化,它通过丰富的视觉效果,把数据以直观、生动、易理解的方式呈现给用户,可以有效提升数据分析的效率和效果。数据可视化是大数据处理和分享的最后环节,也是非常关键的一环。

5.6.1　数据可视化简介

数据可视化(Data Visualization)是对大型数据库或数据仓库中的数据的可视化,它是可视化技术在非空间数据领域的应用,使人们不再局限于通过关系数据表来观察和分析数据信息,还能以更直观的方式看到数据及其结构关系。

1. 什么是数据可视化

数据通常是枯燥乏味的,通过观察数字和统计数据的转换以获得清晰的结论并不是一件容易的事,必须用一个合乎逻辑的、易于理解的方式来呈现数据。人类的大脑对视觉信息的处理优于对文本的处理,因此使用图表、图形和设计元素,可以使枯燥乏味的数据转变为丰富生动的视觉效果。这不仅有助于简化人们的分析过程,也在很大程度上提高了分析数据的效率,并且可以帮你更容易地解释趋势和统计数据。

数据可视化是指将大型数据集中的数据以图形图像形式表示,并利用数据分析和开发工具发现其中未知信息的处理过程。数据可视化技术的基本思想是将数据库中每一个数据项作为单个图元素表示,大量的数据集构成数据图像,同时将数据的各个属性值以多维数据的形式表示,可以从不同的维度观察数据,从而对数据进行更深入的观察和分析。

数据可视化可以是静态的或交互的。几个世纪以来,人们一直在使用静态数据可视化,如图表和地图。交互式的数据可视化则相对更为先进:人们能够使用计算机和移动设备深入到这些图表和图形的具体细节,然后用交互的方式改变他们看到的数据及数据的处理方式。

2. 数据可视化的作用

在大数据时代,数据容量和复杂性的不断增加,限制了普通用户从大数据中直接获取知识。可视化的需求越来越大,依靠可视化手段进行数据分析必将成为大数据处理流程的主要环节之一。

在大数据时代,可视化技术可以支持实现多种不同的目标。

1) 观测、跟踪数据

许多实际应用中的数据量已经远远超出人类大脑可以理解及消化吸收的能力范围,对于处于不断变化中的多个参数值,如果还是以枯燥数值的形式呈现,人们必将茫然无措。利用变化的数生成实时变化的可视化图表,可以让人们一眼看出各种参数的动态变化过程,有效跟踪各种参数。

2) 分析数据

利用可视化技术,实时呈现当前分析结果,引导用户参与分析过程,根据用户反馈信息执行后续分析操作,完成用户与分析算法的全程交互,实现数据分析算法与用户领域知识的完美结合。一个典型的可视化分析过程应该是数据首先被转化为图像呈现给用户,用户通过视觉系统进行观察分析,同时结合自己的领域背景知识,对可视化图像进行认知,从而理解和分析数据的内涵与特征。随后,用户还可以根据分析结果,通过改变可视化程序系统的设置,来交互式地改变输出的可视化图像,从而可以根据自己的需求从不同角度对数据进行理解。

3) 辅助理解数据

帮助普通用户更快、更准确地理解数据背后的含义,如用不同的颜色区分不同对象、用动画显示变化过程、用图结构展现对象之间的复杂关系等。例如,微软亚洲研究院设计开发的"人立方"关系搜索,能从超过 10 亿的中文网页中自动抽取出人名、地名、机构名以及中文短语,并通过算法自动计算出它们之间存在关系的可能性,最终以可视化的关系图形式呈现结果,如图 5-29 所示。

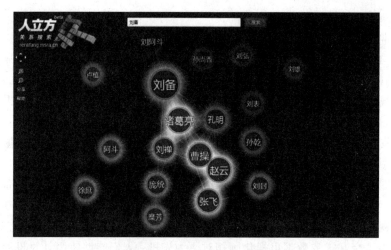

图 5-29 微软"人立方"展示的人物关系图

4）增强数据吸引力

枯燥的数据被制作成具有强大视觉冲击力和说服力的图像，可以大大增强读者的阅读兴趣。可视化的图表新闻（见图 5-30）就是一个非常受欢迎的应用。

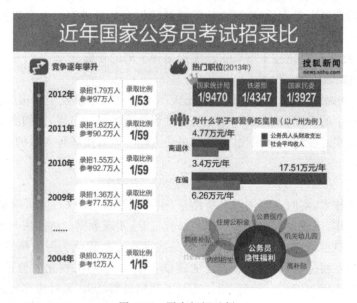

图 5-30 图表新闻示例

5.6.2 数据可视化工具

根据信息的特征可以把数据可视化技术分为一维、二维、三维、多维信息可视化，以及层次信息可视化（Tree）、网络信息可视化（Network）和时序信息（Temporal）可视化。多年来，研究者围绕上述信息类型提出众多的信息可视化新方法开发出了相应的可视化工具，并获得了广泛的应用。目前已经有许多数据可视化工具，其中大部分都是免费使用的，可以满足各种可视化需求，主要包括入门级工具（Excel）、信息图表工具（Google Chart API、D3、Visual. ly、Raphael、Flot、Tableau、大数据魔镜）、地图工具（Modest Maps、Leaflet、PolyMaps、

Openlayers、Kartograph、Pogle Fushion Tables、Quanum GIS)、时间线工具(Timetoast、Timeline、Timeslide、Dipity)和高级分析工具(Processing、Nodebox、R、Weka 和 Gephi)等。

1. Excel

Excel 是微软公司的办公软件 Office 家族的系列软件之一,是一款入门级的可视化工具,可以进行各种数据的处理、统计和辅助决策操作,已经广泛地应用于管理、统计、金融等领域。Excel 是日常数据分析工作中最常用的工具,简单易用,用户不需要复杂的学习就可以轻松使用 Excel 制作折线图、饼状图、柱状图、散点图等各种统计图表时,Excel 是普通用户的首选工具。但是 Excel 在颜色、线条和样式上可选择的范围较为有限。

2. 大数据魔镜

大数据魔镜是一款优秀的国产数据分析软件,它丰富的数据公式和算法可以让用户真正理解探索分析数据,用户只要通过一个直观的拖放界面就可以创造交互式的图表和数据挖掘模型。大数据魔镜提供了中国最大的、绚丽实用的可视化效果库。通过魔镜,企业积累的各种来自内部和外部的数据,比如网站数据、销售数据、ERP 数据、财务数据、大数据、社会化数据、MySQL 数据库等,都可整合在魔镜中进行实时分析。

3. Tableau

Tableau 是一款企业级的大数据可视化工具。Tableau 可以轻松创建图形、表格和地图。它不仅提供了 PC 桌面版,还提供了服务器解决方案,可以在线生成可视化报告。Tableau 采用拖放式界面,操作简单。数据兼容性强,适用于多种数据文件与数据库,同时也兼容多平台,Windows、Mac 等均可使用。但它是一款商业软件,需要付费才能使用,而且主要应用于商业数据的分析与图表制作。Tableau 的客户包括巴克莱银行、Pandora 和 Citrix 等企业。

4. ECharts

ECharts 是百度公司开发的一款商业级数据图表,一个纯 JavaScript 的图表库,可以流畅地运行在 PC 和移动设备上。底层依赖轻量级的 Canvas 类库 ZRender,提供直观、生动、可交互、可高度个性化定制的数据可视化图表。ECharts 在支持常规图表的前提下,同时提供模块化引入和单文件引入,在开发时用户可以引用所有 ECharts 开发文件,方便开发和调试。项目发布后也可以去除不需要的文件以加快页面响应速度。

5. Tagxedo

Tagxedo 是一款在线词云生成工具,可以根据提供的词语及频次的数据集,生成类似以下的精美的词云图片,如图 5-31 所示。

6. Timeline

Timeline 即时间轴,用户通过这个工具可以一目了然地知道自己在何时做了什么。Timeline 会让你爱上制作漂亮的时间轴,因为它的操作非常简单直观。这是一款支持 40 种语言的开源工具,通过它可以建立自己的可视化互动时间轴,还可从各种途径植入到媒体中,目前已支持 Twitter、Flickr、Google Maps、YouTube、Vimeo、Vine、Dailymotion、Wikipedia 和 SoundCloud 等。

7. D3

D3(Data-Driven Documents)是一款专业级的数据可视化操作编程库,是基于数据操作文档 JavaScript 库。D3 通过数据驱动的方式,使用 HTML、CSS 和 SVG 来渲染精彩的图

图 5-31 Tagxedo 生成词云图片

表和分析图,这些图表可以实时交互。

8．Visual.ly

Visual.ly 是一款非常流行的信息图制作工具,不需要任何涉及相关的知识,就可以用它来快速创建自定义的、样式美观且具有强烈视觉冲击力的信息图表。

9．Leaflet

Leaflet 是为移动端友好型交互地图所做的开源 JavaScript 库,其中包含了大部分在线地图开发人员都需要的所有特征。Leaflet 被设计为简单易用、性能优良的工具。归功于HTML 5 和 CSS3,它得以支持所有主流 PC 和移动平台。如果还想扩展这个 App,有大量可供选择的插件能安装。

10．Modest Maps

Modest Maps 是一个小型、可扩展、交互式的免费库,提供了一套查看卫星地图的 API、只有 10KB 大小,是目前最小的可用地图库。它也是一个开源项目,有强大的社区支持,是在网站中整合地图应用的理想选择。

11．Processing

Processing 是数据可视化的招牌工具。只需要编写一些简单的代码,然后编译成 Java,Processing 就可以在几乎所有平台上运行。目前还有一个 Processing.js 项目,可以让网站在没有 Java 小程序的情况下更容易地使用 Processing。Processing 的程序代码是开放的,使用者可依照自己的需要自由裁剪出最合适的使用模式。

12．R

R 是属于 GNU 系统的一个自由、免费、源代码开放的软件,是一个用于统计计算和统计制图的优秀工具,使用难度较高。R 的功能包括数据存储和处理系统、数组运算工具(具有强大的向量、矩阵运算功能)、完整连贯的统计分析工具、优秀的统计制图功能、简便而强大的编程语言,可操纵数据的输入和输出,实现分支、循环以及用户可自定义功能等,通常用于大数据集的统计与分析。

13. Weka

Weka 是一款免费的、基于 Java 环境的、开源的机器学习以及数据挖掘软件,不但可以进行数据分析,还可以生成一些简单图表。

14. Gephi

Gephi 是一款开源、免费、跨平台、基于 JVM 的复杂网络分析软件,主要用于各种网络和复杂系统,是动态和分层图的交互可视化与探测开源工具。它可用作探索性数据分析、链接分析、社交网络分析和生物网络分析等,不但能处理大规模数据集并生成漂亮的可视化图形,还能对数据进行清洗和分类。

5.6.3 大数据可视化典型案例

本节将给出数据可视化的几个典型案例,包括滴滴出行大数据、天猫销售大数据、百度迁徙数据图。

1. 滴滴出行大数据

北京早高峰通勤流动图显示,早高峰时,通勤人群从通州、房山等四周向中心地区聚集,如图 5-32 所示。

图 5-32 北京早高峰通勤流动图

2. 天猫销售大数据

2017 天猫"双 11"活动各地区销售额数据图。数据显示,广东地区消费额位居全国第一,浙江、江苏位居第二和第三,上海、北京的销量是紧随其后,如图 5-33 所示。

3. 百度迁徙数据图

通信是人们在迁徙过程中最基本的需求之一,迁徙人群绝大多数是手机网民,因此手机网与迁徙人群重合度极高。现实生活中很多手机网民都安装了百度地图等手机 App,因此"百度迁徙"项目(http://qianxi.baidu.com)就可以通过云计算平台对百度定位数据进行计算分析,加上精准定位,就能全面、即时反映全国人口迁徙轨迹和特征。通过百度迁徙,用户可以直接看到全国包括铁路、公路和航空在内的线路,单击图上任何一个点,可看到迁入、迁出最热城市排行榜。

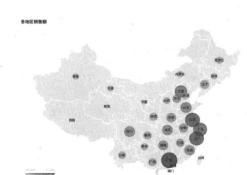

各地区销售额Top5	
Top1	广东
Top2	浙江
Top3	江苏
Top4	上海
Top5	北京

图 5-33 天猫"双 11"各地区销售额数据图

图 5-34 是 2017 年春节前全国活动人口的迁出流向。人们从最亮的点,涌向全国的五湖四海返乡过年。图中选出了迁出量最高的前 20 个城市,这 20 个城市承载了全国超过 40%的人口迁出量。

图 5-34 2017 年春节前全国活动人口的迁出流向图

习　题

一、判断题

1. 一般而言,数据库中的数据是没有冗余的,这是数据库的一大特点。

2. 数据的逻辑独立性是指用户的应用程序与数据库的逻辑结构相互独立,系统中数据逻辑结构的改变,应用程序不需改变。

3. 在 E-R 概念模型中,实体集之间的联系只能存在一对一联系或一对多联系。

4. 一般而言,分布式数据库是指物理上分散在不同地点,但在逻辑上统一的数据库。因此分布式数据库具有物理上的独立性、逻辑上的一体性、性能上的可扩展性等特点。

5. 数据可视化可以便于人们对数据的理解。

二、选择题

1. 智能健康手环的应用开发,体现了(　　)的数据采集技术的应用。

　　A. 统计报表　　　　B. 网络爬虫　　　　C. API 接口　　　　D. 传感器

2. 大数据应用需依托的新技术有(　　　)。

    A. 大规模存储与计算　　　　　　　　B. 数据分析处理

    C. 智能化　　　　　　　　　　　　　D. 三个选项都是

3. 数据清洗的方法不包括(　　　)。

    A. 缺失值处理　　　　　　　　　　　B. 噪声数据清除

    C. 一致性检查　　　　　　　　　　　D. 重复数据记录处理

4. 下列关于数据库技术的叙述,错误的是(　　　)。

    A. 关系模型是目前在数据库管理系统中使用最为广泛的数据模型之一

    B. 从组成上看,数据库系统由数据库及其应用程序组成,不包含 DBMS 及用户

    C. SQL 语言不限于数据查询,还包括数据操作、控制和管理等多方面的功能

    D. Access 数据库管理系统是 Office 软件包中的软件之一

5. 用二维表来表示实体集及实体集之间联系的数据模型称为(　　　)。

    A. 层次模型　　　　B. 面向对象模型　　　　C. 网状模型　　　　D. 关系模型

6. 在数据库中,数据的正确性、合理性及相容性(一致性)称为数据的(　　　)。

    A. 完整性　　　　　B. 保密性　　　　　　　C. 共享性　　　　　D. 安全性

7. 数据库系统包括(　　　)。

    A. 文件、数据库管理员、数据库应用程序和用户

    B. 文件、数据库管理员、数据库管理系统、数据库应用程序和用户

    C. 数据库、数据库管理系统、数据库接口程序和用户

    D. 数据库、数据库管理系统、数据库管理员、数据库接口程序和用户

8. 在关系数据库中,面向用户的数据视图对应的模式是(　　　)。

    A. 局部模式　　　　B. 存储模式　　　　　　C. 全局模式　　　　D. 概念模式

9. 在数据库的三级体系结构中,描述全体数据的逻辑结构和特征的是(　　　)。

    A. 结构模式　　　　B. 外模式　　　　　　　C. 模式　　　　　　D. 内模式

10. 在关系模式中,关系的主键是指(　　　)。

    A. 不能为外键的一组属性　　　　　　B. 第一个属性

    C. 不为空值的一组属性　　　　　　　D. 能唯一确定元组的最小属性集

三、填空题

1. Access 和 SQL Server 等数据库管理系统采用的数据模型是_____模型。

2. 在关系数据模型中,二维表的行称为元组,通常对应文件结构中的记录,二维表的列称为_____,通常对应文件结构中的字段。

3. 在数据库中,_____只是一个虚表,在数据字典中保留其逻辑定义,而不作为一个表实际存储数据。

4. 数据库中除了存储用户直接使用的数据外,还存储有另一类“元数据”,它们是有关数据库的定义信息,如数据类型、模式结构、使用权限等,这些数据的集合称为_____。

四、简答题

1. 简述大数据的含义及特征。

2. 简述大数据的主要来源及数据类型。

3. 简述大数据处理的基本流程。

4. 简述 DB、DBMS、DBS 和 DBA 的概念。

5. 数据库的主要特点是什么？与传统的文件系统相比，数据库系统有哪些优点。

6. 什么是数据仓库？

7. 简述主要的大数据处理系统。

8. 数据挖掘的常用算法有哪几类？有哪些主要算法？

阅读材料：大数据竞赛平台——Kaggle

还记得电影《她》里的那位人工智能萨曼莎，还有《黑镜》里的克隆人 Ash 吗？这些利用大数据将人们信息集中起来，定制化的对"客户"服务的产品，注定被人们热捧。虽然当前科技还未发展成电影里的样子，但相信在某个地方已经埋下了种子。

2012 年起，大数据（Big Data）一词涌入人们的耳朵，大家习惯用它来描述和定义信息爆炸时代产生的海量数据，并命名与之相关的技术发展与创新。2018 年，大数据除了出现在了越来越多的路演和沙龙中，国内很多大学都已经开办了大数据相关专业，大数据俨然已经成了时代的新宠儿。

随着时间的推移，人们也将越来越多地意识到数据对企业的重要性。对大数据有灵敏嗅觉的企业决策者，早就用大数据分析来掌控企业未来的变化了。在一个企业需要利用已有数据做出改变，甚至迭代更新，而数据科学家则需要更多平台来展示自己创意的时代，必须要用一个连接点把企业与数据科学家串联起来。让企业决策者和数据科学家连接的最好途径，非大数据竞赛平台莫属。Kaggle 正是企业最热衷的大数据竞赛平台之一。

Kaggle 是由联合创始人、首席执行官安东尼·高德布卢姆（Anthony Goldbloom）2010年在墨尔本创立的，当初创立 Kaggle 的目的是为了解决数据科学社区中的一个难题：对于同一个问题，可以有多个模型来解决，但是研究者不可能在一开始就了解哪些模型是最好的。Kaggle 就是为了解决这样的问题应运而生的，它试图通过众包的形式来解决这一难题。现在 Kaggle 已经是一个专注于为企业和数据科学家提供举办机器学习竞赛、托管数据库、编写和分享代码的平台。该平台已经吸引了超过 80 万名数据科学家、机器学习开发者的参与，为各类现实中的商业难题开发基于数据的算法解决方案。竞赛的获胜者、领先者，在收获对方公司提供的优厚报酬之外，还将引起业内科技巨头的注意，为自己的职业道路铺上红地毯。正是这些竞赛者和相关的解决方案吸引了谷歌公司，2017 年 3 月谷歌收购了 Kaggle。谷歌云机器学习与人工智能首席科学家李飞飞说：人工智能的发展需要数据民主化以及越来越多的数据和模型，这是我们对 Kaggle 高度重视及收购的原因。

Kaggle 的参赛者主要分为下面两种：一种是以奖金和排名为目的，包括靠奖金为生的职业 Kaggler。这些人是有丰富的数据分析、机器学习工作经验的业内人士。另一种就是以提升相关技能和背景为目的的业余爱好者甚至在校学生了。从背景来看，前者的来源主要有丰富 Data Science、Data Mining、Machine Learning 工作经验的业内人士，或者是实力强劲的民间"技术宅"；而后者则往往是一些有一定技术能力，但经验欠缺，从中进行学习和锻炼的"长江后浪"。

理论上来讲，Kaggle 欢迎任何数据科学的爱好者，不过实际上，要想真的参与其中，还是有一定难度的。一般来讲，参赛者最好具有统计、计算机或数学相关背景，有一定的编程技能,对机器学习和深度学习有基本的了解。Kaggle 任务虽然不限制编程语言,但绝大多数会选用 Python 和 R,所以应该至少熟悉其中一种。

Kaggle 上的项目竞赛分成下面 4 个最常见的类别:

(1) Featured。这些通常是由公司、组织甚至政府赞助的,奖金最多,竞争会更激烈。如果有幸赢得比赛,不但可以获得奖金,模型也可能会被竞赛赞助商应用到商业实践中。

(2) Research。这些通常是机器学习前沿技术或者公益性质的题目。竞赛奖励可能是现金,也有一部分会以会议邀请、发表论文的形式奖励。

(3) Recruitment。这些是由想要招聘数据科学家的公司赞助的。只允许个人参赛,不接受团队报名。

(4) Getting Started。这些竞赛的结构和 Featured 竞赛类似,是给新手们练习的机会,没有奖金。但是有非常多的前辈经验可供学习。很久以前 Kaggle 这个栏目名称是 101 的时候,比赛题目还很多,但是现在只保留了 4 个最经典的入门竞赛:手写数字识别、沉船事故幸存估计、脸部识别、Julia 语言入门。

除此之外,还有大师邀请赛 Master、前沿探索型 Kaggle Prospect 等非公开的竞赛,这里不做介绍了。

这些竞赛整体的项目模式是一样的,就是通过出题方给予的训练集建立模型,再利用测试集算出结果用来评比。同时,每个进行中的竞赛项目都会显示剩余时间、参与的队伍数量以及奖金金额,并且还会实时更新选手排位。在截止日期之前,所有队伍都可以自由加入竞赛,或者对已经提交的方案进行完善,因此排名也会不断变动,不到最后一刻谁都不知道花落谁家。由于这类问题并没有标准答案,只有无限逼近最优解,所以这样的模式可以激励参与者提出更好的方案,甚至推动整个行业的发展。

Kaggle 竞赛另一个有趣的地方在于每个人都有自己的简况,上面会显示所有自己参与过的项目、活跃度、实时排位、历史最佳排位等,不仅看上去非常有成就感,更能在求职和申请的时候起到能力证明的作用。

由于 Kaggle 的项目是由公司提供的,涉及各个行业,所以一般都是不同背景的人组队参加(如统计、CS、DS,项目相关领域如生物等)。下面是部分 Kaggle 案例。

1) 预测保险索赔情况

好事达保险公司(Allstate)希望能更好地预测与汽车相关的伤害索赔情况,以便更精确地制定价格。竞争者们根据 2005 年到 2007 年的数据(包括具体的汽车情况以及每辆车相关的赔偿支出次数和数量)进行建模,并将它们应用到 2008 年至 2009 年的数据上。澳大利亚悉尼的保险精算顾问 Matthew Carle 使用决策树形式的运算法则来告诉计算机如何进行学习,借此获得了 6000 美元的头等奖。它的精确程度比好事达保险公司的模型要高出 340%。

2) 测量医院病人流量

根据美国卫生保健研究与质量管理处(Agency for Healthcare Research and Quality)的数据,美国医疗保健体系在可预防的住院医疗上要花掉 300 亿美元。HPN(Heritage Provider Network)是一家位于加利福尼亚州的医疗保健机构,它希望能够帮助医生们更快速地确诊,从而控制成本。它赞助的竞赛内容是,根据 36 个月内的一系列数据来预测哪些病人将会需要住院治疗。该项竞赛的头奖金额为 300 万美元(Kaggle 上奖金额最高的项目)。

3）对旅游业进行预测

航空公司高管、旅馆经营者以及餐馆经营者都迫切想知道他们需要多少燃料、食品和员工才能让顾客们感到满意。2010年,《国际预测杂志》(*International Journal of Forecasting*)赞助了一场竞赛,挑战一个已经发表的基于不同时期和不同地点旅游活动的预测公式。获胜者是霍华德(Jeremy Howard)和贝克(Lee Baker)。他们开发的模型可以精确地考虑到一次性事件的影响,例如恶劣的暴风雨。他们获得了500美元的奖金,以及发表建模结果的机会。霍华德本人之后继续努力,还赢得了卡歌网组织的其他竞赛,如今成为了该公司的总裁兼首席科学家。

4）对国际象棋手进行排名

伊诺排名算法(Elo Rating System),根据国际象棋手过去的表现来分析对弈两人的实力强弱。卡歌网组织了两场竞赛,旨在对该算法进行改进。其中一场竞赛的赞助人是国际棋联组织(World Chess Federation,FIDE)和专业咨询服务机构德勤公司(Deloitte),在这场竞赛中,组织方向参赛者提供5.4万人在11年里近200万局国际象棋比赛的情况,然后将他们的预测模型应用于此后进行的10万局比赛,以验证预测结果的精确性。Tim Salimans拔得头筹。在他的模型中,有些变量的权重相比更大,例如棋手最近的表现、对手的技巧以及他在单日里必须进行的棋局数量等。他获得的奖金是1万美元。

第6章 计算思维与程序设计

理论科学、实验科学和计算科学作为科学发现的三大支柱,推动着人类文明进步和科技发展,与三大科学方法相对应的三大科学思维是理论思维、实验思维和计算思维。理论思维以推理和演绎为特征,以数学学科为代表,是所有学科的基础领域;实验思维以观察和总结自然规律为特征,以物理学科为代表;计算思维以设计和构造为特征,以计算机学科为代表。本章介绍计算思维相关知识及运用计算思维进行计算机编程的基本方法。

6.1 计算思维基础

计算思维融合了数学和工程等其他领域的思维方式,是人类求解问题的一条途径,其本质即抽象和自动化。本节介绍计算思维的基本概念及运用计算思维使用计算机求解问题的基本原理和方法。

6.1.1 计算思维的概念

人类通过思考自身的计算方式,研究是否能制造工具进行模拟、代替我们实现计算的过程,从而诞生了各种各样的计算工具,并且在不断的科技进步和发展中发明了现代电子计算机。随着计算机的日益"强大",它在很多应用领域中所表现出的智能也日益突出,成为人脑的延伸。与此同时,人类所制造出的计算机在不断强大和普及的过程中,反过来对人类的学习、工作和生活都产生了深远的影响,同时也大大增强了人类的思维能力和认识能力。1972年,图灵奖得主计算机科学家迪杰斯特拉(Edsger Wybe Dijkstra)说过:"我们所使用的工具影响着我们的思维方式和思维习惯,从而也深刻地影响着我们的思维能力",这就是著名的"工具影响思维"的论点。计算思维是计算机时代的产物,已成为各个专业求解问题的一条基本途径,是每个人都应具备的一种基本能力。

2006年3月,美国卡耐基-梅隆大学计算机科学系主任周以真(Jeannette M. Wing)教授(见图 6-1)在世界计算机权威期刊 *Communications of the ACM* 杂志

图 6-1 周以真教授

上给出的计算思维(Computational Thinking)的定义为:"计算思维是运用计算机科学的基础概念进行问题求解、系统设计以及人类行为理解等涵盖计算机科学之广度的一系列思维活动。"

国际教育技术协会(ISTE)和计算机科学教师协会(CSTA)在 2011 年给计算思维的定义为:计算思维是一个问题解决的过程,该过程包括以下特点:

(1) 制定问题,并能够利用计算机和其他工具来帮助解决该问题。

(2) 要符合逻辑地组织和分析数据。

(3) 要通过抽象(如模型、仿真等)再现数据。

(4) 通过算法思想(一系列有序的步骤)支持自动化的解决方案。

(5) 分析可能的解决方案,找到最有效的方案,并且有效结合这些步骤和资源。

(6) 将该问题的求解过程进行推广并移植到更广泛的问题中。

6.1.2 计算思维与算法

计算思维的本质是抽象(Abstract)和自动化(Automation)。它反映了计算的根本问题——什么能被有效地自动执行。算法(Algorithm)就是对基于计算思维的解决问题的方法的描述。它通常由一系列操作步骤组成,通过这些步骤的自动执行可以解决指定的问题。也就是说,通过一定规范的输入,人或计算机自动执行这一系列操作步骤即算法,在有限时间内可获得所要求的输出。

【例 6.1】 已知一矩形的长和宽,描述求矩形面积的算法。

```
#1.   定义三个变量 x,y,s;
#2.   通过键盘输入矩形的长并赋值给 x;
#3.   通过键盘输入矩形的宽并赋值给 y;
#4.   将 x * y 赋值给 s;
#5.   在屏幕输出 s 的值;
```

例 6.1 中的 x、y、s 为矩形长、宽、面积的符号化抽象,依次执行算法 #2~#5 行的操作步骤,即可求得矩形的面积并输出,这些操作步骤就是求矩形面积的一种算法。

1. 算法的基本特征

解决不同的问题往往需要不同的算法,即使解决相同的问题也可能有多种算法。虽然算法千变万化,但所有算法一般应具有以下 5 个基本特征。

(1) 有穷性(Finiteness)。算法的有穷性是指算法必须能在执行有限个步骤之后终止。

(2) 确切性(Definiteness)。算法的每一步骤必须有确切的定义。

(3) 输入项(Input)。一个算法有 0 个或多个输入,以取得运算对象的初始情况。0 个输入是指算法本身定出了算法执行的初始条件。

(4) 输出项(Output)。一个算法有一个或多个输出,以反映对输入数据加工后的结果。没有输出的算法是无意义的。

(5) 可行性(Effectiveness)。算法中执行的任何计算步骤都是可以被分解为基本的可执行的操作步骤,每个计算步骤都可以在有限时间内完成(也称为有效性)。

2. 算法的要素

1) 数据对象的运算和操作

算法中用到的基本运算和操作主要有以下 4 类。

（1）算术运算：加减乘除等运算。

（2）逻辑运算：或、和、非等运算。

（3）关系运算：大于、小于、等于、不等于等运算。

（4）数据传输：输入、输出、赋值等运算。

2）算法的控制结构

一个算法的功能结构不仅取决于所选用的操作，而且还与各操作之间的执行顺序有关。一个算法一般可以由顺序结构、选择结构、循环结构 3 种结构组成。

3. 算法的描述

描述算法的方法有多种，常用的有自然语言、流程图、伪代码和 PAD 图等。例 6.1 中算法的描述采用的即自然语言，但描述算法最常用的是流程图。

流程图（Flow Chart）利用几何图形的图框来代表不同的操作，用流程线来指示算法的执行方向，与自然语言相比，流程图对算法的描述可以更清晰、直观、形象，常见流程图符号如表 6-1 所示。

表 6-1 常见流程图符号

符 号 名 称	图 形	功 能
起止框	（圆角矩形）	表示算法的开始和结束
处理框	（矩形）	表示算法中一般的处理过程，如计算赋值等
判断框	（菱形）	对一个给定的条件进行判断
流程线	（箭头）	用流程线连接各种符号和图形，表示算法的执行顺序
输入、输出框	（平行四边形）	表示算法中的输入、输出操作
连接点	（圆形）	成对出现，同一对连接点中填入相同的数字，用于将不同位置的流程图连接起来
注释框	（注释符号）	对算法中某一步骤进行注释、说明

【例 6.2】 用流程图描述求矩形面积的算法，见图 6-2 所示。

例 6.2 算法中的各操作是都按照它们在算法步骤中出现的先后顺序执行的，这种结构的算法称为顺序结构。

【例 6.3】 用流程图描述输入 2 个数，输出最大数的算法，见图 6-3 所示。

例 6.3 的算法中，在执行"x＞y"之后出现了分支，它需要根据 x＞y 的运算结果选择其中的一个分支执行，这种结构的算法称为选择结构。

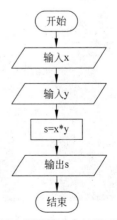

图 6-2 用流程图描述求矩形面积的算法

【**例 6.4**】 用流程图描述输入 2 个正整数,使用加法运算求它们乘积的算法,见图 6-4 所示。

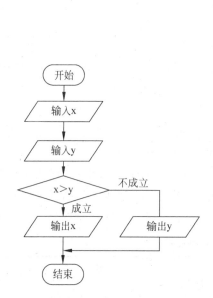

图 6-3　用流程图描述求最大数的算法　　图 6-4　用流程图描述用加法求乘积的算法

例 6.4 的算法中,在执行"y>0"之后出现了分支,它需要根据"y>0"的运算结果选择其中的一个分支执行。如果"y>0"成立,在执行完这个"成立"对应的分支后还要回到"y>0"重新执行,若"y>0"成立则反复执行这个分支直到"y>0"不成立才能转到不成立的分支,这种可能出现反复执行某个分支的算法结构称为循环结构。

6.1.3　算法与程序

将解决指定问题的算法书写成计算机可以识别、执行的指令序列,把指令序列存储在计算机内部存储器中,在人们给出执行命令之后,计算机就可以按照指令的执行顺序自动进行

图 6-5　玛格丽特与她的程序

相应操作,从而解决指定的问题。人们把这种可以连续执行的指令序列称为"程序",编写这些程序的过程被称为"程序设计"。图 6-5 为玛格丽特(Margaret Hamilton)站在自己为阿波罗登月飞船编写的计算机程序打印稿旁边。

人们编写的程序中的指令序列为了能被计算机正确识别和执行,必须有一定的规则,这些规则中包含了一系列的文法和语法的要求,只有严格按照这些规则编写的程序才能够被计算机理解执行。这些规则定义了人和计算机之间交流的语言,虽然没有人类语言那么复杂,但逻辑上要求更加严格。符合这些规则的计算机能理解执行的"语言"被称为"计算机程序设计语言"。

计算机能识别执行的语言称为机器语言。因为计算

机只能识别二进制数,机器语言采用二进制的形式,也被称为二进制代码语言。每台计算机的指令格式,代码所代表的含义是在设计 CPU 时确定的。如某种计算机的指令为1011011000000000,它表示让计算机进行一次加法操作;而指令 1011010100000000 则表示进行一次减法操作。用机器语言编程,就是从 CPU 的指令系统中挑选合适的指令,组成一个指令系列的过程。

由于"机器语言"与人们日常生活中使用的语言差距过大,而且大量的规则都和具体的计算机硬件设计和实现相关,所以使用"机器语言"编写程序难度很大。为了降低编写程序的难度,人们发明了与代码指令实际含义相近的英文缩写词、字母和数字等符号来取代指令代码(如用 ADD 表示运算符号"+"的机器代码),于是就产生了汇编语言。汇编语言也称符号语言。由于汇编语言采用助记符来编写程序,比用机器语言的二进制代码编程要方便些,在一定程度上简化了编程过程。汇编语言的特点是用符号代替了机器指令代码,而且助记符与指令代码一一对应。汇编语言与机器语言本质上相同。因为计算机硬件只能识别、执行机器语言程序,汇编语言编写的程序必须翻译成机器语言程序才能执行,为此人们编写了汇编程序——将用汇编语言编写的程序翻译成机器语言程序,然后在计算机中运行。

机器语言和汇编语言都是面向计算机硬件具体操作的,程序中使用的指令都和硬件相关,编写程序前必须对相关的 CPU 的指令系统和硬件结构、工作原理都十分熟悉,对软件开发人员的技术要求非常高。另外,因为机器语言和汇编语言和硬件相关,导致在更换硬件后,很可能需要重新编写程序,增加了软件开发成本。随着计算机技术的发展,人们寻求一些与人类自然语言相接近且能为计算机所接受的语意确定、规则明确、自然直观和通用易学的计算机语言。这种与自然语言相近并为计算机所接受和执行的计算机语言称高级语言,而机器语言和汇编语言则被称为低级语言。

高级语言编写的程序和汇编语言编写的程序同样不能被计算机硬件直接运行,需要被翻译成机器语言程序才能运行。高级语言是面向用户的语言,它与计算机硬件基本无关。它带来的两大好处是:

(1) 开发人员即使对计算机硬件不十分了解的情况下也可以编写高级语言程序,学习和使用难度相对于低级语言要容易得多。

(2) 硬件类型不同的计算机,只要配备上相应的高级语言的编译或解释程序,则用该高级语言编写的程序就可以通用。

【例 6.5】　用机器语言(Intel 80x86)实现"2+6"功能的指令序列。

```
＃1.    1011000000000110
＃2.    0000010000000010
＃3.    1010001001010000000000000
```

【例 6.6】　用汇编语言(ASM 80x86)实现"2+6"功能的指令序列。

```
＃1.    MOV AL,6
＃2.    ADD AL,2
＃3.    MOV X,AL
```

【例 6.7】　用高级语言(C 语言)实现"2+6"功能的指令序列。

```
＃1.    x = 2 + 6;
```

从上面的例子可以看出,与低级语言相对,高级语言是以人类的日常语言为基础的一种编程语言,使用一般人易于接受的文字来表示,从而使程序编写员编写更容易,也有较高的可读性,对计算机认知较浅的人也可以大概明白其内容。目前在计算机中使用的软件绝大部分都采用高级语言编写。高级语言种类繁多,每种高级语言各有特点,表 6-2 为 TIOBE 编程语言社区发布的 2016 年和 2017 年编程语言应用情况排行。

表 6-2　2016 年和 2017 年编程语言应用情况排行

2017 年	2016 年	语言名称	占有率	变化情况
1	1	Java	13.268％	−4.59％
2	2	C	10.158％	+1.43％
3	3	C++	4.717％	−0.62％
4	4	Python	3.777％	−0.46％
5	6	C#	2.822％	−0.35％
6	5	JavaScript	2.474％	−0.39％
7	8	VB.NET	2.471％	−0.83％
8	5	R	1.906％	+0.08％
9	7	PHP	1.590％	−1.33％
10	18	MATLAB	1.596％	−0.25％

6.1.4　程序设计

程序设计也被称为编程,就是让计算机为人类解决某个问题。人们通过编程解决问题的过程通常如下。

1) 确定问题

遇到问题,首先要确定和明确问题。很多问题解决不好,很大程度都是因为开始没有明确问题。如果问题不明确,就不会知道该用什么方法去解决,从而限制了我们的创造性。

2) 分析问题

在确定问题后,先要仔细地分析问题的细节,通过对问题的分析和方案的综合,逐步细化和明确目标系统的各个功能,建立问题的求解模型,从而清晰地获得问题的概念;其次要确定输入和输出,这一阶段应该列出问题的变量及其相互关系,这些关系可以用公式的形式来表达;另外还应该确定计算结果显示的格式。

3) 设计算法

在确定问题并分析问题之后,就要寻找解决问题的途径和方法,此时进入设计阶段。在设计阶段,如果需要解决的问题比较复杂,需要将复杂的问题分解为若干个简单的子问题,通过逐一解决每个子问题最终解决整个复杂的问题。每个子问题的划分应遵循下列规则:

(1) 问题是相互独立的。

(2) 问题是单一的。

(3) 问题尽量简单。

选择一种或几种算法描述方式,对分解后的每个子问题的解决方法和步骤进行算法描述,实现最终的算法设计。

4）程序实现

算法设计完成后，需要采取一种程序设计语言编写程序，实现所设计算法的功能，从而达到使用计算机解决实际问题的目的。

在程序编写过程中，程序设计语言的选择可根据具体的问题和需求而定。要考虑语言的适用性、现实的可行性、问题求解的效率等。

5）程序测试

程序测试是程序开发的一个重要阶段，程序的测试与检查就是测试所完成的程序是否按照预期方式工作。测试部分可分为程序调试和系统测试两个阶段。

第一阶段在程序编写完毕后进行，需通过计算机的调试来确定其正确性。调试的目的是找出程序的错误，并预修正错误的类型，可分为语法性错误和逻辑性错误。语法性错误是指所编写的语句不符合计算机语言的规则，这类错误可以借助不同的调试环境（编译器）找到；逻辑性错误则需要程序员检查其算法的正确性。

在程序测试完毕后，还要对系统进行整体的测试，以便检测所有的需求功能是否都正确实现。可靠性系统测试可分为两种，一种称为白盒测试，另一种称为黑盒测试。黑盒测试是对功能的测试，只关心输入和输出的正确，而不关心内部的实现；白盒测试则是测试程序的内部逻辑结构。

6）程序维护

程序的维护是指在完成程序并经过一段时间使用后，因修正错误，提升性能或其他属性而进行的程序修改与更新程序维护，包括改正性维护、适应性维护和完善性维护等。

（1）改正性维护是指改正在系统开发阶段已发生而系统测试阶段尚未发现的错误，这类错误有的可能不太重要，并不影响系统的正常运行，其维护工作可随时进行。但如果错误非常重要，甚至影响整个系统的正常运行，其维护工作就必须制定计划，尽快进行修改，并且要进行必要的复查和控制。

（2）适应性维护是指为使程序适应信息技术变化和管理需求变化而进行的修改。由于计算机软硬件环境的变化，对程序会产生更新换代的需求，用户实际需求的变化，也会对程序提出不断更新的需求，这些因素都将导致适应性维护工作的产生。进行这方面的维护工作，也要像开发程序一样，有计划有步骤地进行。

（3）完善性维护是指为扩充功能和改善性能而进行的修改，主要是指对已有的程序系统增加一些在系统分析和设计阶段中没有规定的功能与性能特征。这些功能对完善程序系统功能是非常必要的。

6.2 一个简单的计算机程序

C语言是丹尼斯·里奇（Dennis M. Ritchie，见图6-6）发明的，虽然已有四十多年历史，但目前依然是使用最广泛的程序设计语言，Java、C++、Python、C#都和C语言有关。

C语言程序是一段标准的文本，文本内容描述了实现一个功能的具体步骤，该文本内容可以用包括"记事本"在内的各种文字编辑软件编写。由于C语言属于高级程序设计语言，用C语言编写的程序不能被计算机硬件直接执行，还要有一个翻译软件把它翻译成计算机可以直接执行的机器语言程序才能运行。为了使用户编写的程序文本准确被翻译软件翻译成计算机可以正确执行的机器语言程序,该程序文本必须要严格按照一定的规则进行书写,这就是 C 语言的语法规则。将 C 语言程序翻译成机器语言程序的软件通常被称为 C 语言编译软件,也被称为 C 语言编译程序。

本节通过一个简单的 C 语言程序实例详细介绍 C 语言程序的基本组成。

图 6-6　丹尼斯·里奇

6.2.1　程序代码

下面看一个简单的 C 语言程序的例子,它的功能是在用户的计算机屏幕上显示"欢迎进入 C 语言的世界!"这样一行文字。

【例 6.8】　欢迎进入 C 语言的世界!

```
#1.    /*
#2.       该程序显示如下信息:
#3.          欢迎进入 C 语言的世界!
#4.    */
#5.    #include "stdio.h"
#6.    int main()
#7.    {
#8.       printf("欢迎进入 C 语言的世界!\n");
#9.       return 0;
#10.   }
```

在这段文本中,每一行前面的"#"符号及数字不是程序文本,是本书为了便于说明而增加的,#1 代表第一行,后面灰底色的内容才是程序文本,用户在录入编辑本书各例子程序时只要输入以灰色为背景的部分即可。

上面这段 C 语言程序看起来并不复杂,但它的书写有严格的语法和文法要求,用户录入时有一点点的违规,例如大小写写错,少了一个字符、符号等,C 语言程序的编译软件都可能无法把它翻译成正确的机器语言程序。

6.2.2　空白和注释

通过例 6.8 可以发现这段 C 语言程序中除了一些字符之外还有一些空白。空白主要包括一些换行、空行、空格、制表符(Tab)等。这些空白在程序中的作用是用来分隔程序的不同功能单位,以便使翻译软件进行识别处理。合理使用这些空白也可以使程序看起来更加规整、有序。

程序的 #1 行~#4 行中,符号"/*"标记注释内容的开始,"*/"标记注释内容的结束。注释的功能是用于程序功能的说明,翻译软件在翻译程序时会忽略注释中的内容,不会把它翻译成机器语言程序。在 C 语言程序中,凡是可以插入空白的地方都可以插入注释。注释的主要功能如下:

(1)可以用来说明某一段程序的功能或这段程序使用上的注意事项,提示以后使用这段程序的人如何使用。

（2）注释符号内包括一段程序代码，可以使这段程序代码暂时失去功能，在需要的时候可以通过删除注释符号快速恢复这段程序的功能。

6.2.3　预处理指令

例6.8程序中的＃5行是一条预处理指令，它要求翻译软件在把这段C语言程序翻译成机器语言程序前，要完成的一些操作。翻译软件中专门有一个称为"预处理器"的程序是用来解释执行这些预处理指令的，在"预处理器"程序执行完所有预处理指令之后，编译软件中负责翻译的"编译器"程序再把C语言程序翻译为机器语言程序。

所有预处理指令总以"＃"号开头。这里的＃include预处理命令要求"预处理器"把名为stdio.h的文件插入到＃include这一行所出现的位置。stdio.h文件由编译软件提供，该文件中声明了在C语言程序中可用的多种输入输出功能，如果没有这条预处理指令，程序中＃8行用来实现输出的printf将无法使用。预处理指令＃include后面的双引号中可以有不同的文件名，"预处理器"在执行＃include预处理指令后会把相应的文件插入到这一行出现的地方。

C语言本身提供的各种处理功能有限，为了方便用户，C语言编译软件通常会提供多种附加的功能，这些功能用户可以在自己的程序中使用，从而提高程序的编写效率。为了使用这些功能，用户必须在C语言程序中使用＃include预处理指令包含这些功能声明的文件。例如C语言编译软件通常会提供很多数学处理功能，如果用户要在程序中使用这些数学处理功能，就要使用预处理指令＃include包含这些功能的声明文件math.h。使用＃include指令包含到C语言中的文件通常被称为头文件，通常使用.h为扩展名。头文件也是文本文件，其中的内容也要符合C语言的编码规范，以C语言为内容的文本文件被称为C源程序文件，通常使用.c为扩展名。

6.2.4　函数

例6.8程序中的＃6行开始到＃10行定义了一个C语言函数，一个C语言函数就是一个C语言程序的功能单位。一个C语言程序可以由多个函数组成，多个具有简单功能的C语言函数可以组成一个功能复杂的C语言程序。由于每个C语言函数都是一小段相对独立的C语言程序，所以每个C语言函数也可以被称为一个C语言子程序。

＃6行定义了函数的名称为main，函数名前面的int表示这个函数的返回值是一个整数。返回值即这个函数在执行结束后提交给它的上一级程序的一个值，上一级程序即调用执行本函数的程序。

C语言函数和C语言命令的显著区别是函数名称后面有一对小括号"（）"。函数名后面的一对小括号"（）"可以用来接收上级程序在调用执行本函数时传过来的一些数据，"（）"内为空或填上void代表这个函数不需要上一级程序传入的数据。

在每个C语言程序中必须有且只能有一个命名为main的函数；因为这个函数是每个C语言程序执行的起点，而这个起点必须唯一。当main函数执行结束后，这个C语言程序也就执行结束了。在任意一个函数中都可以通过函数名调用执行其他的函数，被调用的函数执行完成后就会返回到调用它的位置继续向后执行。如果A函数调用了B函数，A函数就是被调用的B函数的上级函数，A函数可以获得被调用B函数的返回值。

♯7行的"｛"跟在函数名的后面代表一个函数的开始,C语言程序中的"｛｝"必须成对出现,♯10行的"｝"与♯7行的"｛"是一对,代表该函数的结束。两个大括号中间为函数的内容,用来描述函数的执行步骤。这里的main函数很简单,里面只有♯8和♯9两条语句。C语言中规定每条语句都必须以";"作为结束标志。C语言中每条语句都可以用来完成一个具体的功能。♯8行的语句用来调用执行另外的一个函数printf,这个函数在stdio.h文件中声明,该函数的功能是在屏幕上输出一串字符。♯9行语句用来结束本函数的运行并向上级函数返回一个整数0。

6.2.5　程序输出

输出是程序中的一项重要功能,但C语言本身并不提供输出功能,而用户自己用C语言编写代码实现输出功能是一个很复杂的过程。大多数C语言编译软件都以函数的形式提供了输出的功能,用户可以在自己的C语言程序中调用这些函数进行输出。printf就是大部分C语言编译软件都可以提供的一个输出函数,用户只要在自己的程序中用预处理指令♯include "stdio.h"包含这个函数的声明,就可以在自己的程序中使用这个函数进行输出了。

printf函数执行格式化的输出,它的功能是把上级程序传给它的数据以指定方式在输出设备上进行显示输出。用户可以在printf后面的一对小括号中填入数据传给printf函数,函数printf会把这些数据在屏幕上显示出来。

"欢迎进入C语言的世界! \n"在C语言程序中被称为字符串,它的特点是用双引号("")括起来的一串字符,这串字符作为数据传给printf之后就会被printf在屏幕上显示出来,其中\n的含义是换一行,即输出完"欢迎进入C语言的世界!"后,下一次输出的位置变为屏幕下一行的起始位置。读者可以尝试修改本程序中的"欢迎进入C语言的世界! \n",实现不同的输出内容和效果。

6.2.6　程序的编译运行

1. 程序的编译

如前文所述,C语言源程序需要翻译成机器语言程序才能在计算机上运行。编译程序以C源程序作为输入,以翻译好的机器语言程序作为输出。

C语言程序的编译过程一般分成五个步骤:编译预处理、编译、优化、汇编、链接并生成可执行的机器语言程序文件。

1) 编译预处理

读取C语言源程序文件,对其中的编译预处理指令进行处理,根据执行结果生成一个新的输出文件。这个文件的功能含义同没有经过预处理的源文件是相同的,但因为执行了编译预处理指令内容有所不同。

2) 编译

经过编译预处理得到的输出文件中已经没有编译预处理指令,都是一条条的C语言程序语句。编译程序所要做的工作就是通过词法分析和语法分析,在确认所有的指令都符合C语言的语法规则之后,将其翻译成功能、含义等价的近似于机器语言的汇编语言代码或中间代码。

3）优化

优化处理就是为了提高程序的运行效率所进行的程序优化，它主要包括程序结构的优化和针对目标计算机硬件所进行的优化两种。

对于前一种优化，主要的工作是运算优化、程序结构优化、删除无用语句等。后一种类型的优化同机器的硬件结构密切相关，最主要考虑的是如何充分发挥机器的硬件特性，提高内存访问效率等。

优化后的程序在功能、含义方面与原来的程序相同，但更富有效率。

4）汇编

汇编实际上是把编译产生的中间代码或汇编语言代码翻译成目标机器语言指令的过程。由于一个 C 语言源程序可以保存在多个文档中，每一个 C 语言源程序文档都将最终经过这一处理而得到一个相应的目标机器语言指令的文件，通常简称为目标文件。目标文件中所存放的就是与 C 语言源程序等效的机器语言代码程序。

5）链接程序

目标程序还不能执行由汇编程序生成的机器语言代码，其中可能还有许多没有解决的问题。例如一个程序可能包含在多个源文件中，而某个源文件中的代码指令可能用到了另一个源文件中定义的指令代码或数据等。即使一个程序只包含一个源文件，这个源文件中的代码也可能用到了源文件之外的函数如 printf 等。在生产可执行文件前都需要经链接程序进行处理。

链接程序的主要工作是将有关的目标文件彼此相连接，也就是将在一个文件中引用的符号同该符号在另外一个文件中的定义连接起来，使得所有这些目标文件成为一个能够由操作系统装入执行的统一整体，一个完整的机器语言程序。

经过上述五个过程，C 语言源程序就最终被转换成机器语言可执行文件了。习惯上，通常把前面的四个步骤合称为程序的编译，最后一个步骤称为程序的链接。用户在编写 C 语言源程序的过程中如果有错误，在编译和链接的过程中都可能出现错误，发生编译错误的程序不能进行链接，发生链接错误的程序不能生成机器语言的可执行文件，用户可以根据编译程序的错误提示进行修正。在程序编译链接过程中出现的错误通常被称为程序的语法错误。

C 语言编译程序有很多种，它们有的是不同厂家推出的针对不同软硬件环境的不同产品，有的是同一产品的不同版本。目前比较流行的 C 语言编译程序有 GNU 的 GCC、微软的 Visual C++、Borland 的 Turbo C 等。本书所讲述的程序在微软的 Visual C++ 6.0 上经过编译测试，若使用 Visual C++ 2005 以上编译器，请在程序代码起始处添加预处理命令 ♯define _CRT_SECURE_NO_WARNINGS。

2. 程序的运行

用户编写的 C 语言程序经编译软件编译成可以执行的机器语言程序后就可以运行了，其运行方法与运行其他的软件程序一样，可以在操作系统下直接启动运行。例如在 Windows 系统环境下，用户用鼠标双击编译好的机器语言程序文档就可以运行该程序了。

操作系统执行程序的一般过程如下：

（1）操作系统将机器语言程序文件读入内存。

（2）操作系统为该程序创建进程，为该进程分配包括内存在内的程序运行所需要的各种资源。

（3）操作系统执行该进程。

（4）进程执行结束,操作系统释放该程序在运行中使用的包括内存在内的各种资源。

用户程序的一般执行过程如下：

（1）操作系统调用执行用户程序中的入口程序完成初始化。

（2）入口程序调用执行用户程序中的 main 函数。

（3）main 函数执行,中间可调用其他函数。

（4）main 函数执行结束后,程序终止。

可执行程序的默认入口程序由编译程序中的链接程序在链接时自动添加,通常不需要用户编写。入口程序调用 main 函数开始执行用户程序。

3. 程序的调试

用户编写的程序可能存在各种错误,程序中的错误大致可分为语法错误、逻辑错误和运行错误三大类。

语法错误指的是用户编写的程序违背了程序语言的语法规则使得程序不能被正确编译,这些错误通常在程序编译、链接过程中可以被发现。

逻辑错误指的是程序设计的思路错误导致程序没能按照设计者的设计意图运行,例如用户希望在程序中以 A 方法得到 B 结果,但由于 A 方法的错误不能得到 B 结果,该种错误只有在程序运行后得不到 B 结果才能被发现。

运行错误指的是程序在运行过程中偶尔发生的错误,这种错误往往是由于考虑不周、程序运行环境发生变化引起的,这种错误比较隐蔽。

图 6-7　葛丽丝·穆雷·霍普

逻辑错误和运行错误常常需要在程序的运行过程中才能发现。逻辑错误和运行错误被称为程序的 Bug,最早由葛丽丝·穆雷·霍普（Grace Murray Hopper,见图 6-7）博士发现并命名,即使是高水平的程序员也很难完全避免在程序中出现 Bug,所以在程序中寻找、避免 Bug 是编程过程中一项重要工作。找到并排除程序中的错误称为调试（Debug）,很多编译程序都提供了程序调试的方法。最常见的程序调试的方法是在编译程序提供的开发环境中模拟程序的运行过程,利用开发环境提供的监视功能监视程序运行过程中数据的变化情况,可以有助于发现程序的 Bug。掌握程序的调试技巧是学好编程技术必须掌握的技能。

6.3　顺序结构程序

6.1.2 节中通过流程图介绍了程序的 3 种结构,本节将介绍在 C 语言程序中如何编写顺序结构程序及在程序中进行计算、使用函数等功能的基本方法。

6.3.1　数据与输出

计算机程序的功能虽然很多,但本质上都是在处理各种不同的数据。数据是计算机程序能够处理的各种信息在计算机内的存在形式,在计算机程序中使用的数据可分为常量和变量两种。所谓常量即在程序运行的过程中不可以被改变的数值,常量通常在程序中直接以一个数值的形式出现,例如一个整数 100,一个实数(实数在 C 语言中通常被称为浮点数)20.5,一个字符'a',一个字符串"abc"等。

在 C 语言程序中,整数常量和实数常量可以在程序代码中直接书写,但字符常量必须用单引号括起来,字符串常量必须用双引号括起来,字符串中可以包含中文,字符在内存中存放的是其 ASCII 码值。以下程序中使用了二个整数 100 和 0,一个实数 20.5,一个字符'a'、一个字符串"abc"。

【例 6.9】　在 C 语言程序中使用常量。

```
#1.    int main()
#2.    {
#3.        100;
#4.        20.5;
#5.        'a';
#6.        "abc";
#7.        return 0;
#8.    }
```

如 6.2.5 节所述可知,printf 函数可以输出一个字符串。其实 printf 函数功能很多,它还可以输出整型数据、实型数据、字符型数据等。

(1) 输出整型数据的方法如下:

```
printf("一个整数%d\n",100);
```

字符串"一个整数%d\n"中的%d 告诉 printf 要输出一个整数,在 printf 输出到屏幕的时候%d 会被 100 这个整数值取代,实际输出内容如下:

```
一个整数100
Press any key to continue
```

用 printf 也可以输出多个整数,例如:

```
printf("第一个整数%d,第二个整数%d,第三个整数%d\n",100,200,300);
```

printf 在输出时,其字符串中的每个%d 都会被字符串后面的一个整数值替换,实际输出内容如下:

```
第一个整数100，第二个整数200，第三个整数300
Press any key to continue
```

(2) 输出实型数据的方法如下:

```
printf("一个实型数%f\n",20.5);
```

字符串"一个实型数%f\n"中的%f 代表要输出一个实型数,在 printf 输出到屏幕的时候它会被 20.5 这个实型数值取代,实际输出内容如下:

```
一个实型数20.500000
Press any key to continue
```

(3) 输出字符型数据的方法如下:

```
printf("一个字符%c\n",'a');
```

字符串"一个字符％c\n"中的％c代表要输出一个字符,在printf输出到屏幕的时候它会被a这个字符取代,实际输出内容如下:

```
一个字符a
Press any key to continue
```

因为字符型数据在内存中保存的是其ASCII码值,实际上也是一个整数,所以不但可以把一个字符型数据以整型的方式输出(输出该字符的ASCII码整数值),还可以把一个整数以字符方式输出(输出该整数值在ASCII码表中对应的字符):

```
printf("输出字符 A 的 ASCII 码值：％d\n",'A');
printf("输出整数 100 在 ASCII 码表中对应的字符：％c\n",100);
```

以上两个printf的输出内容如下:

```
输出字符A的ASCII码值：65
输出整数100在ASCII码表中对应的字符：d
Press any key to continue
```

在C语言程序中除了可以使用常量,还可以使用变量。变量即在程序中可以改变值的量。因为数值本身是不能改变的,例如5不能变为6,但一个符号表示的值是可以变的,例如符号x,它可以代表10也可以代表100,所以在程序中可以用一个符号来表示一个可变的值即变量。符号变量所代表的值可以在程序运行过程中被修改,例如:如果符号a表示一个变量,则变量a的值在程序运行过程中可以随时被修改。

变量a代表的值能被修改是因为变量a实际上代表的是一个内存单元,在程序运行过程中修改变量a的值,实际上是修改变量a所代表的内存单元里面存储的值。在使用变量前必须先定义,定义变量的方法如下:

数据类型　变量名;

数据类型是为了说明这个变量在对应的内存中存储的数据的数据类型;变量名就是要定义的变量的名字,在一个程序中定义的变量名不能重复。C语言中整数的数据类型可以用int指定,实数的数据类型可以用float指定,字符型数据类型可以用char指定,字符串因为是多个字符组成的,可以用字符数组指定。

变量名可以由字母、数字、下画线字符组成,但数字不能放在变量名的起始位置。为了防止混淆,变量名也不能和C语言中已固定了含义的符号重名,如C语言中已固定了含义的符号如表6-3所示。

表6-3　C语言中固定含义的符号

auto	break	case	char	const	continue	default	do
double	else	enum	extern	float	for	goto	if
int	long	register	return	short	signed	sizeof	static
struct	switch	typedef	union	unsigned	void	volatile	while

变量定义方法示例如下:

```
int x;                  //定义一个变量 x,用来保存一个整数
float y;                //定义一个变量 y,用来保存一个实数
char c;                 //定义一个变量 c,用来保存一个字符
```

```
char s[100];                    //定义一个变量 s,用来保存一个字符串,最多包含 99 个字符
```

以上内容需要注意的是,变量 s 后面的"[]"表示 s 是个数组,"[]"中的整数值表示该字符数组可以存储的字符个数,但在实际使用中包含的字符个数是这个数值－1,这是因为字符数组要留一个字符的空间保存字符串的结束符号。

(1) 将变量 x 赋值为整数 100,即将 100 保存到 x 所代表的内存单元中:

```
x = 100;
```

(2) 将变量 y 赋值为实数 20.5,即将 20.5 保存到 y 所代表的内存单元中:

```
y = 20.5;
```

(3) 将变量 c 赋值为字符'a',即将'a'保存到 c 所代表的内存单元中(内存单元中保存的是'a'的 ASCII 值 97):

```
c = 'a';
```

(4) 将变量 s 赋值为"abc",即将"abc"保存到 s 所代表的内存单元中。因为 s 是一个字符数组,在 C 语言中不允许直接对数组赋值,可以使用函数 strcpy 对字符数组赋值,方法如下:

```
strcpy(s,"abc");
```

变量的值也可以在变量定义的时候指定,例如:

```
int x = 100;
float y = 20.5;
char c = 'A';
char s[100] = "ABCD"; //在定义字符数组时可以直接为其指定一个字符串的值
```

变量的输出方法与常量的输出方法相同:

```
printf("一个整数 % d\n",x);
printf("一个实型数 % f\n",y);
printf("一个字符 % c\n",c);
printf("一个字符串 % s\n",s);
```

6.3.2 数据输入

程序在运行过程中允许用户输入数据,这些输入的数据可以被保存到指定的变量中,以便在程序中进行使用。在 C 语言中可以使用 scanf 函数输入各种类型的数据,使用该函数需要包含 stdio.h 头文件。假设我们在程序中定义了 4 个变量,分别为整型变量 x(int x)、实型变量 y(float y)、字符变量 c(char c)和字符数组 s(char s[100]),则可以用 scanf 函数将数据从键盘读入到这些变量中。

(1) 输入整型数据的方法如下:

```
scanf(" % d",&x);
```

以上函数调用语句的功能是从键盘读入一个整型数据到变量 x 所代表的内存单元中。

字符串中的%d代表要读入的数据是个整数；&x表示的是变量x对应的内存单元的内存地址。如同投递包裹需要收件人地址，使用scanf读入数据也需要变量的地址作为参数。

（2）输入实型数据的方法如下：

```
scanf("%f",&y);
```

以上函数调用语句的功能是从键盘读入一个实型数据到变量y所代表的内存单元中。字符串中的%f代表读入的数据是个实型数；&y代表的是变量y对应内存单元的内存地址。

（3）输入字符的方法如下：

```
scanf("%c",&c);
```

以上函数调用语句的功能是从键盘读入一个字符的ASCII码到变量c所代表的内存单元中。字符串中的%c代表读入的数据是一个字符的ASCII码；&c代表的是变量c对应内存单元的内存地址。

（4）输入字符串的方法如下：

```
scanf("%s",s);
```

以上函数调用语句的功能是从键盘读入一个字符串到变量s所代表的内存单元中，字符串中的%s代表读入的数据是一串字符对应的多个ASCII码。这里没有使用&s是因为在C语言中规定，数组类型的变量名即代表数组对应的内存单元的内存地址，所以这里不能再在s前加&。

（5）读入多个变量。

可以使用多个scanf函数调用读入多个变量，也可以在一次scanf函数调用中读入多个变量，方法如下：

```
scanf("%d%f",&x,&y);
```

以上函数调用语句的功能是从键盘读入一个整型数据到变量x所代表的内存单元中，再读入一个实型数据到变量y所代表的内存单元中。用户在输入数据时可以用空格分隔输入的两个数据，输入格式如下：

```
100  20.5↙
```

↙代表Enter键，用户在输入内容后再按下Enter键后scanf才会读入Enter按键前键盘输入的内容。

注意：用scanf读入整型、实型、字符串类型数据都可以用空格作为分隔，但读入字符型数据不可以用空格作为分隔，因为%c方式读入字符数据时会读入空格的ASCII码到变量。例如有程序代码如下。

【例6.10】 读入字符变量

```
#1. #include<stdio.h>
#2.    int main()
#3.    {
#4.        char a,b,c;
#5.        scanf("%c%c%c",&a,&b,&c);
```

```
#6.        printf(" % c, % c, % c\n",a,b,c);
#7.        return 0;
#8.     }
```

运行程序并输入：

a b↙

程序运行结果：

```
a b
a, ,b
Press any key to continue
```

以上程序将字符'a'、' '、'b'的 ASCII 码值分别读入变量 a、b、c 中，但并不能读入
【Enter】键对应字符的 ASCII 码值，getchar()函数可以读入包括【Enter】键对应字符换行符
在内的各种字符的 ASCII 码值，使用该函数需要包含 stdio.h 头文件。getchar()用法如下：

```
c = getchar();
```

6.3.3 算术运算

在 C 语言程序中，可以对常量及变量数值进行各种计算，最常见的运算为算术运算。
C 语言中使用运算符标识运算的种类，常用的术数运算符有：＋(加法运算符)，－(减法运
算符)，＊(乘法运算符)，/(除法运算符)，%(模(求余)运算符)。

运算符和操作数组合在一起即表示一种运算，操作数也被称为操作对象，在 C 语言程
序中常见运算的书写形式如下：

操作对象1　运算符　操作对象2

例如：

5＋6

这种运算符和操作对象组合在一起表示一种运算的运算式被称为表达式，算术运算的
结果值作为表达式的值。

例如：5＋6 的值为 11,11 即为表达式 5＋6 的值。

注意：

(1) 操作对象可以是常量也可以是变量，如果是变量，操作对象的值是变量所对应的内
存中存储的数值。

(2) 除了求余运算要求两个操作对象必须是整数外，操作对象可以是整型数值或实型
数值，以上五种算术运算不会改变操作对象的值。

(3) 如果两个操作对象是不同类型的数据，系统会先把它们转换成相同类型(这个转换
并不会改变操作对象的值)，然后再进行运算，运算结果值的类型也是转换后的类型。例如：
两个操作对象一个是整数、一个是实数，则系统把先它们转换成实数类型之后再进行运算，
计算结果即表达式的值也是实数类型。

(4) 除法运算的两个操作对象如果是整型，则结果是去掉小数部分后的整型，例如
19/10 表达式的值是1。

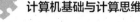

【例 6.11】 输入一个长方形的长和宽,求该长方形的面积。

```
#1.     # include < stdio. h>
#2.     int main()
#3.     {
#4.         float x,y;           //x,y 分别用来保存长方形的长宽
#5.         float s;             //s 用来保存长方形的面积
#6.         printf("请依次输入长方形的长宽: ");
#7.         scanf(" % f % f",&x,&y);
#8.         s = x * y;
#9.         printf("长方形的面积为 % f\n",s);
#10.        return 0;
#11.    }
```

运行程序并输入:

6 5↙

程序运行结果:

```
请依次输入长方形的长宽: 6 5
长方形的面积为30.000000
Press any key to continue
```

在表达式中,操作对象本身也可以是一个表达式,这样就可以将多个表达式链接起来构成一个新的表达式,这种含有两个或更多操作符的表达式称为复合表达式。例如,下面即是一个复合表达式:

a + b/3 * c - 15 % 3

在复合表达式中,与数学中的运算规则相似,运算优先级高的运算符先运算,优先级相同的则从左向右依次运算。在"+""−""*""/""%"五种运算中,"*""/""%"优先级高于"+""−"运算,在复合表达式中优先运算。

【例 6.12】 求复合表达式的值。

10 + 20/10

说明:除号"/"运算符优先级高于加号"+"运算符,因此先计算 20/10,等于 2,再计算 10+2,等于 12,所以表达式的值为 12。

【例 6.13】 求复合表达式的值。

10 * 2/5

说明:由于"*"和"/"两运算符的优先级相同,优先级相同的从左向右依次运算,先计算 10 * 2 得到 20,然后再将计算结果 20 除以 5 得到 4,所以表达式的值为 4。

如果需要提高复合表达式中某个运算的优先级,可以用"( )"把相应运算括起来。小括号允许嵌套,处于最内层的小括号内的运算优先级最高。

【例 6.14】 求复合表达式的值。

(2 + 10) * 2/5 + ((5 + 3) % 4) * 2

说明:根据优先级先计算(2+10)得 12,即 12 * 2/5+((5+3)%4) * 2;

然后计算 12 * 2 得 24,即 24/5+((5+3)%4) * 2;

然后计算 24/5 得 4，即 4+((5+3)%4)*2；

然后计算(5+3)得 8，即 4+(8%4)*2；

然后计算(8%4)得 0，即 4+0*2；

然后计算 0*2 得 0，即 4+0；

最后计算 4+0，得到最后结果为 4。

【例 6.15】 输入一个长方体的长、宽、高，求该长方体的表面积。

```
#1.    #include<stdio.h>
#2.    int main()
#3.    {
#4.        float x,y,z;        //x、y、z 分别用来保存长方体的长、宽、高
#5.        float s;               //s 用来保存长方体的表面积
#6.        printf("请依次输入长方体的长宽高：");
#7.        scanf("%f%f%f",&x,&y,&z);
#8.        s=(x*y+y*z+x*z)*2;
#9.        printf("长方体的表面积为%f\n",s);
#10.   return 0;
#11.   }
```

运行程序并输入：

3 4 5↙

程序运行结果：

```
请依次输入长方体的长宽高：3 4 5
长方体的表面积为94.000000
Press any key to continue
```

6.3.4 使用函数

一个实用的程序往往由许多复杂的功能组成，面对复杂的任务，人们首先想到的就是任务的分解：

(1) 先把复杂的功能分解成若干个相对简单的子功能。

(2) 为每一个子功能专门编写程序，对应每个子功能的程序段称为子程序。

(3) 把完成各项子功能的子程序组合到一起，即得到一个能完成复杂任务的程序。

这种自顶向下、逐步分解复杂功能的方法就是程序设计中经常采用的模块化程序设计方法，该方法解决了人类思维能力的局限性和所需处理问题的复杂性之间的矛盾。

除了任务分解产生的子程序之外，在程序中可能还会有一些需要反复使用的功能，为了减少重复的劳动，也可以把这些功能写成子程序，在需要的时候调用这些子程序即可。在 C 语言中可以把每个子程序写成一个函数，然后使用这些函数组成一个完整的 C 语言程序。

C 语言中的函数可分为库函数和用户自定义函数两种。

(1) 库函数。

由 C 语言编译程序提供或第三方提供，用户只需在程序中包含有该函数原型的头文件即可在程序中直接调用。如在前面曾经用到的 printf、scanf、strcpy 等函数均为 C 语言编译软件提供的库函数，有了它们用户不再需要为实现这些功能编写代码，可减少重复劳动、提高程序开发效率。

(2) 用户自定义函数。

由用户根据需要自己编写的函数即用户自定义函数。这些函数可以是程序细化后的子

功能函数,也可以是需要反复使用的子功能函数。

1. 函数的定义

如前所述,main 函数就是一个用户自定义函数。用户自定义函数的基本形式如下:

```
数据类型    函数名(参数列表)
{
    声明部分
    语句
    …
}
```

数据类型用于说明函数执行结束后返回的结果的数据类型,若无返回结果可以用 void 说明。函数名是一个名字,其命名规则和变量名相同。函数名用来在程序中唯一标识函数;函数名后面必须有一对"()","()"内的参数列表用来接收传递给本函数的数据,称为函数参数;函数名后面的一对"{}"内为函数体,可以在函数体内的声明部分定义在该函数内使用的变量,语句部分用于实现该函数的具体功能。

【例 6.16】 编写一个函数求两个整数的和。

```
#1.    int f(int x, int y)
#2.    {
#3.        int t;
#4.        t = x + y;
#5.        return t;
#6.    }
```

说明:#1 行数据类型 int 说明函数执行结束后返回的结果的数据类型是一个 int 型数值,函数的名称是 f,函数在执行时接收两个整型数值并保存到函数内的整型变量 x、y 中。

#2 行与 #6 行的一对"{ }"表示函数体的开始和结束。

#3 行定义了一个整型变量 t。

#4 行的表达式语句把变量 x 和 y 的值相加,和保存到变量 t 中。

#5 行 return 是一条控制语句,它用来结束函数的运行并把变量 t 的值返回给上级函数。在函数结束后,函数中创建的变量 x、y、t 占用的内存空间被自动释放。

2. 函数的调用

函数的调用即执行函数。在标准 C 语言程序中,除了 main 函数是被系统调用的,其他所有函数,包括用户自定义函数和库函数都要在用户编写的程序中被调用时才能执行,在函数执行完成后,都要返回到调用这个函数的位置继续向后执行。

调用函数的一般形式为:

函数名(参数列表)

调用函数时函数名后面的"()"不能省略,"()"内的数值传递给被调用的函数,当被调用函数有返回的数值时,这个函数调用就是一个表达式,其值就是被调用函数返回的数值。函数调用表达式允许出现在表达式可以出现的任意地方。被调用函数也可以没有返回的数值,没有返回数值的函数调用不是表达式,也不能作为表达式的一部分出现。没有返回值的函数的调用方法是在"函数名(参数列表)"后面加一个";"构成一个函数调用语句。

【例 6.17】 编写一个程序调用前例中的 f 函数,输出两个整数的和。

```
#1.    int main( )
```

```
#2.    {
#3.        int x = 10,y = 20,z;
#4.        z = f(x,y);
#5.        printf("%d\n",z);
#6.        return 0;
#7.    }
```

程序运行结果如下：

```
30
Press any key to continue
```

说明：#4 行 f(x,y)是一个函数调用表达式,该函数调用表达式把 main 函数中的变量 x 和 y 的值通过 f 的参数列表传递给自定义函数 f 内的两个变量 x 和 y,然后转到函数 f 内执行,f 函数执行后返回变量 t 的值,该值作为 main 函数中的函数调用表达式的值,赋值操作将该函数调用表达式的值赋值给 z。

#5 行调用库函数 printf 输出整数 z 的值。

6.3.5　几个常用函数

1. 系统命令函数 system()

system()函数是库函数,该函数可以发出系统命令,使用该函数需要包含 stdlib.h 头文件,常用系统命令如下。

设置窗口大小。mode con 命令可设置窗口大小,以下函数调用设置窗口大小为 80 列、50 行：

```
system("mode con cols = 80 lines = 50");
```

设置窗口颜色。color 命令可以设置窗口颜色。0＝黑色、1＝蓝色、2＝绿色、3＝湖蓝色、4＝红色、5＝紫色、6＝黄色、7＝白色、8＝灰色、9＝淡蓝色、A＝淡绿色、B＝淡浅绿色、C＝淡红色、D＝淡紫色、E＝淡黄色、F＝亮白色,以下命令设置窗口背景色为蓝色、前景色(文字的颜色)为淡绿色：

```
system("color 1A");
```

清屏。cls 命令可以清除窗口内显示的所有内容,用法如下：

```
system("cls");
```

2. 键盘输入检测函数 kbhit()

kbhit()是库函数,该函数可以检查当前是否有键盘输入,若有则返回一个非 0 值,否则返回 0,使用该函数需要包含 conio.h 头文件,用法如下：

```
int x;
x = kbhit();
```

3. 读取字符函数 getch()

getch()是库函数,该函数可以从键盘读取一个字符并返回该字符,但不在屏幕上显示该字符,使用该函数需要包含 conio.h 头文件,用法如下：

```
char c;
c = getch();
```

该函数与 scanf 的最大区别是,不需要用户输入 Enter 键也能读取用户输入的字符。

4. 产生随机数函数 rand()

rand()是库函数,该函数根据初始值产生一个随机整数,使用该函数需要包含 stdlib.h 头文件。rand()的初始值可用 srand 函数进行设置,用法如下:

```
int x;
srand(100);                      //设置初始值为 100
x = rand();
```

5. 程序暂停函数 Sleep()

Sleep()是库函数,该函数可以使程序运行暂停一段时间,使用该函数需要包含 windows.h 头文件,用法如下:

```
Sleep(2000);                     //使程序暂停 2000ms
```

6. 隐藏显示光标函数 HideCursor()

HideCursor()是用户自定义函数,用户将以下函数录入到程序中以控制光标的显示与隐藏。使用该函数需要并包含头文件 windows.h。

```
void HideCursor(int x)           // x = 0 隐藏光标,x = 1 显示光标
{
    CONSOLE_CURSOR_INFO cursor_info = {1, x};
    SetConsoleCursorInfo(GetStdHandle(STD_OUTPUT_HANDLE), &cursor_info);
}
```

用法如下:

```
HideCursor(0);                   //隐藏光标
```

7. 设置光标位置函数 GotoXY()

GotoXY()是用户自定义函数,用户将以下函数录入到程序中可以设置光标在屏幕的位置。使用该函数需要并包含头文件 windows.h。

```
void GotoXY(int x, int y)        //移动光标位置到 x 列,y 行
{
    COORD pos;
    pos.X = x - 1;
    pos.Y = y - 1;
    SetConsoleCursorPosition(GetStdHandle(STD_OUTPUT_HANDLE),pos);
}
```

用法如下:

```
GotoXY(10,5);                    //将光标定位在第 5 行、第 10 列
```

8. 设置输出文本的颜色 SetColor()

SetColor()是用户自定义函数,用户将以下函数录入到程序中可以设置输出的文本的颜色。使用该函数需要并包含头文件 windows.h。颜色 color 取值范围 0~15,分别代表 0=黑色、1=蓝色、2=绿色、3=湖蓝色、4=红色、5=紫色、6=黄色、7=白色、8=灰色、9=淡蓝色、10=淡绿色、11=淡浅绿色、12=淡红色、13=淡紫色、14=淡黄色、15=亮白色。

```
void SetColor( int color)
{
    HANDLE consolehwnd;
    CONSOLE_SCREEN_BUFFER_INFO csbiInfo;
    consolehwnd = GetStdHandle( STD_OUTPUT_HANDLE);
    GetConsoleScreenBufferInfo(consolehwnd, &csbiInfo);
    color = color + (csbiInfo.wAttributes & 0xf0);
    SetConsoleTextAttribute(consolehwnd,color);
}
```

用法如下：

```
SetColor(4);                    //设置输出的文本的颜色为红色
```

9. 设置输出文本的背景颜色 SetColorBk()

SetColorBk()是用户自定义函数,用户将以下函数录入到程序中可以设置输出的文本的背景颜色。使用该函数需要并包含头文件 windows.h。颜色 color 取值范围 0～15,代表颜色与 SetColor()函数相同。

```
void SetColorBk( int color)
{
    HANDLE consolehwnd;
    CONSOLE_SCREEN_BUFFER_INFO csbiInfo;
    consolehwnd = GetStdHandle( STD_OUTPUT_HANDLE);
    GetConsoleScreenBufferInfo(consolehwnd, &csbiInfo);
    color = (color << 4) + (csbiInfo.wAttributes & 0xf);
    SetConsoleTextAttribute(consolehwnd,color);
}
```

用法如下：

```
SetColorBk(4);                    //设置输出的文本的背景颜色为红色
```

6.4 选择结构程序

能自动根据不同情况选择执行不同的程序功能是对计算机程序的一个基本要求。这样的控制需要用选择结构实现。程序的选择结构需要用到条件判断,条件判断需要用到关系运算和逻辑运算。

6.4.1 关系运算

C 语言提供了以下六种关系运算符:

==	等于运算符
!=	不等于运算符
>	大于运算符
>=	大于等于运算符
<	小于运算符
<=	小于等于运算符

关系运算符被用于对左右两侧的值进行比较。如果比较的结果成立,即条件满足则表达式的值为1,不满足则表达式的值为0,关系运算不改变操作对象的值。

表达式形式：

操作对象1　关系运算符　操作对象2

关系运算符的优先级总体上低于算术运算符，但在关系运算符中，>、>=、<=、<=的优先级要高于==、!=。为了防止混淆，在包含多个关系运算符的复合表达式中，通常使用"()"确定运算符运算的优先顺序。

【例6.18】 关系运算。

```
#1.    #include <stdio.h>
#2.    int main( )
#3.    {
#4.        int x = 1, y = 4, z = 14;
#5.        printf("%d,", x < y + z);
#6.        printf("%d,", y == 2 * x + 3);
#7.        printf("%d,", z >= x - y);
#8.        printf("%d,", x + y != z);
#9.        printf("%d\n", z > 3 * y + 10);
#10.       printf("%d,", x < y < z);
#11.       printf("%d\n", z > y > x);
#12.       return 0;
#13.   }
```

程序运行结果：

```
1,0,1,1,0
1,0
Press any key to continue
```

6.4.2　逻辑运算

C语言提供了以下3种逻辑运算符：

```
!       逻辑非运算符
&&      逻辑与运算符
||      逻辑或运算符
```

逻辑运算符被用于对操作对象的值进行逻辑运算，对于逻辑运算符，它的操作对象只有0和非0的区别，运算结果表达式的值为0或1，逻辑运算不改变操作对象的值。

表达式形式：

```
! 操作对象
操作对象1      &&      操作对象2
操作对象1      ||      操作对象2
```

逻辑运算的真值表如表6-4所示。

表6-4　逻辑运算的真值表

操作对象1	操作对象2	!操作对象1	操作对象1&& 操作对象2	操作对象1|| 操作对象2
非0	非0	0	1	1
非0	0	0	0	1
0	非0	1	0	1
0	0	1	0	0

逻辑运算符的优先级如下:

!	高于算术运算符
&&	低于关系运算符
||	低于 && 运算符

【例 6.19】 逻辑运算。

```
#1.     # include <stdio.h>
#2.     int main( )
#3.     {
#4.         int x = 2,y = 3,z = 4;
#5.         printf(" % d,",x <= 1 && y == 3);
#6.         printf(" % d,",x <= 1 || y == 3);
#7.         printf(" % d,",!(x == 2));
#8.         printf(" % d,",!(x <= 1 && y == 3));
#9.         printf(" % d\n",x < 2 || y == 3 && z < 4);
#10.        return 0;
#11.    }
```

程序运行结果:

```
0,1,0,1,0
Press any key to continue
```

【例 6.20】 输入一个年份,程序判断如果是闰年输出 1,否则输出 0。闰年的条件是:年份能够被 4 整除,但不能被 100 整除,或者年份能够被 400 整除。

```
#1.     # include <stdio.h>
#2.     int main( )
#3.     {
#4.         int year;
#5.         printf("请输入一个年份: ");
#6.         scanf(" % d",&year);
#7.         printf(" % d\n",(year % 4 == 0 && year % 100!= 0)||(year % 400 == 0));
#8.         return 0;
#9.     }
```

运行程序并输入:

2018 ↙

程序运行结果:

```
请输入一个年份: 2018
0
Press any key to continue
```

6.4.3 if 语句

在 C 语言中,if 语句根据设定的条件,可以控制程序中哪些语句执行以及哪些语句不执行。if 语句有以下两种形式。

第一种形式。

```
if (表达式)
    语句
```

if 后面的括号中的表达式可以是 C 语言中的任意表达式,但以关系表达式或逻辑表达式为主。上述形式的 if 语句的执行过程为:首先计算 if 后面的表达式,如果其值非 0 则执行 if 后面的那条语句,否则跳过该语句执行 if 语句的下一条语句。

if 语句的执行流程如图 6-8 所示。

注意:

(1) if 后面的一对"()"是 if 语句的一部分,而不是表达式的一部分,因此它不可省略。

(2) if 后面跟的一条语句和 if() 合在一起构成一条 if 控制语句,如果 if 需要控制多条语句,则可以把这多条语句放在一对"{}"之内构成一条复合语句。其书写格式为:

```
if (条件表达式)
{
    语句序列
}
```

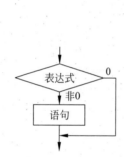

图 6-8　简单 if 语句的流程图

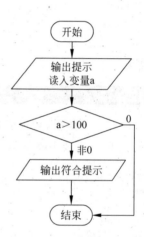

图 6-9　例 6.21 程序流程图

【例 6.21】　编写程序,从键盘输入整数,判定它是否为大于 100 的数。

流程图如图 6-9 所示。

程序代码:

```
#1.    #include <stdio.h>
#2.    int main()
#3.    {
#4.        int a;
#5.        printf("The program gets a number,and shows if it is larger than 100.\n");
#6.        printf("The number: ");
#7.        scanf("%d", &a);
#8.        if(a>100)
#9.            printf("The number %d is larger than 100.\n", a);
#10.       return 0;
#11.   }
```

运行程序并输入:

125 ↙

程序运行结果：

```
The program gets a number, and shows if it is larger than 100.
The number: 125
The number 125 is larger than 100.
Press any key to continue
```

当程序运行时,如果用户输入小于 100 的整数 25,则程序中的 if 语句中的条件表达式值为假,不执行 if 控制结构中的语句,程序执行 if 控制结构的下一条语句,但下一条语句程序中已经没有了,从而结束程序的运行。

【例 6.22】 输出 3 个整数中的最大数。

流程图如图 6-10 所示。

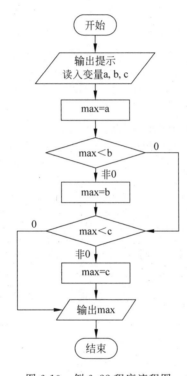

图 6-10 例 6.22 程序流程图

程序代码：

```
#1.   #include<stdio.h>
#2.   int main()
#3.   {
#4.     int a,b,c,max;
#5.     printf("输入 3 个整数: \n");
#6.     scanf("%d%d%d",&a,&b,&c);
#7.     max = a;
#8.     if(max<b)
#9.        max = b;
#10.    if(max<c)
#11.       max = c;
#12.    printf("max = %d\n",max);
#13.    return 0;
```

♯14. }

运行程序并输入：

1   20   3↙

程序运行结果：

```
输入3个整数：
1 20 3
max=20
Press any key to continue
```

【例6.23】 输入两个整数，从小到大排序输出。

流程图如图6-11所示。

程序代码：

```
#1.    # include < stdio. h>
#2.    int main()
#3.    {
#4.        int a,b,t;
#5.        printf("Enter two integer: ");
#6.        scanf("%d%d,", &a, &b);
#7.        if(a > b)
#8.        {
#9.            t = a;
#10.           a = b;
#11.           b = t;
#12.       }
#13.       printf("%d, %d\n",a,b);
#14.       return 0;
#15.   }
```

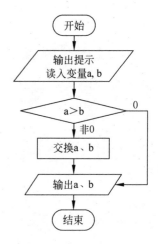

图 6-11　例 6.23 程序流程图

运行程序并输入：

3   5↙

程序运行结果：

```
Enter two integer: 3 5
3,5
Press any key to continue
```

【例6.24】 将输入的小写字母转为大写字母并输出，若输入非小写字母则直接输出。

```
#1.    # include < stdio. h>
#2.    char ToUpper(char c)
#3.    {
#4.        if(c > = 'a' && c < = 'z')
#5.            return c + 'A' - 'a';
#6.        return c;
#7.    }
#8.    int main()
#9.    {
#10.       char c;
#11.       scanf("%c",&c);
```

```
#12.        c = ToUpper(c);
#13.        printf("%c\n",c);
#14.        return 0;
#15.    }
```

例 6.24 通过调用用户自定义函数 ToUpper( ) 将小写字母转换为大写字母。程序逻辑结构简单,需要注意的是 ToUpper( ) 中将小写字母转换为大写字母的算法。

下面是 if 语句第 2 种形式。

```
if (表达式)
    语句 1
else
    语句 2
```

上述形式的 if 语句的执行过程为:首先计算 if 语句后面的表达式,如果其值非 0 则执行语句 1,否则执行语句 2。语句 1 和语句 2 也可以使用"{ }"构成复合语句。

if-else 语句的执行流程图如图 6-12 所示。

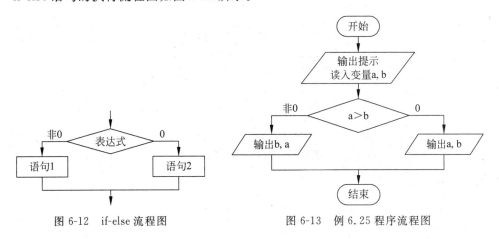

图 6-12 if-else 流程图   图 6-13 例 6.25 程序流程图

【例 6.25】 使用 if-else 语句改写前例,即输入两个整数,从小到大排序输出。

流程图如图 6-13 所示。

程序代码:

```
#1.    #include <stdio.h>
#2.    int main()
#3.    {
#4.        int a,b;
#5.        printf("Enter two integer: ");
#6.        scanf("%d%d,", &a, &b);
#7.        if(a>b)
#8.            printf("%d,%d\n",b,a);
#9.        else
#10.           printf("%d,%d\n",a,b);
#11.       return 0;
#12.   }
```

运行程序并输入:

3 5↙

程序运行结果：

```
Enter two integer: 3 5
3,5
Press any key to continue
```

【例 6.26】 使用 if-else 语句改写例 6.25,求 3 个整数的最大值。

流程图如图 6-14 所示。

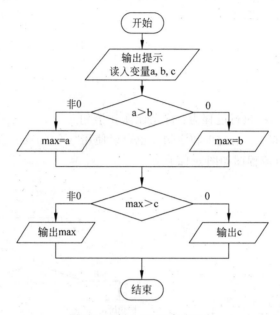

图 6-14　例 6.26 程序流程图

程序代码：

```
#1.    # include < stdio. h>
#2.    int main()
#3.    {
#4.    int a,b,c,max;
#5.    printf("输入 3 个整数: \n");
#6.    scanf(" % d % d % d",&a,&b,&c);
#7.    if (a > b)
#8.        max = a;
#9.    else
#1.        max = b;
#10.   if(max > c)
#11.       printf("max = % d\n",max);
#12.   else
#13.       printf("max = % d\n",c);
#14.   return 0;
#15.   }
```

运行程序并输入：

1　20　3✓

程序运行结果：

程序的执行过程为：第 1 步将 3 个整数 1、20、3 分别输入给变量 a、b、c，所以 a 的值为 1，b 的值为 20，c 的值为 3；第 2 步执行第一条 if-else 语句，由于表达式 a＞b 不成立，所以执行 if-else 的 else 分支，将 b 的值 20 赋给 max；第 3 步执行第二条 if-else 语句，由于表达式 max＞c 成立，所以执行 if 后的语句，输出 max＝20。

6.4.4　if 语句嵌套

if 语句中包含的子语句也可以是 if 语句，在 if 语句中又包含一个或多个 if 语句的结构，称为 if 语句的嵌套，下面是 if 语句嵌套的一种结构形式：

```
if ()
    if ()
        语句 1
    else
        语句 2
    else
    if ()
        语句 3
    else
        语句 4
```

上面程序中的语句 1、语句 2、语句 3、语句 4 也可以是 if 语句。需要注意的是，else 总是与它上面的最近的、没有被奇数个大括号分隔的、未配对的 if 配对。else 与配对的 if 之间间隔不能超过一条复合语句。

如果嵌套结构比较多，为了避免配对出错，最好使用"{ }"来确定配对关系。例如：

```
if ()
{
    if ()
        语句 1
}
else
    语句 2
```

上面程序中 else 与最近的 if 之间隔了一个大括号，是奇数个大括号，所以不能配对，与第一个 if 之间间隔一个复合的子语句，可以配对。

【例 6.27】　使用 if 嵌套改写例 6.26，求 3 个整数的最大值。

流程图如图 6-15 所示。

程序代码：

```
#1.    # include ＜stdio.h＞
#2.    int main()
#3.    {
#4.        int a,b,c;
```

```
#5.        printf("Enter three integer: ");
#6.        scanf("%d%d%d", &a, &b,&c);
#7.        if(a>=b && a>=c)
#8.            printf("max = %d\n",a);
#9.        else
#10.       {
#11.           if(b>c)
#12.                printf("max = %d\n",b);
#13.           else
#14.                printf("max = %d\n",c);
#15.       }
#16.       return 0;
#17.  }
```

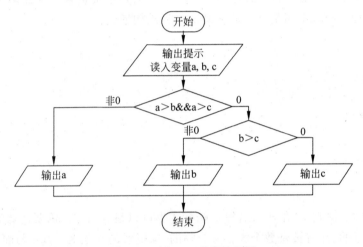

图 6-15　例 6.27 程序流程图

运行程序并输入：

1　20　3↙

程序运行结果：

```
输入3个整数：
1 20 3
max=20
Press any key to continue
```

6.4.5　switch 语句

在 C 语言程序中,可以使用 if 语句进行分支处理,但是如果分支较多,则嵌套的层数也多,程序冗长且可读性降低。C 语言提供 switch 语句可以直接处理多分支选择,它的一般格式如下：

```
switch (表达式)
{
    case 常数表达式 1:
        语句序列 1
    case 常数表达式 2:
```

```
        语句序列 2
    …
    case 常数表达式 n:
        语句序列 n
    default:
        语句序列 n + 1
}
```

switch 语句的执行过程为：首先计算 switch 后面表达式的值，然后将该值依次与复合语句中 case 子句常量表达式的值比较，若与某个值相同，则从该子句中的语句序列开始往下执行，若没有相同的值，则转向 default 子句执行其后的语句序列。

switch 语句的执行流程图如图 6-16 所示。

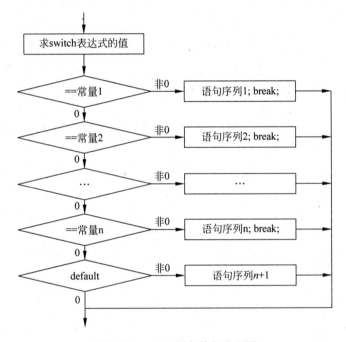

图 6-16　switch 语句执行流程图

关于 switch 语句的几点说明：

(1) switch 后面"( )"中表达式的值必须为整数类型或字符类型。

(2) case 后的表达式必须为常数表达式，即为整型、字符型常量，或者为可以在编译时（程序运行前）计算出具体值的表达式，并且各个 case 后的常数表达式值必须互不相同。

(3) 执行完一个 case 后面的语句后，若无 break 语句，则流程控制转移到下一个 case 继续执行；若有 break 语句，则跳出 switch 语句。

(4) 在 switch 语句中，default 子句是可选的。如没有 default 子句，且没有一个 case 的值被匹配，switch 语句将不执行任何操作。

【例 6.28】 编写程序，输入 1～5 的一个数字，输出以该数字打头的一个成语。

流程图如图 6-17 所示。

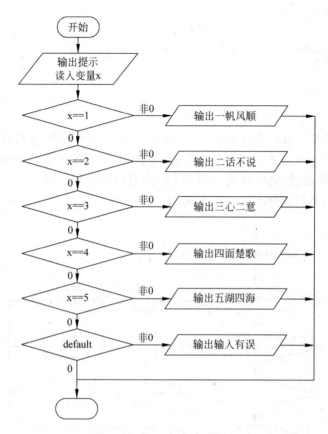

图 6-17   例 6.28 程序流程图

程序代码：

```
#1.    #include <stdio.h>
#2.    int main( )
#3.    {
#4.        int x;
#5.        printf("请输入 1-5 的数字：");
#6.        scanf("%d", &x);
#7.        switch (x)
#8.        {
#9.        case 1:
#10.            printf("一帆风顺 \n");
#11.            break;
#12.        case 2:
#13.            printf("二话不说 \n");
#14.            break;
#15.        case 3: printf("三心二意 \n");
#16.            break;
#17.        case 4:
#18.            printf("四面楚歌 \n");
#19.            break;
#20.        case 5:
#21.            printf("五湖四海 \n");
```

```
#22.          break;
#23.      default:
#24.          printf("输入有误,请输入 1－5 的数字!\n");
#25.      }
#26.      return 0;
#27.  }
```

运行程序并输入:

3 ↙

程序运行结果:

```
请输入1-5的数字: 3
三心二意
Press any key to continue
```

6.5 循环结构程序

现代计算机每秒可以完成亿万次的运算和操作,用户不可能为此写亿万条指令让计算机去运行。解决的方法是将一个复杂的功能变成若干个简单功能的重复,然后让计算机重复执行这些简单的功能来完成这个复杂功能,从而得到用户想要的结果。

循环结构是让计算机重复执行一件工作的基本方法。在 C 语言中,常用可以实现循环结构的语句有以下 3 种:

(1) while 语句;

(2) do-while 语句;

(3) for 语句。

通常这 3 种循环语句可以互换,但对于不同的需求使用不同的循环结构,不仅可以优化程序的结构,还可以精简程序。

(1) 在循环开始之前,已知循环次数,适宜使用 for 循环;

(2) 在循环开始之前,未知循环次数,适宜使用 while 循环;

(3) 在循环开始之前,未知循环次数,但至少循环一次,适宜使用 do-while 循环。

6.5.1 while 循环

while 语句用来实现“当型”循环。while 语句的格式如下:

```
while(表达式)
    循环体;
```

此处的循环体可以是单条语句也可以是使用“{ }”把一些语句括起来的复合语句。

while 的执行过程为:先判断表达式,若其值为“真”(非 0),则执行循环体中的语句;否则跳过循环体,执行 while 循环体后面的语句。在进入循环体后,每执行完一次循环体语句后再判断表达式,当发现其值为“假”(0)时,立即退出循环。

while 语句的执行流程如图 6-18 所示。

while 语句和 if 语句的唯一区别就是,if 执行完表达式后面的语句,if 语句即执行结束,继续执行 if 后面的其他程序语句；while 执行完表达式后面的语句,将再一次重新执行 while 后面的表达式。

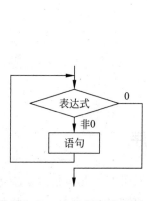

图 6-18　while 语句流程图

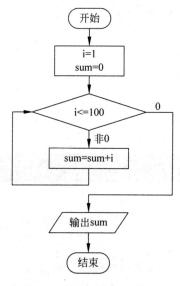

图 6-19　例 6.29 程序流程图

【例 6.29】　编写程序求 sum＝1＋2＋3＋…＋100 的值。

流程图如图 6-19 所示。

程序代码:

```
#1.   #include<stdio.h>
#2.   int main()
#3.   {
#4.       int i=1,sum=0;
#5.       while(i<=100)
#6.       {
#7.           sum=sum+i;
#8.           i=i+1;
#9.       }
#10.      printf("sum=%d\n",sum);
#11.      return 0;
#12. }
```

程序运行结果:

```
sum=5050
Press any key to continue
```

关于 while 语句的用法,要注意以下几点:

(1) 如果 while 后的表达式的值一开始就为 0,循环体一次也不执行。

(2) 通常情况下,一定要有循环结束条件,这个条件就是 while 后的表达式的值要随着循环的执行而变化,要有变化到 0 的时候,否则循环永远不会结束,即所谓的死循环。

【例 6.30】　编写程序求 1 ∗ 2 ∗ 3 ∗ …? ＞＝1000000。

流程图如图 6-20 所示。

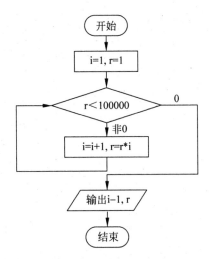

图 6-20　例 6.30 程序流程图

程序代码：

```
#1.    # include < stdio. h>
#2.    int main()
#3.    {
#4.        int i = 1, r = 1;
#5.        while(r < 1000000)
#6.        {
#7.            i = i + 1;
#8.            r = r * i;
#9.        }
#10.       printf(" % d, % d\n", i - 1, r);
#11.       return 0;
#12.   }
```

程序运行结果：

```
9, 3628800
Press any key to continue
```

6.5.2　do-while 循环

do-while 语句用来实现"直到型"循环，它类似于 while 语句。唯一的区别是控制循环的表达式在循环底部测试是否为真，因此循环总是至少执行一次。do-while 语句的格式如下：

```
do
循环体
while (表达式);
```

此处的循环体可以是单条语句，也可以是用"{}"把一些语句括起来的复合语句。do-while 的执行过程为：先执行一次循环体，然后判别表达式，若其值为"真"（非 0），返回继续执行循环体中的语句，直到表达式值为"假"，结束循环，执行 while 后面的语句。

do-while 语句的执行流程图如图 6-21 所示。

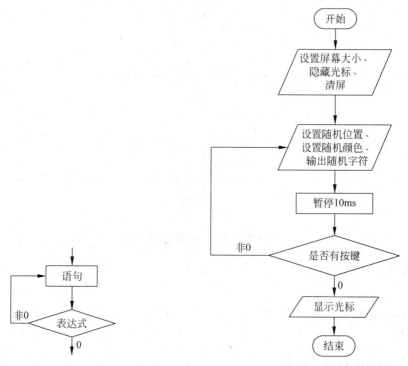

图 6-21　do-while 流程图　　　　　图 6-22　例 6.31 程序流程图

【例 6.31】　在屏幕上随机位置以随机颜色显示字母，按任意键结束。流程图如图 6-22 所示。

函数 system、HideCursor、GotoXY、SetColor、Sleep、kbhit 用法及相关代码参见 6.2.5 小节，程序部分代码如下：

```
#1.    #include <stdio.h>
#2.    int main()
#3.    {
#4.        system("mode con cols = 80 lines = 30");
#5.        HideCursor(0);
#6.        system("cls");
#7.        do
#8.        {
#9.            GotoXY(rand() % 75 + 1, rand() % 25 + 1);
#10.           SetColor(rand() % 16 + 1);
#11.           printf("%c", 'A' + rand() % 26);
#12.           Sleep(10);
#13.       }
#14.       while(kbhit() == 0);
#15.       HideCursor(1);
#16.       return 0;
#17.   }
```

程序输出结果如图 6-23 所示。

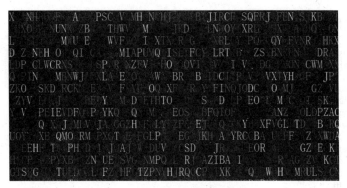

图 6-23 例 6.31 程序运行结果

6.5.3 for 循环

C 语言的 for 语句虽然结构复杂,但在 3 个循环语句中使用却最为简单,是最常用的循环语句,通常用于循环次数可以确定的情况。

for 语句的格式为:

for (表达式 1;表达式 2;表达式 3)
　　循环体

for 语句的执行过程为:

(1) 先计算表达式 1。

(2) 计算表达式 2,若其值为"真"(非 0),则执行循环体中的语句,然后执行第(3)步;若其值为"假"(值为 0),则跳过循环体执行 for 后面的语句。

(3) 计算表达式 3。

(4) 转回第(2)步继续执行。

for 语句的执行流程如图 6-24 所示。

【例 6.32】 用 for 语句输出 26 个大写字母。

流程图如图 6-25 所示。

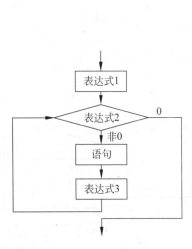

图 6-24 for 语句流程图

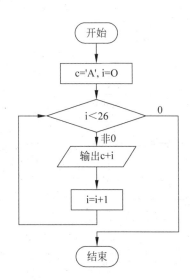

图 6-25 例 6.32 程序流程图

程序部分代码：

```
#1.    #include<stdio.h>
#2.    int main()
#3.    {
#4.        int i;
#5.        char c = 'A';
#6.        system("cls");
#7.        for(i = 0;i < 26;i = i + 1)
#8.            printf("%c",c + i);
#9.        return 0;
#10.   }
```

程序运行结果：

```
ABCDEFGHIJKLMNOPQRSTUVWXYZPress any key to continue
```

【例6.33】 用 for 语句求 sum＝1＋2＋3＋…＋99＋100。

流程图如图 6-26 所示。

程序代码：

```
#1.    #include<stdio.h>
#2.    int main()
#3.    {
#4.        int i,sum = 0;
#5.        for (i = 1;i <= 100;i = i + 1)
#6.            sum = sum + i;
#7.        printf("sum = %d",sum);
#8.        return 0;
#9.    }
```

【例6.34】 用 for 语句在指定位置输出指定大小矩形。

流程图如图 6-27 所示。

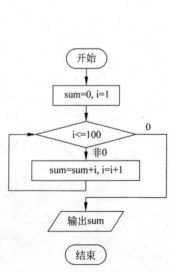

图 6-26　例 6.33 程序流程图

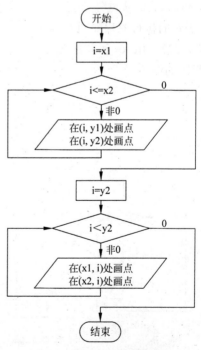

图 6-27　例 6.34 程序流程图

程序部分代码：

```
#1.    void DrawRectangle(int x1,int y1,int x2,int y2)
#2.    {
#3.        int i;
#4.        for(i = x1;i <= x2;i = i + 2)
#5.        {
#6.            GotoXY(i,y1);
#7.            printf("■");
#8.            GotoXY(i,y2);
#9.            printf("■");
#10.       }
#11.       for(i = y1;i < y2;i = i + 1)
#12.       {
#13.           GotoXY(x1,i);
#14.           printf("■");
#15.           GotoXY(x2,i);
#16.           printf("■");
#17.       }
#18.   }
#19.   int main()
#20.   {
#21.       DrawRectangle(4,2,24,10);
#22.       DrawRectangle(10,4,30,12);
#23.       return 0;
#24.   }
```

程序运行结果如图 6-28 所示。

图 6-28　例 6.34 程序运行结果

【例 6.35】 已有在指定位置绘制飞机函数如下：

```
#1.    void DrawPlan(int x,int y)
#2.    {
#3.        GotoXY(x,y);
#4.        if(y > 0)
#5.        printf("    ▲");
#6.        GotoXY(x,y + 1);
#7.        if(y + 1 > 0)
#8.        printf("    ■");
#9.        GotoXY(x,y + 2);
```

```
#10.      if(y + 2 > 0)
#11.      printf("    ■");
#12.      GotoXY(x, y + 3);
#13.      if(y + 3 > 0)
#14.      printf("    ◢█◣");
#15.      GotoXY(x, y + 4);
#16.      if(y + 4 > 0)
#17.      printf("   ◢██◣");
#18.      GotoXY(x, y + 5);
#19.      if(y + 5 > 0)
#20.      printf("◢████◣");
#21.      GotoXY(x, y + 6);
#22.      if(y + 6 > 0)
#23.      printf("    ◢█◣");
#24.      GotoXY(x, y + 7);
#25.      if(y + 7 > 0)
#26.      printf("   ◢██◣");
#27. }
```

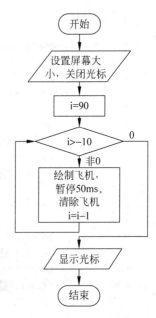

图 6-29　例 6.35 程序流程图

编写飞机飞行程序,使飞机从下到上飞过屏幕。

流程图如图 6-29 所示。

程序部分代码:

```
#1.    # include < stdio. h >
#2.    # include < stdlib. h >
#3.    # include < conio. h >
#4.    # include < windows. h >
#5.    ...                          //相关函数的代码放在此处
#6.    int main()
#7.    {
#8.        int i;
#9.        printf("请通过窗口属性把窗口字体设置为最小,然后按任意键开始飞行!");
#10.       getchar();
#11.       system("mode con cols = 100 lines = 100");
#12.       HideCursor(0);
#13.       for(i = 90; i > - 10; i = i - 1)
#14.       {
#15.           SetColor(15);
#16.           DrawPlan(30, i);
#17.           Sleep(50);
#18.           SetColor(0);
#19.           DrawPlan(30, i);
#20.       }
#21.       HideCursor(1);
#22.       return 0;
#23. }
```

程序运行结果如图 6-30 所示。

图 6-30　例 6.35 程序运行结果

6.5.4 循环嵌套

一个循环体内的语句又是一个循环语句,称为循环的嵌套。内嵌的循环中还可以嵌套循环,这就是多层循环。

while 循环、do-while 循环、for 循环可以相互嵌套。虽然循环嵌套增加了编程的难度,对编程者的逻辑思维能力也提出了更高的要求,但循环嵌套的程序可以实现更加强大的功能。初学者需要注意的是,外循环每执行一次,内循环都要执行一个完整的循环。即外循环执行一次,内循环中的语句执行 N 次(N 受内循环的条件控制);外循环执行 M 次,则内循环中的语句需要执行 M×N 次。

【例 6.36】 修改例 6.35 的飞机飞行程序,实现飞行循环飞行,直到用户按键退出。

修改后流程图如图 6-31 所示。

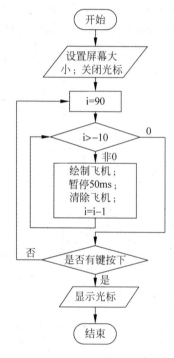

图 6-31 例 6.36 程序流程图

修改后 main 函数代码:

```
#1.    int main()
#2.    {
#3.        int i;
#4.        printf("请通过窗口属性把窗口字体设置为最小,然后按任意键开始飞行!");
#5.        getchar();
#6.        system("mode con cols = 100 lines = 100");
#7.        HideCursor(0);
#8.        do
#9.        {
#10.           for(i = 90;i > - 10;i = i - 1)
```

```
#11.            {
#12.                SetColor(15);
#13.                DrawPlan(30,i);
#14.                Sleep(50);
#15.                SetColor(0);
#16.                DrawPlan(30,i);
#17.            }
#18.        }
#19.        while(kbhit() == 0);
#20.        HideCursor(1);
#21.        return 0;
#22. }
```

以上程序的不足之处,即在每次飞行过程中用户无法退出程序,只有等当次飞行结束后程序才能退出。读者自行考虑如何改进本程序,可以实现随时退出飞行。

【例6.37】 编写字符雨程序,从程序屏幕的顶端随机坠落字母,字母落到屏幕底端后砸扁下方字母后消失,用户按下任意键盘按键退出本程序。

流程图如图6-32所示。

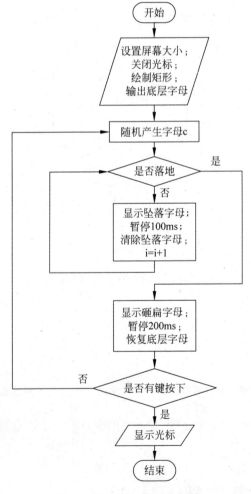

图6-32 例6.37程序流程图

程序部分代码：

```
#1.   int main()
#2.   {
#3.       int x1 = 10, y1 = 1, x2 = x1 + 26 + 2, y2 = y1 + 20
#4.       int i;
#5.       char c;
#6.       system("mode con cols = 80 lines = 22");
#7.       HideCursor(0);
#8.       DrawRectangle(x1, y1, x2, y2);
#9.       GotoXY(x1 + 2, y2 - 1);
#10.      printf("ABCDEFGHIJKLMNOPQRSTUVWXYZ");
#11.      do
#12.      {
#13.          c = rand() % 26 + 'A';
#14.          for(i = y1 + 1; i < y2 - 1; i = i + 1)
#15.          {
#16.              GotoXY(x1 + c - 'A' + 2, i);
#17.              printf("%c", c);
#18.              Sleep(100);
#19.              GotoXY(x1 + c - 'A' + 2, i);
#20.              printf(" ");
#21.          }
#22.          GotoXY(x1 + c - 'A' + 2, i);
#23.          printf(" = ");
#24.          Sleep(200);
#25.          GotoXY(x1 + c - 'A' + 2, i);
#26.          printf("%c", c);
#27.      }
#28.      while(kbhit() == 0);
#29.      return 0;
#30. }
```

程序运行结果如图 6-33 所示。

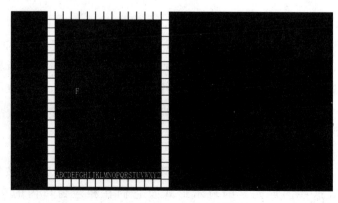

图 6-33 例 6.37 程序运行结果

6.6 Windows 窗口程序

根据本书第3章内容可知,当前计算机中的所有软硬件资源都由操作系统统一负责管理。用户编写的程序若要使用计算机中的软硬件资源,必须在程序中与操作系统打交道。因为操作系统种类众多且不断发展,程序设计语言本身并不能提供访问操作系统的具体功能,用户要想访问某个操作系统,必须学习该操作系统提供的编程接口。

Windows 操作系统是目前最流行的操作系统,该系统由比尔·盖茨(Bill Gates)创立的微软(Microsoft)公司于 1983 年开发成功,历经多年不断改进,该操作系统由最早的 Windows 1.0 发展到了目前的 Windows 10。凭借强大的功能和易用性,Windows 在 PC 领域遥遥领先其他竞争对手,占据了 90% 左右的桌面电脑。Windows 操作系统本身采用 C 语言编写开发,在系统内部提供了完整 C 语言开发接口,通过该接口用户可以使用 Windows 提供的所有功能。本节将介绍如何使用 C 语言开发 Windows 操作系统下的窗口程序。

图 6-34 发明 Windows 的比尔·盖茨

6.6.1 Windows 窗口程序结构

Window 窗口程序即拥有 Windows 图形界面风格的 Windows 应用程序。为了适应 Windows 操作系统的技术特点,使用户能够使用 Windows 操作系统提供的各项功能,微软公司对标准的 C 语言程序结构进行了一些扩充和修改,并给出了一些自己的约定,从而形成了自己的技术特点,下面对这些特点进行说明。

1. 程序组成

开发一个 Windows 窗口程序,用户需要创建"程序代码"和"用户界面(简称 UI)资源"两部分内容,然后使用编译器将两部分内容合并到一起构成一个 EXE 文件,即 Windows 窗口应用程序。

1) 程序代码

微软公司对标准的 C 语言程序的部分语法和运行规则进行了一些修改,增加了许多自己的特性。例如,在标准的 C 语言程序中,必须包含一个命名为 main 的函数,C 语言程序的执行一般从它开始。在标准 Windows 窗口应用程序中,用 WinMain 函数取代了标准 C 语言程序中的 main 函数,成为 Windows 窗口应用程序新的入口点。Windows 窗口程序对 C 语言的基本语法规则和功能并没有修改。

2) UI 资源

Windows 窗口程序的图形界面中可包括菜单、工具栏、图标、光标、按钮、位图、输入输出框等图形元素,这些图形元素的显示形式及它们在相应窗口内的布局构成了一个 Windows 窗口程序的外观。这些窗口程序外观的调整,如按钮位置和大小的调整并不会影响程序内部的处理功能,因此 Windows 窗口程序将这些外观的描述从程序代码中分离出来,称为 Windows 程序的 UI 资源。

程序的 UI 资源实际上是一组用来描述程序窗口布局的数据,所以可以直接编辑这些数据实现增删窗口元素或调整窗口元素的位置和大小等。为了能直观看到修改这些数据后对程序界面的影响,VC 开发环境包含了一个 UI 资源编辑工具(资源编辑器),提供直观的窗口程序 UI 修改功能。

2. 运行模式

与标准 C 语言程序运行方式不同,Windows 窗口应用程序的运行是由消息驱动的。消息驱动是指操作系统及应用程序之间的调用是以响应消息的方式进行的。例如,当发生针对某窗口的键盘和鼠标的输入时,Windows 系统获取该输入信息并向相应窗口发送"有输入"的消息,该窗口附属的消息处理函数通过处理该消息可以获得键盘和鼠标的输入信息。当系统需要用户程序更新窗口内容时,就向该窗口发送"更新窗口"的消息,该窗口附属的消息处理函数处理这些消息以更新窗口内容。另外,用户在程序中也可以自己定义一些消息,发送给本程序的不同窗口或发送给其他程序的窗口实现通信。消息实际上是一组数据,其传递方式是通过函数参数或函数的返回值。

因为 Windows 窗口应用程序的大量功能实现需要依赖消息处理,所以 Windows 窗口应用程序的运行模式与标准的 C 语言程序有较大区别,其常见运行模式如图 6-35 所示。

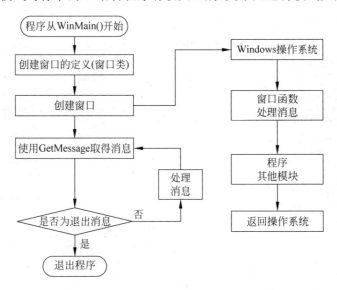

图 6-35 Windows 窗口应用程序运行模式

Windows 窗口程序从 WinMain()开始执行,WinMain()完成初始化后创建一个窗口的定义(被称为窗口类),在窗口类中包含一个处理窗口消息的函数被称为窗口函数或窗口过程。该窗口函数可用来处理发往该窗口的各种消息,在窗口创建完成后可以与 WinMain()函数并发运行。

WinMain()函数像传统的 C 语言程序中 main 函数一样运行,该函数执行结束即退出程序。通常一个 Windows 窗口应用程序并不会自己结束,而是在接到用户或系统发来的退出消息时才会结束运行。为了实现以上功能,WinMain()中有一个 while 循环,该循环使用 GetMessage 函数不断取得系统发来的各种消息,并在该循环中对收到的消息进行检测,若

计算机基础与计算思维

检测到发来的消息是退出消息,则退出循环并结束本程序的运行。

窗口函数比较特殊,它一般不会被 WinMain() 直接调用,而是由操作系统调用。每个窗口函数都属于一个窗口,只要操作系统检测到有针对该窗口的输入或有一些工作需要该窗口完成时,操作系统就会调用该窗口函数,并将相关信息以消息(函数参数)的形式传递给窗口函数,由窗口函数进行处理。在窗口函数中可以调用程序的其他函数。窗口函数因为不是由 WinMain() 调用的,所以窗口函数执行完后并不返回到 WinMain() 函数中,而是等待操作系统的下次调用。WinMain() 函数和窗口函数是分别执行的,而且一个程序中虽然只有一个 WinMain() 函数,但可以创建多个窗口,这些窗口的窗口函数都可以并发运行,但在 WinMain() 函数运行结束后,WinMain() 函数创建的所有窗口都将被关闭,这些窗口函数也都被退出。

6.6.2　创建 Windows 窗口程序

下面讲述创建一个 Windows 窗口应用程序的方法。

1. 新建项目

在打开 Visual C++ 6.0 之后,选择菜单 Files→New→Projects,显示如图 6-36 所示的 New 对话框。

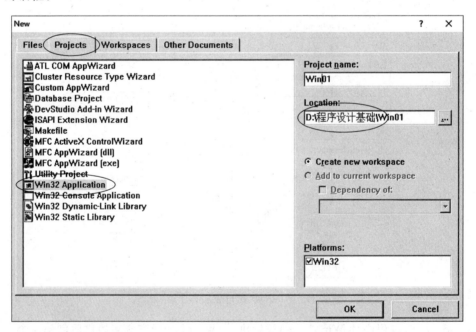

图 6-36　New 对话框

如图 6-36 所示,在对话框的项目类型栏中选择 Win32 Application,表示要创建 Windows 窗口程序项目;在 Location 栏内输入要建项目的地址(本例为 D:\程序设计基础\Win 01),在 Project name 栏内输入项目名称(本例为 Win01),然后单击 OK 按钮,进入如图 6-37 所示的 Win32 应用程序向导对话框。

2. 修改项目选项

在如图 6-37 所示的 Win32 应用程序向导对话框中选择 A typical "Hello Word!"

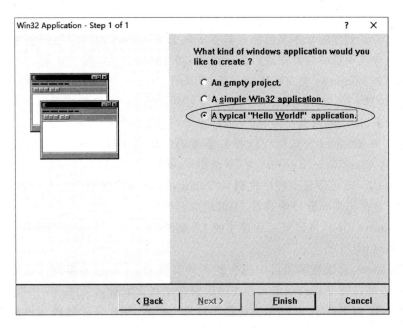

图 6-37　Win32 应用程序向导

application 选项，表示要创建一个能输出"Hello World!"的 Windows 窗口程序项目，然后单击 Finish 按钮，程序即进入与图 6-38 相似的开发界面。

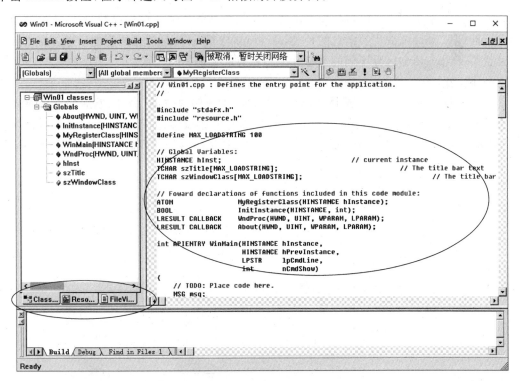

图 6-38　添加文件到项目

3. 编辑程序

按照以上步骤创建的程序项目已经具备了一个 Windows 窗口应用程序的最基本功能，用户只要通过对该项目中的程序进行编辑修改，即可实现自己需要的功能。

创建或打开 Windows 窗口程序项目后，Visual C++6.0 开发界面如图 6-38 所示，主要显示 3 个窗口，左上的 Workspace 窗口显示项目的组成，右上的窗口根据用户的选择可以显示代码编辑窗口、资源编辑窗口等，下方的窗口可显示项目的辅助信息。

用户通过 Workspace 窗口可以选择需要编辑的项目文件。Workspace 窗口下面默认有 3 个选项卡：ClassView、ResourceView、FileView。

选中 ClassView，可以显示程序代码的逻辑组成，包括程序中的所有函数等，通过双击相应函数即可在代码编辑窗口中查看、编辑相应函数。

选中 ResourceView，可以显示程序中的 UI 资源，通过双击相应资源即可在资源编辑窗口中查看、编辑相应资源。

选中 FileView，可以显示项目中包含的各种文件列表，通过该窗口可以增加或删除项目中的文件，也可以通过双击相应文件在编辑窗口中查看编辑该文件。

使用"Win32 应用程序向导"创建的程序只是个模板，用户需要修改该模板程序来实现自己所需要的功能。一个窗口的各种处理功能都是通过窗口函数实现的，用户通常需要修改窗口函数以实现自己需要的功能。窗口函数定义如下：

```
LRESULT CALLBACK WndProc(HWND hWnd, UINT message, WPARAM wParam, LPARAM lParam)
```

Windows 系统把需要窗口处理的消息通过函数参数传递给窗口函数，hWnd 参数为当前窗口的标识，message 代表消息的种类，wParam 与 lParam 是消息的附加信息。窗口函数通常使用 switch 语句区分不同的消息并进行相应的处理。

4. 调试运行

程序项目创建完成之后，选择菜单中的"生成/生成解决方案"命令，然后检查程序界面下方的输出窗口内是否显示程序有语法错误。如有语法错误，读者可以根据提示对程序进行修改，修改完成并成功编译之后，选择菜单中的"调试/开始执行"命令执行程序，程序运行结果如图 6-39 所示。

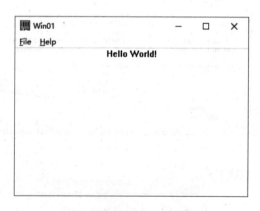

图 6-39　程序运行结果

6.6.3 输出文本

在需要更新显示窗口内容时,系统会向相应的窗口发送 WM_PAINT 消息(即以 WM_PAINT 消息为参数调用该窗口的窗口函数)。因为窗口函数需要处理多种消息,窗口函数用 switch 语句来区分不同的消息。在"case WM_PAINT:"之后可处理 WM_PAINT 消息,用户只要修改这里的代码,即可实现各种输出。

注意:默认情况下,窗口左上角坐标为(0,0),窗口右侧方向为 x 正方向,窗口下方方向为 y 正方向,坐标单位为像素值。

1. 输出文本函数

Windows 系统函数 TextOut 可在窗口内指定位置输出字符串信息。系统函数 TextOut 定义如下:

```
BOOL TextOut(
    HDC    hdc,              //输出文字需要的窗口参数
    int    nXStart,          //输出字符串左上角 x 坐标
    int    nYStart,          //输出字符串左上角 y 坐标
    LPCTSTR lpString,        //输出的字符串
    int    cchString         //输出的字符串的字符个数
    );
```

hdc 是在窗口中输出所需要的参数。在窗口函数中,使用 BeginPaint 可获得 hdc。以下代码在窗口左上角(100,100)的位置输出字符串"第一个 Windows 程序!":

```
TextOut(hdc,100,100,"第一个 Windows 程序!",lstrlen("第一个 Windows 程序!"));
```

lstrlen 是 C 语言库函数,可用来求字符串的长度,将以上语句添加到 WndProc 函数中,并替换程序中原来的 DrawText 函数调用语句,即可实现用户需要的输出,如图 6-40(a)所示。

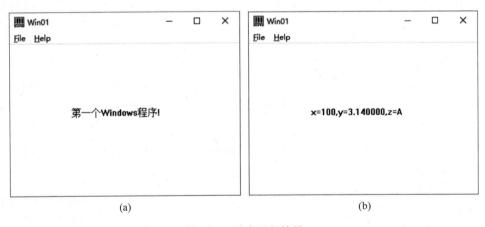

图 6-40 程序运行结果

注意:因为 TextOut 是比 DrawText 更加简便的文本输出函数,所以本书中使用 TextOut 进行文本的输出。

printf()虽然可以将各种类型的数据输出到屏幕,但在 Windows 窗口程序中该函数已经无效。为了将其他种类数据输出,可以使用 printf 的姊妹函数 sprintf()。sprintf 用法与

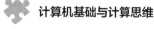

printf 相似,两者的区别是 printf 把各种数据输出到屏幕,而 sprintf 是把各种数据输出到字符串,然后可以用 TextOut 输出这个字符串了,例如:

```
char s[100];
sprintf(s,"x = % d,y = % f,z = % c",100,3.14,'A');
TextOut(hdc,100,100,s,lstrlen(s));
```

输出结果如图 6-40(b)所示。

2. 设置文本颜色

Windows 系统函数 COLORREF SetTextColor(COLORREF crColor)可设置输出文本的颜色并返回原来的文本颜色。

COLORREF 是 Windows 系统中用来定义颜色的一种数据类型,用户可以使用 RGB()设定颜色并对 COLORREF 类型的变量赋值。RGB()有 3 个参数用来指定红、绿、蓝三原色的构成比例,每个原色的取值范围为 $0\sim255$。例如用 RGB(255,0,0)可以指定红色,用 RGB(255,255,0)可以指定黄色,用(255,255,255)可以指定白色,用这种方法最多可以指定 $256\times256\times256$ 种颜色。以下示例代码将输出的文本颜色设置为红色:

```
COLORREF OldColor,NewColor = RGB(255,0,0);
OldColor = SetTextColor(hdc,NewColor);          //设置文本颜色为红色
…                                              //以颜色为红色输出文本
SetTextColor(hdc,OldColor);                      //恢复原文本颜色
```

3. 设置文本背景颜色

Windows 系统函数 COLORREF SetBkColor(COLORREF crColor)可设置输出文本的背景颜色并返回原来的文本背景颜色。以下示例代码将输出的文本背景颜色设置为蓝色:

```
COLORREF OldBkColor,NewBkColor = RGB(0,0,255);
OldBkColor = SetBkColor(hdc,NewBkColor);         //设置文本背景颜色为蓝色
…                                              //输出背景颜色为蓝色文本
pDC - > SetBkColor(hdc,OldBkColor);             //恢复原文本背景颜色
```

4. 设置背景模式

Windows 系统函数 int SetBkMode(HDC hdc,int nBkMode)可设置文本的背景模式。背景模式决定了在绘制文本前是否用背景色覆盖输出区域。参数 nBkMode 指定要设置的模式,可为下列值之一:

OPAQUE:默认模式。背景在文本输出之前用当前背景色填充;

TRANSPARENT:背景在绘图之后不改变。

```
int OldBkMode = SetBkMode(hdc,TRANSPARENT);      //设置文本背景模式为透明
…                                              //输出背景透明的文本
SetBkMode(hdc,OldBkMode);                        //恢复原文本背景模式
```

6.6.4 绘制图形

与输出文本相同,用户只要修改窗口函数,在 switch 语句的"case WM_PAINT:"之后添加代码,即可绘制图形。

1. 绘图函数

1) 绘制直线

可以先用 MoveToEx(HDC hdc,int x,int y,LPPOINT lpPoint)移动当前点到指定位置,再用 LineTo(HDC hdc,int x,int y)向指定点画线,例如:

```
MoveToEx(hdc,10,10,NULL);
LineTo(hdc,210,110);                              //绘制一条直线
```

2) 绘制矩形

可以使用 Rectangle(HDC hdc,int x1,int y1,int x2,int y2)绘制一个矩形,通常 x1,y1 为矩形左上角坐标、x2,y2 为矩形右下角坐标,例如:

```
Rectangle(hdc,230,10,430,110);                   //绘制一个矩形
```

3) 绘制椭圆或圆

可以使用 Ellipse(HDC hdc,int x1,int y1,int x2,int y2)绘制椭圆或圆。x1,y1,x2,y2 为椭圆的外接矩形的顶点坐标,外接矩形宽度和高度都必须大于 2 且小于 32767。例如:

```
Ellipse(hdc,10,130,210,230);                     //绘制一个椭圆
```

4) 绘制圆角矩形

可以使用 RoundRect(HDC hdc,int x1,int y1,int x2,int y2,int x3,int y3)绘制圆角矩形,其中 x3 值表示绘制圆角使用椭圆的宽度,y3 值表示绘制圆角使用椭圆的高度。例如:

```
RoundRect(hdc,230,130,430,230,25,25);            //绘制圆角矩形
```

将以上程序示例内容添加到窗口函数、switch 语句、"case WM_PAINT:"之后,程序运行结果如图 6-41 所示。

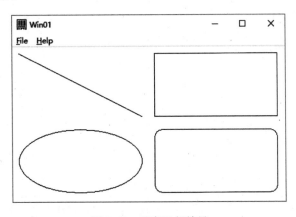

图 6-41　程序运行结果

2. 使用画笔

系统提供的绘图工具中有一种称为画笔,画笔可用于绘制线条、曲线以及勾勒形状轮廓。通过修改画笔的属性可以更改线条的外观和颜色。

使用画笔首先要创建画笔,在创建画笔后指定画笔的属性,然后将画笔附加到系统中,就可以使用这个画笔绘制图形了。

可以使用系统函数 CreatePen(int nPenStyle,int nWidth,COLORREF crColor)创建画笔。nPenStyle 指定画笔的风格；nWidth 指定画笔的宽度；crColor 设定画笔的颜色。nPenStyle 取值可以参见表 6-5。

表 6-5　nPenStyle 取值

风　　格	说　　明
PS_SOLID	创建一支实线画笔
PS_DASH	创建一支虚线画笔(画笔宽度≤1 有效)
PS_DOT	创建一支点线画笔(画笔宽度≤1 有效)
PS_DASHDOT	创建一支虚线和点交替的画笔(画笔宽度≤1 有效)
PS_DASHDOTDOT	创建一支虚线和两点交替的画笔(画笔宽度≤1 有效)
PS_NULL	创建一支空画笔,绘制填充图形时不显示边框
PS_INSIDEFRAME	创建一支画笔,该画笔在封闭形状的框架内画线

画笔建立好之后,还需要将它附加到系统中。系统函数 SelectObject ()可以将一个画笔附加到系统中。系统在同一时间只能使用一个画笔,因此,在将一个画笔附加到系统时,通常需要保存系统内原来的画笔,以便在需要的时候进行恢复。画笔使用方法如下:

```
HPEN hOldPen,hNewPen = CreatePen(PS_DASHDOTDOT,1,RGB(255,0,0)); //创建新画笔
hOldPen = (HPEN)SelectObject(hdc,hNewPen);                      //选择新画笔、保存旧画笔
…                                                              //绘图
SelectObject(hdc,hOldPen);                                      //恢复旧画笔
DeleteObject(hNewPen);                                          //删除画笔
```

将上述修改画笔的代码添加到窗口函数内,重新绘制前述的几个图形,程序运行结果如图 6-42 所示。

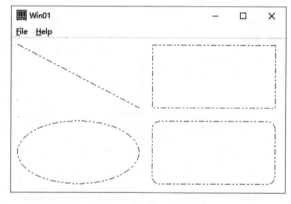

图 6-42　程序运行结果

3. 使用画刷

系统提供的绘图工具中还有一种称为画刷的常用工具。画刷在封闭图形内以指定的风格进行填充,Windows 有 3 种主要类型的画刷:原色画刷、阴影画刷和位图画刷。下面介绍原色画刷和阴影画刷。

与画笔用法类似,使用画刷的过程首先是创建画刷。在创建画刷后指定画刷的属性,然后将画刷附加到系统中,就可以使用该画刷绘制图形了。

使用系统函数 CreateSolidBrush(COLORREF crColor)可以创建原色画刷,其中参数 crColor 用来设定画刷的颜色。使用系统函数 CreateHatchBrush(int nIndex,COLORREF crColor)可以创建阴影画刷,参数 nIndex 用来设定画刷的阴影类型。表 6-6 给出了画刷阴影类型的定义。

表 6-6 画刷的阴影类型

名 称	说 明
HS_BDIAGONAL	45°向下影线(从左到右)
HS_CROSS	水平和垂直方向以网格线作出阴影
HS_DIAGCROSS	45°网格线阴影
HS_FDIAGONAL	45°向上阴影线(从左到右)
HS_HORIZONTAL	水平阴影线
HS_VERTICAL	垂直阴影线

画刷建立好之后,还需要将它附加到系统中。系统函数 SelectObject()可以将一个画刷附加到系统中。系统在同一时间只能使用一个画刷,因此,在将一个画刷附加到系统时,通常需要保存系统内原来的画刷,以便在需要的时候进行恢复。画刷使用方法如下:

```
HBRUSH hOldBrush, hNewBrush = CreateHatchBrush(HS_CROSS,RGB(0,0,255));
                                                    //创建新画刷
hOldBrush = (HBRUSH)SelectObject(hdc,hNewBrush);    //选择新画刷、保存旧画刷
…                                                   //绘图
SelectObject(hdc,hOldBrush);                        //恢复旧画刷
DeleteObject(hNewBrush);                            //删除画刷
```

将上述修改画刷的代码添加到窗口函数内,重新绘制前述的几个图形,程序运行结果如图 6-43 所示。

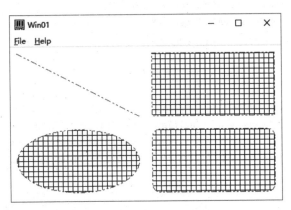

图 6-43 程序运行结果

除了用户自己创建的画刷,还有一些系统提供的画刷可以使用。例如,NULL_BRUSH 是系统提供的一种透明画刷,使用该画刷可以绘制不填充的封闭图形。系统函数 GetStockObject(int nIndex)可以用来取得一个系统画刷。方法如下:

```
HBRUSH hBrush = (HBRUSH)GetStockObject(NULL_BRUSH);
```

使用系统画刷后,不需要删除。

【例 6.38】 使用 NULL_BRUSH 画刷绘制如图 6-44 所示图形。

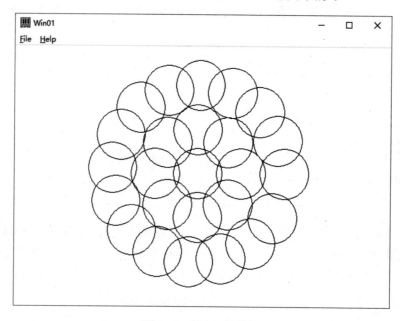

图 6-44　程序运行结果

```
#1.    int RADIUS = 40;                                              // 半径
#2.    int DISTANCE = 10;                                            // 两圆相交部分
#3.    double DEGREE = 3.1415926/180;
#4.    int centerX = 300;
#5.    int centerY = 200;
#6.    SelectObject(hdc,GetStockObject(NULL_BRUSH));
#7.    Ellipse(hdc,centerX - RADIUS,centerY - RADIUS,centerX + RADIUS,centerY + RADIUS);
#8.    for(int lay = 1; lay < 3; lay = lay + 1)
#9.    {
#10.       for(int jj = 0; jj < 8 * lay; jj = jj + 1)
#11.       {
#12.           double angle = 360.0/8/lay;
#13.           int cX = centerX + (int)(lay * (2 * RADIUS - DISTANCE) * cos(jj * angle * DEGREE));
#14.           int cY = centerY - (int)(lay * (2 * RADIUS - DISTANCE) * sin(jj * angle * DEGREE));
#15.           Ellipse(hdc,cX - RADIUS,cY - RADIUS,cX + RADIUS,cY + RADIUS);
#16.       }
#17. }
```

6.6.5　输入处理

在 Windows 窗口程序进行输入有多种方法,本节只介绍菜单输入、键盘输入和鼠标输入 3 种方法。

在有针对窗口的输入发生时,系统会向窗口发送输入消息(即调用相应窗口的窗口函数)。在窗口函数的 switch 语句中可以处理输入消息。

1. 菜单输入

1）修改菜单资源，添加菜单项

在 Workspace 窗口可以选择 ResourceView 进入资源编辑窗口，如图 6-45 所示，展开 Menu 项，可以发现里面已经有一个 IDC_WIN01 子项（该名字跟程序项目名字相关），该 IDC_WIN01 子项即为当前窗口程序默认菜单项。打开该项，右侧的编辑窗口以图形方式显示该菜单资源，用户可以在该窗口添加、修改、删除菜单项，如图 6-45 所示。

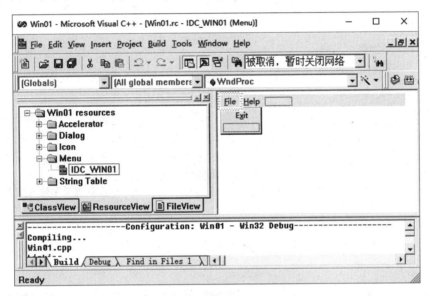

图 6-45　资源编辑窗口

本例在 File 菜单下添加一个新的菜单项：展开 File 菜单项，双击 Exit 下侧的虚框可弹出如图 6-46 所示窗口。

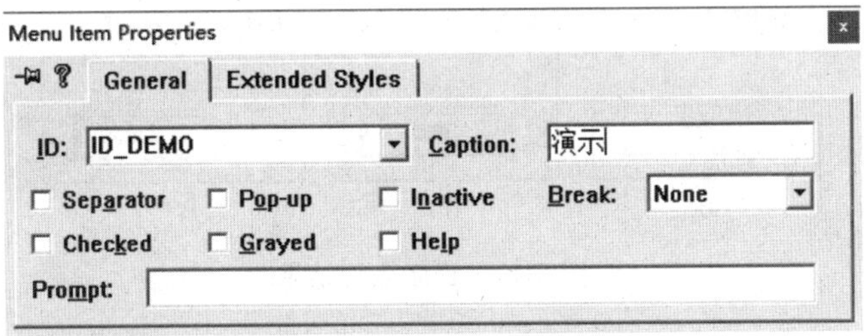

图 6-46　菜单属性窗口

通过该窗口用户可以添加菜单项。方法如下。

（1）在 ID：栏添加菜单 ID，菜单 ID 为一串大写字符，通常用"ID_"开始。菜单 ID 不能重复，本例填写为 ID_DEMO。

（2）在 Caption：栏添加菜单项名称，菜单项名称字符串用了标识菜单功能，用户可以自行定义，本例填写为"演示"。

填写完成后可以直接按 Enter 键确认。在菜单资源编辑窗口可以查看到新的菜单项已经添加到菜单资源中。

2) 修改代码,处理菜单消息

进入代码编辑窗口找到窗口函数,窗口函数中 switch 语句的"case WM_COMMAND;"之后为处理菜单命令的代码。因为菜单命令可能有很多项,所以"case WM_COMMAND;"还有一个 switch 语句对菜单命令进行区分,用户只要在这里添加需要处理的命令 ID 及处理代码,即可处理相应菜单项的输入。

```
LRESULT CALLBACK WndProc(HWND hWnd, UINT message, WPARAM wParam, LPARAM lParam)
{
...
  switch (message)
  {
      ...
      case WM_COMMAND:
          ...
          switch (wmId)
          {
              case ID_DEMO:                                    //添加新菜单的 ID
                  MessageBox(hWnd,"演示菜单项","菜单消息",0);
                  break;                                       //处理菜单输入结束
              ...
          }
      }
  ...
}
```

MessageBox 是一个系统消息函数,该函数可以弹出消息框并输出一个字符串,用户选择"文件/演示"菜单项后会弹出如图 6-47(a)所示消息框。

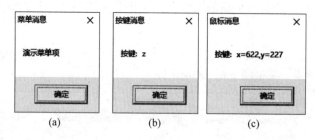

图 6-47　程序运行结果

2. 键盘输入

在有针对窗口的键盘输入时,系统会调用该窗口的窗口函数。用户只要在窗口函数中添加处理功能即可获得对窗口的键盘输入。WM_CHAR 为键盘输入的消息,用户需要在窗口函数的 switch 语句添加"case WM_CHAR;"项处理该消息。用户键盘按键的 ASCII 码值通过 wParam 参数传入,根据该值即可确定用户的按键。

```
LRESULT CALLBACK WndProc(HWND hWnd, UINT message, WPARAM wParam, LPARAM lParam)
{
...
  switch (message)
  {
```

```
        ...
    case WM_CHAR:                                     //添加键盘输入消息处理
        char s[100];
        sprintf(s,"按键: % c",wParam);
        MessageBox(hWnd,s,"按键消息",0);
        break;                                        //处理键盘输入结束
    }
    ...
}
```

用户在本程序窗口处于前台时按键后（本例按键为 Z），会弹出如图 6-47（b）所示消息框。

3. 鼠标输入

在有针对窗口的鼠标输入时，系统会调用该窗口的窗口函数。用户只要在窗口函数中添加相应处理功能即可获得对鼠标的输入。WM_LBUTTONDOWN 为鼠标左键按键时输入的消息，需要在窗口函数的 switch 语句中添加"case WM_LBUTTONDOWN:"项处理该消息。鼠标光标在窗口区域内时按键，鼠标在窗口内的坐标值通过 lParam 参数传入。

Windows 系统在发送鼠标消息时，将鼠标 x、y 坐标合并成一个参数 lParam，用户在处理时可以使用 LOWORD(lParam)得到鼠标 x 坐标，使用 HIWORD(lParam)得到鼠标 y 坐标。

```
LRESULT CALLBACK WndProc(HWND hWnd, UINT message, WPARAM wParam, LPARAM lParam)
{
...
    switch (message)
    {
        ...
    case WM_LBUTTONDOWN:                              //添加鼠标左键按键输入消息处理
        char s[100];
        sprintf(s,"按键: x = % d,y = % d",LOWORD(lParam),HIWORD(lParam));
        MessageBox(hWnd,s,"鼠标消息",0);
        break;                                        //处理鼠标左键按键输入结束
    }
    ...
}
```

用户在本程序窗口内按鼠标左键后，会弹出如图 6-47（c）所示消息框。

6.6.6 几个重要消息

1. 窗口重绘消息

在窗口第一次显示及窗口改变大小的时候，系统都会发送 WM_PAINT 消息给窗口，窗口的窗口函数接到这个消息后即可重新绘制窗口内容。

在需要显示的内容发生改变时，用户也可以重新绘制窗口，通过调用系统函数 InvalidateRect 向窗口发送 WM_PAINT 消息，方法如下：

```
InvalidateRect(hWnd, 0, 1);                          //窗口擦除背景并重绘
InvalidateRect(hWnd, 0, 0);                          //窗口不擦除背景重绘
```

【例 6.39】 在窗口内单击,并以单击位置为圆心,画半径为 20 的圆。

(1) 在窗口函数中添加静态变量 x,y。

函数中默认方法定义的变量在每次调用函数时都要重新分配内存,即上一次函数调用修改的变量值无法保存到下次调用。在 C 语言中可以通过把一个变量说明成静态变量的方式来解决这个问题。静态变量在定义时用 static 进行说明,这样这个变量的值将在整个程序的运行过程中一直保持。本例需要在窗口函数中说明两个静态整型变量并指定初值为 -1。代码如下:

```
LRESULT CALLBACK WndProc(HWND hWnd, UINT message, WPARAM wParam, LPARAM lParam)
{
    static int x = - 1, y = - 1;                    //添加静态变量 x, y
    ...
}
```

(2) 添加鼠标左键处理消息。

```
case WM_LBUTTONDOWN:                               //添加鼠标左键消息处理
    x = LOWORD(lParam);
    y = HIWORD(lParam);
    InvalidateRect(hWnd, 0, 0);
    break;
```

(3) 在 WM_PAINT 消息中添加画圆功能。

```
case WM_PAINT:
    hdc = BeginPaint(hWnd, &ps);
    // TODO: Add any drawing code here...
    RECT rt;
    GetClientRect(hWnd, &rt);
    if(x != - 1 && y != - 1)
    {
            Ellipse(hdc, x - 20, y - 20, x + 20, y + 20);    //绘制一个椭圆
    }
    EndPaint(hWnd, &ps);
    break;
```

程序运行结果如图 6-48 所示。

2. 定时器消息

在窗口程序中可以创建定时器。定时器即每隔一定的时间,程序可以得到一个定时器消息,用户在窗口程序中处理这个定时的消息即可定时完成指定的操作。在一个窗口程序中可以创建多个定时器,创建定时器的系统函数用法如下:

```
::SetTimer(hWnd, 1, 1000, NULL);
```

参数 1 为定时器的编号标识,若用户创建了多个定时器,需要用这个标识识别是哪个定时器发来的消息;1000 代表每隔 1000ms 得到一个定时器消息。WM_TIMER 为创建后定时器发出的消息,用户需要在窗口函数的 switch 语句添加"case WM_TIMER:"项处理该消息。创建定时器时指定的标识通过 wParam 参数传入。处理定时器消息的方法如下:

```
LRESULT CALLBACK WndProc(HWND hWnd, UINT message, WPARAM wParam, LPARAM lParam)
    {
    ...
    switch (message)
    {
        ...
        case WM_TIMER:                          //添加定时器消息处理
            switch(wParam)
            {
            case 1:                             //标识为1的定时器
                ...                             //处理定时器消息
                break;
            }
            break;                              //处理定时器消息结束
    }
...
}
```

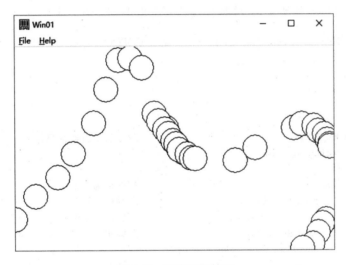

图 6-48 程序运行结果

【例 6.40】 在窗口内显示一秒表,秒表每隔 1s 走一步,每分钟走一圈。

(1) 在窗口函数中添加绘制秒表所需参数。

绘制秒表需要确定表心坐标、表盘大小、表针大小、秒针指向角度及秒针指向的端点坐标。秒针指向角度及秒针指向的端点坐标需要保存到下次函数调用,所以说明为静态变量。

```
LRESULT CALLBACK WndProc(HWND hWnd, UINT message, WPARAM wParam, LPARAM lParam)
{
    int x0 = 200, y0 = 120;                     //秒表中心
    int letf = x0 - 100, top = y0 - 100, right = x0 + 100, bottom = y0 + 100;
                                                //秒表外接矩形
    int r = 90;                                 //秒针长度
    static float a;                             //指针角度
    static int x1 = -1, y1 = -1;                //指针端点位置
...
}
```

（2）添加菜单处理消息，用户通过菜单启动秒表。

```
LRESULT CALLBACK WndProc(HWND hWnd, UINT message, WPARAM wParam, LPARAM lParam)
{
...
switch (message)
{
    case WM_COMMAND:
            ...
        switch (wmId)
        {
            ...
            case ID_DEMO:
                SetTimer(hWnd,1,1000,NULL);       //处理新菜单的输入
                break;
            ...
}
```

（3）添加定时器处理消息，计算秒针旋转并发出 WM_PAINT 消息。

```
LRESULT CALLBACK WndProc(HWND hWnd, UINT message, WPARAM wParam, LPARAM lParam)
    {
    ...
    switch (message)
    {
        ...
        case WM_TIMER:                              //添加定时器消息处理
            switch(wParam)
            {
            case 1:                                 //标识为 1 的定时器
                a = a + 0.10471;                    //每秒旋转角度
                x1 = x0 + r * sin(a);               //旋转后指针端点 x 坐标
                y1 = y0 - r * cos(a);               //旋转后指针端点 y 坐标
                InvalidateRect(hWnd, 0, 0);
                break;
            }
        break;                                      //处理定时器消息结束
    ...
    }
```

（4）在 WM_PAINT 消息中添加画表功能。

```
case WM_PAINT:
    hdc = BeginPaint(hWnd, &ps);
    // TODO: Add any drawing code here...
    RECT rt;
    GetClientRect(hWnd, &rt);
    if(x1!=-1 && y1!=-1)
    {
        Ellipse(hdc,letf,top,right,bottom);        //绘制秒表边框
        MoveToEx(hdc,x0,y0,NULL);                  //移动当前点
        LineTo(hdc,x1,y1);                         //绘制秒表指针
```

```
      Ellipse(hdc,x0 - 5,y0 - 5,x0 + 5,y0 + 5);    //绘制秒表边框
  }
  EndPaint(hWnd, &ps);
  break;
```

程序运行结果如图 6-49 所示。

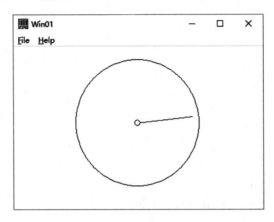

图 6-49　程序运行结果

习　　题

1. 什么是计算思维？它有什么重要意义？

2. 简述什么是算法。它有哪些特点？

3. 简述几种常用算法描述方法。它们各有哪些特点？

4. 编写一个做菜的算法程序，分别用自然语言和流程图进行描述。

5. 用流程图描述算法：输入 x、y，计算 z＝x÷y，输出 z。

6. 用流程图描述算法：输入 n，计算 z＝n!，输出 z。注意：n! 需要用乘法实现。

7. 简述什么是高级语言和低级语言。它们各有什么特点？

8. 简述使用计算机的问题求解过程。

9. 简述一个 C 语言程序主要由哪些部分组成。

10. 参照本章例题，编写一个 C 语言程序，编译、运行输出以下内容：

A

AAA

AAAAA

AAAAAAA

AAAAAAAAA

11. 下列标识符中，哪些是 C 语言中有效的变量名称？

| John | $ 123 | _name | 3D64 |
| ab_c | 2abc | char | a#3 |

12. 计算出下列语句中各个赋值运算符左边的变量的值。注意,并不是按顺序执行这些语句,假定在每条前都已安排下列语句:

```
int i,j,k;
float x,y,z;
i = 3;
j = 5;
x = 4.3;
y = 58.209;
(1) k = j * i;
(2) k = j/i;
(3) z = x/i;
(4) k = x/i;
(5) z = y/x;
(6) k = y/x;
(7) i = 3 + 2 * j;
(8) k = j % i;
```

13. 画出以下程序流程图并给出运行结果。

```
# include < stdio. h >
int main()
{
  int x = 9, y = 2, z;
  printf(" % d\n", z = x/y);
  return 0;
}
```

14. 画出以下程序流程图并给出运行结果。

```
# include < stdio. h >
int main()
{
    char x = 65;
    int a = 97;
    printf(" % c\n", x);
    printf(" % d\n", x);
    printf(" % d\n", a);
    printf(" % c\n", a);
    return 0;
}
```

15. 从键盘输入一个英文字母,输出其 ASCII 码值。画出流程图并编写程序。

16. 从键盘输入一个圆柱体的半径和高度,求它的体积和表面积并输出。画出流程图并编写程序。

17. 从键盘输入两个实数,将这两个数字进行互换,并输出。画出流程图并编写程序。

18. 什么是算术运算? 什么是关系运算? 什么是逻辑运算?

19. C 语言如何表示"真"和"假"? 系统如何判断一个值的"真"和"假"?

20. 根据要求写出对应的 C 语言表达式:

(1) 设 x 为整数:$0 \leqslant x < 5$,写出对应的 C 语言表达式。

（2）若有代数式：$a^2 \div (5a + 6b)$，写出对应的 C 语言表达式。

21. 设 x 的值是 21，y 的值是 4，z 的值是 8，c 的值是'A'，d 的值是'H'，写出下列表达式的值。

（1）x + y >= z
（2）y == x - 2 * z - 1
（3）6 * x!= x
（4）c > d
（5）x = y == 4
（6）(x = y) == 4
（7）(x = 1) == 1
（8）2 * c > d

22. 设 x 的值是 11，y 的值是 6，z 的值是 1，c 的值是'k'，d 的值是'y'，写出下列表达式的值。

（1）x > 9 && y!= 3
（2）x == 5 || y!= 3
（3）!(x > 14)
（4）!(x > 9 && y!= 23)
（5）x <= 1 && y == 6 || z < 4
（6）c >= 'a' && c <= 'z'
（7）c >= 'A' && c <= 'A'
（8）c!= d && c!= '\n'

23. 画出以下程序流程图并给出运行结果。

```c
int main()
{
    int a = 2, b = -1, c = 2;
    if(a < b)
        if(b < 0)
            c = 0;
        else
            c = c + 1;
    printf(" % d\n", c);
    return 0;
}
```

24. 画出以下程序流程图并给出运行结果。

```c
int main()
{
    int x, y;
    printf("enter x:");
    scanf(" % d", &x);
    y = 0;
    if(x >= 0)
        if(x > 0)
            y = 1;
        else
```

```
        y = - 1;
    printf("x = % d,y = % d\n",x,y);
    return 0;
}
```

25. 从键盘输入一个实数,求其绝对值并输出。画出流程图并编写程序。

26. 从键盘输入一个实数,按四舍五入的方法转为整数并输出。画出流程图并编写程序。

27. 从键盘输入三个实数,输出其中最小的数。画出流程图并编写程序。

28. 从键盘输入 1~7 的整数,输出对应的星期一到星期天的字符串。例如:输入 2 则输出"星期二"、输入 8 则输出"数据非法"。画出流程图并编写程序。

29. 从键盘输入年份,输出该年份是否为闰年。画出流程图并编写程序。

30. 画出以下程序流程图并给出运行结果。

```
int main ( )
{
    int i,a = 0;
    for (a = 1,i = - 1; - 1 < i < 1;i = i + 1)
    {
        a = a + 1 ;
        printf(" % 2d",a);
    }
    printf(" % 2d",i) ;
    return 0;
}
```

31. 画出以下程序流程图并给出运行结果。

```
int main ( )
{
    int x = 1,y = 0,a = 0,b = 0;
    switch(x)
    {
        case 1:
        switch (y)
        {
            case 0 : a = a + 1 ; break ;
            case 1 : b = b + 1 ; break ;
        }
        case 2:a = a + 1; b = b + 1 ; break;
        case 3:a = a + 1; b = b + 1 ;
    }
    printf("a = % d,b = % d",a,b);
    return 0;
}
```

32. 画出以下程序流程图并给出运行结果。

```
int main ( )
{
```

```
int k = 1,n = 263 ;
do
{
    k * = n % 10 ; n/ = 10 ;
}while (n) ;
printf(" % d\n",k);
return 0;
}
```

33. 输出所有英文字母及它们的 ASCII 码值。画出流程图并编写程序。

34. 实现输入 n 个整数,输出其中最小的数,并指出其是第几个数。画出流程图并编写程序。

35. 输入一个整数(小于 10 位),求它的位数。画出流程图并编写程序。

36. 输入一个整数 n,输出 $1-3+5-7\cdots n$ 的结果。画出流程图并编写程序。

37. 一张纸的厚度为 0.08mm,对折多少次能达到珠穆朗玛峰的高度(8848.13m)? 画出流程图并编写程序。

38. 10 000 元存入银行,年利率是 3%,每过 1 年,将本金和利息相加作为新的本金。计算 5 年后获得的收入是多少? 画出流程图并编写程序。

39. 操场上有一百多人上体育课,三人一组多 1 人,四人一组多 2 人,五人一组多 3 人,问操场上一共有多少人? 画出流程图并编写程序。

40. 我国古代数学家张邱编著的《算经》中有一道"百钱买百鸡"的问题难倒了很多人,题目是 5 文钱可以买一只公鸡,3 文钱可以买一只母鸡,1 文钱可以买三只小鸡,现在用 100 文钱要买 100 只鸡,有几种买法? 如何买?

41. 某学校在做历史在校生人数统计时发现部分数据丢失,已知该校某年高三年级有学生有 380~450 人,现仅找到该年级当年的语文期末成绩记录为平均分 76 分,男生平均分 75 分,女生平均分 80.1 分,请编写程序计算当年该校高三有多少学生。

42. 有个人想知道一年之内一对兔子能繁殖多少对,于是就筑了一道围墙把一对兔子关在里面。已知一对兔子每个月可以生一对小兔子,而一对兔子从出生后第 3 个月起每月生一对小兔子。假如一年内没有发生死亡现象,那么,一对兔子一年内(12 个月)能繁殖成多少对?

43. 简述 Windows 程序的组成。

44. 简述 Windows 消息的作用。

45. 比较 Windows 程序与标准 C 语言程序的差别。

46. 简述使用 Visual C++ 6.0 建立 Windows 窗口程序的步骤。

47. 创建一个 Windows 窗口程序,在窗口内绘制习题 38 题中存款变化的增长曲线,x 轴为时间、y 轴为存款数量。

48. 创建一个 Windows 窗口程序,使用阅读材料中的分型算法输出树形分型图形,绘制一片树林。

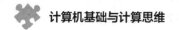
阅读材料：程序之美

1. 心形算法

尽量用简洁的代码打印出精美的心形图案，一直是编程爱好者的追求，以下两个程序展现了作者精巧的构思和非凡的创意。效果如图 6-50 和图 6-51 所示。

```
# 1.    # include <stdio.h>
# 2.    # include <math.h>
# 3.    # include <stdlib.h>
# 4.    # define U 0.06
# 5.    # define V 0.025
# 6.    # define M 1.1
# 7.    # define N 1.2
# 8.    int main()
# 9.    {
# 10.       float x, y;
# 11.       float m, n;
# 12.       system("mode con cols = 100 lines = 60");
# 13.       for ( y = 2; y >= -2; y -= U )
# 14.       {
# 15.           for ( x = -1.2; x <= 1.2; x += V)
# 16.           {
# 17.               if(((( x * x + y * y - 1) * (x * x + y * y - 1) * (x * x + y * y - 1) - x * x * y * y * y)<= 0))
# 18.                   printf(" * ");
# 19.               else
# 20.                   printf(" ");
# 21.           }
# 22.           printf("\n");
# 23.       }
# 24.       getchar();
# 25.       return 0;
# 26. }
```

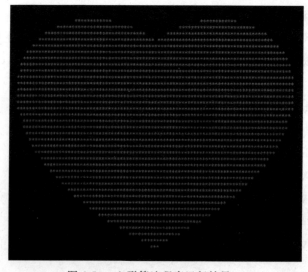

图 6-50　心形算法程序运行结果一

```
#1.    # include < stdio. h >
#2.    # include < stdlib. h >
#3.    # include < math. h >
#4.    float f(float x, float y, float z)
#5.    {
#6.        float a;
#7.        a = x * x + 9.0f / 4.0f * y * y + z * z - 1;
#8.        return a * a * a - x * x * z * z * z - 9.0f / 80.0f * y * y * z * z * z;
#9.    }
#10.   float h(float x, float z)
#11.   {
#12.        float y;
#13.        for ( y = 1.0f; y >= 0.0f; y -= 0.001f)
#14.            if (f(x, y, z) <= 0.0f)
#15.                return y;
#16.            return 0.0f;
#17.   }
#18.   int main()
#19.   {
#20.        float z, x, v, y0, ny, nx, nz, nd, d;
#21.        system("mode con cols = 130 lines = 60");
#22.        for ( z = 1.5f; z > - 1.5f; z -= 0.05f)
#23.        {
#24.            for ( x = - 1.5f; x < 1.5f; x += 0.025f)
#25.            {
#26.                v = f(x, 0.0f, z);
#27.                if (v <= 0.0f)
#28.                {
#29.                    y0 = h(x, z);
#30.                    ny = 0.01f;
#31.                    nx = h(x + ny, z) - y0;
#32.                    nz = h(x, z + ny) - y0;
#33.                    nd = 1.0f / sqrt(nx * nx + ny * ny + nz * nz);
#34.                    d = (nx + ny - nz) * nd * 0.5f + 0.5f;
#35.                    putchar(".:-= + * # % @"[(int)(d * 5.0f)]);
#36.                }
#37.                else
#38.                    putchar(' ');
#39.            }
#40.            putchar('\n');
#41.        }
#42.        return 0;
#43.   }
```

2. 分形算法

分形图是一种较为流行的艺术图形。所谓分形,就是指组成部分与整体以某种方式相似,局部放大后可以在某种程度上再现整体。以下程序展示了一棵树的分形图和一个三角形的分形图,如图 6-52 所示。

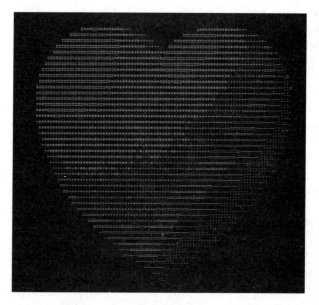

图 6-51　心形算法程序运行结果二

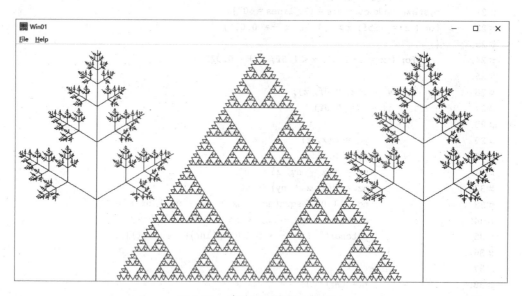

图 6-52　分形算法程序运行结果

　　树的分形图是由一些分支构成的,就其中某个分支来看,它具有与整棵树相似的外形。绘制的原则是,先按某一方向画一条直线,然后在此线段上找到一系列节点,在每一个节点处向左、右偏转 60°各画一条分支。节点位置和节点处所画分支的长度比值按 0.618 分割。绘制函数如下:

```
#1.    void Tree(HDC hdc,int x,int y,double lenth,double fai)
#2.    {
#3.        int x1,y1;
#4.        int nx,ny,count;
#5.        double nlenth;
```

```
#6.        x1 = x + lenth * cos(fai * 3.14/180.0);
#7.        y1 = y - lenth * sin(fai * 3.14/180.0);
#8.        MoveToEx(hdc, x, y, NULL);
#9.        LineTo(hdc, x1, y1);
#10.
#11.       if(lenth < 10)return;
#12.       nlenth = lenth;
#13.       nx = x;
#14.       ny = y;
#15.       for(count = 0; count < 7; count = count + 1)
#16.       {
#17.           nx = nx + nlenth * (1 - 0.618) * cos(fai * 3.14/180.0);
#18.           ny = ny - nlenth * (1 - 0.618) * sin(fai * 3.14/180.0);
#19.           Tree(hdc, nx, ny, nlenth * (1 - 0.618), fai + 60);
#20.           Tree(hdc, nx, ny, nlenth * (1 - 0.618), fai - 60);
#21.           nlenth * = 0.618;
#22.       }
#23.  }
```

三角形的分形图绘制方法是：先画一个大三角形，连接三角形的三条边的中点，得到四个较小的三角形，然后将外围的 3 个小三角形经过与大三角形相同处理，得到一系列更小的三角形。以此类推，将三角形不断地分割下去，直到最小的三角形的边长小于某个值时停止分割。

```
1#.   void Triangle(HDC hdc, int x1, int y1, int x2, int y2, int x3, int y3)
2#.   {
3#.        int xm1, ym1, xm2, ym2, xm3, ym3, fx, fy;
4#.        xm1 = (x1 + x2)/2;
4#.        ym1 = (y1 + y2)/2;
6#.        xm2 = (x2 + x3)/2;
7#.        ym2 = (y2 + y3)/2;
8#.        xm3 = (x3 + x1)/2;
9#.        ym3 = (y3 + y1)/2;
10#.       MoveToEx(hdc, xm1, ym1, NULL);
11#.       LineTo(hdc, xm2, ym2);
12#.       MoveToEx(hdc, xm2, ym2, NULL);
13#.       LineTo(hdc, xm3, ym3);
14#.       MoveToEx(hdc, xm3, ym3, NULL);
15#.       LineTo(hdc, xm1, ym1);
16#.       fx = xm1 - xm2;
17#.       fy = ym1 - ym2;
18#.       if((fx * fx + fy * fy) < 150) return;
19#.       Triangle(hdc, x1, y1, xm1, ym1, xm3, ym3);
20#.       Triangle(hdc, xm1, ym1, x2, y2, xm2, ym2);
21#.       Triangle(hdc, xm3, ym3, xm2, ym2, x3, y3);
22#.   }
```

使用 Visual C++6.0 创建 Windows 窗口程序,添加以上两个函数并在 WM_PAINT 消息下面添加以下代码,即可在程序窗口中显示如图 6-52 所示的精美分形图案。

```
case WM_PAINT:
    ...
    {
        Tree(hdc,850,500,490.0,90.0);
        Tree(hdc,170,500,490.0,90.0);
        int x1 = 510, y1 = 10, x2 = 210, y2 = 473, x3 = 810, y3 = 473;
        Triangle(hdc,x1,y1,x2,y2,x3,y3);
    }
    ...
```

参 考 文 献

[1] 张福炎,孙志辉.大学计算机信息技术教程[M].6版.南京:南京大学出版社,2015.
[2] 金海东,朱锋,黄蔚.大学计算机信息技术[M].上海:上海交通大学出版社,2017.
[3] 李海燕,周克兰,吴瑾.大学计算机基础[M].北京:清华大学出版社,2013.
[4] 黄蔚.新编大学计算机信息技术教程[M].北京:清华大学出版社,2010.
[5] 颜烨,刘嘉敏.大学计算机基础[M].重庆:重庆大学出版社,2013.
[6] 战德臣,聂兰顺.大学计算机[M]:计算思维导论.北京:电子工业出版社,2013.
[7] 周洪利,朱卫东,陈连坤.计算机硬件技术基础[M].北京:清华大学出版社,2012.
[8] 谢永宁.计算机组成与结构[M].北京:中国铁道出版社,2013.
[9] 林福宗.多媒体技术基础[M].3版.北京:清华大学出版社,2012.
[10] 胡晓峰,吴玲达,老松杨,等.多媒体技术教程[M].4版.北京:人民邮电出版社,2015.
[11] 洪杰文,归伟夏.新媒体技术[M].重庆:西南师范大学出版社,2016.
[12] 刘鹏.大数据[M].北京:电子工业出版社,2017.
[13] 林子雨.大数据技术原理与应用[M].2版.北京:人民邮电出版社,2017.
[14] 王鹏等.云计算与大数据技术[M].北京:人民邮电出版社,2014.
[15] 陈志德,等.大数据技术与应用基础[M].北京:人民邮电出版社,2017.
[16] 王姗,萨师煊.数据库系统概论[M].4版.北京:高等教育出版社,2006.
[17] David M Kroenk,David J Auer.数据库原理[M].5版.赵艳铎,葛萌萌,译.北京:清华大学出版社,2011.
[18] 郑小玲,张宏,等.Access数据库实用教程[M].2版.北京:人民邮电出版社,2013.
[19] 王飞飞,等.MySQL数据库应用从入门到精通[M].2版.北京:中国铁道出版社,2014.
[20] RUNOOB.COM. MongoDB教程|菜鸟教程[EB/OL]. http://www.runoob.com/mongodb/mongodb-tutorial.html.
[21] 张博.关于Kaggle入门,看这一篇就够了[EB/OL]. https://blog.csdn.net/bbbeoy/article/details/73274931,2017-06-15.
[22] Alex Knapp.数据狂人之间的竞赛[EB/OL].栗志敏,译. http://www.forbeschina.com/review/201203/0015583.shtml,2012-03-06.
[23] IT小喇叭.大数据竞赛平台霸主之争,Kaggle?[EB/OL]. https://baijia.baidu.com/s?old_id=112869,2015-07-20.